이 책에 쏟아진 찬사

"당신은 '언젠가는 미적분학을 배우고 말 거야'라고 말하는 사람 중 한 명인가? 그렇다면 그 언젠가는 바로 지금이다. 스티븐 스트로가츠가 지금까지 우리 종이 만들어낸 가장 위대한 개념 중 하나를 광범위하고 인문학적이고 쉽게 읽을 수 있도록 쓴 책이 나왔기 때문이다."

조던 엘렌버그 Jordan Ellenberg (『틀리지 않는 법』의 저자)

"이 책은 간단하고, 명료하며, 재미있고, 유익하고, 읽기 쉽다. 미적분학이 어디서 왔는지, 어떻게 작동하는지, 왜 유용한지, 그리고 어떻게 발전할 것인지 알고 싶다면, 이 책이 바로 당신을 위한 책이다."

이언 스튜어트 Ian Stewart (『신도 주사위 놀이를 한다』, 『세계를 바꾼 17가지 방정식』의 저자)

"미적분학과 그 현대적 응용에 대한 읽기 쉬운 설명이며, 인간미 넘치는 책이다."

데이비드 애치슨 David Acheson (『이해하는 미적분 수업』의 저자)

"훌륭하다. 모든 이들을 수학 역사상 가장 중요한 발전 중 하나인 미적분학의 통찰력으로 이끈다."

브라이언 그린 Brian Greene (『엔드 오브 타임』, 『엘러건트 유니버스』, 『우주의 구조』의 저자)

"이 역작에서 스티븐 스트로가츠는 미적분학 및 수학에 대한 그의 깊은 이해뿐 아니라 이 주제에 대한 그의 사랑을 보여준다. 이 우아하고 활기찬 책은 모든 사람에게 미적분학의 영리함과 아름다움을 강조하면서 수학이 실용적인 의미에서 왜 중요한지 상기시킨다."

리사 랜들 Lisa Randall (『숨겨진 우주』, 『암흑 물질과 공룡』의 저자)

"스티븐 스트로가츠는 세계적 수준의 수학자이자 세계적 수준의 과학 작가이다. 미적분학에 대한 자신의 깊은 지식을 가벼운 필체와 예리한 명료성으로 요리해 매력적인 서사시적 작품으로 펼쳐낸 이 책은 세상을 변화시킨(그리고 지금도 계속 변화시키고 있는) 수학의 획기적인 발전에 관한 놀라운 이야기를 들려준다."

알렉스 벨로스 Alex Bellos (『수학이 좋아지는 수학』, 『이 문제 풀 수 있겠어?』의 저자)

"세상은 무한히 작은 것들이 무한히 많이 모여 이루어진 거대한 것이다. 이것은 지금까지 발명된 가장 강력한 수학적 기법인 미적분학의 교훈이다. 이 매력적인 책에서 스티븐 스트로가츠는 그만이 할 수 있는 방법으로 미적분학의 중요성을 조명하고 미적분학의 신비를 설명한다."

션 캐롤 Sean Carroll (『다세계』, 『빅 픽쳐』의 저자)

"만약 미적분학이 우주의 언어라면, 스티븐 스트로가츠는 그 언어로 이야기하는 호메로스이다. 열정과 통찰력과 단순성으로 무장하고서 인류의 가장 위대한 지적 성취 중 하나인 미적분학의 배경을 이루는 심오한 개념들을 설명한다. 그의 책을 읽는 것은 헤아릴 수 없는 즐거움이다."

대니얼 길버트 Daniel Gilbert (『행복에 걸려 비틀거리다』의 저자)

"이 책을 읽으면서 나는 왜 스티븐 스트로가츠가 작가들 중에서 최고의 수학자이자 수학자들 중에서 최고의 작가인지 새삼 다시 인식했다."

윌리엄 더넘 Willian Dunham (『수학의 천재들』, 『미적분학 갤러리』의 저자)

"이 책은 위대한 책이다. 스티븐 스트로가츠는 미적분학에 숨어 있던 진정한 경이로움과 즐거운 단순성을 드러낸다. 이 책은 이해하기 쉽게 쓴 수학의 걸작이며, 도대체 왜 이 주제에 대해 그토록 법석을 떠는지 전혀 이해하지 못했던 사람들이 읽기에 완벽한 책이다. 이 책은 나를 즐거움에 겨워 펄쩍 뛰게 만들었다."

해나 프라이 Hannah Fry (『안녕, 인간』의 저자)

"경고: 이 책은 위험하다. 이 책은 당신이 수학을 사랑하게 만들 수 있다. 심지어 당신을 수학자로 바꿀 위험까지 존재한다."

나심 니콜라스 탈레브 Nassim Nicholas Taleb (『블랙 스완』의 저자)

"이것은 내가 읽은 것 중 가장 흥미진진한 책일지도 모른다. 수학에 대해, 그리고 수학이 이 세계에서 담당하는 역할에 대해 조금의 관심이라도 있다면, 이 놀라운 책을 읽어보길 적극 권한다. 모든 선생과 학생과 시민은 이 책을 읽고 나면 훨씬 더 나아질 것이다."

조 볼러 Jo Boaler (『스탠퍼드 수학공부법』의 저자)

"훌륭하다! 재치 있고 놀라운 이야기들로 현대 세계와 우리가 당연하게 생각하는 수많은 도구들을 만드는 데 미적분학이 어떻게 도움이 되었는지를 조명한다."

워싱턴 포스트 Washington Post

"다행히도 우리는 최고의 수학자가 수학에 어려움을 겪는 사람들이 접근할 수 있는 미적분학 책을 쓸 수 있는 시대에 살고 있다. 책의 역사적 디테일 덕분에 수학이 어떻게 발견되었는지를 따라가면서 미적분을 이해할 수 있었을 뿐만 아니라, 수학에 관한 생각이 계속 머릿속에 맴돌았다. 스트로가츠는 교과서를 꺼내 미적분학을 공부하고 싶게 만든다."

파이브 북스 Five Books

"이 책에는 매혹적인 일화가 풍부하다. 스트로가츠는 기술적 세부 사항을 딱 알맞은 양만큼 사용하여 복잡한 개념을 명확하게 전달하고, 미적분학이 우주의 크고 작은 패턴을 어떻게 비추는지 알려준다."

네이처Nature

"미적분학이 작동하는 방식과 그것이 우리 삶을 훨씬 더 좋게 만드는 이유에 대한 훌륭하고 매력적인 설명이다."

새터데이 이브닝 포스트 Saturday Evening Post

"스트로가츠는 어려운 주제를 훌륭하게 설명한다. 그는 여러 가지 사례들을 제시하며 미적분학이 오늘날 우리가 사는 방식의 근간을 이루고 있음을 증명한다. 미적분학이 무엇인지 알고 싶어하는 독자와 미적분학을 더 잘 이해시키고 싶은 교육자를 위한 탁월한 책이다."

라이브러리 저널 Library Journal

"광범위한 조사와 명확하고 이해하기 쉬운 문체를 통해, 스트로가츠는 악명 높은 복잡한 주제를 성공적으로 조명한다. 이 책을 읽은 독자들은 혁신 뒤에 숨은 역사에 대해 감사하게 될 것이다."

퍼블리셔스 위클리 Publishers Weekly

미적분의 힘

미적분의 힘

Infinite Powers

복잡한 세상을 푸는 단순하고 강력한 도구

스티븐 스트로가츠 지음 이충호 옮김

해나무

일러두기

1. 본문에서 •로 표시된 부분은 489쪽부터 시작되는 ‘노트’에 좀 더 자세하고 흥미로운 이야기가 실려 있다.
2. 책과 장편은 『 』로 묶었고, 단편·시·논문·기사명은 「 」로, 영화·신문·잡지·TV프로그램·음악은 〈 〉로, 시리즈 명은 ‘ ’로 묶었다.

차례

들어가는 말

만약 미적분학calculus이 없다면, 휴대 전화와 컴퓨터, 전자레인지도 없을 것이다. 게다가 라디오, 텔레비전, 산모를 위한 초음파 사진, 길 잃은 여행자를 위한 GPS도 없을 것이다. 원자를 쪼개거나 인간 유전체를 밝혀내거나 사람을 달에 보내는 일도 일어나지 않았을 것이다. 심지어 미국 독립 선언서마저 나오지 않았을지 모른다.

난해한 수학 분야가 세상을 이전과는 완전히 다르게 변화시킨 것은 역사에서 아주 흥미로운 사건이다. 원래는 형태에 관한 이론에 불과했던 미적분학이 어떻게 인류의 문명을 환골탈태에 가깝게 바꾸어 놓았을까?

그 답은 맨해튼 계획에 대해 대화를 나누던 도중에 물리학자 리처드 파인먼이 소설가 허먼 워크에게 던진 재담에 포함돼 있다. 제2차 세계 대전을 소재로 대작을 쓰려고 조사 작업을 하던 워크는 원자폭

탄 개발에 참여한 물리학자들을 면담하려고 캘리포니아 공과대학교를 찾아갔는데, 그때 만난 사람 중 한 명이 파인먼이었다. 면담이 끝나고 헤어질 무렵에 파인먼은 워크에게 미적분학을 아느냐고 물었다. 워크는 모른다고 솔직하게 대답했다. 그러자 파인먼은 말했다. "배워두는 게 좋을 거요. 신이 사용하는 언어니까요."•

그 이유는 아무도 모르지만, 우주는 매우 수학적이다.• 어쩌면 신이 그렇게 만들었는지도 모른다. 혹은 우리가 존재할 수 있는 우주는 이런 우주 외에는 선택지가 없을 수도 있는데, 비수학적 우주에는 이런 질문을 던질 만한 지적 생명체가 존재할 수 없기 때문이다. 어쨌든 우리 우주가 항상 미적분학 언어를 사용해 미분방정식이라는 문장으로 표현할 수 있는 자연의 법칙을 따르는 것은 불가사의하면서도 경이로운 사실이다. 미분방정식은 지금 이 순간의 어떤 것과 다음 순간의 그것 사이의 차이를, 혹은 바로 지금 여기에 있는 것과 무한히 짧은 순간 전후의 그것 사이의 차이를 기술한다. 세부 사항은 우리가 다루는 것이 자연의 어떤 부분이냐에 따라 달라지지만, 법칙의 구조는 늘 똑같다. 이 경이로운 주장을 달리 표현한다면, 우주에는 암호 비슷한 것, 즉 매 순간 모든 장소에서 모든 것에 생명을 불어넣는 일종의 운영체제operating system가 있는 것처럼 보인다.

이 우주의 비밀을 맨 처음 알아챈 사람은 아이작 뉴턴이었다. 뉴턴은 몇 개의 미분방정식만으로 행성들의 궤도, 조수의 리듬, 포탄의 궤적을 모두 다 기술하고 설명하고 예측할 수 있다는 사실을 발견했다. 오늘날 이 방정식들은 뉴턴의 운동 법칙과 중력 법칙이라 불린다. 뉴턴의 발견 이후에 우리는 우주에서 새로운 것을 밝혀낼 때마다 동일한 패턴이 성립한다는 사실을 깨달았다. 고대 세계의 4원소인 흙, 공기, 불, 물에서부터 최근에 발견된 전자, 쿼크, 블랙홀, 초끈에 이르기까지 우주의 모든 무생물 물체는 미분방정식의 규칙을 따른다. 나는 미적분학이 신이 사용하는 언어라고 한 파인먼의 말은 바로 이것을 의미한다고 생각한다. 우주의 비밀이라고 부를 만한 것을 하나 꼽으라고 한다면, 미적분학이 바로 그 주인공이다.

처음에 기하학의 한 구석에서, 나중에는 우주의 암호에서 무심결에 이 기묘한 언어를 발견하고, 그다음에는 그것을 유창하게 말하고, 관용구와 뉘앙스를 해독하고, 그리고 마침내 그 예측 능력을 활용함으로써 인류는 미적분학을 사용해 계속해서 새로운 세상을 만들어왔다.

이것이 바로 이 책의 중심 주장이다.

만약 이 주장이 옳다면, 더글러스 애덤스와 『은하수를 여행하는 히치하이커를 위한 안내서*The Hitchhiker's Guide to the Galaxy*』의 팬들에게는 미안하지만, 생명과 우주와 모든 것에 대한 궁극적인 답•은 42가 아니다. 하지만 깊은 생각Deep Thought이 나아간 방향은 옳았다. 우주의 비밀은 정말로 수학적이다.

모든 사람을 위한 미적분학

신의 언어를 언급한 파인먼의 재담은 심오한 질문을 여러 가지 제기한다. 미적분학이란 도대체 무엇인가? 인간은 신이 미적분학으로 말한다는(혹은 우주가 미적분학을 기반으로 돌아간다는) 사실을 어떻게 알아냈을까? 미분방정식은 무엇이고, 뉴턴의 시대뿐만 아니라 우리가 사는 시대에 이르기까지 미분방정식이 세상을 위해 한 일은 어떤 것들이 있을까? 마지막으로, 고등 수학의 배경 지식이 거의 없지만 매우 사려 깊고 호기심 많고 박식하며, 허먼 워크처럼 선의를 가진 독자들에게 어떻게 하면 이 이야기들과 개념들을 즐겁게 그리고 알기 쉽게 전달할 수 있을까?

파인먼을 만난 이야기를 결말지으면서, 워크는 그 후 14년 동안은 미적분학을 배울 엄두도 내지 않았다고 썼다. 워크의 소설은 각각 1000페이지에 이르는 『전쟁의 폭풍*The Winds of War*』과 『전쟁과 추억*War and Remembrance*』이라는 두 편의 대작으로 세상에 나왔다. 마침내 대작을 완성한 워크는 『알기 쉬운 미적분』 같은 제목이 붙은 책으로 독학을 하려고 시도했지만 성공하지 못했다. 그는 "존재의 의미를 찾고 싶은 청소년의 탐구심에 사로잡혀 인문학(즉, 문학과 철학)을 파고들면서 대학 시절을 보내고, 미적분학이 신이 사용하는 언어라는 사실을 모른 채 아무 쓸모도 없으면서 어렵고 따분한 분야라고만 들었던 나 같은 수학 무지렁이*에게 도움을 줄지도 모를 책을 만나길" 기대하면서 교과서도 몇 권 뒤적였다. 혼자 힘으로 교과서를 도저히 이해할 수 없자 이번에는 이스라엘인에게 수학 개인 교습을 받았는데, 미적분학을 약간 배우는 동시에 덤으로 히브리어 회화 실력도 조금 향상시킬 수 있지 않을까 기대했지만 둘 다 실패로 돌아갔다. 마지막으로 절박한 심정에서 고등학교 미적분학 수업을 청강했지만 실력이 뒤처져 진도를 제대로 따라가지 못해 두 달 만에 포기했다. 그가 청강을 포기할 때 학생들은 박수를 쳤다. 워크는 그것이 측은한 과시적 행동에 보내는 동정의

박수 비슷한 것이었다고 말했다.

나는 미적분학의 위대한 개념과 이야기를 모든 사람에게 쉽게 이해시키려는 의도로 이 책을 썼다. 인류의 역사에서 일어난 이 위업을 배우기 위해 허먼 워크가 했던 것과 같은 힘겨운 노력을 감내해야 할 필요까지는 없다. 미적분학은 큰 영감을 불러일으키는 인류의 집단 업적 중 하나이다. 훌륭한 요리를 만드는 법을 알아야만 그것을 제대로 즐길 수 있는 것이 아닌 것처럼, 미적분학을 제대로 감상하기 위해 반드시 미적분을 하는 법을 배워야 하는 것은 아니다. 나는 그림과 비유와 일화의 도움을 받아가며 알아야 할 필요가 있는 것을 모두 설명할 것이다. 또한 가장 훌륭한 방정식과 증명도 일부 소개할 텐데, 대작을 보지 않고서 어떻게 미술관을 제대로 둘러보았다고 할 수 있겠는가? 내가 이 글을 쓰고 있는 현재 허먼 워크는 103세가 되었다. 나는 그가 미적분학을 이미 배웠는지 알지 못하지만, 아직 배우지 못했다면 이 책을 한번 읽어보길 권한다(허먼 워크는 2019년에 세상을 떠났다—옮긴이).

미적분학의 관점에서 바라본 세계

이제 여러분도 눈치챘겠지만, 나는 미적분학에 관한 이야기와 미적분학의 중요성을 응용수학자의 관점에서 서술할 것이다. 수학사를 연구하는 사람은 이와 다르게 서술할 것이고,* 순수수학자 역시 그럴 것이다. 응용수학자로서 내가 큰 흥미를 느끼는 것은 주변의 현실 세계와 우리 머릿속의 이상적인 세계 사이에서 벌어지는 밀고 당기기이다. 저 밖의 세계에서 일어나는 현상은 우리가 제기하는 수학적 질문을 인도하고, 우리가 상상하는 수학은 가끔 저 밖의 현실 세계에서 실제로 일어나는 일을 예고한다. 그런 일이 일어날 때, 그 효과는 초자연적인 것처럼 기괴하게 느껴진다.

응용수학자가 되려면,• 바깥의 현실 세계를 바라보아야 하고, 지적으로 문란해져야 한다. 응용수학자의 눈에는 수학이 순수하고 불가사의하게 봉인된 정리와 증명의 세계•로 보이지 않는다. 우리는 철학, 정치, 과학, 역사, 의학을 비롯해 온갖 종류의 주제를 다룬다. 내가 이 책에서 하고자 하는 이야기도 바로 그것으로, 곧 미적분학의 관점에서 바라본 세계를 보여준다.

이 책에서는 미적분학을 평소보다 훨씬 넓은 관점에서 바라본다. 수학과 인접 분야들에 퍼져 있는 미적분학의 많은 사촌들과 파생 분야들까지 다룬다. 이러한 빅텐트 관점은 비정통적인 것이기 때문에, 나는 내 접근법이 어떤 혼란도 야기하지 않길 바란다. 예를 들면, 앞에서 내가 미적분학이 없었더라면 컴퓨터와 휴대 전화 등도 없었을 것이라고 말했을 때, 그것은 미적분학 혼자서 이 모든 경이로운 발명품을 만들어냈다는 뜻이 아니다. 전혀 그렇지 않다. 과학과 기술은 불가분의 파트너 관계에 있고, 이 놀라운 쇼의 스타들이다. 내 말의 요점은 우리가 알고 있는 오늘날의 세상을 만들어내는 데 미적분학도 중요한 역할(비록 보조 역할을 할 때가 많긴 했지만)을 했다는 것이다.

무선 통신의 예를 살펴보자. 무선 통신은 마이클 패러데이와 앙드레-마리 앙페르 같은 과학자들이 전기와 자기•의 법칙을 발견하면서 시작되었다. 이들의 관찰과 실험이 없었더라면, 자석과 전류와 보이지 않는 역장力場에 관한 중요한 사실들은 알려지지 않은 채 남아 있었을 것이고, 무선 통신은 결코 현실이 되지 못했을 것이다. 따라서 여기에는 실험물리학이 필수 불가결한 역할을 한 것이 분명하다.

미적분학에 대해서도 똑같이 말할 수 있다. 1860년대에 스코틀랜드의 수리물리학자 제임스 클러크 맥스웰은 전기와 자기에 관한 실험적 법칙을 미적분학의 위 속으로 집어넣을 수 있는 기호 형태로 탈바꿈시켰다. 그러자 그 위가 약간 꿈틀거리더니 터무니없어 보이는 방정식을 게워냈다. 그렇다면 물리학에 뭔가 잘못이 있는 게 틀림없었다. 맥스웰은 앙페르의 법칙이 범인이 아닐까 의심했다. 맥스웰은 이 문제를 해결하기 위해 자신의 방정식에 새로운 항(모순을 없앨 수 있는 가상의 전류)을 첨가한 뒤, 미적분 계산을 다시 해보았다. 이번에는 이치에 닿는 결과가 나왔는데, 연못 위에서 퍼져나가는 물결을 기술하는 방정식과 흡사한, 단순하고 우아한 파동 방정식•이었다. 다만, 그 결과가 전기장과 자기장이 함께 손잡고 춤을 추며 나아가는 새로운 종류의 파동을 예측한다는 것이 문제였다. 변하는 전기장은 변하는 자기장을 만들어내고, 변하는 자기장은 다시 전기장을 만들어내며, 그런 식으로 각각의 장이 다른 장을 계속 만들어내면서 함께 나아가는 에너지 파동이 된다. 그리고 이 파동의 속도를 계산해보았더니, 놀랍게도 빛의 속도와 같았다. (이것은 역사상 가장 위대한 '아하!' 순간 중 하나였을 것이다.) 그래서 맥스웰은 미적분학을 사용해 단지 전자기파의 존재를 예측했을 뿐만 아니라, 오랫동안 수수께끼로 남아 있던 문제까지 해결했다. 그 문제는 바로 빛의 본질이 무엇이냐 하는 것이었다. 맥스웰은 빛이 전자기파라는 사실을 알아냈다.

맥스웰이 전자기파의 존재를 예측하자, 독일의 하인리히 헤르츠가 1887년에 실험을 통해 그 존재를 입증했다. 10년 뒤, 니콜라 테슬라가 최초의 무선 통신 장비를 만들었고, 그로부터 5년 뒤에는 굴리엘모 마르코니가 최초로 무선 통신 메시지를 대서양 건너편으로 보내는 데 성공했다. 그리고 얼마 지나지 않아 텔레비전과 휴대 전화를 비롯해 무선 통신을 이용하는 온갖 장비가 나왔다.

미적분학 혼자 힘만으로 이 모든 일을 할 수 없었다는 것은 분명하다. 하지만 마찬가지로 미적분학이 '없었더라면', 이 모든 일 중 어느 것도 일어나지 않았을 것이다. 혹은 더 정확하게 말한다면, 그런 일들이 일어날 수도 있었겠지만, 설사 일어났다 하더라도 훨씬 나중에 일어났을 것이다.

미적분학은 단지 언어에 불과한 것이 아니다

맥스웰 이야기는 우리가 앞으로 계속 반복해서 맞딱뜨리게 될 주제를 잘 보여준다. 흔히 수학은 과학의 언어라고 이야기한다. 이 말은 대체로 진실에 가깝다. 전자기파의 경우, 실험적으로 발견된 법칙들을 맥스웰이 미적분학의 언어로 표현된 방정식들로 번역한 것이 그 후의 발전을 낳은 중요한 첫 번째 단계였다.

하지만 언어 비유는 불완전하다. 미적분학은 다른 수학 형식들과 마찬가지로 단지 언어에 불과한 것이 아니다. 미적분학은 놀랍도록 강력한 추론 체계이기도 하다. 미적분학은 특정 규칙들을 따르는 여러 가지 기호 연산을 수행함으로써 한 방정식을 다른 방정식으로 바꾸게 해준다. 그 규칙들은 논리에 뿌리를 두고 있어서, 겉보기에는 우리가 그저 기호들을 이리저리 바꾸는 것에 불과한 것 같지만, 실제로는 긴 논리적 추론의 사슬을 만들고 있다. 기호들을 이리저리 바꾸는 것은 유용한 지름길 방법으로, 너무 복잡해서 머릿속에 담을 수 없는 논거들을 만들기에 편리한 방법이다.

만약 우리가 충분히 운이 좋고 재주가 뛰어나다면(만약 방정식을 아주 적절하게 바꾼다면), 방정식에 숨어 있는 의미를 드러나게 할 수 있다. 수학자에게는 그 과정이 거의 손으로 만지는 것처럼 느껴진다. 그것은 마치 방정식을 잘 다루고 마사지하여 긴장을 풀게 함으로써, 방정식이 자신의 비밀을 스스로 털어놓게 하는 것과 같다. 우리는 방정식이 속을 터놓고 말을 하길 바란다.

그렇게 하려면 창조성이 필요한데, 어떤 방법을 써야 할지 분명하지 않을 때가 많기 때문이다. 맥스웰의 경우에는 방정식을 바꿀 수 있는 방법이 수없이 많았는데, 그것들은 모두 논리적으로 허용되는 것이었지만 그중에서 과학적으로 의미 있는 결과를 드러낼 수 있는 것은 일부밖에 없었다. 맥스웰이 자신이 무엇을 찾는지조차 몰랐다는 사실을 감안하면, 자신의 방정식에서 앞뒤가 맞지 않는 중얼거림(혹은 그것에 해당하는 기호의 표현) 외에는 아무것도 얻지 못했을 가능성도 충분히 있었다. 하지만 운 좋게도 그 방정식들에는 중요한 비밀이 숨어 있었다. 적절한 자극을 주자, 그 방정식들은 파동 방정식을 내놓았다.

그 시점에서 미적분학의 언어적 기능이 다시 주도권을 잡았다. 맥스웰이 추상적인 기호들을 실체로 번역하자, 그것은 전기와 자기가 함께 보이지 않는 에너지파를 이루어 빛의 속도로 나아간다고 예측했다. 그리고 수십 년이 채 지나기도 전에 이 발견은 세상을 완전히 바꾸어 놓았다.

터무니없이 효율적인

두 영역이 서로 얼마나 다른가를 감안하면, 미적분학이 자연을 너무나도 잘 모방한다는 사실은 매우 기괴해 보인다. 미적분학은 기호와 논리로 이루어진 상상의 영역인 반면, 자연은 힘과 현상으로 이루어진 현실 영역이다. 하지만 현실을 기호로 아주 솜씨 좋게 번역하면, 미적분학의 논리는 현실 세계의 한 가지 진실을 사용해 다른 진실을 만들어낼 수 있다. 진실을 입력하면, 진실이 출력된다. 경험적으로 참이면서 기호로 기술된 것을 가지고 시작해, (맥스웰이 전기와 자기의 법칙들을 가지고 한 것처럼) 적절한 논리적 조작을 하면, 또 다른 경험적 진실이 나온다. 그것은 새로운 진실, 곧 이전에 어느 누구도 몰랐던 우주에 관한 사실(전자기파의 존재 같은)일 수도 있다. 이런 식으로 미적분학은 미래를 내다보고 미지의 사실을 예측하게 해준다. 이런 이유 때문에 미적분학은 과학과 기술의 강력한 도구가 될 수 있다.

그런데 왜 우주는 미친한 우리 인간이 사용할 수 있는 종류의 논리는 아니라 하더라도 어떤 종류의 논리가 작용하는 방식을 존중하며 따를까? 아인슈타인이 "세계의 영원한 수수께끼"는 그것을 이해할 수 있다는 것이다."라는 말로 경이로움을 표현했던 이유는 바로 이 때문이다. 유진 위그너가 「자연과학에서 수학의 터무니없는 효율성에 관해」•라는 제목의 논문에서 "물리학 법칙의 기술에서 수학 언어가 지닌 적절성의 기적은 우리가 이해할 수도 없고 누릴 자격도 없는 경이로운 선물이다."라고 한 것도 그런 뜻에서 한 말이다.

이러한 경외감은 수학사에서 훨씬 이전으로 거슬러 올라간다. 전설에 따르면, 피타고라스•는 기원전 550년경에 제자들과 함께 음악이 정수비에 좌우된다는 사실을 발견했을 때 경외감을 느꼈다고 한다. 예를 들어 기타 현을 뜯는 장면을 상상해보라. 현이 진동하면, 특정 음의 소리가 난다. 이번에는 현에서 정확하게 절반 지점에 있는 프렛에 손가락을 갖다대고 다시 현을 뜯어보라. 이번에는 현에서 진동하는 부분의 길이는 조금 전에 진동했던 부분의 절반(비로 나타내면 1:2)이고, 조금 전의 음보다 정확하게 한 옥타브(어떤 음에서 완전 8도의 거리에 있는 음 또는 그 거리. 즉, 도에서 시작했다면, 레미파솔라시를 지나 다음번 도까지 이르는 음악적 거리를 말한다) 위의 소리가 난다. 만약 진동하는 부분이 원래 길이의 2/3라면, 원래 음보다 음정이 5도 더 높은 소리('도'에서 '솔' 사이의 간격에 해당하는 음악적 거리. 〈스타워즈〉 주제곡의 처음 두 음정을 생각해보라)가 난다. 만약 진동하는 부분이 원래 길이의 3/4이라면, 원래 음보다 음정이 4도 더 높은 소리(〈결혼 행진곡〉의 처음 두 음정 사이의 간격에 해당하는)가 난다. 고대 그리스 음악가들은 옥타브와 4도 음정과 5도 음정을 알고 있었고, 이것들을 아름답다고 여겼다. 피타고라스학파• 사람들은 음악(현실 세계의 조화)과 수(상상 속 세계의 조화) 사이에 성립하는 이 예기치 못한 관계에 끌려 '만물'이 수라는 신비적인 믿음에 빠졌다. 이들은 궤도를 도는 행성들도 음악 소리를 낸다고 믿었고, 이를 천구의 음악이라고 불렀다.

그 이후로 역사상 위대한 수학자와 과학자 중에서도 피타고라스 학파의 열병에 걸린 사람들이 많이 나왔다. 천문학자 요하네스 케플러도 이 병을 심하게 앓았다. 물리학자 폴 디랙 역시 그랬다. 앞으로 보게 되겠지만, 이 병에 걸린 사람들은 우주의 조화를 추구하고 꿈꾸고 열망했다. 그리고 결국에는 그 덕분에 세상을 바꾸는 발견을 했다.

무한의 원리

우리가 가야 할 목적지가 어디인지 이해하는 데 도움을 주기 위해 먼저 미적분학이 무엇이고, 미적분학이 원하는(은유적으로 말한다면) 것은 무엇이며, 미적분학은 나머지 수학 분야들과 어떤 차이가 있는지를 개략적으로 소개하려고 한다. 다행히도 처음부터 끝까지 이 주제를 관통하는 거대하고 아름다운 개념이 딱 하나 있다. 이 개념을 이해하고 나면, 미적분학의 구조는 통합적인 주제를 바탕으로 한 변주곡들로 나타난다.

안타깝게도 대부분의 미적분학 강의는 공식과 절차와 계산 기술을 눈사태처럼 쏟아내면서 그 밑에 주제를 묻어버린다. 생각해보니, 그 주제는 미적분학 문화의 일부이고 모든 전문가가 암묵적으로 아는 것인데도 불구하고, 나는 어디에서도 그것을 설명하는 것을 본 적이 없다. 그것을 **무한의 원리**Infinity Principle라고 부르기로 하자. 개념적으로

뿐만 아니라 역사적으로도 미적분학의 발달을 인도했던 무한의 원리는 우리의 여행도 인도할 것이다. 나는 지금 당장 그것을 이야기하고 싶지만, 이 시점에서는 영문을 알 수 없는 말처럼 들릴 것이다. 미적분학이 원하는 것이 무엇이고… 자신이 원하는 것을 어떻게 얻었는지 알아봄으로써 조금 더 수준을 높인 뒤에 다루면 이해하기가 훨씬 쉬울 것이다.

간단히 말하면, 미적분학은 어려운 문제를 단순하게 만들려고 한다. 미적분학은 단순성에 과도하게 집착한다. 미적분학이 복잡한 것으로 악명 높다는 사실을 감안하면 이 말은 다소 놀랍게 들릴 것이다. 주요 미적분학 교과서 중에는 1000페이지가 넘고 벽돌만큼 무거운 것도 있지 않은가? 하지만 섣부른 판단은 금물이다. 미적분학은 자신의 겉모습만큼은 어떻게 할 수가 없다. 두꺼운 분량은 어쩔 수 없는 일이다. 미적분학이 복잡해 보이는 이유는 복잡한 문제들을 다루기 때문이다. 사실, 미적분학은 지금까지 인류가 맞닥뜨렸던 가장 어렵고 중요한 문제들을 풀어왔다.

미적분학이 성공을 거둔 비결은 바로 복잡한 문제를 단순한 부분들로 쪼개는 데 있다. 물론 이 전략은 미적분학의 전유물이 아니다. 문제를 잘 푸는 사람들은 어려운 문제를 부분들로 쪼개면 훨씬 쉬워진다는 사실을 안다. 정말로 급진적이고 독특한 미적분학의 비법은, 분할하여 정복divide-and-rule하는 이 전략을 극단적으로, 즉 '무한에 이르기까지' 추구하는 데 있다. 큰 문제를 여러 작은 조각으로 쪼개는 대신에, 쪼개고 또 쪼개는 과정을 끝없이 반복하여 문제를 가루처럼 아주 작은 부분들로 쪼개 그런 부분들이 무한히 많이 생긴다. 이 과정이 끝나면 작은 부분들을 대상으로 문제를 푸는데, 그러면 처음의 큰 문제보다 풀기가 훨씬 수월하다. 이제 남은 문제는 이렇게 얻은 작은 답들을 다시 합치는 것이다. 이것은 일반적으로 훨씬 어려운 단계이지만, 적어도 원래 문제를 푸는 것만큼 어렵진 않다.

따라서 미적분은 분할과 재조립이라는 두 단계로 나뉘어 진행된다. 수학 용어를 사용한다면, 분할 과정은 항상 미소한 뺄셈 과정을 무한히 많이 포함하는데, 이것은 부분들 사이의 차difference를 계량화하는 데 쓰인다. 그래서 미적분학의 절반에 해당하는 이 과정을 미분diffrential calculus이라 부른다. 재조립 과정은 항상 덧셈 과정을 무한히 많이 포함하는데, 부분들을 합쳐integrate 원래의 전체로 만든다. 미적분학의 나머지 절반에 해당하는 이 과정을 적분integral calculus이라 부른다.

이 전략은 무한히 쪼개나가는 과정을 상상할 수 있는 상황이라면 어떤 문제에도 사용할 수 있다. 그렇게 무한히 쪼갤 수 있는 대상을 연속체continuum라 부르고 그런 상태를 연속continuous이라고 하는데, 이에 해당하는 영어 단어는 라틴어 *con*('함께'라는 뜻)과 *tenere*('붙잡다'란 뜻)에서 유래했으며, 그 뜻은 '방해받지 않는' 또는 '함께 붙어 있는'이란 뜻이다. 완벽한 원의 가장자리나 현수교의 철제 대들보, 식탁 위에서 식어가는 수프 그릇, 날아가는 창의 포물선 궤적, 여러분이 살아온 시간의 길이를 생각해보라. 어떤 모양이나 물체, 액체, 운동, 시간 간격은 모두 미적분 제분소에 집어넣을 수 있는 곡물이다. 이것들은 모두 연속체이거나 연속체에 거의 가깝다.

여기서 창조적 상상에 주목할 필요가 있다. 수프와 강철은 정말로 연속적인 것이 아니다. 일상생활 수준에서는 연속적인 것처럼 보이지만, 원자나 초끈 수준에서는 연속적인 것이 아니다. 미적분학은 원자와 더 이상 쪼갤 수 없는 그 밖의 실체가 제기하는 불편한 진실을 무시한다. 그런 실체가 존재하지 않아서 그런 것이 아니라, 존재하지 않는 것처럼 취급하는 편이 유용하기 때문에 그런다. 앞으로 보게 되겠지만, 미적분학은 유용한 허구를 좋아하는 경향이 있다.

더 일반적으로는 미적분학이 연속체 모형으로 표현하는 실체들의 종류에는 생각할 수 있는 거의 모든 것이 다 포함된다. 미적분학은 공이 경사면을 연속적으로 굴러가는 방식, 햇빛이 물속으로 연속적으로 나아가는 방식, 공기가 날개 주위로 연속적으로 흘러가면서 벌새나 비행기를 공중에 뜨게 하는 방식, 에이즈 환자가 복합 약 요법을 시작한 뒤부터 혈중 HIV 바이러스 입자의 농도가 며칠 동안 연속적으로 치솟는 방식 등을 기술하는 데 사용돼왔다. 모든 사례에서 사용하는 기본 전략은 똑같다. 복잡하지만 연속적인 문제를 무한히 많은 단순한 조각들로 쪼개고 나서, 그것들을 개별적으로 푼 다음, 다시 모두 합쳐 전체를 만든다.

이제 마침내 거대한 개념을 이야기할 때가 되었다.

> 무한의 원리
>
> 연속적인 형태나 물체, 운동, 과정, 현상에 대해 어떤 것을 알아내려면, 그것이 (아무리 거칠고 복잡한 것이라 해도) 무한히 연속적으로 이어진 더 단순한 부분들로 이루어져 있다고 상상하고서 부분들을 분석한 뒤, 그 결과들을 합쳐 원래의 전체를 이해하라.

무한 골렘

이 모든 것에서 난관은 무한을 다루어야 한다는 점이다. 이것은 말보다 훨씬 어렵다. 무한을 잘 통제된 방식으로 사용하는 것은 미적분학의 비결이자 엄청난 예측 능력의 원천이긴 하지만, 미적분학의 가장 큰 골칫거리이기도 하다. 프랑켄슈타인의 괴물이나 유대인 전설에 나오는 골렘golem(흙이나 점토로 만든 인형에 생명을 불어넣은 것—옮긴이)처럼 무한은 주인의 통제에서 벗어나는 경향이 있다. 휴브리스hubris(그리스 비극에서, 과거의 성공을 바탕으로 지나친 자신감에 빠져서 오만한 태도를 보이다가 신과 갈등을 일으키고, 그로 말미암아 파멸에 이르게 되는 주인공이나 영웅의 특성—옮긴이)를 다루는 이야기가 모두 그런 것처럼, 이 괴물은 자신을 만든 주인에게 반기를 든다.

미적분학을 만든 사람들은 이 위험을 알았지만, 무한에 거부할 수 없는 매력을 느꼈다. 물론 무한은 가끔 걷잡을 수 없이 날뛰면서 역설과 혼란과 철학적 난장판을 남겼다. 하지만 그런 난리가 벌어질 때마다 수학자들은 괴물을 진정시키고, 그 행동을 합리화하고, 다시 일을 제대로 하게 만드는 데 간신히 성공했다. 결국에는 모든 것이 제대로 돌아갔다. 미적분학은 정답을 내놓았는데, 그것을 만든 사람들이 그 이유를 알 수 없을 때에도 그랬다. 무한을 다루고 그 힘을 활용하고 싶은 욕망은 2500년의 미적분학 이야기 전체를 관통하는 주요 맥락이다.

수학이 일반적으로 정확하고 흠 잡을 데 하나 없이 합리적인 학문으로 간주된다는 사실을 감안하면, 욕망과 혼란에 관한 이 모든 이야기는 엉뚱한 것처럼 들릴 수 있다. 수학은 합리적이긴 하지만, 처음부터 늘 그랬던 것은 아니다. 창조성은 직관적으로 떠오르며, 이성은 나중에 등장한다. 미적분학 이야기에서 논리는 항상 직관보다 뒤처져서 나타났다. 이 때문에 미적분학은 특별히 인간적이고 쉽게 다가갈 수 있는 분야로 느껴지며, 이 분야의 천재들은 우리와 비슷해 보이기까지 한다.

곡선, 운동, 변화

무한의 원리는 방법론적 주제를 중심으로 미적분학 이야기의 체계를 세운다. 하지만 미적분학 이야기는 방법론에 관한 이야기인 동시에 불가사의한 수수께끼에 관한 이야기이기도 하다. 미적분학의 발전을 이끈 중요한 수수께끼가 세 가지 있다. 그 세 가지는 곡선의 수수께끼, 운동의 수수께끼, 그리고 변화의 수수께끼이다.

이 수수께끼들이 낳은 유익한 결과는 순수한 호기심이 얼마나 가치 있는 것인지 잘 보여준다. 곡선과 운동과 변화에 관한 수수께끼는 얼핏 보기에는 별로 중요하지 않은 것처럼 보이고, 심지어는 좌절을 느끼게 할 만큼 난해해 보일 수도 있다. 하지만 이 수수께끼들이 개념적으로 중요한 문제들과 관련이 있기 때문에, 그리고 수학이 우주의 구조 자체에 뿌리박혀 있기 때문에, 이 수수께끼들의 해결은 문명의 발전과 우리의 일상생활에 아주 큰 영향을 미쳤다. 이어지는 장들에서 보게 되겠지만, 휴대 전화로 음악을 듣거나, 레이저 스캐너 덕분에 슈퍼마켓에서 계산대를 빨리 지나가거나, GPS 장비를 사용해 길을 찾을 때마다 우리는 이 연구들의 혜택을 누리고 있다.

이 모든 것은 곡선의 수수께끼에서 시작되었다. 여기서 나는 '곡선curve'이라는 용어를 아주 느슨한 의미로 사용하는데, 선이나 표면, 입체를 가리지 않고 구부러진 형태는 모두 곡선이라고 부른다. 예컨대 고무 밴드나 결혼반지, 거품 방울, 꽃병 윤곽, 원통 모양의 살라미 소시지도 모두 곡선이다. 초기의 기하학자들은 문제를 단순하게 만들기 위해 구부러진 형태의 추상적이고 이상적인 버전에만 초점을 맞추고, 두께나 오톨도톨한 정도, 질감 등은 싹 무시했다. 예컨대 수학적 구의 표면은 무한히 얇고 반반하며, 두께나 울퉁불퉁함이나 털 같은 것이 없는 완벽하게 둥근 막이라고 상상했다. 이렇게 이상화한 가정을 적용하더라도 구부러진 형태들은 개념적으로 성가신 문제를 제기했는데, 곡선은 직선 부분들로 이루어진 것이 아니기 때문이다. 삼각형과 사각형은 간단하다. 정육면체도 그렇다. 이것들은 모두 직선과 평면이 적은 수의 모퉁이에서 만나는 형태를 하고 있다. 이 도형들의 둘레 길이나 면적이나 부피를 계산하는 것은 전혀 어렵지 않았다. 전 세계의 기하학자들(고대 바빌로니아, 이집트, 중국, 인도, 그리스, 일본을 비롯해)은 이런 문제들을 푸는 법을 알았다. 하지만 둥근 물체라면 이야기가 달랐다. 구의 면적이나 부피가 얼마인지 정확하게 알아내는 법은 아무도 몰랐다. 옛날에는 원의 둘레 길이와 면적을 구하는 것은 아예 풀 수 없는 문제였다. 어떻게 시작해야 할지조차 몰랐다. 이 도형들은 직선 부분들로 나눌 수가 없었다. 그래서 구부러진 물체는 불가해한 존재였다.

미적분학은 바로 여기서 시작되었다. 미적분학은 구부러진 형태에 대해 기하학자가 느낀 호기심과 좌절에서 탄생했다. 원과 구와 그 밖의 구부러진 형태는 그 시대의 히말라야산맥이었다. 그렇다고 해서 이 형태들이 실제적으로 중요한 문제를 제기한 것은 아니었다. 적어도 처음에는 그랬다. 이것들은 단순히 모험을 갈망하는 인간 정신에 관한 문제였다. 에베레스트산을 오르는 탐험가들처럼 기하학자들은 그저 곡선이 거기 있기 때문에 곡선 문제를 풀려고 했다.

첫 번째 돌파구는 곡선이 실제로는 직선 부분들로 이루어져 있다는 주장에서 나왔다. 이 주장은 사실이 아니었지만, 그렇게 가정해 볼 수는 있었다. 유일한 문제점은 그 조각들이 무한히 작고 무한히 많다는 점이었다. 이 환상적인 개념에서 적분이 탄생했다. 이것은 무한의 원리가 최초로 사용된 사례였다. 적분의 발전 과정 이야기는 몇 장에 걸쳐 소개되지만, 그 본질은 이미 단순하고 직관적인 통찰 속에 배아의 형태로 들어 있었다. 원(혹은 구부러지고 매끄러운 것이라면 어떤 것이라도)을 충분히 확대하면, 현미경으로 보이는 부분이 직선(혹은 평면)으로 보이기 시작한다. 따라서 적어도 원리적으로는 작은 직선 부분들을 모두 합함으로써 구부러진 형태에 대해 알고 싶은 것을 얼마든지 계산할 수 있다. 그 방법을 정확하게 생각해내는 것은 결코 쉬운 일이 아니었고, 수백 년에 걸친 위대한 수학자들의 노력이 필요했다. 하지만 공동의 노력을 통해, 그리고 때로는 치열한 경쟁을 통해 수학자들은 마침내 곡선의 수수께끼를 푸는 데 진전을 보이기 시작했다. 2장에서 보게 되겠지만, 그 부산물로 생겨난 성과로는 컴퓨터 애니메이션 영화에서 등장인물의 머리카락과 옷, 얼굴을 현실적으로 그리는 데 쓰이는 수학과, 의사가 진짜 환자에게 수술을 하기 전에 가상 환자를 대상으로 얼굴 수술을 하게 해주는 계산이 있다.

곡선의 수수께끼를 풀기 위한 탐구 과정에서 곡선이 단순히 기하학적 오락거리에 불과한 것이 아님이 분명해지자, 수학자들은 극도로 열광했다. 곡선은 자연의 비밀을 드러내는 열쇠였다. 곡선은 날아가는 공의 포물선 궤적, 태양 주위를 공전하는 화성의 타원 궤도, 빛을 구부리고 초점을 맺게 하는 렌즈의 볼록한 곡면(후기 르네상스 시대의 유럽에서 현미경과 망원경이 발달하는 데 필요했던) 등에서 자연스럽게 나타났다.

그러자 과학자들이 두 번째로 크게 집착한 대상이 나타났는데, 지구와 태양계에서 일어나는 운동의 수수께끼가 바로 그것이었다. 관찰과 독창적인 실험을 통해 과학자들은 가장 단순하게 움직이는 물체들에서 감질나는 수의 패턴을 발견했다. 그들은 진자의 진동을 측정하고, 빗면을 굴러내려오는 공의 하강 속도를 재고, 행성들이 위풍당당하게 하늘을 가로질러가는 경로를 지도 위에 표시했다. 그리고 거기서 나타나는 패턴들에 심취했는데, 그 패턴들은 신의 작업을 증언하는 증거처럼 보였기 때문이다. (실제로 요하네스 케플러는 행성 운동의 법칙을 발견했을 때 스스로 '신성한 광란'이라고 부른 상태에 빠졌다.) 더 세속적인 관점에서 본다면, 그 패턴들은 피타고라스학파가 주장한 것처럼 자연은 매우 수학적이라는 주장에 힘을 실어주었다. 유일한 문제는 경이로운 새 패턴들을 아무도 설명할 수가 없다는 점이었다. 적어도 기존의 수학으로는 설명할 수 없었다. 가장 위대한 수학자도 산술과 기하학만으로는 그 일을 해낼 수 없었다.

운동이 일정하게 일어나지 않는다는 것이 문제였다. 빗면을 내려오는 공은 계속 속력이 변하고, 태양 주위를 도는 행성은 계속 진행 방향이 바뀌었다. 심지어 행성은 태양 가까이에서는 더 빨리 움직이고, 태양에서 멀어졌을 때에는 천천히 움직였다. 그 양상이 계속 변하는 운동을 제대로 다루는 법칙은 알려진 것이 없었다. 이전의 수학자들은 가장 단순한 종류의 운동, 즉 일정한 속력으로 움직이는 운동에 관한 수학(거리=속력×시간)은 알고 있었다. 하지만 속력이 일정하지 않고 연속적으로 계속 변하는 운동은 어떻게 할 방법이 없었다. 운동은 곡선과 마찬가지로 개념적 에베레스트산에 해당했다.

이 책의 중간 부분에서 보게 되겠지만, 미적분학에서 일어난 다음 단계의 위대한 진전은 운동의 수수께끼를 풀려는 탐구 과정에서 나왔다. 곡선 사례에서 그런 것처럼 이번에도 무한의 원리가 구원의 손길을 뻗었다. 이번에는 속력이 계속 변하는 운동이 '일정한' 속력으로 움직이는 무한히 짧은 운동들이 무한히 많이 모여 이루어졌다고 상상하는 것이 비결이었다. 이것을 시각적으로 설명하기 위해 난폭한 운전자가 운전대를 잡은 자동차를 여러분이 탔다고 상상해보라. 불안한 마음으로 속도계를 보고 있는데, 자동차는 운전자가 가속 페달을 밟았다 뗐다 함에 따라 속력이 빨라졌다 느려졌다 한다. 하지만 1000분의 1초 동안만 놓고 본다면, 아무리 난폭한 운전자라도 속도계의 바늘을 그렇게 많이 움직이게 할 수 없다. 그리고 그보다 훨씬 짧은 시간 간격(무한히 짧은 시간 간격)이라면, 바늘은 전혀 움직이지 않을 것이다. 가속 페달을 그렇게 빨리 밟을 수 있는 사람은 아무도 없다.

이 개념들이 합쳐져 미적분학의 앞쪽 절반인 미분학의 근간을 이루었다. 미분학은 계속 변하는 운동에서 일어나는 시간과 거리의 무한히 작은 변화뿐만 아니라, 해석기하학에서 나타난 곡선 중의 무한히 짧은 직선 부분을 다루는 데 꼭 필요한 것이었다. 해석기하학은 대수 방정식으로 정의되는 곡선을 다루는 분야로, 16세기 전반에 시작되어 큰 인기를 끌었다. 그렇다, 나중에 보게 되겠지만, 한때 수학자들이 대수학에 크게 열광했던 시절이 있었다. 대수학의 인기는 기하학을 포함해 모든 수학 분야에 큰 혜택을 가져다주었지만, 탐구해야 할 새로운 곡선들로 이루어진 험난한 정글도 만들어냈다. 이렇게 해서 곡선의 수수께끼와 운동의 수수께끼가 충돌하게 되었다. 이 둘은 17세기 중엽에 미적분학의 중심 무대를 차지하고 서로 충돌하면서 수학적 아수라장과 혼란을 야기했다. 이 소란 속에서 미분학이 꽃을 피우기 시작했지만, 아무런 논란도 없이 그랬던 것은 아니다. 일부 수학자들은 무한을 아무렇게나 다룬다고 비난을 받았다. 다른 사람들은 대수학을 보고서 기호들이 옴처럼 덕지덕지 널려 있다고 조롱했다. 이 모든 소란 속에서 진전은 단속적으로, 그리고 느리게 일어났다.

그러던 어느 해 크리스마스에 한 아이가 태어났다. 이 어린 미적분학의 메시아는 아무도 기대하지 않았던 영웅이었다. 조산아에 유복자로 태어나 세 살 때 어머니한테까지 버림을 받은 이 아이는 음울하고 외로운 소년으로 자랐고, 비밀스럽고 의심 많은 젊은이로 성장했다. 하지만 아이작 뉴턴은 세계사에 전무후무한 발자취를 남겼다.

우선 뉴턴은 미적분학의 성배에 해당하는 문제를 풀었다. 그는 곡선의 조각들을 다시 합치는 방법을 발견했고, 게다가 그것을 쉽고 빠르고 체계적으로 할 수 있는 방법도 발견했다. 뉴턴은 대수학 기호들과 무한의 힘을 결합함으로써, 어떤 곡선이든지 변수 x의 거듭제곱(x^2, x^3, x^4… 등)으로 표현되는 무한히 많은 더 단순한 곡선들의 합으로 나타내는 방법을 발견했다. 이 성분들만으로도 뉴턴은 x를 조금, x^2을 약간, x^3을 한 숟가락 가득 집어넣는 방법으로 어떤 곡선이든지 마음대로 요리할 수 있었다. 그것은 마치 만능 레시피, 종합 양념 선반, 정육점, 채소밭을 합쳐놓은 것과 같았다. 뉴턴은 자신이 발견한 방법을 사용해 그때까지 제기된 형태와 운동에 관한 어떤 문제도 풀 수 있었다.

그다음에는 우주의 암호를 해독했다. 뉴턴은 모든 종류의 운동은 매 순간 미적분학의 언어로 써진 수학 법칙에 따라 움직이면서, 늘 아주 작은 보폭으로 한 번에 한 걸음씩 내디딘다는 사실을 발견했다. 그는 그저 (운동의 법칙과 중력의 법칙에 관한) 미분방정식 몇 개만으로 포탄의 포물선 궤적에서부터 행성의 궤도에 이르기까지 우주의 모든 것을 설명할 수 있었다. 뉴턴의 경이로운 '세계의 체계'는 천상의 세계와 지상의 세계를 통합했고, 계몽 시대를 열었으며, 서양 문화를 바꾸어놓았다. 그리고 유럽의 철학자들과 시인들에게 막대한 영향을 미쳤다. 나중에 보게 되겠지만, 뉴턴은 심지어 토머스 제퍼슨과 미국 독립 선언서에도 영향을 미쳤다. 우리 시대에 와서도 뉴턴의 개념들은 아프리카계 미국인 캐서린 존슨과 그 동료들(『히든 피겨스 *Hidden Figures*』라는 논픽션 작품의 주인공들)이 우주선의 여행 경로를 설계하는 데 필요한 수학을 제공함으로써 우주 계획의 기반을 이루었다.

곡선과 운동의 수수께끼를 해결하고 난 뒤, 미적분학은 과학자들이 세 번째로 크게 집착한 도전 과제로 옮겨갔는데, 그것은 바로 변화의 수수께끼였다. 세상에서 변하지 않는 것은 없다는 말은 진부한 표현이지만 불변의 진리이다. 오늘 비가 왔으면 내일은 날이 갠다. 주식 시장의 주가는 등락을 거듭한다. 후대의 미적분학 연구자들은 뉴턴의 패러다임에 용기를 얻어 다음과 같은 질문들을 던졌다. 뉴턴의 운동 법칙과 비슷한 변화의 법칙은 없는가? 인구 성장, 전염병 확산, 동맥을 지나가는 혈액의 흐름을 나타내는 법칙은 없는가? 신경을 통해 전기 신호가 퍼져가는 방식이나 고속도로에서 나타나는 교통의 흐름을 미적분을 사용해 기술할 수는 없을까?

미적분학은 늘 다른 과학 기술 분야들과 협력해 이 야심찬 목표를 추구함으로써 세계를 현대적으로 만드는 데 기여했다. 과학자들은 관찰과 실험을 사용해 변화의 법칙들을 알아냈고, 그러고 나서 미적분을 사용해 그것을 풀어 변화를 예측할 수 있었다. 예를 들면, 1917년에 아인슈타인은 원자 내 전자 전이를 나타내는 단순한 모형에 미적분을 적용함으로써 자극 방출•(유도 방출이라고도 한다)이라는 놀라운 효과를 예측했다. 아인슈타인은 특정 상황에서 물질을 통과하는 빛이 원자를 자극해 같은 방향으로 움직이는 같은 파장의 빛을 많이 방출하게 할 수 있다는 이론을 내놓았는데, 그 결과로 일종의 연쇄 반응을 통해 빛이 폭포수처럼 쏟아져나와 결이 맞는 강렬한 빔을 만들 수 있다. 수십 년 뒤, 이 예측이 옳다는 것이 입증되었다. 최초의 레이저는 1960년대 초에 만들어졌다. 그 후 레이저는 CD 플레이어와 레이저 유도 무기에서부터 슈퍼마켓의 바코드 스캐너와 의료용 레이저에 이르기까지 온갖 용도로 사용되었다.

의학 부문에 활용되는 변화의 법칙들은 물리학에서 활용되는 것들만큼 잘 알려지지 않았다. 하지만 기초적인 모형에 적용할 때에도 미적분학은 생명을 구하는 기여를 했다. 예를 들면, 8장에서 우리는 한 면역학자와 한 에이즈 연구자가 개발한 미분방정식 모형이 HIV에 감염된 환자들에게 투여하는 3제 병용 요법을 만드는 데 어떻게 중요한 역할을 했는지 보게 될 것이다. 이 모형이 제공한 통찰력은 바이러스가 몸속에서 한동안 휴면 상태로 지낸다고 보았던 주류 견해를 뒤집었다. 사실은 바이러스는 매일 매 순간 면역계와 치열한 전쟁을 벌인다. 미적분학이 도움을 준 이 새로운 이해를 통해, 이전에는 사실상 사형 선고였던 HIV 감염이, 적어도 병용 요법을 사용할 수 있는 사람에게는 관리가 가능한 만성 질환으로 변했다.

늘 변화하는 우리 세계의 일부 측면이 무한의 원리에 내재하는 근사近似와 희망 섞인 생각의 범위 밖에 있다는 것은 분명하다. 예를 들면, 아원자 영역에서 물리학자들은 전자를 더 이상 행성이나 포탄과 같은 방식으로 매끄러운 경로를 따라 움직이는 고전적인 입자로 생각할 수 없다. 양자역학에 따르면, 현미경 수준에서는 전자의 궤적이 심하게 흔들리고 흐릿해지고 불완전하게 규정되기 때문에, 전자의 행동은 뉴턴 역학의 궤적 대신에 확률 파동으로 기술해야 한다. 하지만 그렇게 하는 순간, 미적분학이 의기양양하게 돌아온다. 미적분학은 슈뢰딩거 방정식을 통해 확률 파동의 진행을 좌우한다.

믿기 힘들겠지만 이것은 사실이다. 즉, 심지어 뉴턴의 물리학이 허물어지는 아원자 영역에서도 뉴턴의 미적분학은 여전히 성립한다. 실은 너무나도 잘 성립한다. 앞으로 보게 되겠지만, 미적분학은 양자역학과 손을 잡고 MRI와 CT 스캔에서부터 훨씬 기이한 양전자 방출 단층 촬영에 이르기까지 의료 영상 기술의 기반을 이루는 놀라운 효과들을 예측했다.

이제 우주의 언어를 더 자세히 살펴볼 때가 되었다. 맨 먼저 들러야 할 곳은 당연히 무한이다.

1장

무한

수학의 시작•은 일상생활의 필요에서 비롯되었다. 양치기는 양이 몇 마리인지 늘 신경을 써야 했다. 농부는 수확한 곡물의 무게를 잴 필요가 있었다. 세금 징수인은 각각의 농부가 왕에게 바쳐야 할 소나 닭이 몇 마리인지 정해야 했다. 수의 발명은 바로 그런 현실적 필요에서 나왔다. 처음에는 손가락이나 발가락으로 수를 세었다. 나중에는 동물 뼈에 선을 새기는 방법을 썼다. 수를 표시하는 방법이 선에서 기호로 발전하면서 수는 세금 징수와 교역에서부터 회계와 인구 조사에 이르기까지 모든 일을 용이하게 해주었다. 5000년도 더 전에 만든 메소포타미아의 점토판에 그 증거가 남아 있다. 이 점토판에는 여러 가지 항목들이 쐐기 모양의 기호(설형 문자라고 부르는)로 기록돼 있다.

수와 함께 형태도 중요했다. 고대 이집트 사람들은 선과 각도의 측정을 아주 중요하게 여겼다. 매년 여름에 나일강이 범람하고 나면 측량 기사들은 농경지의 경계선을 다시 그어야 했는데, 홍수에 휩쓸려 경계선이 모조리 사라졌기 때문이었다. 훗날 일반적인 형태를 연구하는 분야의 이름을 정할 때, 이 측량 활동이 그 어원이 되었다. 기하학geometry은 '땅'을 뜻하는 그리스어 *ge*와 '측정하다'란 뜻의 그리스어 *metres*를 합쳐서 만든 단어이다.

처음에 기하학이 다룬 형태들은 테두리가 반듯하고 모서리가 뾰족했다. 직선과 평면, 각도를 선호한 이 경향은 실용적 필요에서 생겨난 기하학의 기원이 반영된 것이다. 삼각형은 경사면에, 각뿔은 기념비와 무덤에, 직사각형은 식탁 윗면과 제단과 농경지 구획에 쓰기에 편리했다. 건축가와 목수는 다림줄에 직각을 사용했다. 뱃사람과 건축가와 사제는 측량, 항해, 날짜 파악, 일식 예측, 신전과 사원 건립을 위해 직선 기하학을 꼭 알아야 했다.

하지만 기하학이 직선에 집착하던 시절에도 늘 눈길을 끈 곡선이 하나 있었는데, 모든 곡선 중에서 가장 완벽한 곡선이라는 원이었다. 우리는 나이테, 연못에서 퍼져나가는 잔물결, 태양과 달의 모양에서 원을 본다. 자연에서 원은 사방에 널려 있다. 그리고 우리가 원을 바라볼 때, 원도 (문자 그대로) 우리를 바라본다. 사랑하는 사람의 눈에도 원이 있는데, 눈동자와 홍채의 둥근 윤곽이 바로 원이다. 원은 바퀴와 결혼반지처럼 실용적 영역과 감정적 영역을 아우르며 존재하고, 신비롭기까지 하다. 영원히 회귀하는 원의 속성은 계절 순환, 환생, 영생, 끝나지 않는 사랑을 암시한다. 인류가 형태를 연구하기 시작한 이후 원이 줄곧 주목의 대상이 된 것은 전혀 놀라운 일이 아니다.

수학적으로 원은 변화가 없는 변화를 상징한다. 원주 위를 움직이는 점은 계속 방향이 바뀌면서도 중심에서의 거리는 변하지 않는다. 이것은 최소한의 변화 방법으로, 가장 적게 변하면서 구부러지는 방법이다. 그리고 물론 원은 대칭적이다. 원을 중심 주위로 회전시키면, 그 모양에 아무 변화가 없어 보인다. 원이 도처에서 눈에 띄는 것은 바로 이 회전 대칭 속성 때문일지 모른다. 자연의 어떤 측면이 방향에 신경을 쓰지 않을 때마다 원이 나타난다. 웅덩이에 빗방울 하나가 떨어질 때 어떤 일이 일어나는지 생각해보라. 충돌 지점에서 바깥쪽으로 잔물결들이 퍼져나간다. 모든 방향으로 똑같은 속도로 퍼져나가고, 모두 같은 지점에서 출발하기 때문에, 잔물결들은 원이 될 수밖에 없다. 대칭의 속성은 반드시 그렇게 되어야 한다고 명령한다.

원은 또한 다른 곡선 형태들을 낳을 수 있다. 원을 지름 방향으로 세운 뒤, 3차원 공간에서 수직축을 중심으로 회전시키면, 회전하는 원의 궤적은 구(지구본이나 공 모양)를 만든다. 원을 3차원 공간의 평면 위

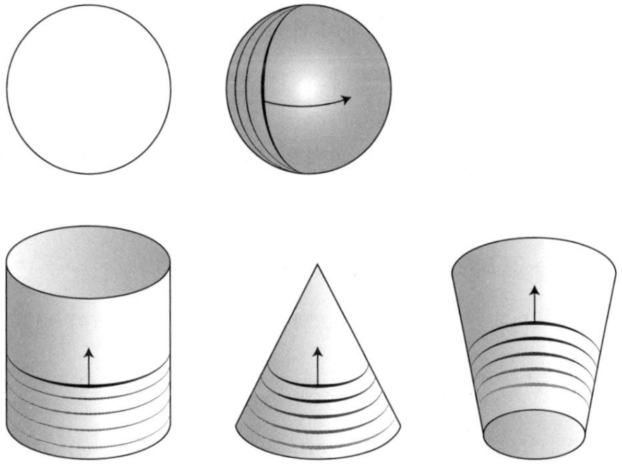

에 눕혀놓고 수직 방향으로 똑바로 움직이면, 원이 지나간 궤적은 원기둥(깡통이나 모자 상자 모양)이 된다. 만약 원이 수직 방향으로 움직이는 동시에 크기가 줄어들면, 그 궤적은 원뿔이 된다. 반대로 원이 수직 방향으로 움직이는 동시에 크기가 늘어나면, 그 궤적은 원뿔대(전등갓 모양)가 된다.

초기의 기하학자들은 원과 구, 원기둥, 원뿔에 큰 매력을 느꼈지만, 이것들은 삼각형이나 직사각형, 정사각형, 정육면체를 비롯해 그 밖의 직선 도형보다 분석하기가 훨씬 어려웠다. 그들은 구부러진 표면의 면적과 구부러진 입체의 부피를 구하는 방법이 궁금했지만, 이 문제를 어떻게 풀어야 할지 아무 단서도 얻지 못했다. 둥근 모양 앞에서는 두 손을 들 수밖에 없었다.

곡선과 직선 사이에 다리를 놓아준 무한

미적분학은 기하학의 부산물•로 시작되었다. 기원전 250년 무렵의 고대 그리스에는 곡선의 수수께끼를 풀려고 애쓴 열정적인 수학자 집단이 있었다. 이들은 무한을 사용해 곡선과 직선 사이에 다리를 놓으려고 야심찬 계획을 세웠다. 일단 그 다리가 완성되면, 직선 기하학의 방법과 기술을 다리 위로 운반해 곡선의 수수께끼를 푸는 데 사용할 수 있을 것이라고 기대했다. 무한의 도움으로 기존의 모든 미해결 문제를 풀 수 있을 것이라고 생각했다. 적어도 계획상으로는 그랬다.

그 당시에 이 계획은 분명히 무모해 보였을 것이다. 무한은 의심스러운 명성을 갖고 있었다. 무한은 아무 쓸모도 없으면서 무시무시한 존재로 알려져 있었다. 심지어 모호하고 갈피를 못 잡게 하는 속성까지 있었다. 무한의 정확한 정체는 도대체 무엇일까? 수인가? 장소인가? 개념인가?

그럼에도 불구하고, 곧 이어지는 장들에서 보게 되겠지만, 무한은 하늘이 준 선물로 드러났다. 미적분학에서 유래한 그 모든 발견과 기술을 감안할 때, 무한을 사용해 어려운 기하학 문제를 풀려고 한 것은 지금까지 나온 최고의 아이디어 중 하나로 꼽을 수 있다.

물론 기원전 250년 당시에는 이것들 중 하나라도 예견한 사람은 아무도 없었다. 그런데도 무한은 즉각 아주 인상적인 성공을 보여주었다. 최초의 대단한 성과 중 하나는 오랫동안 풀리지 않던 난제를 해결한 것인데, 그 난제란 바로 원의 넓이*를 구하는 문제였다.

피자 증명

본론으로 들어가기 전에 논증의 밑그림을 그려보자. 기본 전략은 원을 피자로 상상하는 것이다. 이제 피자를 무한히 많은 조각으로 쪼갠 뒤, 그 조각들을 마술처럼 재배열해 직사각형으로 만들 것이다. 그러면 우리가 찾는 답을 구할 수 있는데, 조각들을 아무리 이리저리 옮기더라도 처음의 피자 넓이가 변하는 것은 아니고, 직사각형의 넓이를 구하는 법(가로×세로)은 우리가 잘 알고 있기 때문이다. 그 결과는 원의 넓이를 구하는 공식이 될 것이다.

이 논증을 돕기 위해 피자는 수학적으로 이상적인 피자라고 가정하자. 즉, 완벽하게 납작하고 둥글며, 크러스트의 두께도 무한히 얇다. C라는 문자로 나타낸 원주(원둘레)는 피자 둘레의 길이로, 크러스트 주위를 한 바퀴 빙 돌면서 잰 거리에 해당한다. 원주는 피자를 좋아하는 사람들이 일반적으로 신경 쓰는 것이 아니지만, 원한다면 줄자로 C를 잴 수 있다.

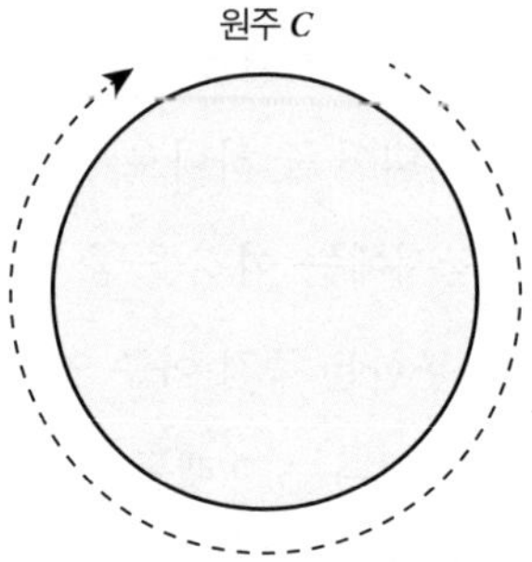

또 한 가지 흥미로운 값은 피자의 반지름 r인데, 중심에서 크러스트 가장자리에 위치한 모든 점까지의 거리로 정의된다. 특히 r은 피자 조각의 옆면 길이에 해당하는데, 모든 조각이 똑같고, 중심에서 크러스트까지 똑바로 잘랐다고 가정할 때 그렇다.

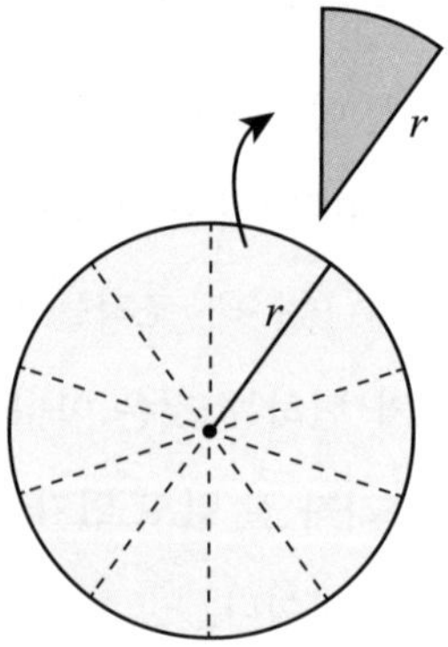

먼저, 피자를 네 조각으로 쪼갰다고 가정해보자. 조각들을 다시 배열하는 한 가지 방법은 다음과 같은데, 그다지 큰 도움이 될 것 같진 않다.

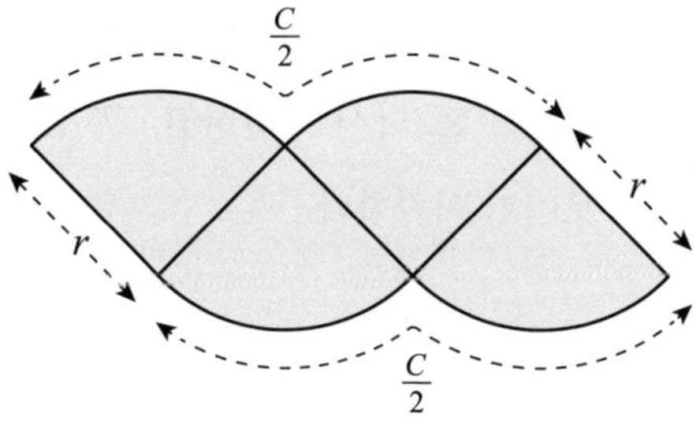

새로운 형태는 올록볼록하고 이상해 보이는데, 윗변과 밑변은 부채꼴 모양들이 연결돼 있는 것처럼 생겼다. 이 형태는 직사각형과는 거리가 멀기 때문에 그 넓이를 구하기가 쉽지 않다. 우리는 앞으로 나아가는 게 아니라, 오히려 뒤로 물러나는 것처럼 보인다. 하지만 모든 드라마가 그렇듯이, 주인공은 승리를 거두기 전에 곤경에 빠질 필요가 있다. 극적인 긴장이 누적되고 있다.

우리가 여기서 발이 묶여 있는 동안 두 가지 사실에 주목할 필요가 있는데, 이것들은 증명 내내 계속 성립하고, 결국에는 우리가 찾는 직사각형의 가로세로 길이를 알려줄 것이기 때문이다. 첫째, 크러스트 절반이 새로운 형태의 구부러진 윗변이 되었고, 나머지 절반은 밑변이 되었다. 따라서 그림에서 보듯이, 구부러진 윗변의 길이는 원주의 절반인 $\frac{C}{2}$이고, 밑변의 길이 역시 $\frac{C}{2}$이다. 나중에 보게 되겠지만, 이 길이는 결국에는 직사각형의 긴 변으로 변할 것이다. 둘째, 올록볼록한 형태에서 기울어진 직선 변들은 원래 피자 조각의 옆변이므로, 그 길이는 여전히 r이다. 이 길이는 결국에는 직사각형의 짧은 변으로 변할 것이다.

우리가 원하는 직사각형 모양이 아직 전혀 보이지 않는 이유는 충분히 많은 조각으로 자르지 않았기 때문이다. 이번에는 피자를 여덟 조각으로 쪼개 같은 방식으로 다시 배열하면, 그 형태는 직사각형에 더 가까운 모습으로 보이기 시작한다.

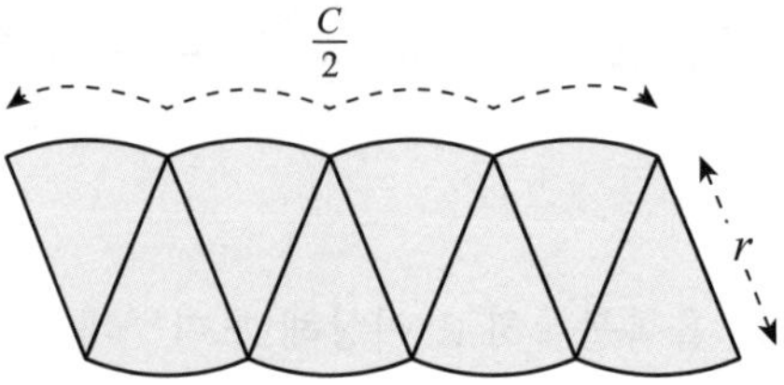

사실, 이제 피자는 평행사변형에 가까워 보인다. 이것은 그다지 나쁘지 않다. 적어도 거의 직선으로 둘러싸였으니까. 그리고 윗변과 아랫변의 부채꼴 모양들은 처음보다 덜 올록볼록하다. 조각들을 더 많이 사용하자, 그 모양이 더 납작하게 변했다. 앞에서와 마찬가지로 윗변과 밑변의 구부러진 길이는 $\frac{C}{2}$이고, 비스듬한 옆변의 길이는 r이다.

그림을 좀 더 말쑥하게 만들기 위해 양쪽 끝부분에 있는 두 조각 중 하나를 수직 방향으로 이등분한 뒤, 절반의 조각을 반대편 끝으로 옮겨보자.

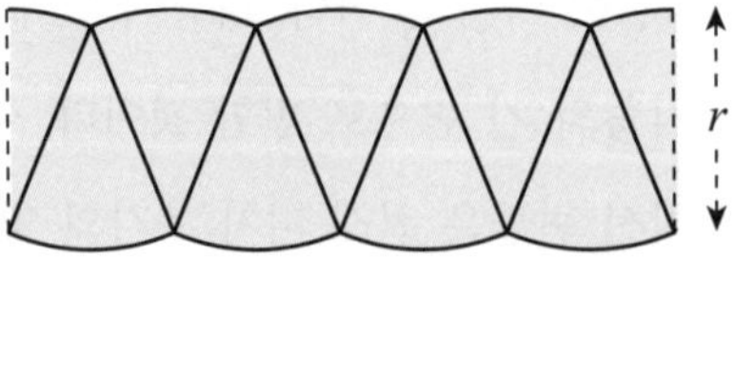

이제 전체 모양이 직사각형에 훨씬 더 가까워 보인다. 물론 크러스트의 곡률로 인한 윗변과 밑변의 부채꼴 모양 때문에 아직 완벽한 직사각형은 아니지만, 그래도 조금씩 진전이 일어나고 있다.

조각을 더 많이 만드는 것이 도움이 되는 것처럼 보이므로, 계속 더 많은 조각으로 쪼개보자. 16개의 조각을 가지고 앞에서와 마찬가지로 양 끝부분을 말쑥하게 다듬는 작업을 거치고 나면, 다음과 같은 결과가 나온다.

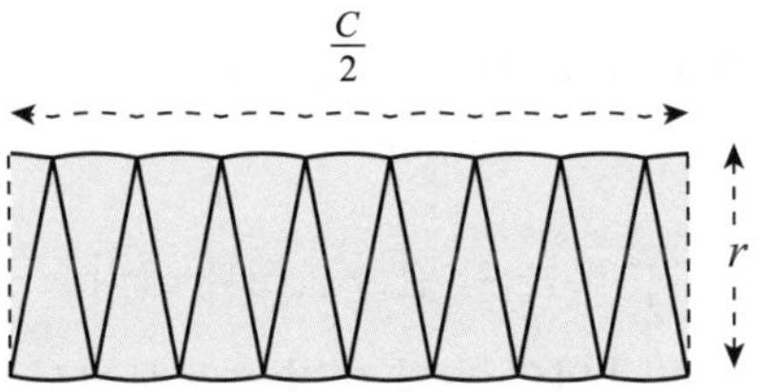

조각의 수가 많아질수록 부채꼴 모양이 더 편평해진다. 이런 조작을 통해 우리는 마술과도 같이 특정 직사각형에 점점 가까워져가는 일련의 모양들을 얻는다. 그 모양들이 그 직사각형에 계속해서 점점 더 가까이 다가가고 있으니, 그 직사각형을 '극한 직사각형'이라고 부르기로 하자.

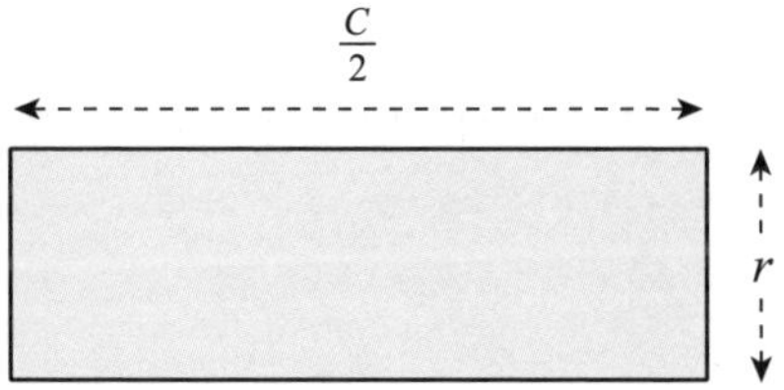

이 모든 과정의 요점은 가로와 세로의 길이를 곱함으로써 이 극한 직사각형의 넓이를 쉽게 구할 수 있다는 것이다. 이제 가로와 세로의 길이를 원의 기준 길이로 표현하기만 하면 된다. 조각들이 똑바로 서 있기 때문에, 세로 길이는 원의 반지름 r이다. 그리고 가로 길이는 원주의 절반인데, 원주(피자의 크러스트)의 절반은 직사각형의 윗변이 되었고, 나머지 절반은 밑변이 되었기 때문이다. 따라서 가로 길이는 원주의 절반인 $\frac{C}{2}$이다. 종합하면, 극한 직사각형의 넓이는 가로×세로로 구할 수 있다. 즉, $A = r \times \frac{C}{2} = \frac{rC}{2}$. 그리고 피자 조각들을 이리저리 옮겼다고 해서 전체 넓이가 변하는 것은 아니므로, 이 값은 원래 원의 넓이이기도 하다!

원의 넓이가 $A = \frac{rC}{2}$라는 이 결과는 고대 그리스 수학자 아르키메데스(기원전 287~212)가 「원의 측정」이라는 논문에서 (이와 비슷하지만 훨씬 세심한 논증을 사용해) 처음 증명했다.

이 증명에서 가장 혁신적인 부분은 무한이 구원의 손길을 뻗는 방식에 있다. 조각이 4개나 8개 혹은 16개뿐이었을 때에는 우리가 할 수 있는 일이라곤 피자 조각들을 재배열해 불완전한 직사각형 모양으로 만드는 것이 고작이었다. 처음에는 이 시도가 그다지 전망이 밝아 보이지 않았지만, 조각의 수를 늘려갈수록 그 모양이 점점 더 직사각형에 가까워졌다. 하지만 그 모양이 진짜 직사각형이 된 것은 '무한히' 많은 조각들의 극한에 이르렀을 때였다. 이것은 미적분학 뒤에 숨어 있는 굉장한 개념이다. 무한에 이르면, 모든 것이 아주 간단해진다.

극한과 벽의 수수께끼

극한limit은 도달할 수 없는 목적지와 같다. 그곳에 점점 더 가까이 다가갈 수는 있지만, 절대로 그곳에 이를 수는 없다.

예를 들면, 피자 증명에서 우리는 조각들을 더 많이 만들어 재배열함으로써 올록볼록한 모양을 점점 더 직사각형에 가깝게 만들 수는 있었다. 하지만 징말로 완전한 직사각형으로 만들 수는 없었다. 우리는 그저 완전한 상태에 아주 가깝게 다가갈 수만 있을 뿐이었다. 다행히도 미적분학에서는 극한에 결코 도달할 수 없다는 사실은 대개 문제가 되지 않는다. 우리는 실제로 극한에 도달할 수 있다고 상상하고, 그 상상이 무엇을 의미하는지 알아냄으로써 우리가 당면한 대부분의 문제들을 풀 수 있다. 사실, 이 분야의 위대한 개척자들 중 다수는 바로 이 방법을 사용해 위대한 발견을 했다. 그들은 논리적으로 엄밀하지는 않았지만 풍부한 상상력을 발휘했고, 그 결과로 엄청난 성공을 거두었다.

극한은 미묘한 개념이지만, 미적분학의 핵심 개념이다. 극한은 손에 잡힐 듯하면서도 잘 잡히지 않는 개념인데, 일상생활에서 흔히 접하는 개념이 아니기 때문이다. 아마도 가장 비슷한 비유는 벽의 수수께끼가 아닐까 싶다. 지금 서 있는 곳에서 벽까지 가려고 한다고 하자. 그러려면 우선 그 절반의 거리까지 가야 하고, 이제 나머지 절반의 거리가 남았다. 다음에는 남은 거리의 절반을 가고, 그다음에는 또 남은 거리의 절반을 가는 식으로 계속 나아간다면, 마침내 벽에 도달하는 마지막 단계가 올 날이 있을까?

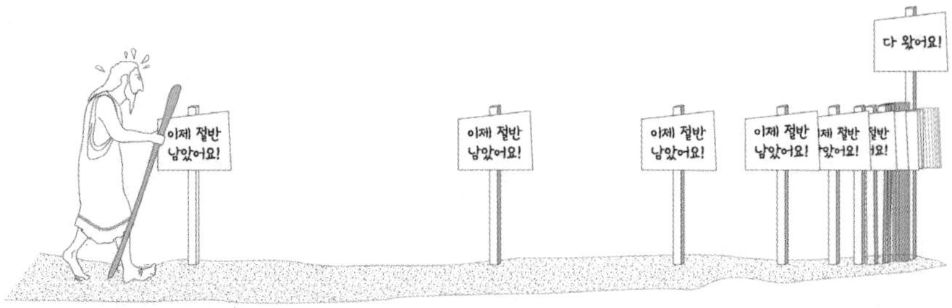

그 답은 분명히 '없다'인데, 벽의 수수께끼는 각 단계마다 반드시 벽까지 남은 거리의 절반을 가야 한다는 조건이 있기 때문이다. 따라서 열 단계가 지났건, 100만 단계가 지났건, 혹은 아무리 많은 단계가 지났건 간에, 항상 우리와 벽 사이에는 어느 정도 간격이 남아 있다. 하지만 우리가 벽에 한없이 가까이 다가갈 수 있다는 사실 역시 분명하다. 즉, 충분히 많은 단계를 거치면 벽에서 1센티미터나 1밀리미터, 1나노미터, 혹은 0은 아니지만 그보다 훨씬 짧은 거리까지 다가갈 수는 있지만, 결코 벽에 이르지는 못한다. 여기서 벽은 극한에 해당한다. 극한 개념이 엄밀하게 정의되기까지는 약 2000년이 걸렸다. 그전까지 미적분학의 개척자들은 그저 직관적 통찰에 만족했다. 그러니 지금 당장 극한 개념이 모호해 보이더라도 염려할 것 없다. 극한 개념이 실제로 어떻게 쓰이는가를 보면 그것을 훨씬 잘 이해하게 될 것이다. 현대적 관점에서 극한은 모든 미적분학 개념의 기반을 이루기 때문에 아주 중요하다.

벽의 수수께끼 비유가 너무 황량하고 비인간적인 것처럼 보인다는(벽에 도달하길 원하는 사람이 있을까?) 사람에게는 이 비유를 권하고 싶다. 극한에 다가가는 존재는 끝없는 모험에 말려든 영웅과 같다. 이것은 고생 끝에 산꼭대기 위로 바위를 밀어 올리면 다시 바위가 아래로 굴러 내려가 처음부터 다시 바위를 밀어 올리는 일을 영원히 해야 하는 시시포스의 형벌처럼 아무 쓸모없는 일이 아니다. 그보다 어떤 수학적 과정이 극한을 향해 다가가는 것은(올록볼록한 모양이 극한 직사각형을 향해 다가가는 것처럼), 불가능하다는 것을 알지만 그래도 꾸준한 성과에 고무되어 성공의 희망을 버리지 않고 뭔가를 이루려고 노력하는 주인공과 같다.

0.333…의 우화

무한에서는 모든 것이 간단해지고, 극한은 도달할 수 없는 목적지와 같다는 거대한 개념들을 뒷받침하기 위해, 산술에서 나온 다음 예를 살펴보자. 이것은 분수(예컨대 $\frac{1}{3}$)를 소수(이 경우에는 $\frac{1}{3}=0.333\cdots$)로 바꾸는 문제이다. 나는 8학년 때 수학 교사인 스탠턴 선생님에게서 그 방법을 배운 게 생생하게 기억난다. 그것은 기억에 남을 만한 사건이었는데, 갑자기 선생님이 무한에 대한 이야기를 꺼냈기 때문이다.

그때까지 나는 어떤 어른에게서도 무한에 관한 이야기를 들은 적이 없었다. 부모님은 당연히 무한을 써먹을 데가 없었다. 무한은 아이들만 아는 비밀과 비슷해 보였는데, 운동장에서 서로를 조롱하고 잘난 체하려고 할 때마다 늘 등장했다.

"넌 멍청이야!"

"흥! 그러면 넌 멍청이 곱하기 2야!"

"넌 멍청이 곱하기 무한이야!"

"넌 멍청이 곱하기 무한에 1을 더한 거야!"

"그건 무한과 같은 거야. 멍청아!"

이렇게 훌륭한(?) 교육적 시간은 무한이 보통 수처럼 행동하지 않는다는 사실을 깨닫게 해주었다. 무한에 1을 더한다고 해서 무한보다 더 커지지는 않는다. 무한에다 무한을 더해도 마찬가지다. 천하무적의 그 속성은 운동장에서 논쟁을 끝내기에 아주 좋았다. 누구든지 그것을 먼저 사용하는 자가 이겼다.

하지만 그날 스탠턴 선생님이 언급하기 전까지 무한에 대해 이야기한 선생님은 아무도 없었다. 우리 반 아이들은 유한 소수는 이미 알고 있었다. 유한 소수는 센트 단위를 소수점 뒤에 두 자리로 표기한 $10.28 같은 사례처럼 일상생활에서도 익숙한 개념이었다. 그에 비해 소수점 뒤에 이어진 자릿수가 무한히 많은 무한소수는 처음에는 기이해 보였지만, 분수를 배우면서 자연스러운 것으로 보였다.

우리는 1/3을 0.333…으로 나타낼 수 있다는 걸 배웠다. 점 3개(…)는 3이란 숫자가 무한히 반복된다는 걸 뜻했다. 그것은 이치에 닿아 보였는데, 나눗셈으로 1/3을 계산하려고 하면 끝없는 순환 고리에 갇히고 말기 때문이다. 1은 3으로 나누어떨어지지 않으므로, 1을 10이라고 생각하면, 10÷3의 몫은 3이 되고, 나머지는 1이다. 이제 나는 다시 1을 3으로 나누어야 하는 출발점으로 되돌아오고 말았다. 이 순환 고리에서 벗어날 방법이 없었다. 0.333…으로 3이란 숫자가 계속 반복되어 나오는 이유는 이 때문이다.

0.333…뒤에 있는 점 3개를 해석하는 방법은 두 가지가 있다. 순진한 해석은 문자 그대로 소수점 뒤에 3이 무한히 많이 늘어서 있다고 보는 것이다. 당연히 우리는 그것들을 다 쓸 수 없지만, 대신에 점 3개로 그것들이 모두 그곳에 있다는 것을 나타낸다. 이것을 '실무한實無限, completed infinity' 해석이라고 부르기로 하자. 이 해석의 장점은 무한의 의미에 대해 너무 깊이 생각하지 않는 한, 무한이 쉽고 상식적으로 보인다는 데 있다.

더 세련된 해석은 0.333…이 피자 증명에서 울록불록한 모양을 대신한 극한 직사각형이나 벽의 수수께끼에서 불운한 보행자가 맞닥뜨린 영원히 다가갈 수 없는 벽처럼 극한을 대표한다고 보는 것이다. 다만 여기서 0.333…은 분수 1/3을 소수로 바꾸기 위해 나눗셈을 했을 때 소수점 아래에서 3이 계속 연속적으로 나오는 극한값을 대표한다. 나눗셈 과정을 계속 진행할수록 소수점 아래에서 3이 점점 더 많이 나온다. 그렇게 계속 열심히 노력하면, 1/3에 아주 가까운 근사값을 얻을 수 있다. 만약 1/3≈0.3에 만족할 수 없으면, 언제든지 한 걸음 더 나아가 1/3≈0.33로 갈 수 있고, 그런 식으로 좀 더 정확한 근사값으로 계속 더 나아갈 수 있다. 이것을 '가무한假無限, potential infinity' 해석이라고 부르기로 하자. 가무한(잠재적 무한이라고도 한다)이라고 부르는 이유는 근사값을 원하는 만큼 얼마든지 길게 이어갈 수 있기 때문이다. 100만 단계, 10억 단계 혹은 그 이상의 어떤 단계까지도 계속 이어갈 수 있다. 이 해석의 장점은 비현실적인 무한 개념을 도입할 필요가 없다는 데 있다.

$\frac{1}{3} = 0.333\cdots$과 같은 등식을 다룰 때, 우리가 어떤 관점에서 그것을 바라보는가 하는 것은 실제로는 중요하지 않다. 우리가 하려는 어떤 계산에서도 두 가지 관점은 다 이치에 맞으며 동일한 수학적 결과를 낳는다. 하지만 수학에는 무한의 해석이 논리적으로 큰 혼란을 낳는 상황이 있다. 들어가는 말에서 내가 무한 골렘이라는 유령을 들먹인 이유는 바로 이 때문이다. 이것은 실제로 극한에 접근하는 과정의 결과를 생각하는 방식에 차이를 빚어낸다. 그 과정이 실제로 끝나고 어찌 됐든 간에 무한의 열반에 도달한다고 가정하면, 심각한 문제가 생기는 경우가 가끔 있다.

무한 정다각형 우화

예를 들어 원의 원주 위에 점을 일정한 간격으로 몇 개 찍고 이 점들을 직선으로 연결한다고 가정해보자. 점이 3개라면 정삼각형이 생기고, 4개라면 정사각형이 생기고, 5개라면 정오각형이 생기고⋯ 이런 식으로 일련의 정다각형들이 계속 생겨날 것이다.

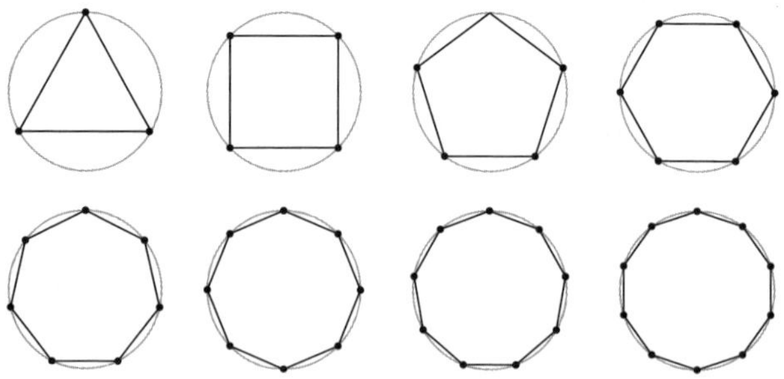

그런데 점의 수가 많아질수록 정다각형은 점점 더 둥근 모양에 가까워지면서 원에 점점 더 가까이 다가간다. 한편, 변의 길이는 점점 짧아지고 변의 수는 점점 많아진다. 변의 수가 점점 많아짐에 따라 정다각형은 원이 극한인 것처럼 원에 점점 더 가까워진다.

이렇게 하여 무한은 또다시 두 세계를 연결하는 다리가 된다. 이번에 무한은 우리를 직선 형태에서 둥근 형태로, 즉 모서리가 뾰족한 정다각형에서 둘레가 매끄러운 원으로 데려간다. 반면에 피자 증명에서 무한은 원을 직사각형으로 변화시키면서 우리를 둥근 형태에서 직선 형태로 데려갔다.

물론 유한한 단계에서는 정다각형은 여전히 정다각형으로 남아 있다. 그것은 아직 원이 되지 않았으며, 앞으로도 결코 원이 될 수 없다. 원에 한없이 점점 가까워지긴 하지만, 실제로 완전한 원의 단계에 이르지는 못한다. 여기서 우리가 다루고 있는 무한은 실무한이 아니라 가무한이다. 따라서 논리적 엄밀성의 관점에서 볼 때 모든 것은 빈틈없이 완벽하다.

그런데 만약 우리가 곧장 실무한으로 갈 수 있다면 어떻게 될까? 무한히 작은 변들을 가진 무한 정다각형이 실제로 원이 '될까'? 그렇게 생각하고 싶은 마음이 굴뚝같은데, 그렇게 되면 정다각형은 둘레가 매끄러워질 것이기 때문이다. 뾰족한 모서리들은 모두 사라질 것이다. 그러면 모든 것이 완벽하고 아름다울 것이다.

여기서 기억해야 할 일반적인 교훈이 하나 있다. 극한은 그것에 다가가는 근사보다 더 단순한 경우가 많다. 원은 그것에 다가가는 어떤 정다각형보다 더 단순하고 우아하다. 피자 증명에서도 극한 직사각형은 불룩 튀어나온 부분과 쑥 들어간 부분이 눈에 거슬리게 반복되는 올록볼록한 형태들보다 더 단순하고 우아하다. 분수 $\frac{1}{3}$ 역시 마찬가지다. 분수 $\frac{1}{3}$은 $\frac{3}{10}$이나 $\frac{33}{100}$, $\frac{333}{1000}$처럼 거추장스러운 분모와 분자를 거느리고 그에 가까이 다가가는 분수들보다 더 단순하고 아름답다. 이 모든 사례에서 극한 형태나 수는 유한한 근사보다 더 단순하고 대칭적이다.

이것이 무한의 유혹이다. 거기에 이르면 모든 것이 더 좋아진다.

이 교훈을 염두에 두고 무한 정다각형 우화로 다시 돌아가자. 우리는 결단을 내려 원은 정말로 무한히 작은 변을 무한히 많이 가진 정다각형이라고 말해야 할까? 아니다. 그래서는 안 된다. 그 유혹에 넘어가서는 안 된다. 그렇게 한다면, 실무한의 죄를 저지르게 된다. 그리고 우리는 논리적 지옥에 떨어지는 저주를 받게 될 것이다.

왜 그런지 알고 싶다면, 잠깐 동안 원이 정말로 무한 개의 변을 가진 무한 정다각형이라고 가정해보자. 그 변의 길이는 정확하게 얼마일까? 0일까? 만약 그렇다면, 무한에 0을 곱한 값(즉, 모든 변의 길이를 더한 값)은 원주 길이와 같아야 할 것이다. 이번에는 원주 길이가 두 배인 원을 상상해보자. 무한에 0을 곱한 값은 더 큰 원의 원주 길이하고도 같아야 할 것이다. 따라서 무한에 0을 곱한 값은 원주의 길이와도 같고, 그 두 배와도 같아야 한다. 이것은 말이 되지 않는다! 무한 곱하기 0을 일관성 있게 정의할 수 있는 방법이 없으므로, 원을 무한 정다각형으로 보아야 할 합리적 이유가 없다.

그럼에도 불구하고, 이 직관에는 아주 매력적인 점이 있다. 성경의 원죄처럼 미적분학의 원죄(원을 무한히 작은 변들을 가진 무한 정다각형으로 취급하고 싶은 유혹)는 거부하기가 매우 어려운데, 그 이유도 똑같다. 미적분학의 원죄는 통상적인 방법으로는 얻을 수 없는 통찰력으로 금단의 지식을 손에 넣을 수 있다는 기대를 부추기며 우리를 유혹한다. 수천 년 동안 기하학자들은 원의 원주 길이를 알아내려고 애썼다. 원을 무한히 많은 직선의 변을 가진 정다각형으로 대체할 수만 있다면, 그 문제는 아주 쉽게 풀릴 것 같았다.

뱀이 쉿쉿거리는 이 소리에 귀를 기울임으로써(하지만 더 유혹적인 실무한 대신에 가무한을 사용함으로써 어느 정도 자제력을 발휘하면서) 수학자들은 원주 문제와 곡선의 여러 가지 수수께끼를 해결하는 방법을 알아냈다. 이어지는 장들에서는 그들이 어떻게 그럴 수 있었는지 살펴볼 것이다. 하지만 그전에 먼저 실무한이 얼마나 위험할 수 있는지 좀 더 자세히 알 필요가 있다. 그것은 그 밖의 많은 죄를 향해 나아가는 문을 여는 것에 해당하는 죄인데, 많은 죄 중에는 수학 선생님이 우리에게 거의 맨 처음에 경고한 것도 포함돼 있다.

0으로 나누는 죄

전 세계에서 학생들은 어떤 것을 0으로 나누는 것은 금지돼 있다고 배운다. 학생은 수학에 이러한 금기가 있다는 사실에 충격을 받는다. 우리는 수가 늘 질서 있고 올바르게 행동한다고 생각한다. 수학을 배우는 교실은 논리와 추론이 펼쳐지는 장소이다. 그런데도 수에 대해 단순하면서도 이치에 닿지 않는 질문을 하는 것이 가능하다. 그중 하나는 0으로 나누는 것이다.

이 문제의 뿌리에는 무한이 자리잡고 있다. 심령술의 점판占板이 다른 세계에서 영혼을 소환하는 것처럼, 0으로 나누는 행위는 무한을 소환한다. 그것은 위험한 일이다. 절대로 해서는 안 되는 일이다.

하지만 그래도 궁금증을 이기지 못하고 왜 어둠 속에 무한이 도사리고 있는지 알길 원한다면, 6을 0에 점점 가까워지는 작은 수(하지만 정확하게 0은 아닌, 이를테면 0.1 같은 수)로 나누는 상황을 상상해보라. 여기에는 금기시할 것이 하나도 없다. 6을 0.1로 나누면, 그 답은 비교적 큰 수인 60이 나온다. 6을 더 작은 수, 예컨대 0.01로 나누면, 그 답은 더 커져서 600이 나온다. 이번에는 0에 훨씬 가까운 수, 예컨대 0.0000001로 나누면, 그 답은 60이나 600이 아니라 60000000이 나온다. 그 추세는 명백하다. 제수除數(나누는 수)가 작을수록 그 답은 더 커진다. 제수가 0에 다가갈수록 답은 무한에 다가간다. 어떤 것을 0으로 나누어서는 안 되는 이유가 바로 이것이다. 소심한 사람은 그 답을 확실하게 말할 수 없다고 하겠지만, 진실은 그 답이 무한이라는 것이다.

이것은 다음과 같이 시각화할 수 있다. 길이 6센티미터의 선분을 길이가 각각 0.1센티미터인 토막들로 나눈다고 상상해보자. 이 토막 60개를 죽 이어 붙이면 원래의 선분과 똑같아진다.

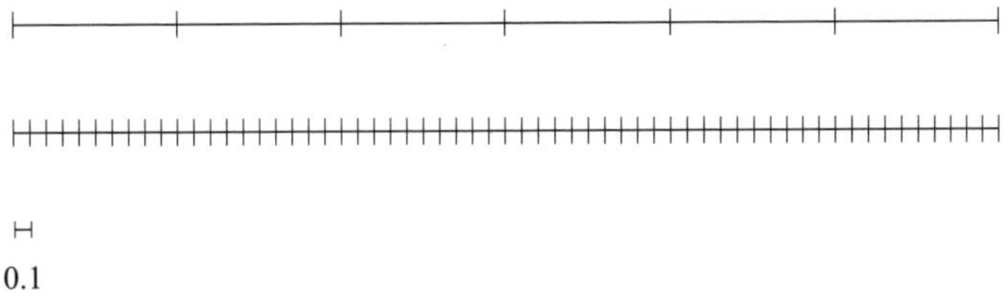

마찬가지로 동일한 선분을 0.01센티미터 길이의 토막 600개로 나누거나, 0.0000001센티미터 길이의 토막 60000000개로 나눌 수도 있다(하지만 나는 이것을 그림으로 그리고 싶진 않다).

만약 이렇게 선분을 토막 내는 과정을 극한까지 계속 이어간다면, 길이 6센티미터의 선분이 하나의 길이가 0센티미터인 '무한히' 많은 토막들로 이루어져 있다는 아주 기묘한 결론에 이르게 된다. 어떻게 보면 이 결론은 그럴듯하게 들릴 수도 있다. 선분은 무한히 많은 점들로 이루어져 있고, 각각의 점은 길이가 0이 아닌가?

하지만 철학적으로 매우 불안한 사실이 있는데, '어떤' 길이의 선분에도 동일한 논리를 적용할 수 있다는 점이다. 사실, 6이라는 수 자체에 뭔가 특별한 것이 있는 건 아니다. 대신에 길이가 3센티미터나 49.57센티미터나 20억 센티미터인 선분도 길이가 0인 무한히 많은 점들로 이루어져 있다고 주장할 수 있다. 그런데 0에 무한을 곱하면, 상상 가능한 결과(6, 3, 49.57 또는 20억) 중 어떤 것도 나오지 않는다. 이것은 수학적으로 매우 공포스러운 상황이다.

실무한의 죄

우리가 이러한 혼돈에 빠진 원인은 우리가 극한에 실제로 '도달할' 수 있다고 가정한 데 있다. 즉, 무한을 실제로 도달할 수 있는 수처럼 다룬 데 있다. 기원전 4세기에 그리스 철학자 아리스토텔레스•는 이런 식으로 무한을 가지고 죄를 저지르는 것은 온갖 종류의 논리적 문제를 낳을 것이라고 경고했다. 자신이 실무한•이라고 부른 것을 강하게 비난하면서 오직 가무한만이 이치에 닿는다고 주장했다.

선분을 토막들로 나누는 맥락에서 가무한은 선분을 점점 더 많은 토막으로(즉, 원하는 만큼 많이, 하지만 여전히 유한한 수만큼, 그리고 길이는 절대로 0이 아닌 토막으로) 쪼갤 수 있다는 것을 의미한다. 이것은 얼마든지 허용되며, 논리적으로 아무 문제가 없다.

다만, 곧장 길이가 0인 토막들이 실무한 개 존재한다고 상상하는 것은 금지돼 있다. 아리스토텔레스는 만약 실무한이 실제로 존재한다고 가정하면 모순을 낳는다고 주장했다. 앞에서 봤던 것처럼 0에다 무한을 곱하면 어떤 답이라도 나올 수 있음을 보여줌으로써 말이다. 그래서 아리스토텔레스는 수학과 철학에서 실무한의 사용을 금지했다. 그 후 2200년 동안 수학자들은 아리스토텔레스가 내린 이 칙령을 존중했다.

선사 시대의 어느 어두운 구석에서 누군가가 수에는 끝이 없다는 사실을 알아챘다. 그 생각과 함께 무한이 탄생했다. 무한은 우리 정신의 깊은 곳에 존재하는 어떤 것, 끝없는 구덩이에 관한 악몽, 영생에 대한 기대에 상응하는 수이다. 무한은 우리의 수많은 꿈과 두려움과 답할 수 없는 질문의 핵심에 존재한다. 그런 질문들로는 "우주는 얼마나 클까?", "영원은 얼마나 길까?", "신의 능력은 얼마나 강할까?" 등이 있다. 종교와 철학에서부터 과학과 수학에 이르기까지 인간 사고의 모든 분야에서 무한은 수천 년 동안 전 세계의 가장 뛰어난 지성들을 혼란스럽게 했다. 그래서 무한은 추방당하고 불법화되고 금기시되었다. 무한은 늘 위험한 개념으로 간주되었다. 종교 재판 시대에 배교자 수도사 조르다노 브루노•는 신이 무한의 능력으로 셀 수 없이 많은 세계를 만들었다고 주장했다가 산 채로 화형을 당했다.

제논의 역설

조르다노 브루노가 처형되기 2000여 년 전에 과감하게 무한을 고찰한 용감한 철학자가 또 한 사람 있었다. 엘레아의 제논(기원전 495?~430?)은 공간과 시간과 운동에 관한 일련의 역설을 제기했는데, 무한은 이 역설들에서 모순적 상황을 만들어내는 데 핵심 역할을 했다. 이 역설들은 미적분학의 중심에 있는 개념들을 앞서서 다루었는데, 이 개념들은 오늘날에도 여전히 논란의 대상으로 남아 있다. 버트런드 러셀은 이 역설들이 헤아릴 수 없이 미묘하고 심오하다•고 말했다.

제논이 자신의 역설들로 무엇을 증명하려고 했는지는 알 수 없다. 그가 남긴 글(애초에 그런 것이 있었다면)이 하나도 전해지지 않기 때문이다. 그의 역설은 플라톤과 아리스토텔레스를 통해 전해지는데, 두 사람은 주로 제논의 역설을 무너뜨리려는 목적으로 그것을 요약해 소개했다. 이들이 전하는 이야기에서 제논은 변화가 불가능함을 증명하려고 한다. 우리의 감각은 그렇지 않다고 말하지만, 감각은 우리를 속일 수 있다. 제논에 따르면, 변화는 착각이다.

제논의 역설* 중 특별히 유명하고 강력한 것은 세 가지가 있다. 첫 번째인 양분兩分의 역설은 벽의 수수께끼와 비슷하지만 훨씬 큰 좌절을 느끼게 한다. 이 역설은 우리가 절대로 움직일 수 없다고 주장하는데, 한 걸음을 가기 전에 우선 반 걸음에 해당하는 지점을 지나가야 하기 때문이다. 그리고 반 걸음을 가기 전에 1/4걸음을 가야 하고, 그런 식으로 계속 그 절반의 거리를 지나가야 한다. 따라서 벽까지 가는 것은 말할 것도 없고, 첫 걸음조차 뗄 수가 없다.

이것은 아주 훌륭한 역설이다. 한 걸음을 떼려면 무한히 많은 작은 과제들을 완수하는 게 필요하다는 생각을 어느 누가 할 수 있었겠는가? 게다가 마쳐야 할 '첫 번째' 과제조차 존재하지 않는다. 첫 번째 과제는 반걸음을 지나가는 게 아닌데, 그전에 1/4걸음을 지나가는 게 필요하고, 또 그전에 1/8걸음을 지나가는 게 필요하고, 그런 식으로 끝없이 계속되기 때문이다. 혹시 아침 식사를 하기 전에 해야 할 일이 무척 많다고 생각하는가? 그렇다면 그저 부엌으로 가려고만 해도 무한히 많은 과제를 끝내야 한다고 상상해보라.

두 번째 역설인 아킬레스와 거북 역설은 만약 경주에서 느린 주자(거북)가 조금이라도 앞서서 출발하기만 한다면, 빠른 주자(아킬레스)가 느린 주자를 결코 따라잡을 수 없다고 주장한다.

왜냐하면, 아킬레스가 거북이 출발한 지점에 도착했을 때에는 그동안 거북이 조금이라도 더 앞으로 이동했을 것이기 때문이다. 그리고

다시 아킬레스가 거북이 이동한 그곳에 도착했을 때, 거북은 또다시 거기서 조금이라도 더 앞으로 이동했을 것이다. 누구나 빠른 주자가 느린 주자를 따라잡을 '수 있다고' 믿기 때문에, 우리의 감각이 우리를 속이는 것이 아니라면, 운동과 공간과 시간에 대해 우리가 생각하는 방식에 뭔가 문제가 있는 것이 틀림없다.

이 두 역설에서 제논은 시간과 공간이 연속적으로 존재한다는 사실(이것은 시간과 공간을 끝없이 계속 쪼갤 수 있다는 것을 의미한다)을 반박하는 것처럼 보인다. 여기서 제논이 사용한 수사학적 전략(어떤 사람들은 제논이 이것을 발명했다고 말한다)은 모순을 통한 증명으로, 법학자들과 논리학자들은 귀류법歸謬法, reductio ad absurdum이라고 부른다. 두 역설에서 제논은 시간과 공간의 연속성을 가정한 뒤, 이 가정을 바탕으로 추론을 해나가 모순이 생기는 결과를 얻었다. 따라서 시간과 공간이 연속적이라는 가정이 틀렸음이 분명하다. 그런데 미적분학은 바로 이 가정을 기반으로 세워졌기 때문에, 이 싸움에는 많은 것이 걸려 있다. 미적분학은 제논의 추론에서 어떤 부분이 잘못되었는지 보여줌으로써 제논의 주장을 반박한다.

예를 들면, 미적분학은 아킬레스와 거북 역설을 다음과 같이 설명한다. 거북이 아킬레스보다 10미터 앞에서 출발하지만, 아킬레스가 거북보다 10배 빠르다고 하자. 예컨대 거북이 초속 1미터로 달린다면, 아킬레스는 초속 10미터로 달린다. 그러면 거북이 10미터 앞에서 출발한 지점까지 아킬레스가 가는 데에는 1초가 걸린다. 그동안 거북은 1미터를 이동한다. 그 차이만큼 아킬레스가 따라잡는 데에는 다시 0.1초가 걸리고, 그동안 거북은 0.1미터를 이동한다. 이 추론을 계속하면, 아킬레스가 거북을 계속 따라잡는 데 걸리는 총 시간은 다음과 같은 무한급수가 된다.

$$1 + 0.1 + 0.01 + 0.001 + \cdots = 1.111\cdots\text{초}$$

이것을 같은 값의 분수로 고치면 $\frac{10}{9}$초가 된다. 이것은 아킬레스가 거북을 따라잡고 추월하기 시작하는 데 걸리는 시간이다. 제논이 아킬레스가 마쳐야 할 과제가 무한히 많다고 생각한 것은 옳았지만, 거기에는 역설적인 것이 아무것도 없다. 수학이 보여주듯이, 아킬레스는 유한한 시간 안에 그 과제들을 모두 끝마칠 수 있다.

이 추론 방법은 미적분학 논증으로 인정받을 자격이 충분히 있다. 앞에서 왜 $0.333\cdots = \frac{1}{3}$인지 설명할 때 그랬던 것처럼 우리는 무한급수를 계산해 극한값을 구했다. 무한소수를 다룰 때마다 우리는 미적분 계산을 한다(비록 대다수 사람들은 이것을 중학교 수준의 수학이라고 비웃겠지만).

그런데 이 문제를 푸는 방법이 미적분밖에 없는 것은 아니다. 대수학을 사용해 풀 수도 있다. 그러려면 먼저 경주가 시작되고 나서 임의의 시간 t초 뒤에 각각의 주자가 어디에 있는지 알 필요가 있다. 아킬레스는 초속 10미터로 달리고, 거리＝속력×시간이므로, t초 뒤에 아킬레스는 $10t$미터만큼 달렸을 것이다. 10미터 앞에서 달린 거북은 초속 1미터로 달리므로, $10+t$미터의 위치에 있을 것이다. 아킬레스가 거북을 따라잡는 데 걸리는 시간을 구하려면, 두 등식을 같다고 놓고 t의 값을 구하면 된다. 이것은 아킬레스와 거북이 동시에 같은 위치에 있는 시간을 구하는 대수학적 방법이다. 그 방정식은 다음과 같다.

$$10t = 10 + t$$

이 방정식을 풀려면, 양변에서 t를 빼주면 된다. 그러면 $9t = 10$이 된다. 다시 양변을 9로 나누면, $t = \frac{10}{9}$(초)이 된다. 이것은 앞에서 무한급수를 사용해 구한 값과 같다.

따라서 미적분학의 관점에서 볼 때, 아킬레스와 거북 문제에는 아무 역설도 없다. 만약 시간과 공간이 연속적이라면, 모든 것이 말끔하게 해결된다.

만약 시간과 공간이 연속적이지 않다면

화살의 역설이라는 세 번째 역설에서 제논은 다른 가능성, 즉 시간과 공간이 본질적으로 불연속적으로 존재할 가능성, 시간의 픽셀과 공간의 픽셀처럼 더 이상 쪼갤 수 없는 작은 단위들로 이루어져 있을 가능성을 논박한다. 그 역설은 다음과 같다. 만약 시간과 공간이 불연속적이라면, 날아가는 화살은 움직일 수가 없다. 왜냐하면, 각 순간(어떤 시간 픽셀)에 화살은 정해진 어떤 장소(공간상의 어떤 특정 픽셀)에 있어야 하기 때문이다. 따라서 주어진 어느 순간에 화살은 움직이지 않는다. 그리고 각 순간들 사이에서도 화살은 움직이지 않는데, 가정에 따라 각 순간들 사이에는 시간이 '존재'하지 않기 때문이다. 따라서 화살은 어느 순간에도 전혀 움직이지 않는다.

나는 제논의 역설 중에서 이것이 가장 기묘하고 흥미로운 역설이라고 생각한다. 철학자들은 아직도 이 역설을 붙들고 논쟁을 하고 있지만, 나는 제논의 주장 중 2/3는 옳다고 생각한다. 시간과 공간이 불연속적인 세계에서는 날아가는 화살이 제논이 말한 것처럼 '행동할' 것이다. 시간이 불연속적으로 띄엄띄엄 흘러가는 동안 화살은 기묘하게도 한 장소에서 다음 장소로 차례로 옮겨가면서 띄엄띄엄 나타날 것이다. 그리고 우리의 감각은 실제 세계가 그렇지 않다고, 적어도 우리가 정상적으로 지각하는 것과는 같지 않다고 말하는 제논의 주장도 옳다.

하지만 그러한 세계에서 운동이 불가능하다는 제논의 생각은 틀렸다. 우리는 디지털 장비로 영화와 비디오를 본 경험을 통해 이것을 분명히 알고 있다. 휴대 전화와 DVR, 컴퓨터 화면은 모든 것을 불연속적인 픽셀로 쪼개지만, 제논의 주장과는 반대로 이 불연속적인 환경에서 운동이 완벽하게 일어날 수 있다. 모든 것을 충분히 잘게 쪼개기만 한다면, 우리는 매끈한 운동과 그 디지털 표현 사이의 차이를 전혀 느낄 수 없다. 날아가는 화살을 촬영한 고해상도 비디오를 볼 때, 우리는 실제로는 한 프레임에서 다음 프레임으로 차례로 옮겨가면서 나타나는, 픽셀로 표현된 화살을 본다. 하지만 우리 지각의 한계 때문에 화살은 매끈하고 연속적인 궤적을 그리며 날아가는 것으로 보인다. 우리의 감각은 이처럼 가끔 정말로 우리를 속인다.

물론 너무 큰 덩어리들로 쪼갠다면, 연속적인 것과 불연속적인 것의 차이를 구별할 '수' 있는데, 우리는 그것을 다소 불편하게 느낄 때가 많다. 구식 아날로그 시계와 오늘날의 디지털/기계식 시계의 차이를 생각해보라. 아날로그 시계에서는 초침이 아름답게 일정한 운동 패턴에 따라 빙빙 돈다. 아날로그 시계는 시간이 연속적으로 흘러가는 것으로 묘사한다. 반면에 디지털 시계에서는 초침이 찰칵 찰칵 찰칵 하면서 각각 구별되는 발걸음으로 나아간다. 디지털 시계는 시간이 점프를 하면서 불연속적으로 나아가는 것으로 묘사한다.

무한은 서로 아주 다른 이 두 가지 시간 개념 사이에 다리를 놓을 수 있다. 디지털 시계가 시끄러운 한 번의 '찰칵' 소리 대신에 1초에 수조 번의 작은 재깍거림과 함께 움직인다고 상상해보자. 그러면 이제 그런 종류의 디지털 시계와 아날로그 시계 사이에서 아무런 차이도 발견할 수 없을 것이다. 영화와 비디오가 그렇듯이, 예컨대 초당 30프레임처럼 프레임이 충분히 빨리 지나가기만 한다면, 디지털 시계도 끊어짐이 전혀 없이 시간이 매끈하게 흐른다는 인상을 준다. 그리고 만약 초당 '무한히' 많은 프레임이 지나간다면, 그 흐름은 정말로 끊어짐이 전혀 없을 것이다.

음악을 녹음하고 재생하는 방식을 생각해보라. 내 작은딸은 얼마 전에 열다섯 번째 생일 선물로 구식 빅트롤라 축음기를 받았다. 이제 딸은 레코드판으로 엘라 피츠제럴드의 노래를 들을 수 있다. 이것은 전형적인 아날로그 경험이다. 엘라의 음색과 스캣scat(재즈에서 가사 없이 목소리로 연주하듯 음을 내는 창법—옮긴이)은 엘라가 그 노래를 불렀을 때와 똑같이 매끄럽게 흘러간다. 엘라의 성량은 작은 것에서부터 큰 것에 이르기까지, 그리고 중간의 모든 크기까지 포함해 연속적으로 이어지며, 소리의 높이도 낮은 것에서 높은 것으로 우아하게 올라간다. 반면에 디지털 방식으로 엘라의 노래를 들을 때에는 그 음악의 모든 측면이 각각 별개의 미소한 단계들로 쪼개져 0과 1의 숫자열로 전환된다. 개념적으로는 그 차이가 엄청나게 크지만, 우리의 귀로는 그 차이를 구별할 수 없다.

따라서 일상생활에서 불연속적인 것과 연속적인 것 사이의 간극은 대개 별 어려움 없이 메워지는데, 적어도 훌륭한 근사로 나타낼 수 있다. 충분히 작은 토막들로 쪼개기만 한다면, 많은 실용적 용도에서 불연속적인 것으로 연속적인 것을 대신할 수 있다. 이상적인 미적분학 세계에서는 유리한 점이 한 가지 더 있는데, 연속적인 것을 무한히 많은 수의 무한히 작은 토막들로 '정확히 똑같게(근사가 아니라)' 쪼갤 수 있다. 이것은 바로 무한의 원리이다. 극한과 무한의 도움으로 불연속적인 것과 연속적인 것이 하나가 된다.

제논과 양자역학의 만남

무한의 원리는 우리에게 모든 것을 끝없이 쪼갤 수 있다고 가정하라고 요구한다. 우리는 이 개념이 얼마나 유용한지 이미 보았다. 피자를 임의로 얇은 조각들로 쪼갤 수 있다고 상상함으로써 원의 넓이를 정확하게 구할 수 있었다. 여기서 자연히 다음 의문이 떠오른다. 그렇게 무한히 작은 것이 실제 세계에 존재할까?

이 질문에 대해서는 양자역학•이 하는 말에 귀를 기울일 필요가 있다. 양자역학은 현대 물리학의 한 분야로, 가장 작은 규모에서 자연이 어떻게 행동하는지 기술한다. 양자역학은 지금까지 나온 물리학 이론 중 가장 정확한 것인데, 양자역학 세계의 기묘한 현상들은 가히 전설적이다. 경입자lepton와 쿼크quark, 중성미자neutrino 같은 소립자 동물원을 비롯해 양자역학의 용어들은 마치 루이스 캐럴의 소설에서 나온 것처럼 들린다. 양자역학이 기술하는 입자의 행동도 매우 기이할 때가 많다. 거시 세계에서는 절대로 일어날 수 없는 일들이 원자 차원에서는 일어날 수 있다.

예를 들어 벽의 수수께끼를 양자역학의 관점에서 살펴보자. 만약 걸어가는 사람이 전자라고 한다면, 전자가 유령처럼 곧장 벽을 통과할 가능성이 있다. 이 현상을 '양자 터널 효과'라고 부른다. 실제로 이런 일이 일어난다. 고전 물리학의 관점에서는 이것을 설명할 방법이 없지만, 양자역학에서는 전자의 확률 파동을 기술함으로써 이를 설명한다. 확률 파동은 1925년에 오스트리아 물리학자 에르빈 슈뢰딩거가 기술한 방정식에 따라 행동한다. 슈뢰딩거 방정식•의 해는 전자의 확률 파동 중 일부는, 비록 그 확률이 아주 작긴 하지만, 통과할 수 없는 장벽 반대편에 존재한다고 말한다. 이것은 마치 전자가 벽에 터널을 뚫고 통과한 것처럼 장벽 반대편에서 발견될 확률이 아주 작긴 하지만 0이 아니라는 것을 의미한다. 우리는 미적분학의 도움을 받아 그런 터널 효과 사건이 일어나는 비율을 계산할 수 있고, 실험 결과는 이 예측이 옳다고 뒷받침해준다. 양자 터널 효과는 실제로 일어난다. 알파 입자들은 터널 효과를 통해 우라늄 원자핵에서 예측되는 비율만큼 빠져나와 방사능 현상을 일으킨다. 태양이 빛을 내는 과정인 핵융합 반응에서도 터널 효과가 중요한 역할을 하므로, 지구상의 모든 생명은 부분적으로 터널 효과에 의존해 살아가는 셈이다. 터널 효과는 많은 기술 분야에서 이용되고 있다. 개개 원자를 촬영하고 조작하게 해주는 주사 터널링 현미경도 바로 이 개념을 바탕으로 만들어졌다.

우리는 원자 규모에서 일어나는 이러한 사건들을 짐작할 직관력이 없는데, 우리가 수백조×수백조 개의 원자로 이루어진 거대한 생물이기 때문이다. 다행히도 직관력 대신에 미적분학에서 도움을 받을 수 있다. 물리학자들은 미적분학과 양자역학을 사용해 미시 세계를 들여다보는 이론적 창을 열었다. 이들의 통찰력이 낳은 결실에는 레이저, 트랜지스터, 컴퓨터 칩, 평면 TV 화면의 LED 등이 있다.

양자역학은 많은 측면에서 개념적으로 급진적이지만, 슈뢰딩거 방정식은 시간과 공간이 연속적이라는 전통적인 가정을 그대로 유지하고 있다. 맥스웰은 자신의 전자기 이론에서 동일한 가정을 했고, 뉴턴도 중력 이론에서, 아인슈타인도 상대성 이론에서 같은 가정을 했다. 모든 미적분학은, 따라서 모든 이론물리학은 시간과 공간이 연속적이라는 이 가정에 기반을 두고 있다. 이 연속성 가정은 지금까지는 놀랍도록 큰 성공을 거두었다.

하지만 원자보다도 작은, 우주의 아주 작은 규모에서는 시간과 공간이 결국 연속적 속성을 잃는다고 믿을 만한 이유가 있다. 그곳에서 어떤 일이 일어나는지는 정확하게 알 수 없지만 짐작은 할 수 있다. 시간과 공간은 제논이 화살의 역설에서 상상한 것처럼 아주 작은 단위로 깔끔하게 나누어져 있을지도 모른다. 하지만 양자 불확실성 때문에 무질서한 혼란 상태로 존재할 가능성이 높다. 그토록 작은 규모에서는 시간과 공간이 무작위로 들끓으면서 소용돌이치고 있을지 모른다. 시간과 공간은 부글거리는 거품처럼 요동칠 수 있다.

이러한 궁극적인 규모에서 시간과 공간을 시각화하는 방법에 대해서는 일치된 의견이 없지만, 이 규모가 얼마나 작은 것인지에 대해서는 대체로 의견이 일치하고 있다. 그것은 자연의 세 가지 기본 상수에 영향을 받아 결정된다. 그중 하나는 중력 상수 G이다. 중력 상수는 우주에 작용하는 중력의 세기를 나타낸다. 중력 상수는 뉴턴의 중력 이론에서 맨 처음 나타났고, 나중에 아인슈타인의 일반 상대성 이론에서도 다시 나타났다. 그리고 이 이론들을 대체할 미래의 모든 이론에서도 나타날 것이다. 두 번째 상수인 $\hbar$(독일어로 '하'라고 읽지만, 영어식으로 '에이치 바h bar'라고 읽기도 한다)는 양자 효과의 세기를 나타낸다. $\hbar$는 하이젠베르크의 불확정성 원리와 슈뢰딩거의 파동 방정식 등에 포함돼 있다. 세 번째 상수는 빛의 속도 c이다. 빛의 속도는 우주의 제한 속도에 해당한다. 어떤 종류의 신호도 c보다 더 빨리 달릴 수 없다. 시간과 공간에 관한 모든 이론에는 이 속도가 반드시 들어가야 하는

데, c는 거리=속력×시간 공식을 통해 시간과 공간을 연결시키기 때문이다(이 공식에서 물론 c는 속력에 해당한다).

1899년, 양자론의 아버지라 불리는 독일 물리학자 막스 플랑크는 이 기본 상수들을 결합해 길이의 척도를 만드는 방법이 한 가지, 그것도 오직 한 가지밖에 없다는 사실을 깨달았다. 그리고 그 유일무이한 길이가 우주를 측정하는 자연적 미터자라고 결론 내렸다. 플랑크의 업적을 기려 오늘날 이 길이는 플랑크 길이Planck length•라고 부른다. 그 길이는 다음 공식으로 주어진다.

$$\text{플랑크 길이} = \sqrt{\frac{\hbar G}{c^3}}$$

알려진 G, $\hbar$, c의 값을 대입하면 플랑크 길이는 약 10^{-35}미터로 나오는데, 양성자 지름보다 1억×1조 배나 작을 정도로 엄청나게 짧은 거리이다. 이에 대응하는 플랑크 시간은 이 거리를 빛이 달리는 데 걸리는 시간으로, 약 10^{-43}초이다. 이것보다 더 작은 규모에서는 시간과 공간은 더 이상 의미가 없다. 시간과 공간은 플랑크 시간과 플랑크 길이보다 작은 크기로는 존재할 수 없다.

이 수들은 시간이나 공간을 잘게 자를 수 있는 한계를 나타낸다. 여기서 우리가 이야기하는 수의 정밀도가 어느 정도인지 감을 잡고 싶다면, 상상 가능한 것 중 가장 극단적인 비교를 하는 데 얼마나 많은 자릿수가 필요할지 생각해보라. 가능한 거리 중 가장 긴 것은 알려진 우주의 지름인데, 이것을 가능한 가장 짧은 거리인 플랑크 길이로 나눠보자. 가늠하기 힘들 정도로 극단적인 이 비율도 자릿수가 60개밖에 안 되는 수로 나타난다. 나는 '겨우' 60자리 수라는 점을 강조하고 싶다. 하나의 거리를 다른 거리와 비교한 비율로 나타내는 데 필요한 수는 이것이 최대이다. 이보다 더 많은 자릿수의 수(자릿수가 무한히 많은 수는 말할 것도 없고 예컨대 100자리 수)를 사용한다면, 물질세계에서 실제 거리를 나타내는 데 필요한 수준을 지나치게 초과해 엄청난 과잉이 될 것이다.

하지만 미적분학에서는 늘 무한히 많은 자릿수의 수를 사용한다. 중학교에만 가도 학생들은 소수점 아래로 자릿수가 끝없이 이어지는 0.333… 같은 수를 생각해야 한다. 우리는 이런 수를 실수實數, real number 라고 부르지만, 이런 수가 실제로 존재한다고 보장할 수는 없다. 실수를 무한히 많은 소수점 아래 자릿수로 나타내야 한다는 조건은 바로 그 수가 실재하지 '않는다는' 걸 의미한다. 적어도 우리가 오늘날의 물리학을 통해 실재를 이해하는 한은 그렇다.

만약 실수가 실재하지 않는다면, 왜 수학자들은 이 수들을 그토록 좋아할까? 그리고 왜 학교에서는 학생들에게 이 수들을 배우라고 강요할까? 왜냐하면, 미적분학에 이 수들이 필요하기 때문이다. 처음부터 미적분학은 모든 것(시간과 공간, 물질과 에너지, 지금까지 존재했거나 앞으로 존재할 모든 물체)을 연속적인 것으로 간주해야 한다고 완강하게 주장했다. 따라서 모든 것은 실수로 정량화될 수 있고 그렇게 되어야 한다. 이 이상적인 상상의 세계에서 우리는 모든 것을 끝없이 계속 더 잘게 쪼갤 수 있다고 생각한다. 전체 미적분학 이론은 바로 이 가정을 토대로 서 있다. 이 가정이 없다면 우리는 극한값을 계산할 수 없고, 극한값을 구할 수 없다면 미적분학은 절그럭거리며 멈춰설 것이다. 만약 우리가 지금까지 사용한 것이 그 정밀도가 소수점 아래 60자리에 불과한 소수였다면, 수직선數直線은 곳곳에 빈틈이 널려 있을 것이다. π와 $\sqrt{2}$, 그리고 소수점 아래에 무한히 많은 자릿수가 필요한 모든 수에 해당하는 자리들이 구멍으로 남아 있을 것이다. 심지어 $\frac{1}{3}$ 같은 단분수도 빠져 있을 텐데, 소수로 나타내면 무한히 많은 자릿수(0.333⋯)가 필요해 수직선에서 그 위치를 정확하게 표시할 수 없기 때문이다. 모든 수가 연속적인 직선을 이룬다고 생각하고 싶다면, 이 수들은 모두 실수여야 한다. 실수는 실재의 근사이지만, 이 방법은 놀랍도록 효과가 좋다. 실재는 다른 방법으로는 모형화하기가 너무 어렵다. 나머지 미적분학과 마찬가지로, 무한소수에서도 무한은 모든 것을 훨씬 단순하게 만든다.

2장

무한의 힘을 활용한 사람

제논이 시간과 공간, 운동, 무한의 본질을 깊이 생각한 때로부터 약 200년 뒤에 무한에 거부할 수 없는 매력을 느낀 사람이 또 나타났다. 그 사람의 이름은 아르키메데스*이다. 우리는 원의 넓이 문제를 다룰 때 이미 그를 만난 적이 있지만, 아르키메데스는 그 밖에도 많은 이유로 전설적인 인물이다.

무엇보다도 아르키메데스와 관련된 재미있는 이야기*가 많다. 여러 이야기는 아르키메데스를 최초의 괴짜 수학자로 묘사한다. 예를 들면, 역사학자 플루타르코스*는 아르키메데스가 기하학에 깊이 몰두한 나머지 "식사하는 것도 잊어버리고* 자신의 몸을 등한시했다."라고 묘사했다. (이 이야기에는 공감이 간다. 많은 수학자에게 식사와 개인위생은 우선 사항이 아니다.) 플루타르코스는 아르키메데스가 수학에 푹 빠져 있을 때에는 "강제로 욕조로 끌고 가 몸을 씻게"* 해야 했다고 덧붙였다.

목욕을 그렇게 싫어했다는 사실이 흥미로운데, 욕조는 누구나 다 아는 유명한 이야기가 펼쳐진 주요 무대이기 때문이다. 고대 로마의 건축가 비트루비우스•에 따르면, 아르키메데스는 욕조에 앉아 있다가 갑자기 떠오른 통찰력에 너무나도 흥분한 나머지 욕조에서 뛰어나와 알몸으로 거리를 날리면서 "유레카!"("알아냈어!")라고 외쳤다고 한다.

다른 이야기들에서는 아르키메데스가 군사 마법사, 전사-과학자, 1인 암살단으로 등장한다. 이 전설들에 따르면, 조국 시라쿠사가 기원전 212년에 로마군에게 포위 공격당할 때, 아르키메데스는 도르래와 지레에 관한 지식을 활용해 환상적인 전쟁 무기를 만들어 도시를 방어하는 데 도움을 주었다. 거대한 갈고리와 기중기로 로마군의 배를 공중으로 들어올려 흔듦으로써 로마군 병사들을 마치 흔드는 신발에서 빠져나오는 모래처럼 바다에 빠뜨렸다고 한다. 플루타르코스는 이 공포스러운 장면을 다음과 같이 묘사했다. "배가 종종 하늘 높이 들려 올라갔는데•(보기에 아주 무시무시한 장면이었다), 그러고 나서 수병들이 모두 떨어질 때까지 계속 앞뒤로 뒤흔들리다가 마침내 바위 위로 내동댕이쳐지거나 그냥 아래로 떨어졌다."

좀 더 진지한 맥락에서 이야기한다면, 과학과 공학을 배우는 사람들은 모두 그가 발견한 부력의 원리(유체 속에 잠긴 물체는 물체가 밀어낸 유체의 무게와 같은 힘의 부력을 받는다는 원리)와 지레의 법칙(지레의 양쪽에 놓인 두 물체는 각각의 무게가 받침점으로부터의 거리와 반비례 관계에 있을 때에만 균형을 이룬다는 법칙. 즉, 지레의 양끝에 작용하는 힘의 크기와 받침점까지의 길이를 각각 곱한 값은 서로 같다는 법칙) 때문에 아르키메데스를 기억한다. 이 두 가지 원리는 많은 곳에 응용되었다. 부력의 원리는 왜 어떤 물체는 물 위에 뜨는 반면 다른 물체는 가라앉는지 설명해준다. 또, 모든 조선학과 선박의 안정성 이론, 해상 시추 장비의 설계에도 기본 원리로 쓰인다. 그리고 우리는 일상생활에서 손톱깎이와 쇠지레처럼 지레의 법칙을 활용한 도구를 알게 모르게 많이 사용하고 있다.

아르키메데스는 경이로운 전쟁 무기 설계자였을 가능성이 있고, 뛰어난 과학자이자 공학자였음이 틀림없지만, 그가 불멸의 명성을 누리는 진짜 이유는 수학에 남긴 업적 때문이다. 그는 적분학의 기초를 닦았다. 그 심오한 개념은 그의 연구에 분명히 드러나 있지만, 거의 2000년이 지날 때까지 세상 사람들은 이 개념에 주목하지 않았다. 단순히 아르키메데스가 시대를 앞섰다고 말하는 것은 너무 점잖은 표현이다. 역사상 아르키메데스보다 더 시대를 앞선 사람이 있었을까?

아르키메데스의 연구에서는 두 가지 전략이 반복적으로 나타난다. 첫 번째 전략은 무한의 원리를 열렬하게 사용하는 것이었다. 아르키메데스는 원과 구, 그리고 나머지 곡선 형태의 수수께끼를 탐구하기 위해 항상 곡선 형태를 많은 직선과 평면과 보석처럼 깎인 면이 있는 입체 형태로 근사했다. 점점 더 많은 조각을 상상하고 그것들을 점점 더 작게 만듦으로써, 근사를 실체에 점점 더 가까이 다가가게 하면서 무한히 많은 조각의 극한값을 통해 정확한 값에 접근했다. 이 전략을 제대로 사용하려면 셈과 퍼즐의 대가가 되어야 했는데, 결론을 얻으려면 많은 수나 조각을 합치는 게 필요했기 때문이다.

또 하나의 놀라운 전략은 수학과 물리학을, 즉 이상과 현실을 결합한 것이었다. 구체적으로는 형태를 연구하는 분야인 기하학을 운동과 힘을 연구하는 분야인 역학과 결합했다. 때로는 역학을 쉽게 하기 위해 기하학을 사용했고, 때로는 순수한 형태에 대한 통찰력을 역학에서 얻음으로써 그 반대의 방법을 쓰기도 했다. 이 두 가지 전략을 능숙하게 사용함으로써 아르키메데스는 곡선의 수수께끼를 아주 깊이 들여다볼 수 있었다.

조임법으로 원주율을 구하다

사무실까지 걸어가거나 저녁에 개를 데리고 산책을 나갈 때면 아이폰의 계보기가 내가 얼마나 멀리 걸었는지 추적한다. 그 계산은 아주 간단하다. 해당 앱이 내 키를 바탕으로 보폭을 추정하고, 내디딘 발걸음 수를 센 뒤, 두 수를 곱한다. 거리는 보폭에 발걸음 수를 곱한 값과 같다.

아르키메데스는 이와 비슷한 방법으로 원의 원주 길이를 계산하고 π 값을 구했다.* 그러려면 아주 많은 발걸음을 떼어야 했다. 그 경로는 다음 그림과 비슷하다.

각 발걸음은 작은 선분으로 표시돼 있다. 발걸음 수에다 보폭을 곱하면, 전체 트랙의 길이를 계산할 수 있다. 물론 이 값은 원주 길이의 추정치에 지나지 않는데, 원은 실제로는 직선으로 이루어져 있지 않기 때문이다. 원은 곡선인 호로 이루어져 있다. 각각의 호를 직선으로 대체할 때, 우리는 원래의 길에서 약간 벗어난 지름길을 택한다. 따라서 이렇게 구한 근사값은 원형 트랙의 진짜 길이보다 약간 '작을' 수밖에 없다. 하지만 적어도 이론적으로는 충분히 많은 걸음을 떼고 보폭을 충분히 작게 한다면, 트랙의 길이를 원하는 만큼 정확하게 근사할 수 있다.

아르키메데스는 다음과 같은 일련의 계산을 했는데, 여섯 걸음으로 이루어진 경로부터 시작했다.

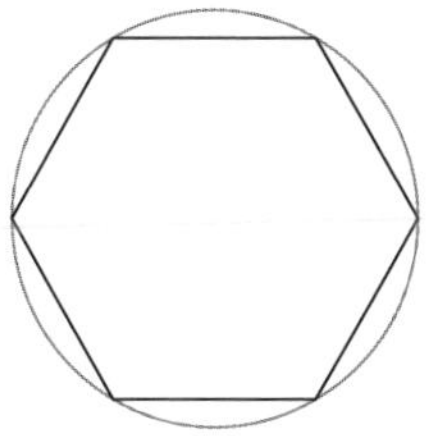

정육각형에서 시작한 이유는 앞에 기다리고 있는 더 어려운 계산을 향해 나아갈 베이스캠프로 삼기에 편리했기 때문이다. 정육각형은 그 둘레 길이를 쉽게 계산할 수 있는 이점이 있다. 정육각형의 둘레는 원의 반지름에 6을 곱한 것과 같다. 왜 6이냐고? 정육각형은 6개의 정삼각형으로 나누어지는데, 정삼각형의 각 변은 길이가 원의 반지름과 같다.

정삼각형의 변 6개가 정육각형의 둘레 길이를 이루고 있다.

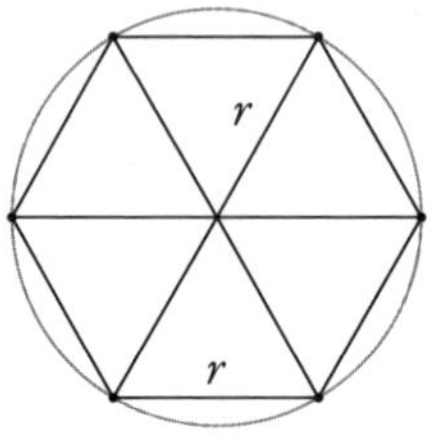

따라서 정육각형의 둘레 길이는 반지름의 6배이다. 이를 기호로 나타내면 $p = 6r$ 이고, 원주 C는 정육각형의 둘레 길이 p보다 길므로 $C > 6r$이다.

이 논증으로 아르키메데스는 π의 하한선을 구했다. 그리스 문자 π는 원주율을 나타내는데, 원주 길이를 지름으로 나눈 값으로 정의한다. 지름 $d = 2r$이므로, 부등식 $C > 6r$은 다음을 의미한다.

$$\pi = \frac{C}{d} = \frac{C}{2r} > \frac{6r}{2r} = 3$$

따라서 정육각형 논증은 $\pi > 3$임을 보여준다.

물론 6은 너무나도 적은 발걸음 수이고, 그 결과로 생긴 정육각형은 원을 아주 조잡하게 표현한 캐리커처에 불과하지만, 아르키메데스는 이것을 단지 출발점으로 삼았을 뿐이다. 정육각형을 통해 필요한 정보를 얻은 뒤, 아르키메데스는 보폭을 줄이는 대신에 발걸음 수를 두 배로 늘렸다. 각 호의 중점에 해당하는 지점들을 따라 각 호를 한 걸음으로 지나가는 대신에 작은 두 걸음으로 지나감으로써 원 둘레를 돌았다.

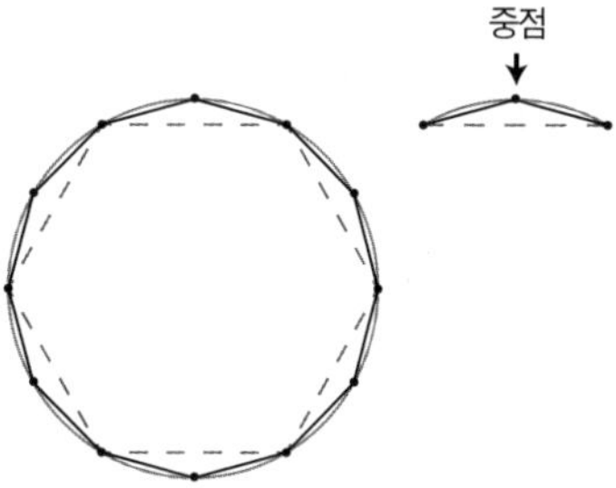

그러고 나서 같은 과정을 계속 반복했다. 강박관념에 사로잡힌 듯이 그는 여섯 걸음에서 열두 걸음으로, 그다음에는 스물네 걸음, 마흔여덟 걸음, 그리고 결국에는 아흔여섯 걸음으로 걸음 수를 늘려가면서 점점 줄어드는 보폭을 편두통을 유발할 만큼 정밀하게 계산했다.

불행하게도 보폭이 줄어듦에 따라 그 길이를 계산하기가 점점 더 힘들어졌는데, 피타고라스의 정리를 계속 사용해야 했기 때문이다. 그러려면 제곱근을 계산해야 했는데, 손으로 계산하기에는 무척 번거로운 일이었다.

어쨌거나 아르키메데스가 π 값을 계산한 것은 논리적으로나 산술적으로나 매우 영웅적인 업적이었다. 그는 원에 내접하는 정96각형과

외접하는 정96각형을 사용해 결국 π가 $3+\frac{10}{71}$보다 크고 $3+\frac{10}{70}$보다 작다는 것을 입증할 수 있었다.

복잡한 수학 계산은 잠시 잊어버리고, 이 결과를 시각적 관점에서 감상해보라.

$$3+\frac{10}{71} < \pi < 3+\frac{10}{70}$$

미지의 값이자 영원히 알 수 없는 π 값이 두 수 사이에 끼여 있다. 두 수는 분모가 각각 71과 70이라는 차이 말고는 거의 똑같아 보인다. 뒤쪽의 수인 $3+\frac{10}{70}$은 약분하면 $\frac{22}{7}$가 되는데, 이것은 오늘날에도 많은 학생들이 배우고 있는 π의 근사값이고, 심지어 어떤 사람들은 진짜 π 값으로 오해하기까지 한다.

아르키메데스가 사용한 이 방법(그리스 수학자 에우독소스가 앞서 발견한 연구를 바탕으로 한)은 알려지지 않은 수 π를 알려진 두 수 사이에 가두어 점점 조여가기 때문에 오늘날 조임법 또는 실진법悉盡法이라 부른다. 변의 수를 두 배로 늘릴 때마다 상한선과 하한선이 바짝 조여지는데, 이에 따라 π 값의 존재 범위가 줄어든다.

원은 기하학에서 가장 단순한 곡선이다. 하지만 놀랍게도 원을 측정하는 문제(수를 사용해 그 성질을 계량화하는 것)는 기하학의 영역을 벗어난다. 예를 들면, 아르키메데스보다 한두 세대 전에 나온 유클리드의 『기하학 원론*Elements*』에서는 π에 대한 언급을 전혀 찾아볼 수 없다. 원의 넓이를 그 반지름의 제곱과 비교한 비율이 모든 원에서 똑같다고 실진법으로 증명한 내용은 나오지만, 보편적인 비율이 3.14에 가깝다고 시사하는 이야기는 전혀 찾아볼 수 없다. 유클리드가 이를 언급하지 않은 것은 뭔가 더 심오한 것이 필요함을 암시했다. π의 값을 알려면 곡선 형태를 다룰 수 있는 새로운 종류의 수학이 필요했다. 곡선의 길이나 곡면의 넓이나 곡면체의 부피를 측정하는 방법은 그 당시 최첨단을 달리는 질문이었고, 이 문제의 해결에 몰두한 아르키메데스는 오늘날 적분학이라고 부르는 수학을 향해 나아가는 첫걸음을 내디뎠다. π는 그 첫 번째 승전보였다.

음과 양의 양면을 지닌 π

오늘날의 관점에서 보면, 원의 넓이를 구하는 아르키메데스의 공식 $A=\frac{rC}{2}$에 π가 나오지 않을 뿐만 아니라, 원주 길이를 지름의 비율로 나타낸 $C=\pi d$ 같은 공식을 아르키메데스가 전혀 쓰지 않은 것이 이상하게 보일 수 있다. 이렇게 π를 언급하지 않은 이유는 아르키메데스가 π를 수로 보지 않았기 때문이다. π는 그저 두 길이의 비율, 즉 원주와 그 지름의 비율에 지나지 않았다. 그것은 '수'가 아니라 '크기'였다.

지금은 크기와 수를 이런 식으로 구분하지 않지만, 고대 그리스 수학에서는 이 구분을 중요시했다. 그러한 구분은 불연속적인 것(정수로 대표되는)과 연속적인 것(형태로 대표되는) 사이의 갈등에서 나온 것처럼 보인다. 역사적인 세부 사실은 모호하지만, 피타고라스와 에우독소스 사이의 시기, 그러니까 기원전 6세기에서 기원전 4세기 사이에 어떤 사람이 정사각형의 대각선을 그 변의 정수비로 나타낼 수 없다는 사실을 증명한 것으로 보인다. 즉, 이 두 길이의 비는 정수비로 나타낼 수가 없다. 오늘날의 용어를 사용해 표현한다면, 어떤 사람이 무리수의 존재*를 발견한 것이다. 고대 그리스인은 이 발견에 충격을 받고 실망한 것으로 보이는데, 무리수의 존재는 피타고라스학파의 믿음에 어긋나는 것이었기 때문이다. 만약 정수와 그 비로 정사각형의 대각선처럼 기본적인 것조차 나타낼 수 없다면, 만물은 수라는 믿음이 깨어질 수밖에 없었다. 훗날 그리스 수학자들이 기하학을 항상 산술보다 더 높이 평가한 것은 이 실망스러운 좌절 때문인지 모른다. 수는 더 이상 완전히 믿을 수 있는 대상이 아니었다. 수학의 토대로 삼기에 불충분했다.

고대 그리스 수학자들은 연속적인 양을 기술하고 추론하려면 정수보다 더 강력한 것을 발명해야 할 필요가 있음을 깨달았다. 그래서 형태와 그 비율을 기반으로 한 체계를 개발했다. 이 체계는 선의 길이, 정사각형의 넓이, 정육면체의 부피처럼 기하학 도형을 측정한 것에 의존했다. 그들은 이 모든 것을 '크기'라고 불렀다. 그들은 이것들을 '수'와는 별개의 것으로 간주했고, 수보다 우월하다고 여겼다.

나는 아르키메데스가 π와 거리를 둔 이유가 이 때문이라고 생각한다. 그는 π를 어떻게 이해해야 할지 몰랐다. 그것은 기묘하고 초월적인 피조물로, 어떤 수보다 더 기이한 존재였다.

오늘날 우리는 π를 수(실수이자 무한소수)로, 그리고 아주 흥미로운 수로 받아들인다. 내 아이들도 분명히 π에 큰 호기심을 느꼈다. 아이들은 부엌에 걸려 있는 파이 접시를 자주 바라보았는데, 거기에는 π

값을 나타낸 숫자들이 접시 테두리 주위를 빙 두른 뒤 중심을 향해 나선을 그리며 죽 뻗어 있었다. 심연을 향해 소용돌이치며 다가갈수록 숫자들의 크기는 점점 작아졌다. 아이들이 흥미롭게 느낀 이유는 결코 반복되지 않고 어떤 패턴도 내비치지 않으면서 무작위적으로 영원히 연속되는 것처럼 보이는 숫자열과 관계가 있었을 것이다. π의 무한소수 전개 중 처음 몇 자리는 다음과 같다.

3.14159265358979323846264338327950288419716939937510582097494⋯

π의 모든 자릿수를 채우는 전체 숫자들을 우리는 결코 알 수 없을 것이다. 그럼에도 불구하고, 그 수들은 발견되길 기다리면서 저기에 있다. 이 글을 쓰고 있는 현재 세상에서 가장 빠른 컴퓨터들이 그 값을 소수점 아래 22조 자리까지 계산했다. 하지만 실제 π를 정의하는 무한 개의 숫자에 비하면 22조 개의 숫자는 아무것도 아니다. 이것이 철학적으로 얼마나 곤혹스러운 상황인지 생각해보라. 나는 π를 이루는 숫자들이 저기에 있다고 말했지만, 그것들은 정확하게 어디에 있는가? 그것들은 물질세계에 존재하지 않는다. 그것들은 진실, 정의 같은 추상 개념과 함께 이상적인 영역에 존재한다.

이처럼 π에는 역설적인 측면이 있다. π는 한편으로는 질서를 대표한다. 원의 형태로 구현되는 π는 오랫동안 완전과 영원의 상징으로 여겨졌다. 다른 한편으로는 π는 규칙이 없고 겉모습이 단정치 못하며, 각 자리를 이루는 숫자들은 어떤 규칙(적어도 우리가 아는 것은 전혀)도 따르지 않는다. π는 파악하기 어렵고 불가사의한 존재로, 영원히 우리 손에 닿지 않는 곳에 존재한다. 이처럼 질서와 무질서가 섞여 있는 속성 때문에 π는 마술적인 수이다.

π는 기본적으로 미적분학의 자식이다. π는 끝없이 계속되는 과정에서 도달할 수 없는 극한으로 정의된다. 하지만 원에 계속 더 가까이 다가가는 정다각형들이나 벽까지 늘 남은 거리의 절반을 가야 하는 불운한 보행자와 달리, π의 경우에는 끝이, 우리가 알 수 있는 극한이 보이지 않는다. 하지만 그런데도 π는 존재한다. 우리 눈으로 볼 수 있는 두 길이(원주와 지름)의 비로 분명하게 정의되면서 존재한다. 이 비가 π를 정의하면서 그 값을 더할 수 없이 정확하게 가리키지만, 그 수 자체는 우리의 손가락 사이로 새어나가고 만다.

음과 양의 속성을 모두 지닌 π는 전체 미적분학의 축소판과 같다. π는 곡선과 직선 사이의 입구이자, 하나의 수이지만 무한히 복잡한 수이며, 질서와 혼돈 사이에서 균형을 잡고 있다. 미적분학은 무한을 사용해 유한을 연구하고, 무제한을 사용해 제한된 것을 연구하고, 직선을 사용해 곡선을 연구한다. 무한의 원리는 곡선의 수수께끼를 푸는 열쇠인데, 여기 π의 수수께끼에서 먼저 나타났다.

입체파와 미적분학의 만남

아르키메데스는 「포물선의 구적법」*이라는 논문에서 또다시 무한의 원리에 안내를 받아 곡선의 수수께끼를 깊이 파고들어갔다. 포물선은 농구의 3점 슛이나 식수대의 물줄기가 그리는 호에서 볼 수 있다. 사실, 현실 세계에서 흔히 보는 이 호들은 포물선의 근사에 불과하다. 아르키메데스에 따르면, 진정한 포물선은 원뿔을 평면으로 잘랐을 때 생기는 단면의 곡선이다. 고깔모자나 원뿔형 종이컵을 예리한 칼로 싹둑 자른다고 상상해보라. 칼이 원뿔을 지나가는 방향에 따라 여러 가지 곡선이 생긴다. 원뿔 밑면과 평행한 방향으로 칼이 지나가면, 원이 생긴다.

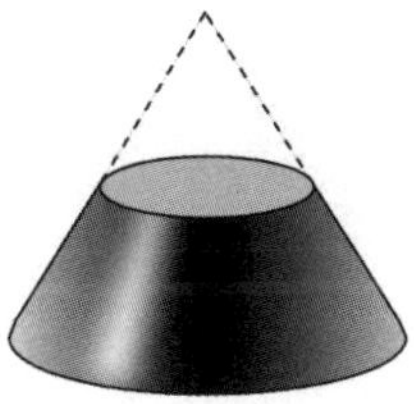

원

칼이 약간 비스듬하게 원뿔 옆면을 지나가면, 타원이 생긴다.

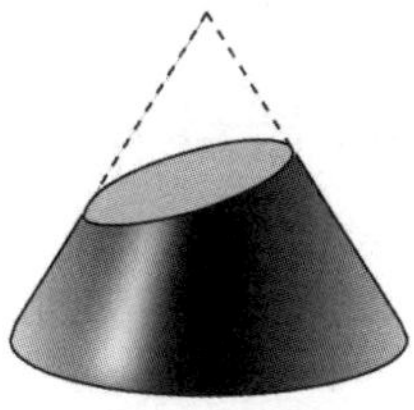

타원

원뿔 옆면의 기울기와 같은 각도로 칼이 지나가면, 포물선이 생긴다.

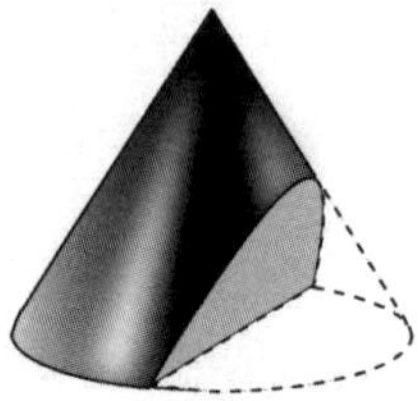

포물선

잘린 단면을 보면 포물선은 우아하고 대칭적인 곡선으로 보이는데, 대칭선은 한가운데에서 아래로 뻗어 있다. 이 선을 포물선의 축이라 부른다.

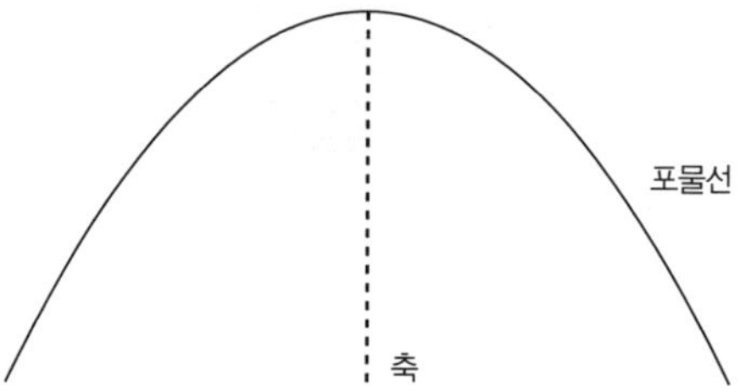

논문에서 아르키메데스는 포물선 활꼴의 넓이를 구하는 문제에 도전했다. 여기서 포물선 활꼴은 포물선과 그 아래로 비스듬하게 지나가는 선 사이에 갇힌 지역을 의미한다.

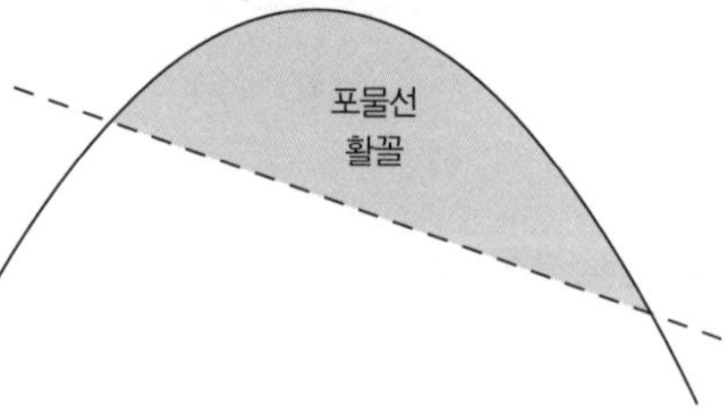

포물선의 구적법求積法, quadrature은 알려지지 않은 포물선 활꼴의 넓이를 정사각형, 직사각형, 삼각형, 또는 그 밖의 직선 도형처럼 넓이를 알고 있는 단순한 도형을 이용해 구하는 방법이다.

여기서 아르키메데스는 아주 놀라운 방법을 사용했다. 그는 포물선 활꼴이 다시 무한히 많은 삼각형 조각으로 이루어져 있다고(깨어진 도자기 조각들을 풀로 붙여놓은 것처럼) 재해석했다.

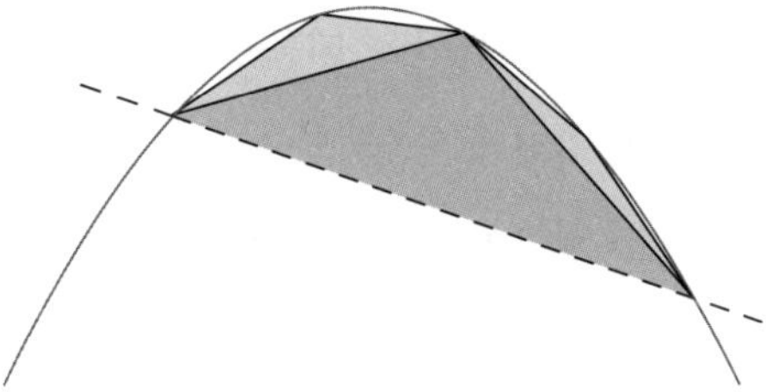

그 조각들의 크기는 천차만별이었다. 큰 삼각형 1개, 그보다 작은 삼각형 2개, 다시 더 작은 삼각형 4개… 그런 식으로 끝없이 이어졌다. 아르키메데스는 이 삼각형들의 넓이를 모두 구해 그것들을 모두 합함으로써 포물선 활꼴의 넓이를 구하려고 했다. 부드럽게 휘어진 포물선 활꼴을 삐죽삐죽한 형태들의 모자이크로 바라보려면, 사물을 만화경처럼 바라보는 비약적인 미술적 상상력이 필요했다. 만약 아르키메데스가 화가였다면, 최초의 입체파 화가가 되었을 것이다.

어쨌든 이 방법이 통하려면 우선 모든 조각들의 넓이를 구해야 했다. 하지만 그 조각들은 정확하게 어떻게 정의되는가? 접시를 깨 삐죽삐죽한 조각들로 만드는 방법이 무수히 많은 것처럼, 삼각형들을 결합해 포물선 활꼴을 만드는 방법은 무수히 많다. 가장 큰 삼각형은 다음 그림의 왼쪽이 될 수도 있고, 가운데가 될 수도, 오른쪽이 될 수도 있다.

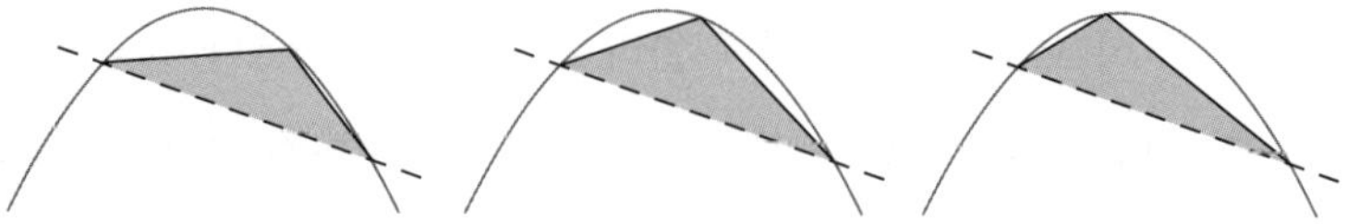

여기서 아르키메데스는 묘안을 떠올렸다. 이것을 묘안이라고 부르는 이유는 이 방법이 어떤 규칙, 즉 한 단계에서 다음 단계로 넘어가더라도 계속 유지되는 일관성 있는 패턴을 확립했기 때문이다. 그는 포물선 활꼴의 밑면을 지나가는 사선을 밑면과 평행을 유지하면서 위로 밀어올렸는데, 포물선 꼭대기 부근에서 포물선과 맞닿는 지점까지 밀어올렸다.

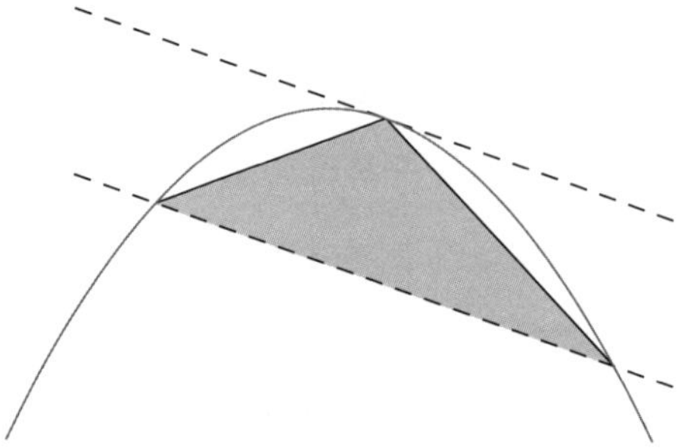

이렇게 포물선과 맞닿는 특별한 점을 '접점'이라고 부른다. 이 접점이 큰 삼각형의 세 번째 꼭지점이 된다. 나머지 두 꼭지점은 사선이 포물선과 만나는 두 점이다.

아르키메데스는 같은 규칙을 사용해 '모든' 단계의 삼각형들을 정의했다. 예를 들면, 두 번째 단계에서 삼각형들은 다음과 같은 모양이 된다.

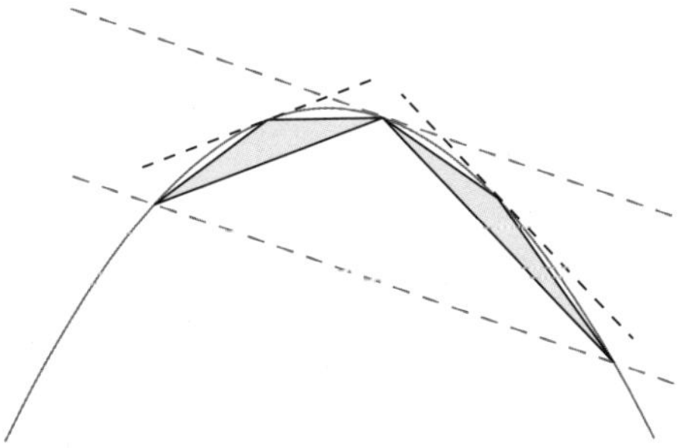

이번에는 큰 삼각형의 옆변들이 앞 단계에서 사용한 사선과 같은 역할을 한다는 데 주목하라.

다음에 아르키메데스는 포물선과 삼각형에 대해 알려진 기하학적 사실을 바탕으로, 한 단계와 다음 단계 사이의 관계를 알아냈다. 그는 새로 생긴 각 삼각형의 넓이가 그 부모 삼각형의 $\frac{1}{8}$임을 증명했다. 따라서 처음의 가장 큰 삼각형(이 삼각형은 여기서 넓이의 기준으로 쓰일 것이다)의 넓이가 1이라면, 두 딸 삼각형의 넓이는 $\frac{1}{8}+\frac{1}{8}=\frac{1}{4}$이 된다.

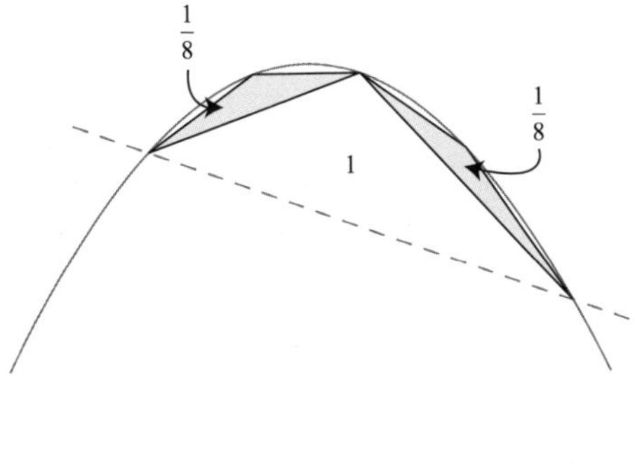

이어지는 각 단계에도 같은 규칙이 적용된다. 딸 삼각형들의 넓이를 합한 것은 항상 부모 삼각형의 $\frac{1}{4}$이다. 따라서 무한히 많은 조각들의 넓이를 합한 포물선 활꼴의 넓이는 다음 식으로 나타낼 수 있다.

$$\text{넓이} = 1 + \frac{1}{4} + \frac{1}{16} + \frac{1}{64} + \cdots$$

이것은 각 항이 그 전항의 1/4로 이루어진 무한급수이다.

이런 종류의 무한급수(전문 용어로는 기하급수 또는 등비급수라고 한다)를 간단히 계산할 수 있는 지름길이 있다. 그 비결은 무한히 많은 항 중 하나만 제외하고 나머지를 모두 상쇄시켜 없애는 것인데, 등식의 양변에 4를 곱한 뒤 거기서 원래의 넓이를 빼주면 된다. 앞의 무한급수 등식 양변에 4를 곱하면 다음과 같이 된다.

$$\begin{aligned} 4 \times \text{넓이} &= 4\left(1 + \frac{1}{4} + \frac{1}{16} + \frac{1}{64} + \cdots\right) \\ &= 4 + \frac{4}{4} + \frac{4}{16} + \frac{4}{64} + \cdots \\ &= 4 + 1 + \frac{1}{4} + \frac{1}{16} + \cdots \\ &= 4 + \text{넓이} \end{aligned}$$

마지막 줄과 그 앞줄 사이에서 마술이 일어난다. 마지막 줄의 우변은 $4 +$ 넓이가 되는데, 그 앞줄의 4 다음에 이어지는 항들에서 '넓이 $= 1 + \frac{1}{4} + \frac{1}{16} + \frac{1}{64} + \cdots$'가 불사조처럼 되살아나기 때문이다. 따라서

$$4 \times \text{넓이} = 4 + \text{넓이}$$

양변에서 넓이를 하나씩 빼주면, $3 \times \text{넓이} = 4$가 된다. 따라서

$$\text{넓이} = \frac{4}{3}$$

다시 말해서, 포물선 활꼴의 넓이는 큰 삼각형 넓이에 $\frac{4}{3}$를 곱한 것과 같다.

치즈 논증

아르키메데스는 앞의 요술 같은 방법을 탐탁지 않게 여겼을 것이다. 그는 다른 방법으로 같은 결과를 얻었는데, 흔히 '귀류법'이라고 부르는 미묘한 논증을 사용했다. 이것은 어떤 명제가 참임을 직접 증명하는 대신, 그 부정 명제가 참이라고 가정한 뒤, 그것의 불합리성을 증명함으로써 원래의 명제가 참인 것을 보여주는 간접 증명법이다. 아르키메데스는 포물선 활꼴의 넓이가 $\frac{4}{3}$보다 작거나 클 수 없다는 것을 보여줌으로써 그 넓이가 $\frac{4}{3}$일 수밖에 없다고 증명했다. 훗날 셜록 홈스는 이 증명법을 "불가능한 것을 모두 배제하고 남은 것은 그것이 아무리 터무니없어 보이더라도 진실일 수밖에 없다."*라는 말로 표현했다.

여기서 개념적으로 중요한 것은 아르키메데스가 '유한한' 수의 조

각들을 바탕으로 한 논증을 통해 불가능한 것을 배제했다는 사실이다. 그는 이 조각들의 넓이를 모두 합친 값을 4/3에 원하는 만큼 가까이 다가가게 할 수 있음을 보여주었는데, 단순히 조각들의 수를 충분히 늘림으로써 그렇게 했다. 무한을 불러올 필요는 전혀 없었다. 따라서 그의 증명에서는 모든 것이 완벽했다. 오늘날의 가장 엄밀한 증명 기준에도 부합한다.

그가 펼친 논증의 요지는 그 논증을 일상적인 용어로 바꾸어 표현하면 이해하기가 한결 쉽다. 세 사람이 똑같은 크기의 치즈 조각 4개를 나누어 가지려 한다고 하자.

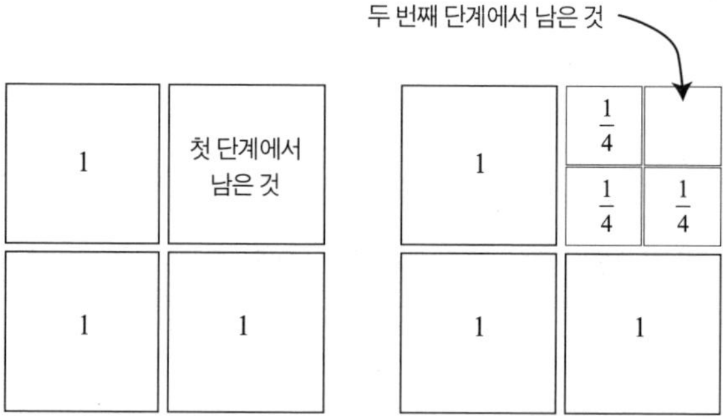

상식적인 해결책은 치즈 조각을 한 사람당 1개씩 주고, 남은 한 조각을 3등분하여 각자 하나씩 가지는 것이다. 그러면 아주 공평하다. 그러면 각자에게 $1+\frac{1}{3}=\frac{4}{3}$조각이 돌아간다.

그런데 그 세 사람이 세미나가 시작되기 전에 마지막으로 남은 치즈 네 조각에 눈독을 들이고 식탁 주위를 서성이는 수학자라고 가정해보자. 셋 중에서 가장 똑똑한 사람(마침 그의 이름이 아르키메데스라고 하자)이 다음과 같은 해결책을 제안한다. "내가 하나를 가져갈 테니, 자네들도 하나씩 가져가게. 그러면 우리가 나눠가질 수 있는 조각이 하나 남지. 유클리드, 자네가 그 남은 조각을 세 조각이 아니라 '네 조각'으로 자르게. 그리고 모두가 거기서 하나씩 가져가는 거야. 그러면 또 한 조각이 남겠지. 그러면 다시 그것을 네 조각으로 나누고 이 과정을 계속 반복하는 거야. 남은 조각에 아무도 관심을 보이지 않을 때까지 말이야. 알겠지? 에우독소스, 이제 좀 그만 칭얼대게!"

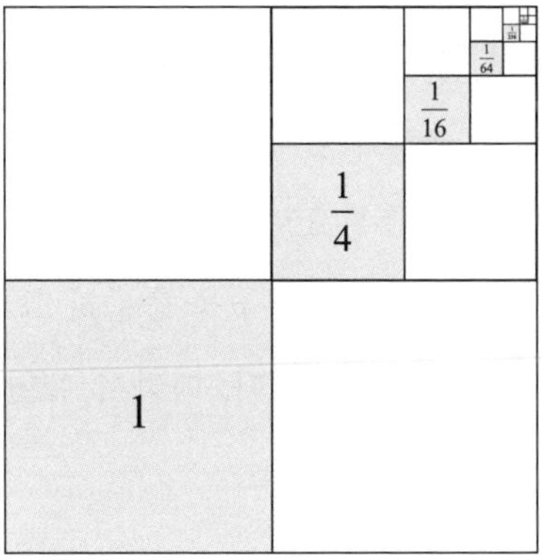

만약 이 과정이 끝없이 계속된다면, 각자가 얻는 치즈의 양은 얼마일까? 한 가지 방법은 각자가 받는 조각을 일일이 계속 더하는 것이다. 첫 번째 분배 뒤에 각자는 한 조각을 받는다. 두 번째 분배 뒤에는 $1+\frac{1}{4}$조각을 받는다. 남은 1/4조각을 4등분하여 1/16조각을 하나씩 받는 세 번째 분배 뒤에는 $1+\frac{1}{4}+\frac{1}{16}$조각을 받는다. 이런 식으로 계속 이어진다. 대충 말하면, 이런 식으로 치즈 분할을 끝없이 계속할 경우, 각자는 결국 $1+\frac{1}{4}+\frac{1}{16}+\cdots$ 조각을 받게 될 것이다. 그리고 이것은 원래 있던 네 조각의 1/3이어야 하므로, $1+\frac{1}{4}+\frac{1}{16}+\cdots$ 은 4의 1/3, 즉 4/3와 같아야 한다.

「포물선의 구적법」에서 아르키메데스는 크기가 서로 다른 정사각형들의 다이어그램을 포함해 이것과 아주 비슷한 논증을 펼쳤지만, 무한에 의존하거나 합이 끝없이 계속된다는 것을 나타내는 3개의 점(…) 같은 것은 전혀 사용하지 않았다. 대신에 그는 자신의 논증을 유한한 합으로 표현함으로써 의심할 여지가 없이 엄밀한 것으로 만들었다. 여기서 아르키메데스가 지적한 요점은, 충분히 크지만 유한한 수의 분배 횟수를 생각함으로써 위 오른쪽 구석의 작은 정사각형, 즉 더 나누기 위해 남긴 정사각형을 주어진 임의의 양보다 더 작게 만들 수 있다는 것이었다. 그리고 비슷한 추론으로 $1+\frac{1}{4}+\frac{1}{16}+\cdots+\frac{1}{4^n}$의 유한 합(각자에게 돌아가는 전체 치즈의 양)은 n을 충분히 크게 함으로써 4/3에 원하는 만큼 가깝게 만들 수 있었다. 따라서 유일하게 가능한 답은 4/3였다.

방법

바로 여기서부터 나는 개인적으로 아르키메데스에게 정말로 반하기 시작했는데, 자신이 쓴 한 소론小論(적은 분량으로 간략하게 쓴 논설이나 논문—옮긴이)에서 대부분의 천재들은 거의 하지 않는 일을 했기 때문이다. 그는 우리를 초대해 자신의 추론 방식을 자세하게 설명한다.

(여기서 내가 현재형 시제를 사용하는 이유는 그 소론이 매우 친근한 어투로 작성되어 마치 지금 우리에게 이야기하는 것처럼 느껴지기 때문이다.) 아르키메데스는 취약점을 포함한 자신의 개인적 직관을 우리와 공유하는데, 미래의 수학자들이 그것을 사용해 자신이 해결하지 못한 문제들을 해결하길 기대한다고 말한다. 오늘날 이 비밀은 **방법**the Method•이라 불린다. 나는 미적분학 강의에서 이것을 들어본 적이 없다. 우리는 이것을 더 이상 가르치지 않는다. 하지만 나는 이 이야기와 그 뒤에 숨어 있는 개념이 매우 매력적이고 놀랍다고 생각한다.

아르키메데스는 알렉산드리아의 도서관장으로 일하던 친구 에라토스테네스에게 보낸 편지에서 **방법**에 대해 썼는데, 에라토스테네스는 그 시대에 아르키메데스를 유일하게 이해할 수 있었던 수학자였다. 아르키메데스는 **방법**이 자신이 관심을 가진 결과들에 대한 "실제 증명을 제공하는 것은 아니지만"• 무엇이 참인지 알아내는 데 도움을 준다고 밝힌다. **방법**은 아르키메데스에게 직관을 제공한다. 그는 "**방법**을 통해 먼저 문제에 대한 지식을 일부 얻으면, 아무런 사전 지식 없이 발견하려고 하는 것보다 증명을 발견하기가 훨씬 쉽다."라고 말한다. 다시 말해서, **방법**을 만지작거림으로써 아르키메데스는 해당 분야에 대해 감을 얻는다. 이 감이 물 샐 틈 없이 완벽한 증명을 발견하는 길을 안내한다.

아르키메데스는 "현 세대뿐만 아니라 미래 세대 중에서 여기서 설명한 **방법**을 통해 아직 우리가 알아내지 못한 정리들을 발견하는 사람들이 있을 것이다."•라는 기대를 표명하며 결론을 맺는다. 이 글을 읽는 내 눈에는 눈물이 글썽인다. 이 불세출의 천재는 수학의 무한함 앞에서 자기 인생의 유한함을 느끼면서, 아직도 발견해야 할 것이 너무나도 많이 남아 있음을, 즉 "아직 우리가 알아내지 못한 정리들"이 많이 남아 있다는 사실을 인정한다. 우리 수학자들은 모두 그렇게 느낀다. 우리가 다루어야 할 주제는 끝이 없다. 그래서 아르키메데스조차 겸손해질 수밖에 없었다.

방법을 최초로 언급한 내용은 포물선의 구적법에 관한 논문에서 조각들을 사용한 입체파 증명보다 앞서 시작 부분에 나온다. 아르키메데스는 **방법**이 자신을 입체파 증명과 4/3라는 수로 안내했다고 털어놓는다.

그렇다면 **방법**은 도대체 무엇이며, 그것이 매우 개인적이고 훌륭하고 일탈적이라고 말할 수 있는 이유는 무엇일까? **방법**은 '역학적' 방법을 사용한다. 아르키메데스는 포물선 활꼴의 넓이를 마음속에서 그 '무게를 재는' 방법으로 구한다. 즉, 구부러진 포물선 활꼴을 물체(나는 얇은 금속판을 원하는 포물선 형태로 세심하게 잘라 만든 것으로 상상한다)로 생각하고 그것을 가상의 천칭 한쪽 끝에다 올려놓는다. 혹은 원한다면 가상의 시소 한쪽 끝에 놓여 있다고 생각해도 된다. 그러고 나서 무게 재는 법을 이미 알고 있는 형태(삼각형)로 그것과 균형을 이루려면 어떻게 해야 하는지 생각한다. 이 방법으로 아르키메데스는 포물선 활꼴의 넓이를 알아낸다.

이것은 앞에서 소개했던 조각과 삼각형을 사용한 입체파 기하학 방법보다 상상력이 훨씬 풍부한 접근법이다. 왜냐하면, 여기서는 계산의 일부로 가상의 시소를 만들면서 그것이 포물선 활꼴의 크기와 일치하도록 설계해야 하기 때문이다. 그렇게 하면, 그 결과로 아르키메데스가 구하는 답을 얻을 수 있다.

우선 포물선 활꼴을 가지고 시작한다. 포물선 활꼴을 기울여 포물선의 대칭축이 수직이 되게 한다.

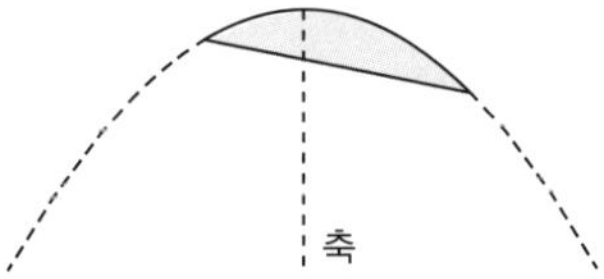

그러고 나서 그 주위에 시소를 세운다. 설명서는 "앞에서처럼 포물선 활꼴 내부에 큰 삼각형을 그리고, 그것을 ABC라고 표시하라."라고 지시한다. 입체파 증명에서처럼 여기서도 이 삼각형은 하나의 넓이 표준으로 쓰인다. 포물선 활꼴의 넓이를 이 삼각형과 비교할 텐데, 그 결과는 삼각형 넓이의 4/3로 나올 것이다.

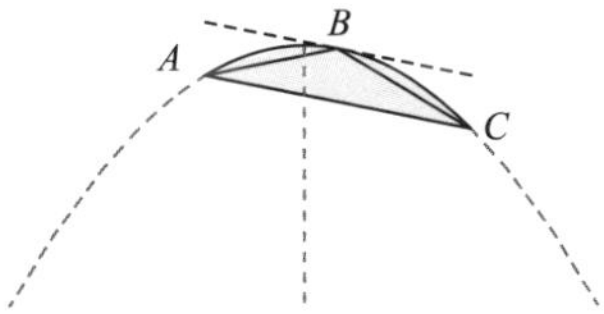

다음에는 포물선 활꼴을 더 큰 삼각형 ACD로 둘러싼다.

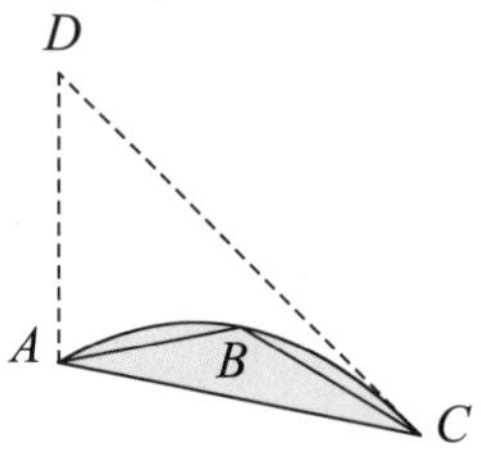

이 삼각형의 위쪽 변 CD는 점 C를 지나가는 포물선의 접선에 해당한다. 그리고 밑변은 AC이다. 왼쪽 변 AD는 점 A에서 시작해 위로 수직으로 뻗어 위쪽 변과 만나는 점 D까지 연결된다. 아르키메데스는 표준 유클리드 기하학을 사용해 바깥쪽 큰 삼각형 ACD의 넓이가 안쪽 삼각형 ABC의 4배라는 사실을 증명한다. (이 사실은 나중에 중요하게 쓰일 것이다. 여기서는 그냥 넘어가기로 하자.)

다음 단계는 시소의 나머지 부분(지렛대, 두 좌석, 받침점)을 만드는 것이다. 지렛대는 두 좌석을 연결하는 선분이다. 그 선분은 점 C에서 시작하여 B와 바깥쪽 큰 삼각형의 점 F(받침점)를 지나 왼쪽으로 계속 뻗어나가 점 S(좌석)까지 이어진다. 점 S와 점 F 사이의 거리는 점 F와 점 C 사이의 거리와 같다. 다시 말해서, F는 선분 SC의 중점이다.

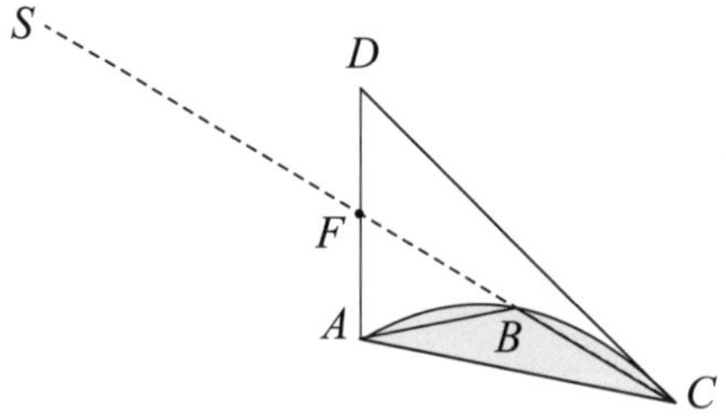

이제 전체 개념의 바탕을 이루는 놀라운 통찰이 나온다. 포물선과 삼각형에 대해 알려진 사실들을 사용해, 아르키메데스는 '한 번에 하나의 수직선'을 생각함으로써 바깥쪽 큰 삼각형과 포물선 활꼴의 균형을 맞출 수 있다는 것을 증명한다. 아르키메데스는 포물선 활꼴과 큰 삼각형이 무한히 많은 평행선으로 이루어져 있다고 간주한다. 이 선들은 무한히 가느다란 리브rib(둥근 천장을 만드는 데 쓰이는 갈빗대 모양의 뼈대— 옮긴이)와 같다. 다음의 두 그림은 전형적인 한 쌍의 리브를 보여주는데, 리브는 두 도형을 지나가는 하나의 수직선으로 정의된다. 이 수직선에서 짧은 리브는 밑변을 포물선과 연결한다.

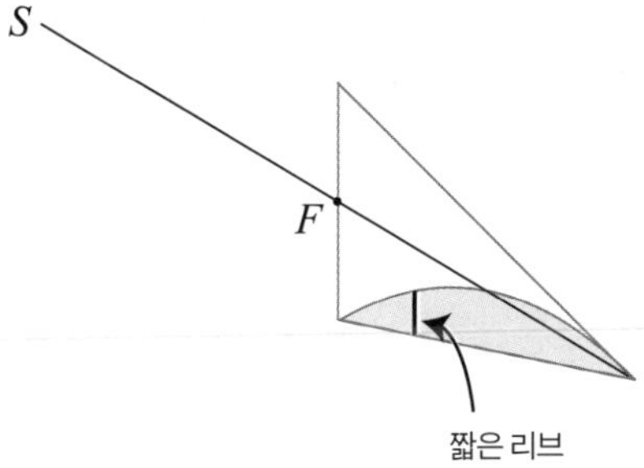

그리고 긴 리브는 밑변을 바깥쪽 큰 삼각형의 윗변과 연결한다.

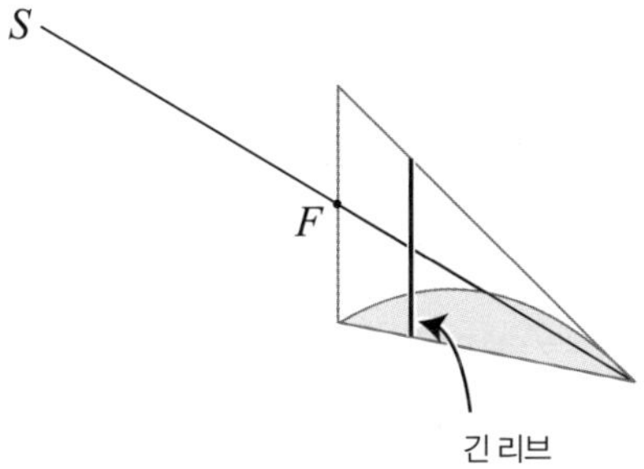

여기서 아르키메데스가 떠올린 놀라운 통찰은, 시소에서 노는 아이들이 적절한 위치에 앉을 때 일어나는 일처럼, 이 리브들이 서로 완벽하게 균형을 이룬다는 사실이다. 아르키메데스는 만약 짧은 리브를 점 S까지 이동시키고 큰 리브를 그 자리에 남겨둔다면, 둘 사이에 균형이 맞춰진다는 사실을 증명한다.

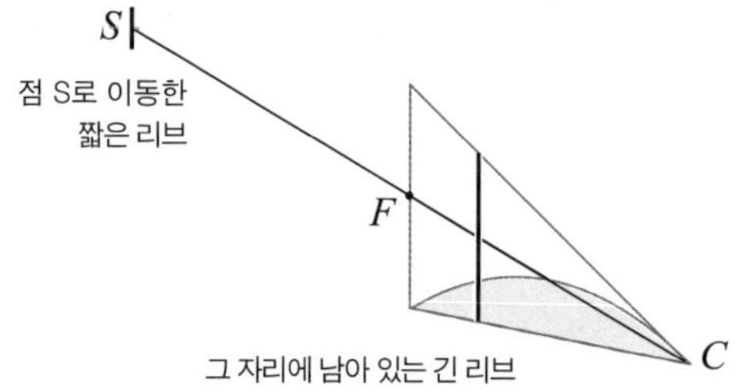

이것은 나머지 '모든' 수직선에 대해서도 성립한다. 어떤 수직선을 선택하건, 짧은 리브를 점 S로 옮기고 긴 리브를 그 자리에 남겨두기만 하면, 짧은 리브는 항상 긴 리브와 균형을 이룬다.

따라서 두 형태는 각각의 리브별로 균형을 이룬다. 포물선 활꼴의 모든 리브는 점 S로 이동한다. 이것들은 바깥쪽 큰 삼각형 ACD의 모든 리브와 균형을 이룬다. ACD의 리브들은 전혀 이동하지 않았기 때문에, 이것은 점 S로 옮겨간 포물선의 모든 무게가 그 자리에 남은 큰 삼각형의 무게와 균형을 이룬다는 뜻이다.

그러고 나서 아르키메데스는 바깥쪽 큰 삼각형의 무한히 많은 리브를 그것에 상응하는 점으로 대체하는데, 삼각형의 무게중심이라고 부르는 점이 그것이다. 이 점은 대용물 역할을 한다. 시소의 관점에서 볼 때, 큰 삼각형은 전체 무게가 하나의 무게중심에 집중된 것처럼 행동한다. 그 위치는 아르키메데스가 다른 연구에서 이미 보여준 것처럼 선분 FC 위의 한 점인데, S에 비해 받침점 F로부터 3배 더 가까운 곳에 있다.

따라서 삼각형의 전체 무게가 받침점에 3배 더 가까운 곳에 있으므로, 균형을 이루려면 지레의 법칙에 따라 포물선 활꼴의 무게는 큰 삼각형의 1/3이어야 한다. 따라서 포물선 활꼴의 넓이는 바깥쪽 큰 삼각형 ACD의 1/3이어야 한다. 그런데 바깥쪽 삼각형의 넓이는 안쪽 삼각형 ABC의 4배이므로(앞에서 그냥 지나쳤던 사실), 아르키메데스는 포물선 활꼴의 넓이는 그 내부에 있는 삼각형 ABC의 4/3라는 결론을 얻었다. 이것은 우리가 앞에서 삼각형 조각들의 무한급수를 계산함으로써 얻은 것과 동일한 결론이다!

나는 이 논증이 환각 체험에 가까울 정도로 매우 환상적이라는 사실을 제대로 전달했길 바란다. 이 논증에서 아르키메데스는 조각들을 다시 이어 붙이는 도공이 아니라, 정육점 주인과 같은 모습을 보여준다. 수직 방향의 가느다란 조각을 한 번에 하나씩 잘라내 포물선 지역의 조직을 해체하면서, 무한히 가느다란 이 조각들을 전부 다 점 S의 갈고리에 매달아놓는다. 이 고기들의 전체 무게는 포물선 활꼴에 온전한 형태로 있을 때와 똑같다. 다만, 아르키메데스는 원래의 형태를 갈기갈기 찢어 수많은 수직 방향의 가느다란 조각들로 만들어 동일한 갈고리에 매달아놓았다. (이것은 아주 기괴한 이미지이므로, 그냥 시소 이미지를 사용하는 게 나을지 모르겠다.)

내가 이 논증을 일탈적이라고 부른 이유는 무엇일까? 이 논증은 실무한과 밀거래를 하기 때문이다. 한 단계에서 아르키메데스는 바깥쪽 삼각형이 그 내부의 "모든 평행선으로 이루어져 있는"• 것으로 공공연히 기술한다. 이것은 그리스 수학에서 금기시되는 일이었다. 아르키메데스는 그러한 평행선, 즉 수직 방향의 리브들이 연속적으로 무한히 존재한다고 말한 것이다. 그는 삼각형이 실무한 개의 리브들로 이루어져 있다고 간주했고, 그럼으로써 골렘을 풀어주었다.

이와 비슷하게 아르키메데스는 포물선 활꼴을 "곡선 내부에 그은 모든 평행선으로 이루어져 있는"• 것으로 기술한다. 아르키메데스는 실무한의 사용이 이 추론의 지위를 발견법(그것이 옳음을 증명하는 것이 아니라, 답을 찾기 위한 수단) 수준으로 떨어뜨린다고 평가했다. 에라토스테네스에게 보낸 편지에서 아르키메데스는 **방법**을 그 결론이 옳음을 "시사하는 것"•에 불과하다고 평가 절하한다.

그 논리적 지위야 어떻든, 아르키메데스의 **방법**은 '에 플루리부스 우눔 *e pluribus unum*'의 속성을 지니고 있다. 미국의 건국 이념으로 미국 국새에 새겨진 이 라틴어 문구는 '다수로부터 하나로'라는 뜻이다. 포물선을 이루는 무한히 많은 직선으로부터 하나의 넓이가 나타난다. 아르키메데스는 이 넓이를 무게로 생각함으로써 선을 일일이 하나씩 옮기는 방법으로 그것을 시소에서 멀리 왼쪽에 있는 좌석으로 옮긴다. 그럼으로써 무한히 많은 선을 한 점에 위치한 하나의 무게로 나타낸다. 하나가 많은 것을 대신해 그것을 완벽하고 충실하게 나타낸다.

이것은 시소 오른쪽의 바깥쪽 삼각형과 균형을 잡는 데에서도 똑같이 적용된다. 연속적인 수직선들 중에서 한 점(무게중심)을 선택한다. 이것 역시 전체를 대표한다. 무한은 단일체로 붕괴한다. 에 플루리부스 우눔. 다만, 이것은 시나 정치가 아니다. 이것은 적분의 시작이다. 삼각형과 포물선 지역은 분명히, 그리고 불가사의하게도 무한히 많은 수직선들과 똑같다.

비록 아르키메데스는 무한을 만지작거리면서 거북함을 느낀 것처럼 보이지만, 그것을 솔직하게 인정할 만큼 충분히 용감했다. 곡선 형태를 측정하려고(그 경계의 길이나 그 넓이나 부피를 알기 위해) 시도하는 사람은 모두 무한히 작은 조각들의 무한 합의 극한값을 붙들고 씨름해야 한다. 조심스러운 사람들은 실진법을 사용해 교묘하게 처리하면서 불가피한 상황을 피하려 할 수 있다. 하지만 근본적으로는 피할 길이 없다. 곡선 형태를 다루는 것은 곧 무한을 다루는 것을 의미하기 때문이다. 아르키메데스는 이 점에 대해 아주 솔직했다. 필요할 땐 유한 합과 실진법을 휘두르면서 자신의 증명에 꽤 괜찮아 보이는 의상을 입혀 변장을 시켰다. 하지만 남몰래 야비한 수를 썼다. 그는 마음속으로 형태들의 무게를 재고, 지레와 무게중심을 상상하고, 무한히 작은 조각을 한 번에 하나씩 옮기면서 지역들과 입체들의 균형을 잡았다고 인정한다.

아르키메데스는 거기서 그치지 않고 **방법**을 곡선 형태에 관한 그 밖의 많은 문제에 적용했다. 예를 들면, 속이 찬 반구, 포물면, 그리고 타원체와 쌍곡면 중 일부 지역의 무게중심을 찾아내는 데 **방법**을 사용했다. 가장 만족했던 결과는 구의 겉넓이와 부피였는데, 얼마나 좋아했던지 자신의 묘비에 그것을 새겨달라고 부탁하기까지 했다.

원통형 모자 상자 안에 딱 맞게 들어앉은 구를 상상해보라.

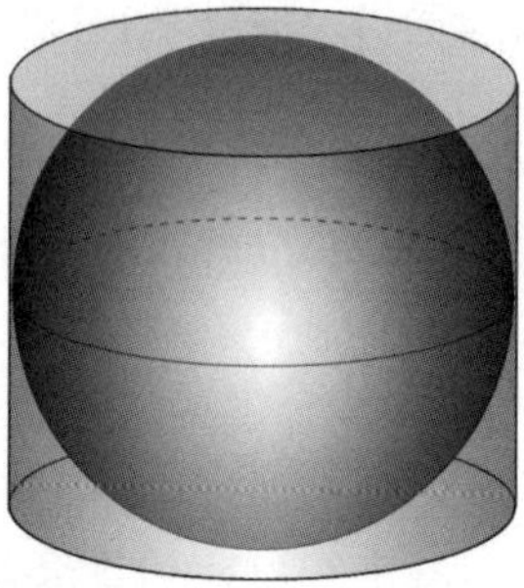

아르키메데스는 방법을 사용해 구의 부피•가 그것을 둘러싼 모자 상자 부피의 2/3이고, 겉넓이(모자 상자의 위쪽과 아래쪽 뚜껑도 모자 상자의 겉넓이에 포함시킬 때) 역시 2/3라는 사실을 발견했다. 아르키메데스가 구의 부피나 겉넓이를 구하는 '공식'을 내놓지 않았다는 사실에 주목할 필요가 있다. 대신에 그 결과를 비율로 제시했다. 이것은 고대 그리스인의 전형적인 방식이다. 그들은 모든 것을 비율로 표현했다. 어느 넓이를 다른 넓이와 비교하고, 어느 부피를 다른 부피와 비교했다. 그리고 그 비율이 여기에서처럼 3과 2나 포물선의 구적법에서 나온 4와 3처럼 작은 정수로 나타날 때, 아르키메데스는 특별한 즐거움을 느꼈을 것이다. 고대 그리스인은 3:2와 4:3이라는 비율을 특별히 중요하게 여겼는데, 피타고라스의 화음 이론에서 차지하는 중심적 역할 때문에 그랬다. 모든 것이 동일하고 길이만 3:2로 차이가 나는 두 현을 퉁기면 5도 음정 차이가 나는 아름다운 화음이 나온다고 했던 이야기가 기억나는가? 이와 비슷하게, 길이 비율이 4:3인 두 현을 퉁기면 4도 음정 차이가 나는 화음이 나온다. 화음과 기하학에서 우연의 일치에 가까운 수치적 관계가 나타난다는 사실에 아르키메데스는 큰 흥분을 느꼈을 것이다.

아르키메데스는 「구와 원기둥에 관하여」라는 논문에서 자신이 얼마나 큰 기쁨을 느꼈는지 이야기한다. "이 성질은 수들에 자연적으로 줄곧 내재해온 것이지만, 나 이전에 기하학 연구에 몰두한 사람들에게는 알려지지 않았던 것들이다."* 여기서 자부심이 넘치는 그의 기분은 무시하고, 그가 자신이 발견한 성질들이 "수들에 자연적으로 줄곧 내재해온 것이지만… 알려지지 않았던 것들"이라고 한 말에 주목하라. 여기서 아르키메데스는 모든 수학자가 소중하게 여기는 특별한 수학 철학을 표현하고 있다. 수학자들은 자신이 수학을 '발견'한다고 느낀다. 그 결과는 바로 저기서 우리를 기다리고 있다. 그것들은 우리가 발명한 것이 아니며, 수들 속에 줄곧 내재해온 것이다. 밥 딜런이나 토니 모리슨과 달리 우리는 이전에 존재하지 않았던 음악이나 소설을 창조하는 것이 아니다. 우리는 이미 존재하고 있던 사실, 곧 우리가 연구하는 대상에 내재하는 사실을 발견한다. 비록 우리는 그 대상 자체를 발명할(완전한 구와 원과 원기둥 같은 이상적 형태를 만들어내는 것과 같은) 창조의 자유가 있긴 하지만, 일단 만들어내고 나면 이것들은 자신만의 삶을 살아간다.

나는 아르키메데스가 구의 겉넓이와 부피를 밝혀내면서 느꼈던 즐거움을 표현한 것을 읽을 때, 그가 느꼈던 감정을 나도 똑같이 느끼는 듯한 기분이 든다. 아니, 그보다는 나와 '모든' 동료가 수학을 하면서 느끼는 것과 똑같은 것을 '그'도 느꼈다고 표현하는 편이 더 나을지 모르겠다. 과거는 외국처럼 이질적이라고 이야기하지만, 모든 측면이 다 이질적인 것은 아닐지 모른다. 우리가 호메로스의 작품과 성경에서 만나는 등장인물들은 우리와 비슷한 점이 아주 많다. 그리고 고대 수학자들도, 혹은 최소한 그중에서 유일하게 우리에게 자신의 마음속을 들여다보게 해준 아르키메데스도 마찬가지인 것처럼 보인다.

2200여 년 전에 아르키메데스가 친구 에라토스테네스에게 쓴 편지는 사실상 병 속에 수학 메시지를 넣어 보낸 것이나 다름없었다. 그 메시지는 아무도 이해할 수 없는 것이었지만, 아르키메데스는 메시지가 시간의 바다를 건너 무사히 전달되길 기대했다. 그는 미래 세대의 수학자들이 "아직 우리가 알아내지 못한 정리들을 발견하는" 데 도움을 주길 기대하면서 자신의 은밀한 직관, 즉 **방법**을 모두에게 나누어 주려고 했다. 하지만 성공 가능성은 극히 낮았다. 늘 그랬던 것처럼 시간의 파괴력은 잔인했다. 왕국들이 몰락하고 도서관들이 불탔다. 문서들은 썩어서 사라졌다. **방법**이 적힌 문서는 단 한 부도 중세 시대를 넘어 살아남지 못했다. 레오나르도 다빈치, 갈릴레이, 뉴턴을 비롯해 르네상스와 과학 혁명의 천재들이 아르키메데스가 쓴 글 중에서 남은 것을 열심히 살펴보았지만, **방법**을 읽을 기회를 얻지 못했다. **방법**은 돌이킬 수 없이 상실된 것으로 여겨졌다.

그랬는데, 기적적으로 **방법**이 발견되었다.

1998년 10월, 크리스티 경매에 나온 중세의 한 낡은 기도서를 익명의 개인 수집가가 220만 달러에 샀다. 라틴어로 적힌 기도문 아래에 거의 보이지 않을 정도로 희미하게 기하학 다이어그램과 수학 텍스트가 10세기의 그리스어로 적혀 있었다. 그 책은 팔림프세스트palimpsest(원래 적혀 있던 문자를 지운 후에 다른 내용을 그 위에 덮어 기록한 양피지 사본—옮긴이)였다. 13세기에 양피지 책에 적혀 있던 원래의 그리스어 문자와 그림을 씻고 긁어내 지우고 나서 그 위에 라틴어 기도문을 다시 적어 만든 책이었다. 다행히도 그리스어 문자가 완전히 지워지지 않고 남아 있었다. 바로 여기에 오늘날까지 전하는 유일한 아르키메데스의 **방법** 사본이 적혀 있었다.

오늘날 '아르키메데스 팰림프세스트'•라 부르는 이 책은 1899년에 콘스탄티노플의 한 그리스정교회 도서관에서 처음 발견되었다. 이 책은 베들레헴 근처의 성 삽바스 수도원에 기도서로 보관돼 사람들의 눈에 띄지 않은 채 르네상스와 과학 혁명 시대를 보냈다. 지금은 미국 볼티모어의 월터스미술관에 보관돼 있는데, 그 내용은 최신 이미지 복원 기술로 복원되고 조사되었다.

오늘날의 아르키메데스: 컴퓨터 애니메이션에서 얼굴 성형까지

아르키메데스의 유산•은 오늘날에도 큰 영향력을 떨치고 있다. 아이들이 좋아하는 컴퓨터 애니메이션 영화•를 생각해보라. 〈슈렉〉, 〈니모를 찾아서〉, 〈토이 스토리〉 같은 영화에 나오는 등장인물들이 실제로 살아 있는 것처럼 생생하게 보이는 이유 중 하나는 바로 그것을 만드는 데 아르키메데스의 통찰을 사용했기 때문이다. 그 통찰은 어떤 부드러운 표면도 삼각형들을 사용해 그럴듯하게 근사할 수 있다는 것이다. 예를 들면, 다음 그림은 마네킹 머리를 삼각 분할로 나타내는 세 가지 방법•을 보여준다.

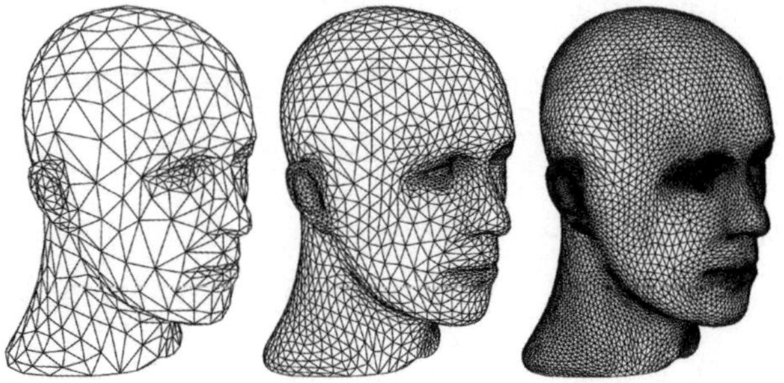

삼각형을 더 많이 사용할수록, 그리고 삼각형을 더 작게 만들수록 근사 모형이 실물에 더 가까워진다.

마네킹에 적용한 방법은 오거Ogre, 흰동가리, 장난감 카우보이에도 적용할 수 있다. 아르키메데스가 무한히 많은 삼각형 모자이크를 사용해 매끈하게 구부러진 포물선 활꼴을 표현한 것처럼, 오늘날 드림웍스의 애니메이터들은 수만 개의 다각형을 사용해 슈렉•의 둥근 배와 귀엽고 작은 트럼펫 모양의 귀를 만들어낸다. 슈렉이 악당들과 대결을 펼치는 시합 장면에는 훨씬 많은 다각형이 필요했는데, 그 장면의 프레임 단 하나를 만드는 데만 4500만 개 이상의 다각형•이 사용되었다. 하지만 완성된 영화에서는 그 흔적을 전혀 찾아볼 수 없다. 무한의 원리가 가르쳐준 것처럼 직선과 각진 형태는 곡선과 매끄러운 형태를 흉내낼 수 있다.

약 10년 뒤인 2009년에 〈아바타〉•가 제작될 때에는 다각형을 세밀하게 사용하는 수준이 더 높아졌다. 영화감독 제임스 카메론의 요구에 따라 애니메이터들은 상상의 세계 판도라에 사는 식물 하나를 만드는 데 약 100만 개의 다각형을 사용했다. 영화의 주 무대가 울창한 가상 정글이기 때문에, '아주 많은' 식물을 구현해야 했고… 따라서 아주 많은 다각형이 필요했다. 〈아바타〉의 제작비가 3억 달러나 든 것은 놀라운 일이 아니다. 〈아바타〉는 최초로 다각형을 수십억 개 이상 사용한 영화*였다.

컴퓨터로 제작된 초기의 영화들은 다각형을 훨씬 적게 사용했다. 그래도 그 당시에는 거기에 필요한 연산이 감당하기 어려울 정도로 많았다. 1995년에 나온 〈토이 스토리〉*를 보자. 그 당시에는 80초짜리 장면을 동기화하려면 애니메이터 한 명이 일주일 동안 작업해야 했다. 전체 제작 작업에는 4년이 걸렸고, 투입된 컴퓨터 사용 시간은 80만 시간이나 되었다. 픽사의 공동 설립자 스티브 잡스는 〈와이어드〉와의 인터뷰에서 "영화 역사상 이 영화만큼 박사 학위 소지자가 많이 투입된 영화는 없었습니다."*라고 말했다.

〈토이 스토리〉 다음에는 사람이 주인공으로 나오는 최초의 컴퓨터 애니메이션 영화 〈제리의 게임〉*이 나왔다. 고독한 노인이 공원에서 혼자 체스를 두는, 우스우면서도 슬픈 이 이야기는 1998년에 아카데미에서 단편 애니메이션 부문을 수상했다.

컴퓨터가 만들어낸 다른 캐릭터처럼 제리도 모난 형태들을 사용해 만들었다. 이 절 서두에서 점점 더 많은 삼각형으로 만들어지는 얼굴 컴퓨터 그래픽을 보여주었다. 이와 거의 비슷하게 픽사의 애니메이터들은 제리의 머리를 복잡한 다면체로 만들었는데, 이 다면체는 4500여 개의 꼭지점과 그 사이의 면들로 이루어진 3차원 보석 같은 모양이었다. 애니메이터들은 이 면들을 반복적으로 더 잘게 쪼갬으로써 점점 더 자세한 묘사를 할 수 있었다. 이렇게 계속 더 잘게 쪼개는

과정•은 이전의 방법들보다 컴퓨터의 메모리를 덜 잡아먹었으며, 훨씬 빠른 애니메이션을 가능케 했다. 이것은 그 당시 컴퓨터 애니메이션 분야에서 일어난 혁명적인 진전이었다. 하지만 그것은 정신적으로는 아르키메데스의 방법과 일맥상통하는 것이었다. π의 값을 알아내기 위해 아르키메데스는 먼저 정육각형으로 시작해 각 변을 분할해 그 중점들을 원을 향해 바깥쪽으로 밂으로써 정12각형을 만들었다. 정12각형은 분할 과정을 한 번 더 거쳐 정24각형이 되었고, 그다음에는 정48각형이, 그리고 결국에는 정96각형이 되었는데, 그러면서 표적인 극한 원에 점점 더 가까이 다가갔다. 이와 비슷하게 제리의 애니메이터들은 다면체를 반복적으로 분할함으로써 캐릭터의 주름진 이마와 불룩한 코, 목주름을 점점 더 세밀하게 묘사했다. 이 과정을 충분히 반복함으로써 제리를 의도한 모습, 즉 인형처럼 생겼으면서 인간의 다양한 감정을 전달할 수 있는 캐릭터로 만들 수 있었다.

몇 년 뒤, 픽사의 경쟁사인 드림웍스는 냄새 고약하고 불만 많은 영웅 오거인 슈렉 이야기를 다룬 작품에서, 사실주의와 감정 표현에서 그다음 단계의 큰 걸음을 내디뎠다.

슈렉은 컴퓨터 밖에서는 존재한 적이 없지만, 사실상 사람처럼 보인다. 일부 이유는 애니메이터들이 사람의 해부학적 특징을 그대로 재현하는 데 아주 세심한 주의를 기울였기 때문이다. 그들은 슈렉의 가상 피부 밑에 가상 근육과 지방, 뼈, 관절을 집어넣었다. 그 작업이 얼마나 치밀했던지 슈렉이 말을 하려고 입을 벌리면, 목 피부에 이중 턱* 이 생겼다.

이것은 아르키메데스의 다각형 근사 개념을 유용하게 사용하는 또 다른 분야로 우리를 안내한다. 그것은 수직 겹침(무의식적으로 턱을 교합했을 때 아랫니가 있는 턱보다 윗니가 있는 턱이 더 많이 튀어나오는 상태—옮긴이)이나 부정교합 또는 그 밖의 선천적 기형이 있는 환자를 위한 얼굴 성형* 분야이다. 2006년 독일의 응용수학자 페터 도이플하르트, 마르틴 바이저, 슈테판 차호브는 미적분학과 컴퓨터 모형을 사용해 복잡한 얼굴 성형 결과를 예측하는 연구 결과를 보고했다.

이 연구팀은 첫 번째 단계로 환자의 얼굴뼈 구조의 정확한 지도를 만들었다. 이를 위해 컴퓨터 단층 촬영(CT)이나 자기 공명 영상(MRI)으로 환자를 촬영했다. 이 결과로 두개골에 얼굴뼈가 3차원적으로 어떻게 배열돼 있는지 정보를 얻을 수 있었고, 이것을 바탕으로 컴퓨터로 환자 얼굴 모형을 만들었다. 그 모형은 단지 기하학적으로 정확한 것에 그치지 않고 생체역학적으로도 정확한 것이었으며, 피부와 지방·근육·힘줄·인대·혈관처럼 연한 조직의 물질적 성질을 실제적으로 평가한 결과까지 반영돼 있었다. 그러자 전투기 파일럿이 비행 시뮬레이터에서 조종 실력을 연마하듯이, 외과의는 컴퓨터 모형의 도움을 받아 가상 환자를 대상으로 수술을 할 수 있었다. 얼굴과 턱, 두개골의 가상 뼈를 자르거나 옮기거나 증강하거나 완전히 제거할 수 있었다. 컴퓨터는 얼굴 아래에 있는 가상의 연한 조직이 얼굴의 새로운 뼈 구조가 만들어낼 스트레스에 반응하여 어떻게 움직이고 재배열될지 계산했다.

이러한 시뮬레이션 결과는 여러 가지로 도움을 주었다. 시뮬레이션은 외과의에게 수술 절차가 신경과 혈관, 치근처럼 취약한 구조에 미칠 수 있는 부작용을 경고했다. 또, 수술 후에 환자의 얼굴이 어떻게 보일지도 보여주었는데, 환자가 회복한 뒤에 연한 조직들의 위치가 어떻게 재배열될지 그 결과를 모형이 예측했기 때문이다. 또 한 가지 이점은 외과의가 시뮬레이션 결과를 감안하면서 실제 수술 상황에 잘 대비할 수 있다는 점이다. 그리고 환자도 수술을 해야 할지 말아야 할지 결정을 내리는 데 큰 도움을 받을 수 있다.

연구자들은 엄청나게 많은 수의 삼각형으로 두개골의 2차원 표면을 모형으로 만들 때 아르키메데스의 방법을 사용했다. 부드러운 조직은 그 나름의 기하학적 문제를 제기했다. 두개골과 달리 부드러운 조직은 완전한 3차원적 부피를 형성한다. 부드러운 조직은 두개골 앞쪽과 얼굴 피부 뒤쪽의 복잡한 공간을 채운다. 연구팀은 삼각형에 대응하는 3차원 도형인 사면체 수십만 개로 그것을 표현했다. 다음 이미지에서 두개골 표면은 삼각형(너무 작아서 보이지 않는) 25만 개로 근사되었고, 부드러운 조직 덩어리 전체는 사면체 65만 개로 만들어졌다.

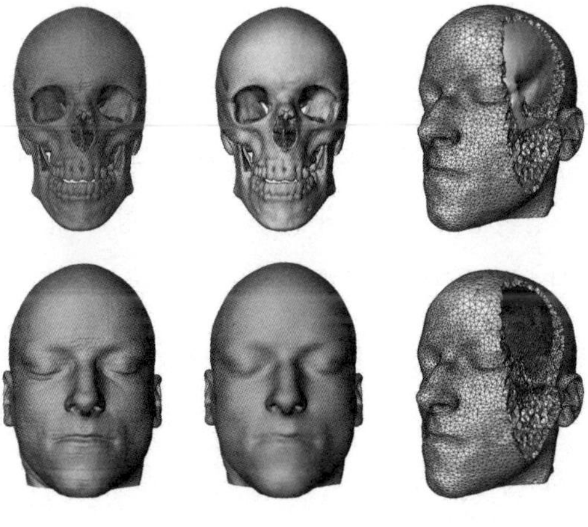

사면체의 배열을 통해 연구자들은 환자의 부드러운 조직이 수술 뒤에 어떻게 변형될지 예측할 수 있었다. 개략적으로 설명하자면, 부드러운 조직은 고무나 스판덱스와 비슷하게 변형이 일어날 수 있지만

탄력성이 좋은 물질이다. 뺨을 꼬집으면 모양이 변하지만, 놓으면 원래대로 되돌아간다. 19세기부터 수학자들과 공학자들은 각각의 물질이 다양한 방식으로 밀거나 끌어당기거나 전단 변형을 받을 때 어떻게 늘어나고 구부러지고 비틀어지는지 보여주는 모형을 만드는 데 미적분학을 사용했다. 그 이론은 더 전통적인 공학 분야에서 가장 발달했는데, 교량, 건물, 항공기 날개, 그리고 강철·콘크리트·알루미늄을 비롯해 단단한 물질로 만들어진 그 밖의 많은 구조물에 작용하는 변형과 변형력을 분석하는 데 쓰인다. 독일 연구자들은 전통적인 접근법을 부드러운 조직에 적용했고, 그 결과가 외과의와 환자 모두에게 큰 도움을 줄 만큼 아주 좋다는 것을 발견했다.

기본 개념은 이렇다. 부드러운 조직을 탄성이 좋은 실에 꿰인 구슬들처럼 서로 연결된 사면체들의 망이라고 생각해보라. 구슬들은 조직의 작은 부분들에 해당한다. 이것들은 탄력적으로 결합돼 있는데, 실제로 조직 속의 원자들과 분자들은 화학 결합으로 연결돼 있기 때문이다. 이 결합은 잡아당기거나 짓누르는 힘에 저항하며, 그래서 탄성이 나타난다. 가상 수술 동안에 외과의는 가상 얼굴의 뼈를 자르고 뼈 일부를 다른 곳으로 옮긴다. 새로운 장소로 옮겨간 뼛조각은 연결된 조직을 끌어당기고, 그러면 그 조직은 이웃 조직들을 끌어당긴다. 이러한 연쇄 작용 효과 때문에 조직을 이루는 망이 재배열된다. 조직을 이루는 부분들이 움직이면, 그 사이의 결합을 늘어나게 하거나 짓누름으로써 이웃에 미치는 힘이 변한다. 이웃도 그 영향을 받아 재배열이 일어나며, 이는 계속 퍼져나간다. 그 결과로 나타나는 모든 힘의 변화와 위치 이동을 추적하려면 엄청난 계산이 필요한데, 컴퓨터를 사용하지 않으면 제대로 계산하기가 불가능하다. 알고리듬이 한 단계씩 차례로 수많은 힘을 업데이트하고, 그에 따라 미소한 사면체들을 움직인다. 결국에는 모든 힘들이 균형을 이루고, 조직은 새로운 평형 상태로 안정된다. 이것이 바로 모형이 예측하는 새로운 형태의 환자 얼굴이다.

2006년, 도이플하르트, 바이저, 차호브는 자신들의 모형이 예측한 결과를 30여 건의 성형 사례에서 나온 임상 결과와 비교해보았다. 그랬더니 모형이 놀랍도록 훌륭하게 작동한다는 사실을 발견했다. 한 예를 들면, 모형은 환자의 얼굴 피부 중 79퍼센트의 위치를 정확하게(1밀리미터 이내의 범위로) 예측했다. 수술 후 예측한 위치에서 3밀리미터 이상 벗어난 것은 피부 표면 중 5~10퍼센트에 불과했다. 다시 말해서, 그 모형은 충분히 신뢰할 만했다. 그리고 단순한 추측보다는 분명히 더 나았다.

다음 사진은 수술 전과 후에 환자 얼굴이 어떻게 변했는지 보여준다. 네 사진은 수술 전의 옆얼굴(첫 번째), 그 당시의 얼굴을 나타낸 컴퓨터 모형(두 번째), 수술 후 예측 결과(세 번째), 실제 결과(네 번째)를 보여준다. 수술 전과 후의 턱 위치를 살펴보라. 이 결과는 모형이 얼마나 정확한지 보여준다.

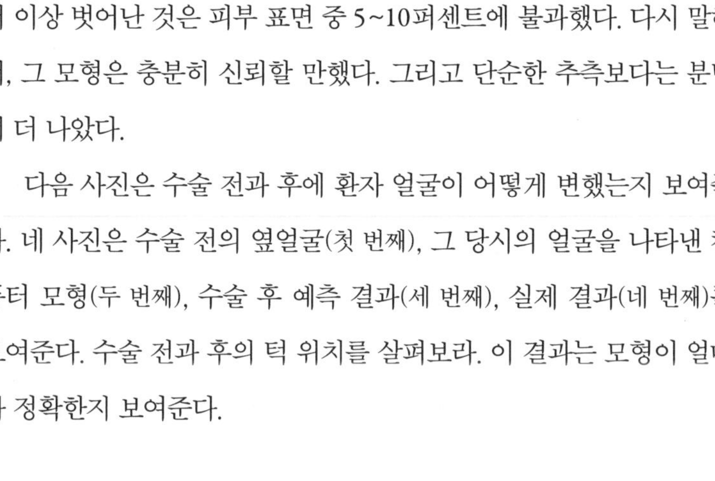

운동의 수수께끼를 향해

내가 지금 이 글을 쓰고 있는 시점은 눈폭풍이 몰아친 다음 날이다. 어제는 파이의 날인 3월 14일이었는데, 눈이 30센티미터 이상 쌓였다. 오늘 아침, 나는 차고 앞에서 도로까지 쌓인 눈을 벌써 네 번째 치우면서, 소형 트랙터가 제설기를 앞에 장착한 채 별 어려움 없이 보도에서 내려가 거리를 가로질러가는 모습을 시샘어린 눈으로 지켜보았다. 그 트랙터는 회전하는 나선형 블레이드를 사용해 눈을 그 장치로 밀어넣은 뒤 내 이웃의 마당으로 분사했다.

회전하는 나선형 블레이드를 사용해 물체를 추진하는 방식은 그 기원이 아르키메데스에게까지 거슬러 올라간다—적어도 전설에 따르면. 그가 발명했다는 그 기계는 오늘날 아르키메데스의 나선 양수기[*] 라 부른다. 아르키메데스는 이집트를 여행했을 때 이 발명에 대한 생각이 떠올랐다고 한다(어쩌면 그보다 앞서 아시리아인이 먼저 사용했을지도 모른다). 이 장치는 낮은 곳에서 높은 곳으로 관개용수를 끌어올리기 위해 개발되었다. 오늘날 심장의 좌심실이 손상되었을 때 혈액 순환을 돕는 심실 보조 장치의 펌프도 그 원리가 아르키메데스의 나선 양수기와 같다.

하지만 아르키메데스는 자신의 나선 양수기나 전쟁 무기 또는 그 밖의 실용적 발명으로 자신의 이름이 기억되길 원치 않았던 것으로 보인다. 그는 그런 발명에 대한 기록을 전혀 남기지 않았다. 대신에 수학 분야의 발명을 가장 자랑스럽게 여겼다. 그래서 파이의 날을 맞이해 그의 유산을 생각해보는 것은 아주 적절해 보인다. 아르키메데스가

π를 올가미로 몰아넣고 나서 2200년이 지나는 동안 π의 근사값을 더 정밀하게 구하는 작업에서 많은 진전이 있었지만, 거기에는 항상 아르키메데스가 도입한 수학적 방법이 사용되었는데, 바로 다각형을 사용하거나 무한급수를 사용하는 방법이었다. 더 넓게 볼 때, 그의 유산은 곡선 형태의 기하학을 계량화하는 문제에 최초로 무한 과정을 원칙에 의거해 사용한 것이었다. 이 점에서 그에게 필적할 자가 없었고, 그 지위는 오늘날까지도 흔들리지 않고 남아 있다.

하지만 곡선 형태의 기하학은 우리를 여기까지만 안내한다. 우리는 이 세상에서 물체들이 어떻게 움직이는지도 알 필요가 있다. 수술 뒤에 조직들이 어떻게 이동하고, 동맥에서 혈액이 어떻게 흐르며, 공이 공중에서 어떻게 날아가는지 알 필요가 있다. 이런 것들에 대해서 아르키메데스는 침묵을 지켰다.• 그는 우리에게 지레 위에서 균형을 잡은 물체들과 물 위에 안정 상태로 떠 있는 물체들의 정역학을 알려주었다. 그는 평형의 대가였다. 하지만 그 너머에 펼쳐진 땅에는 운동의 수수께끼가 기다리고 있었다.

3장

운동의 법칙을 발견하다

아르키메데스가 죽었을 때, 자연을 수학적으로 연구하는 분야도 거의 죽은 것이나 다름없는 상태가 되었다. 그리고 1800년이 지난 뒤, 새로운 아르키메데스가 나타났다. 르네상스 시대의 이탈리아에서 갈릴레오 갈릴레이라는 젊은 수학자가 아르키메데스가 연구를 멈춘 지점으로 돌아갔다. 그는 물체가 공중을 날거나 땅으로 떨어질 때 어떻게 움직이는지 관찰했고, 그 움직임에서 수치적 규칙을 찾으려고 했다. 신중한 실험과 사려 깊은 분석도 했다. 진자가 앞뒤로 왔다 갔다 하는 시간을 쟀고, 빗면 위로 공을 굴리는 실험도 했으며, 이 현상들에서 놀라운 규칙성을 발견했다. 한편, 요하네스 케플러라는 젊은 독일 수학자는 행성들이 하늘에서 어떻게 움직이는지 연구했다. 두 사람은 자신들의 데이터에 나타나는 패턴에 큰 흥미를 느꼈고, 거기에 훨씬 심오한 비밀이 존재한다는 것을 직감했다. 그들은 뭔가 굉장한 것을 발견했다는 사실을 알았지만, 그 의미를 분명하게 파악하진 못했다. 그들이 발견한 운동의 법칙은 이질적인 언어로 쓰여 있었다. 아직 알려지지 않은 그 언어는 미분학이었다. 이 사례들은 인류가 최초로 미분학의 존재를 눈치챈 사건이었다.

갈릴레이와 케플러 이전에 자연 현상을 수학적으로 이해하려는 시도는 거의 없었다. 아르키메데스가 지레의 법칙과 유체정역학적 평형 법칙에서 균형의 원리와 부력의 원리를 밝히긴 했지만, 이 법칙들은 움직임이 없는 정적인 상황에만 적용되었다. 갈릴레이와 케플러는 아르키메데스의 정적인 세계를 뛰어넘어 물체가 어떻게 움직이는지 탐구했다. 속도가 변하는 운동을 다룰 수 있는 새로운 종류의 수학을 발명해야겠다는 동기는 자신들이 본 것을 이해하려는 시도에서 나왔다. 이 수학은 빗면 위로 굴러 내려오면서 점점 빨라지는 공이나, 태양에 가까워지면 움직임이 빨라지고 태양에서 멀어지면 느려지는 행성처럼 계속 변화하는 변화를 다루었다.

1623년, 갈릴레이는 우주를 "계속 우리 눈앞에 펼쳐져 있는… 이 웅대한 책"•이라고 묘사했지만, "먼저 그 언어를 이해하고 그 책에 써진 문자를 읽는 법을 배우지 않으면, 이 책을 제대로 이해할 수 없다. 이 책은 수학의 언어로 쓰여 있으며, 그 기호는 삼각형과 원을 비롯한 그 밖의 기하학 도형이다. 이것들이 없다면 인간은 단 한 단어조차 이해하는 것이 불가능하다. 기하학 도형들이 없다면, 캄캄한 미로 속에서 방황하게 된다."라고 경고했다. 케플러는 기하학에 훨씬 큰 존경심을 표현했다. 그는 기하학을 "신의 마음과 함께 영원히 공존"•한다고 묘사했고, 기하학이 "신에게 세계의 창조를 위한 패턴을 공급"•한다고 믿었다.

갈릴레이와 케플러를 비롯해 비슷한 생각을 가졌던 17세기 전반의 수학자들 앞에 기다리고 있던 도전 과제는 정지한 세계에 아주 적합한 기하학을 움직이는 세계로 확대하는 것이었다. 이들이 맞닥뜨린 문제들은 단순히 수학적인 것에 그치지 않았다. 이들은 철학적, 과학적, 신학적 저항도 극복해야 했다.

아리스토텔레스의 우주관에 따른 세계

17세기 이전까지 사람들은 운동과 변화를 제대로 이해하지 못했다. 그것은 연구하기에 어려웠을 뿐만 아니라, 매우 불쾌한 주제로 간주되었다. 플라톤은 기하학의 목적이 "잠깐 동안 존재했다가 사라지는 것이 아니라 영원히 존재하는 것에 대한 지식"을 얻는 것이라고 가르쳤다.• 이렇게 일시적인 대상을 철학적으로 경멸한 플라톤의 태도는 가장 유명한 제자인 아리스토텔레스의 우주론에서 훨씬 웅대한 규모로 되살아났다.

거의 2000년 동안 서양인의 사고를 지배한(그리고 토마스 아퀴나스가 거기서 이교도적 요소를 제거한 뒤에 가톨릭교회가 적극적으로 받아들인) 아리스토텔레스의 가르침•에 따르면, 하늘은 영원하고 변하지 않으며 완전한 존재였다. 지구는 하느님이 창조한 우주의 중심에 정지한 채 머물러 있고, 태양과 달, 별과 행성은 회전하는 천구에 실려 완전한 원 궤도를 그리며 지구 주위를 돌았다. 이 우주론에 따르면, 달 아래의 지상 영역에 존재하는 것은 모두 다 부패와 죽음과 쇠퇴를 겪었다. 나뭇잎이 떨어지는 것처럼 생물에게 시시때때로 일어나는 변화는 본질적으로 순간적이고 불규칙하고 무질서했다.

지구 중심적 우주론(천동설)은 사람들을 안심시켰고, 상식적인 것으로 보였지만, 행성들의 운동은 거추장스러운 문제를 제기했다. 영어와 유럽 언어에서 행성planet이라는 단어는 '방랑자'라는 뜻을 담고 있다. 고대 세계에서 행성은 밤하늘을 배회하는 별로 알려졌다. 행성은 상대적 위치가 전혀 변하지 않는 오리온의 허리띠나 북두칠성처럼 하늘에서 정해진 자신의 자리를 계속 지키는 대신, 하늘을 가로지르며 끊임없이 이동했다. 날이 가고 달이 감에 따라 행성은 한 별자리에서 다른 별자리로 이동했다. 대개는 별을 배경으로 동쪽으로 이동했지만, 가끔은 움직이는 속도가 느려지다가 멈추는가 하면 방향을 되돌려 서쪽으로 되돌아가기도 했는데, 이렇게 행성이 정상 방향의 반대 방향으로 움직이는 운동을 천문학자들은 역행 운동*이라고 불렀다.

예를 들면, 화성은 약 2년에 걸쳐 하늘을 한 바퀴 도는데, 그중에 11주 동안은 역행 운동을 한다. 오늘날 우리는 이 역행 운동을 사진으로 촬영할 수 있다. 2005년 천체 사진가 툰치 테젤은 일주일씩 간격을 두고 35장의 화성 사진을 찍은 뒤, 배경의 별들 앞에 이 사진들을 죽 늘어세워 보았다. 이 합성 사진에서 가운데 부분의 점 11개는 역행 운동을 하는 화성의 모습을 보여준다(129쪽 그림).

오늘날 우리는 역행 운동이 착시 현상이라는 사실을 알고 있다. 더 느리게 움직이는 화성 앞을 지구가 지나갈 때, 지구에서 화성을 바라보면 화성이 뒤로 돌아가는 것처럼 보인다(130쪽 그림).

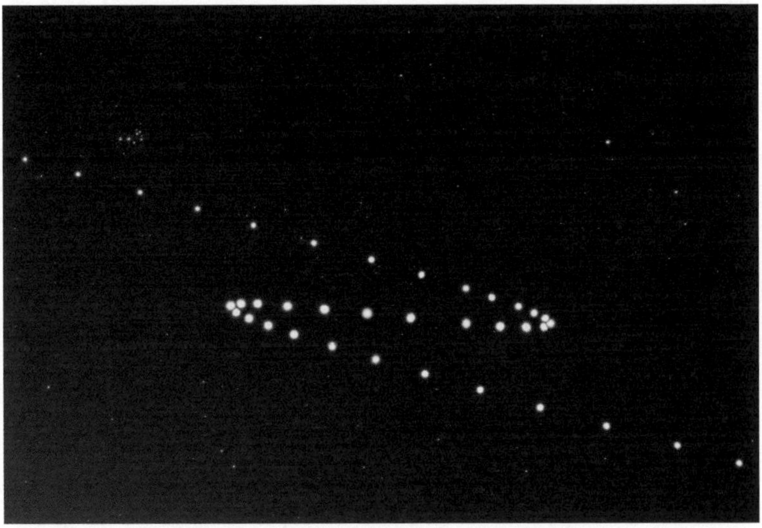

이것은 고속도로에서 다른 차를 추월할 때 일어나는 일과 비슷하다. 저 멀리 산들이 보이는 사막에서 긴 고속도로를 달린다고 상상해보라. 내 차보다 느리게 달리는 앞차를 뒤에서 접근하면서 먼 산들을 배경으로 보면 앞으로 달리는 것으로 보인다. 하지만 그 차를 따라잡고 나서 추월하면, 그 차는 잠깐 동안 산들을 배경으로 '뒤로' 움직이는 것처럼 보인다. 그러고 나서 그 차를 충분히 멀리 따돌린 뒤에 다시 보면, 그 차는 산들을 배경으로 다시 앞으로 달리는 것으로 보인다.

이런 종류의 관측을 통해 고대 그리스 천문학자 아리스타르코스•는 코페르니쿠스보다 약 2000년 앞서 태양 중심적 우주를 제안했다. 태양 중심설(지동설)은 역행 운동의 수수께끼를 깔끔하게 해결했다. 하지만 태양 중심설은 그 나름의 문제점을 안고 있었다. 만약 지구가 움직인다면, 왜 우리는 지구에서 떨어져나가지 않을까? 그리고 왜 별

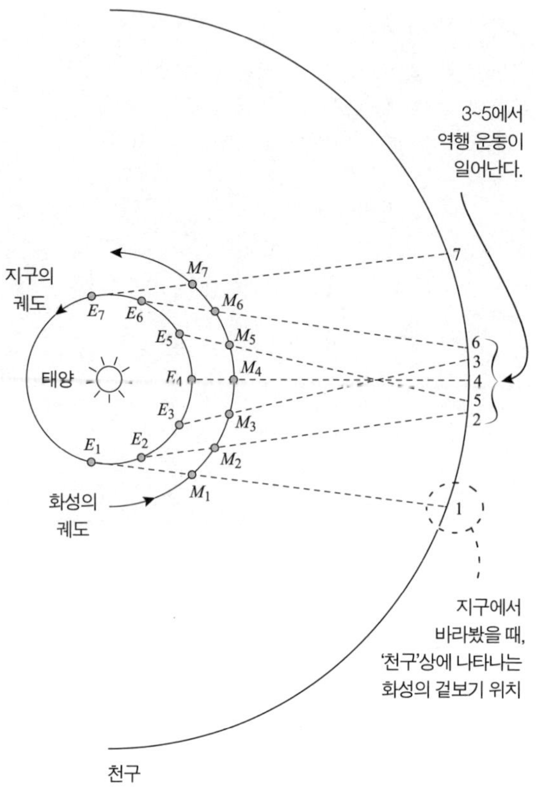

들은 하늘에 붙박인 채 그 위치가 변하지 않는 것처럼 보일까? 태양 중심설이 옳다면 그래서는 안 되었다. 지구가 태양 주위를 도는 동안 멀리 있는 별들의 위치가 아주 조금이라도 변해야 했다. 멀리 떨어진 물체를 바라보다가 다른 곳으로 옮겨가 그것을 다시 바라보면, 그 물체의 위치가 더 먼 배경 앞에서 약간 이동한 것으로 보인다는 사실을 우리는 경험을 통해 알고 있다. 이 효과를 시차視差라고 부른다. 이 현상을 직접 경험해보고 싶다면 다음 실험을 해보라. 손가락을 쳐들고 얼굴 앞쪽으로 멀리 뻗어보라. 먼저 한쪽 눈을 감고 그것을 바라보고,

다음에는 반대쪽 눈을 감고 바라보라. 그러면 먼 배경 앞에서 손가락이 옆 방향으로 옮겨간 것처럼 보일 것이다. 마찬가지로 지구가 태양 주위를 도는 동안 훨씬 먼 별들의 배경 앞에서 가까운 별을 보면, 가까운 별의 위치가 배경의 별들 사이에서 변해야 한다. 이 역설에서 벗어날 수 있는 경우는(아리스타르코스의 태양 중심적 우주론에 대응하면서 아르키메데스 자신이 깨달았듯이•) '모든' 별이 '엄청나게' 먼 거리에(사실상 지구에서 무한히 먼 거리에) 있는 것뿐이다. 그렇다면 행성의 운동에도 불구하고 별의 위치에 눈에 띌 만한 변화가 일어나지 않는데, 시차가 측정할 수 없을 만큼 너무 작기 때문이다. 하지만 그 당시에는 이 결론을 받아들이기가 어려웠다. 별들이 그토록 먼 곳에 있을 만큼 우주가 어마어마하게 거대하다는 생각은 아무도 하지 못했다. 오늘날 우리는 우주의 모습이 실제로 그렇다는 사실을 알고 있지만, 그 당시 사람들로서는 그런 우주의 모습을 상상하기가 어려웠다.

그래서 지구 중심설이 여러 가지 결점에도 불구하고 더 그럴듯한 그림으로 보였다. 고대 그리스 천문학자 프톨레마이오스는 주전원周轉圓과 동시심同時心 같은 임시방편의 개념들을 도입함으로써 지구 중심설로 행성들의 운동을 비교적 잘 설명했고, 계절 순환과 일치하는 달력도 만들 수 있었다. 프톨레마이오스의 체계•는 거추장스럽고 복잡했지만, 충분히 효과가 있었기 때문에 중세가 끝날 무렵까지 올바른 우주론으로 받아들여졌다.

1543년에 출판된 두 권의 책은 과학 혁명의 시작을 알리는 전환점이 되었다. 그해에 플랑드르의 의사 안드레아스 베살리우스는 사람 시체를 해부한 결과를 보고했는데, 인체 해부는 이전 세기들에서는 금지된 일이었다. 그의 발견은 1400년 동안 인정돼온 통념과 어긋나는 것이었다. 같은 해에 폴란드 천문학자 니콜라우스 코페르니쿠스가 마침내 지구가 태양 주위를 돈다는 급진적인 이론을 책으로 발표했다. 지구를 하느님이 창조한 우주의 중심에서 끌어내린 이 이론에 가톨릭교회가 격노할 것을 두려워한 그는 죽음이 다가올 때까지 기다렸다가 책을 출판했다(그리고 책이 막 출판되자마자 죽었다). 그것은 현명한 판단이었다. 조르다노 브루노•는 여러 가지 이단을 저질렀지만, 그중에서도 우주는 무한히 크고 그 속에 무한히 많은 세계가 있다고 주장한 것 때문에 종교재판소에서 재판을 받고 1600년에 로마에서 화형을 당했다.

갈릴레이의 등장

갈릴레오 갈릴레이•는 이렇게 위험한 생각들이 기존의 권위와 도그마에 도전하는 분위기 속에서 1564년 2월 15일에 이탈리아 피사에서 태어났다. 한때 귀족이었지만 몰락한 가문의 장남으로 태어난 갈릴레이는 아버지의 강권에 못 이겨 의학을 공부했는데, 아버지 직업인 음악 이론보다는 의사가 수입이 훨씬 좋았기 때문이었다. 하지만 그는 얼마 지나지 않아 자신이 정말로 좋아하는 분야는 수학이라는 사실을 깨달았다. 그래서 유클리드와 아르키메데스를 공부했고, 그 모든 것에 통달했다. 갈릴레이는 학위를 마치지 못했지만(가족이 학비를 댈 여력이 없었다) 독학으로 수학과 과학을 계속 공부했고, 운 좋게 피사 대학교에서 임시 강사 자리를 얻은 뒤 승진을 거듭한 끝에 파도바 대학교의 수학 교수가 되었다. 갈릴레이는 강의 실력이 아주 뛰어났는데, 명쾌한 설명은 기본이고 신랄한 위트로 기존의 권위를 조롱했다. 그의 강의를 들으려고 많은 학생들이 몰려들었다.

갈릴레이는 마리나 감바•라는 훨씬 어리고 쾌활한 여성을 만나 오랫동안 관계를 이어갔지만, 합법적인 관계는 아니었다. 둘 사이에 딸 둘과 아들 하나가 태어났지만 두 사람은 결혼은 하지 않았다. 마리나의 어린 나이와 낮은 사회적 지위 때문에 둘의 결혼은 도의에 어긋나는 행위로 간주되었을 것이다. 수학 강사로 받는 급료는 변변치 못했는데, 세 자녀를 부양하고 게다가 미혼인 여동생을 보살펴야 하는 책임까지 짊어진 갈릴레이는 어쩔 수 없이 딸들을 수녀원으로 보냈다. 그러면서 가슴이 찢어지는 고통을 느꼈을 것이다. 가장 좋아한 큰딸 비르지니아•는 갈릴레이에게 삶의 기쁨이었다. 훗날 갈릴레이는 비르지니아를 "매우 아름다운 마음과 훌륭한 미덕을 가진 여성이었고, 나에게 매우 큰 애착을 느꼈다."라고 묘사했다. 수녀가 되기로 서약할 때 비르지니아는 마리아 첼레스테를 세례명으로 택했는데, 성모 마리아와 함께 아버지가 사랑하는 천문학을 기려 이런 이름을 택했다.(첼레스테는 이탈리아어로 '하늘의'라는 뜻이다 — 옮긴이)

갈릴레이는 아마도 망원경으로 이룬 발견, 그리고 아리스토텔레스와 가톨릭교회의 견해에 반하는 코페르니쿠스의 지동설을 지지한 일로 가장 유명할 것이다. 갈릴레이는 망원경을 발명하진 않았지만 그것을 크게 개선했고, 망원경으로 위대한 과학적 발견을 했다. 1610년과 1611년에 갈릴레이는 망원경으로 관측한 끝에 달에도 산맥이 있고, 태양에는 흑점이 있으며, 목성에 네 개의 위성(그 후에 더 많은 위성이 발견되었지만)이 있다는 사실을 발견했다.

이 모든 관측 사실은 그 당시의 지배적인 도그마에 정면으로 도전하는 것이었다. 달에 산맥이 있다는 것은 달이 아리스토텔레스의 가르침과 달리 반짝이는 완전한 구체가 아니라는 것을 의미했다. 마찬가지로 태양 흑점은 그 얼굴에 디 같은 흠집이 있다는 말이므로 태양이 완전한 천체가 아니라는 것을 의미했다. 그리고 네 위성이 그 주위를 돌고 있는 목성은 그 자체가 작은 행성계인 것처럼 보였는데, 이것은 모든 천체가 지구 주위를 도는 게 아님을 분명히 보여주었다. 게다가 이 위성들은 하늘에서 움직이면서 항상 목성 곁에 머물렀다. 그 당시에 지동설을 반박하는 주요 논리 중 하나는 만약 지구가 태양 주위를 돈다면 달이 지구에서 멀리 벗어나야 한다는 것이었는데, 위성이 딸린 목성은 이 논리가 옳지 않음을 보여주었다.

그렇다고 해서 갈릴레이가 무신론자이거나 신앙심이 부족한 사람은 아니었다. 그는 선량한 가톨릭교도였고, 자신이 아리스토텔레스와 후대의 스콜라 철학자들의 해석에 따른 일반적 통념에 의존하는 대신에 세계를 있는 그대로 보여줌으로써 하느님의 영광을 올바로 드러낼 수 있다고 믿었다. 하지만 가톨릭교회는 그렇게 생각하지 않았다. 갈릴레이의 책은 이단으로 판정받았다. 갈릴레이는 1633년에 종교재판소에서 재판을 받았고, 이단적인 주장을 철회하라는 명령을 받고 그렇게 했다. 그리고 무기 징역형을 선고받았지만, 곧 피렌체 언덕의 아르체트리에 있는 자택에서 평생 동안 갇혀 지내는 종신 가택 연금으로 감형되었다. 갈릴레이는 자신이 사랑한 딸 마리아 첼레스테를 보길 기대했지만, 그가 집으로 돌아온 지 얼마 안 돼 마리아는 병에 걸려 33세의 나이로 죽고 말았다. 비탄에 빠진 갈릴레이는 한동안 일과 삶 모두에 흥미를 잃었다.

갈릴레이는 시력을 잃은 노인이 되어 흘러가는 시간과 싸우면서 여생을 가택 연금 상태로 보냈다. 하지만 딸이 죽은 지 2년쯤 지났을 때, 기운을 되찾아 수십 년 전에 연구했다가 발표하지 않고 남겨두었던 운동에 관한 연구를 요약 정리하는 하는 일에 매진했다. 그 결과로 탄생한 책인 『새로운 두 과학』•(이탈리아어 원제는 『새로운 두 과학에 대한 논의와 수학적 논증*Discorsi e Dimostrazioni Matematiche Intorno a Due Nuove Scienze*』)은 필생의 역작으로, 근대 물리학에서 탄생한 첫 번째 대작이었다. 이 책은 누구나 쉽게 읽을 수 있게 라틴어 대신에 이탈리아어로 써졌으며, 원고를 네덜란드로 몰래 밀반출해 그곳에서 1638년에 출판되었다. 이 책에 실린 급진적인 통찰은 과학 혁명의 시작에 도움을 주었고, 인류를 우주의 비밀(위대한 자연의 책이 미적분학 언어로 적혀 있다는 사실)을 발견하는 길로 이끌었다.

낙체와 빗면 실험과 홀수의 법칙

갈릴레이는 과학적 방법을 최초로 실천에 옮긴 사람이었다. 그는 단순히 권위자의 주장을 인용하거나 의자에 앉아 이론을 생각하는 대신에 세심한 관찰과 창의적인 실험과 우아한 수학 모형을 사용해 자연을 심문함으로써 정보를 얻으려고 했다. 그리고 이 접근법으로 놀라운 발견을 많이 했다. 그중 가장 단순하면서도 가장 놀라운 발견은 홀수 1, 3, 5, 7…에 숨겨진 낙체落體의 법칙에 관한 비밀이었다.

아리스토텔레스는 무거운 물체가 떨어지는 이유•는 우주의 중심에 위치한 자신의 자연적 위치를 찾아가기 때문이라고 주장했다. 갈릴레이는 이를 공허한 말에 지나지 않는다고 생각했다. 그리고 물체가 '왜' 떨어지는지 생각하는 대신에 '어떻게' 떨어지는지 계량화하려고 했다. 그러려면 떨어지는 물체를 측정하면서 매 순간 그 위치를 추적하는 방법을 찾아야 했다.

그것은 쉬운 일이 아니었다. 다리 위에서 돌을 떨어뜨려본 사람이라면 돌이 얼마나 빨리 떨어지는지 알고 있을 것이다. 떨어지는 돌을 측정하려면 아주 정확한 시계가 필요한데, 갈릴레이에게는 그런 시계가 없었다. 또, 빠르게 떨어지는 돌을 매 순간 추적하려면 아주 훌륭한 비디오카메라도 여러 대 필요한데, 이 역시 17세기 초반에는 구경할 수 있는 물건이 아니었다.

여기서 갈릴레이는 아주 훌륭한 해결책을 생각해냈는데, 그것은 물체의 운동 속도를 늦추는 방법이었다. 그는 돌을 다리 위에서 떨어뜨리는 대신에 경사면 위로 좀 더 느리게 굴러가게 했다. 이런 종류의 경사면을 물리학 용어로는 빗면이라고 부른다. 갈릴레이의 원래 실험에서는 길고 얇은 목제 쇠시리에 홈을 파 공이 굴러가는 길을 만들어 사용했다. 거의 수평에 가깝도록 빗면의 기울기를 작게 함으로써 공의 하강 속도를 원하는 만큼 느리게 만들 수 있었고, 각 순간에 공이 지나가는 위치를 그 당시의 장비로도 측정할 수 있었다.

공이 내려오는 동안 시간을 재는 데에는 물시계를 사용했다. 그것은 스톱워치와 비슷하게 작동했다. 시계를 가게 하려면 밸브를 열었다. 그러면 물이 얇은 관을 통해 일정한 속도로 흐르면서 아래에 있는 용기로 들어갔다. 시계를 멈추려면 밸브를 잠그기만 하면 되었다. 그리고 공이 내려오는 동안 용기에 모인 물의 양을 잼으로써 시간이 얼마나 흘렀는지 "맥박이 한 번 뛰는 시간의 1/10"[•]의 정확도로 계량화할 수 있었다.

갈릴레이는 이 실험을 수없이 반복했는데, 빗면의 기울기에 변화를 주기도 하고 공이 굴러가는 거리를 변화시키기도 했다. 그 결과로 "정지 상태에서 낙하한 물체가 동일한 시간 간격 동안에 지나가는 거리는 1부터 시작하는 홀수와 똑같은 비율로 나타난다."[•]라는 결론을 얻었다.

이 홀수의 법칙을 좀 더 명확하게 설명하기 위해 첫 번째 시간 단위 동안 공이 특정 거리만큼 굴러갔다고 생각해보자. 그러면 두 번째 시간 단위 동안에는 그것의 '세' 배에 해당하는 거리만큼 굴러간다. 세 번째 시간 단위 동안에는 처음 거리의 '다섯' 배에 해당하는 거리만큼 굴러간다. 이것은 아주 놀라운 일이다. 물체가 빗면 위로 굴러가는 방식에 홀수 1, 3, 5…의 법칙이 숨어 있다! 그리고 낙하 운동을 빗면의 기울기가 수직에 접근할 때 물체가 구르는 운동의 극한으로 본다면, 낙하하는 물체에도 같은 법칙이 성립할 것이다.

갈릴레이가 이 법칙을 발견하고서 얼마나 기뻐했을지는 상상만 할 수 있을 뿐이다. 하지만 갈릴레이가 그것을 표현한 방식에 주목할 필요가 있다. 그는 문자와 공식과 방정식 대신에 단어와 숫자와 비율로 표현했다. 오늘날 우리가 구어보다 대수학을 선호하는 방식은 그 당시에는 아방가르드 분위기를 풍기는 최첨단 방식의 사고와 표현으로 보였을 것이다. 하지만 갈릴레이는 그런 방식으로 생각하거나 표현하지 않았다. 만약 그랬더라면 당시의 독자들은 그의 말을 하나도 이해하지 못했을 것이다.

갈릴레이의 발견에 담긴 가장 중요한 의미를 이해하기 위해 연속적인 홀수들을 너하면 어떤 일이 일어나는지 살펴보자. 첫 번째 시간 단위 동안 공은 1단위의 거리를 이동한다. 두 번째 시간 단위 동안에는 3단위만큼 이동한다. 따라서 운동이 시작된 뒤에 공이 이동한 총 거리는 $1+3=4$단위이다. 세 번째 시간 단위 동안 공이 이동한 총 거리는 $1+3+5=9$단위가 된다. 자, 여기에 어떤 패턴이 나타나는지 살펴보라. 1, 4, 9는 연속적인 정수의 제곱에 해당한다. $1^2=1$, $2^2=4$, $3^2=9$. 따라서 갈릴레이의 홀수 법칙은 전체 낙하 거리가 흐른 시간의 제곱에 비례한다고 말해주는 것처럼 보인다.

홀수와 제곱 사이의 이 매력적인 관계는 시각적으로 증명할 수 있다. 홀수를 L자 모양으로 배열된 점들로 생각해보자.

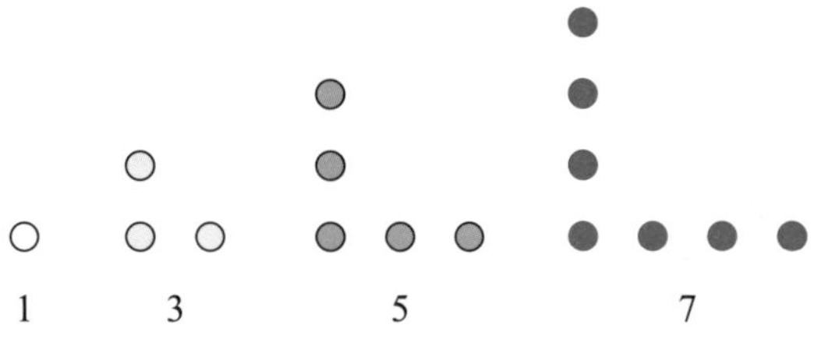

이 L자 모양들을 잘 포개 합치면 정사각형이 된다. 예를 들면, $1+3+5+7=16=4\times4$인데, 처음의 네 홀수를 포개서 합치면 4×4의 정사각형이 되기 때문이다.

갈릴레이는 낙체가 지나온 거리를 알려주는 이 법칙과 함께 그 속력을 알려주는 법칙도 발견했다. 낙체의 속력은 낙하 시간에 비례해 증가한다. 여기서 흥미로운 것은 갈릴레이가 어느 순간에 낙체가 지닌 속력을 이야기하고 있다는 점인데, 이것은 얼핏 보기에 역설적인 개념처럼 보인다. 갈릴레이는 『새로운 두 과학』에서 물체가 정지 상태에서 낙하할 때, 동시대인들이 생각한 것처럼 0에서 갑자기 더 높은 속력으로 건너뛰는 것이 아니라는 점을 설명하려고 많은 노력을 기울였다. 낙체의 낙하 속력은 유한한 시간에 (무한히 많이 존재하는) 모든 중간 속력을 다 지나면서 부드럽게 변한다. 즉, 0에서부터 시작해 갈수록 점점 속력이 커진다.

따라서 이 낙체의 법칙에서 갈릴레이는 본능적으로 '순간 속력'을 생각했는데, 이것은 6장에서 자세히 살펴볼 미분 개념이다. 그 당시에 갈릴레이는 이 개념을 정확하게 기술하지 않았지만, 그 의미를 직관적으로 이해했다.

과학적 미니멀리즘의 예술

갈릴레이의 빗면 실험 이야기를 끝맺기 전에 그 뒤에 숨어 있는 예술적 기교를 살펴볼 필요가 있다. 갈릴레이는 아름다운 질문을 던짐으로써 자연을 잘 구슬려 아름다운 답을 얻어냈다. 추상 표현파 화가처럼 자신이 관심을 가진 것을 강조하고 나머지는 무시했다.

예를 들면, 자신의 장비를 묘사하면서 "홈을 아주 똑바르고 반반하고 광이 나게"• 만들었으며, "그 위로 단단하고 반반하며 아주 둥근 청동 공을 굴렸다."라고 말한다. 갈릴레이는 왜 그토록 반반함과 똑바름과 단단함과 둥근 모양에 신경을 썼을까? 자신이 고안할 수 있는 가장 단순하고 가장 이상적인 조건에서 공을 굴리길 원했기 때문이다. 그래서 마찰이나 공과 홈 옆면의 충돌(경로가 똑바르지 않을 경우 일어날 수 있는), 공의 물렁물렁함(이 때문에 변형이 너무 많이 일어나면 공이 에너지를 잃을 수 있다), 혹은 이상적인 조건에서 벗어나게 하는 그 밖의 잠재적 요인을 줄이기 위해 할 수 있는 일을 다 했다. 그것들은 미학적으로도 올바른 선택이었고, 그 결과로 단순함과 우아함과 미니멀리즘을 추구하는 듯한 특색이 나타났다.

복잡한 것에 한눈을 팔아 잘못된 길로 들어서는 바람에 낙체의 법칙을 잘못 기술한 아리스토텔레스의 경우와 비교해보라. 그는 무거운 물체가 가벼운 물체보다 더 빨리 떨어지며, 낙하 속도는 무게에 비례한다고 주장했다. 당밀이나 꿀처럼 매우 걸쭉하고 점성이 큰 매질에서 가라앉는 작은 입자의 경우에는 이것이 성립하지만, 공기 중에서 떨어뜨린 포탄이나 구슬 모양의 총알의 경우에는 성립하지 않는다. 아리스토텔레스는 공기 저항으로 인한 항력抗力(가벼우면서 상대적으로 큰 표면적 때문에 공기 저항을 많이 받는 깃털이나 잎, 눈송이 등의 물체에는 중요한 효과로 작용하는)을 너무 중요하게 여긴 나머지 돌이나 벽돌, 신발처럼 더 일반적인 물체를 대상으로 자신의 이론을 검증할 생각을 하지 못했다. 다시 말해서, 잡음(공기 저항)에 너무 신경을 쓰다가 신호(관성과 중력)에 충분한 주의를 기울이지 못한 것이다.

하지만 갈릴레이는 잡음에 현혹되지 않았다. 자신의 실험에서와 마찬가지로 현실 세계에서 공기 저항과 마찰은 피할 수 없지만, 이것은 본질이 아니라는 사실을 간파했다. 자신의 분석에서 이 요소들을 간과했다는 비판을 예상하고서 산탄은 포탄만큼 빨리 낙하하지 않는다고 인정했지만, 그 오차는 아리스토텔레스의 이론에 비해 훨씬 작다고 지적했다. 『새로운 두 과학』에 나오는 대화에서 갈릴레이의 대리인은 우둔한 아리스토텔레스 추종자에게 "논쟁의 본질에서 벗어나 나의 발언 중에서 진실이 털끝만큼 부족한 부분을 물고 늘어지지" 말라고 촉구한다. 그리고 "그 털끝 밑에는 삭구索具만큼이나 큰 다른 사람의 잘못이 숨어 있다."•라고 덧붙인다.

이것이 핵심이다. 과학에서는 털끝만 한 오류를 무시하는 것은 허용할 수 있지만, 삭구만 한 오류를 무시한다는 것은 생각도 할 수 없는 일이다.

계속해서 갈릴레이는 날아가는 총탄이나 포탄 같은 투사체의 운동을 연구했다. 이 물체들은 어떤 종류의 호를 그릴까? 갈릴레이는 투사체의 운동은 각각 별도로 다룰 수 있는 두 가지 효과가 합쳐진 것이라고 생각했다. 하나는 지면에 평행한 수평 운동으로 중력에 아무런 영향을 받지 않는 것이고, 다른 하나는 중력의 영향을 받고 낙체의 법칙이 적용되는 수직 운동이다. 갈릴레이는 이 두 종류의 운동을 결합함으로써 투사체가 포물선 궤적을 따라 움직인다는 사실을 발견했다.

이러한 포물선 궤적은 캐치볼을 하거나 식수대에서 물을 마시려고 할 때마다 볼 수 있다.

이것은 자연과 수학 사이의 놀라운 연결을 보여주는 또 하나의 사례이자, 자연의 책이 수학 언어로 적혀 있음을 보여주는 또 하나의 단서였다. 갈릴레이는 자신의 영웅 아르키메데스가 연구한 추상적 곡선인 포물선이 현실 세계에 존재한다는 사실을 발견하고서 크게 흥분했다. 자연도 기하학을 사용하고 있었다.

하지만 이 통찰을 얻으려면 무엇에 눈을 감아야 할지 알아야 했다. 먼젓번처럼 공기 저항(공중을 날아가는 투사체에 미치는 항력 효과)을 무시해야 했다. 이 마찰 효과는 투사체의 속력을 늦춘다. 어떤 종류의 투사체(던진 돌)에 작용하는 마찰 효과는 중력에 비하면 무시할 만한 수준이지만, 그렇지 않은 투사체(비치볼이나 탁구공)도 있다. 공기 저항으로 인한 항력을 포함해 모든 종류의 마찰은 미묘하고 연구하기 어렵다. 오늘날까지 마찰은 불가사의한 효과이자 활발한 연구 주제로 남아 있다.

단순한 포물선을 얻기 위해 갈릴레이는 수평 운동이 영원히 계속되고 속력이 결코 줄어들지 않는다고 가정할 필요가 있었다. 이것은 운동하는 물체는 외부의 힘이 작용하지 않는 한, 운동 방향과 속력을 똑같이 유지한다는 관성의 법칙이 적용되는 사례였다. 실제 투사체의 경우, 공기 저항은 그러한 외부의 힘으로 작용한다. 하지만 갈릴레이는 물체의 운동(그리고 아름다움)에 관한 큰 진실을 알려면 공기 저항을 무시하는 편이 낫다고 판단했다.

흔들리는 샹들리에에서 GPS까지

전설에 따르면, 갈릴레이는 의학을 공부하던 십대 시절에 처음으로 과학적 발견을 했다고 한다. 하루는 피사 성당의 미사에 참석했다가 천장에서 진자처럼 흔들리는 샹들리에*에 눈길이 갔다. 샹들리에는 공기의 흐름 때문에 계속 흔들렸는데, 갈릴레이는 관찰을 통해 샹들리에가 긴 호를 그리건 짧은 호를 그리건, 한 번 왕복하는 데 항상 동일한 시간이 걸린다는 사실을 알아냈다. 그리고 그 사실에 크게 놀랐다. 움직인 거리에 큰 차이가 있는데, 어떻게 똑같은 시간이 걸린단 말인가? 하지만 깊이 생각할수록 그 현상은 이치에 닿아 보였다. 샹들리에가 더 크게 움직일 때에는 더 빨리 움직였다. 어쩌면 두 가지 효과가 상쇄되는지도 몰랐다. 맥박이 뛰는 횟수로 측정한 결과, 샹들리에가 한 번 왕복하는 데 걸리는 시간은 늘 똑같았다.

이 전설은 아주 경이로운 이야기이고 나는 이 이야기를 믿고 싶지만, 많은 역사학자들은 과연 실제로 그런 일이 일어났을까 하고 의심한다. 샹들리에 이야기는 갈릴레이의 첫 번째이자 가장 헌신적인 전기 작가 빈첸초 비비아니가 쓴 글을 통해 전해진다. 시력을 완전히 잃고 가택 연금 상태로 지내던 말년의 갈릴레이 밑에서 젊은 비비아니는 조수 겸 제자로 일했다. 스승을 크게 존경한 비비아니는 갈릴레이가 죽고 나서 몇 년 뒤에 쓴 전기에서 한두 가지 이야기를 윤색했다.

하지만 설사 이 이야기가 지어낸 이야기라고 하더라도(그렇지 않을 가능성도 있다!) 갈릴레이가 이르게는 1602년에 진자를 가지고 신중한 실험을 했으며, 1638년 출간된 『새로운 두 과학』에 그에 대한 내용을 썼다는 사실은 분명하다. 소크라테스의 대화법 방식으로 서술된 이 책에서 한 등장인물은 자신이 바로 그 성당에 꿈 많은 젊은 학생과 함께 있었다는 투로 이야기한다. "나는 수천 번이나 진동을 관찰했는데, 특히 긴 줄에 매달린 램프들이 의도치 않게 움직이는 교회들에서 진동을 관찰했다."• 나머지 대화는 호의 크기에 상관없이 진자가 왔다 갔다 하는 데 똑같은 시간이 걸린다는 주장을 설명하는 내용이다. 따라서 비비아니의 이야기에서 묘사된 현상을 갈릴레이가 아주 잘 알고 있었다는 사실을 알 수 있다. 그것을 발견한 때가 실제로 십대 시절이었는지는 확실히 알 수 없지만 말이다.

어쨌든 진자가 왕복하는 데 걸리는 시간이 항상 똑같다는 갈릴레이의 주장은 완전히 옳은 것은 아니다. 진폭이 클수록 시간이 조금 더 걸린다. 하지만 호가 충분히 작다면(예컨대 20° 미만이라면), 그 주장은 거의 옳다. 진폭이 작을 경우에 성립하는 왕복 시간의 불변성을 지금은 진자의 '등시성等時性'이라 부른다. 이 성질은 메트로놈과 진자시계(할아버지의 괘종시계에서부터 런던의 빅벤 같은 탑시계에 이르기까지)의 이론적 기반을 이루고 있다. 갈릴레이 자신도 말년에 세계 최초의 진자시계 중 하나를 설계했지만, 그것이 제작되기 전에 눈을 감았다. 제대로 작동한 최초의 진자시계는 15년 뒤에 네덜란드의 수학자이자 물리학자인 크리스티안 하위헌스가 발명했다.

갈릴레이는 진자에서 발견한 흥미로운 사실에 특별히 큰 호기심을(그리고 좌절을) 느꼈다. 진자의 길이와 주기(진자가 한 번 흔들리는 데 걸리는 시간) 사이에 성립하는 우아한 관계가 바로 그것이었다. 그는 "한 진자의 진동 시간을 다른 진자의 두 배로 만들고 싶다면, 줄의 길이를 네 배로 늘이면 된다."라고 설명했다. 그리고 비율의 언어를 사용해 일반적인 법칙을 기술했다. 그는 "길이가 서로 다른 실에 매달린 물체들의 경우, 서로간의 상대적 길이는 주기의 제곱에 비례한다."[•]라고 썼다. 불행하게도 갈릴레이는 이 규칙을 수학적으로 유도하는 데 성공하진 못했다. 그 경험적 패턴은 이론적 설명을 강하게 요구했다. 갈릴레이는 몇 년 동안 이 문제를 풀려고 매달렸지만 성공하지 못했다. 지금 와서 돌이켜보면, 그는 절대로 성공할 수가 없었다. 그것을 설명하려면 갈릴레이 자신이나 동시대인들이 알고 있던 수준을 뛰어넘는 새로운 종류의 수학이 필요했다. 그 규칙을 수학적으로 유도하기 위해서는 아이작 뉴턴이 신의 언어, 즉 미분방정식의 언어를 발견할 때까지 기다려야 했다.

갈릴레이는 진자 연구가 "매우 무미건조해 보일 수"[•] 있다고 인정했지만, 훗날의 연구는 전혀 그렇지 않았다는 것을 보여주었다. 수학에서 진자는 여러 가지 수수께끼를 제기함으로써 미적분학의 발달을 자극했다. 물리학과 공학에서 진자는 진동의 패러다임이 되었다. 한 알의 모래에서 세계를 볼 수 있다고 읊었던 윌리엄 블레이크의 시구처럼, 물리학자와 공학자는 진자의 흔들림에서 세계를 보는 법을 배웠다. 진동이 일어나는 곳은 어디건 동일한 수학이 적용되었다. 인도교의 불안한 흔들림, 성능 나쁜 완충기가 달린 자동차의 진동, 세탁물의 불균형으로 인한 세탁기의 덜컹거림, 산들바람에 흔들리는 베니션 블라인드의 떨림, 지진의 여진으로 인한 땅의 울림, 형광등에서 나는 60헤르츠의 진동을 비롯해, 오늘날 모든 과학 기술 분야에는 각자 나름의 리드미컬한 반복으로 이루어진 왕복 운동이 존재한다. 그중에서도 진자는 모든 것의 할아버지에 해당한다. 그 패턴은 보편적이다. '무미건조'라는 단어는 적절한 표현이 아니다.

어떤 경우에는 진자와 다른 현상들 사이의 연결 관계가 너무나도 정확해서 동일한 방정식을 그대로 재활용해 쓸 수 있다. 단지 기호들을 재해석할 필요가 있을 뿐, 문법은 동일하다. 마치 자연이 동일한 모티프로 반복적으로 되돌아오는 것처럼 보이는데, 진자라는 주제가 진자처럼 반복된다. 예를 들면, 진자의 흔들림을 나타내는 방정식은 교류 전기를 만들어 가정과 사무실로 보내는 발전기 회전자의 회전을 나타내는 방정식으로 그대로 사용할 수 있다. 이러한 내력을 기리기 위해 전기공학자들은 발전기 회전자의 움직임을 나타내는 방정식을 동요방정식swing equation이라고 부른다.

발전기나 괘종시계보다 수십억 배 더 빠르고 수백만 배 더 작은 첨단 소자의 양자 진동에서도 동일한 방정식이 나타난다. 1962년, 케임브리지 대학교 대학원생이던 22세의 브라이언 조지프슨은 평소에는 뚫고 지나갈 수 없는 절연체 장벽을, 절대 영도에 가까운 온도에서는 초전도 전자쌍들이 터널 효과로 왔다 갔다 할 수 있다고 예측했다. 고전 물리학 이론에 따르면, 이것은 터무니없는 주장이었다. 하지만 미적분학과 양자역학은 진자와 비슷한 이 진동을 현실로 소환했다. 혹은 덜 신비롭게 표현하자면, 그것이 존재할 가능성을 시사했다. 조지프슨이 이 유령 같은 진동을 예측한 지 2년 뒤에 그것을 소환하는 데 필요한 조건을 실험실에서 구현할 수 있게 되자, 실제로 이 진동이 존재한다는 것이 입증되었다. 그 결과로 탄생한 소자를 조지프슨 접합 소자•라고 부른다. 이 소자의 실용적 용도는 아주 많다. 예를 들면, 이 소자는 지구 자기장의 1000억분의 1 정도로 약한 아주 미세한 자기장도 감지할 수 있어 지구물리학자들이 지하 깊숙이 묻혀 있는 석유를 탐사하는 데 도움을 준다. 신경외과의는 조지프슨 접합 소자가 수백 개 늘어선 배열을 사용해 뇌종양 부위나 뇌전증 환자에게 뇌졸중을 유발하는 병터의 위치를 정확하게 찾아낸다. 그 절차는 탐색 수술과 달리 완전히 비침습적이다. 이 진단법은 뇌에서 비정상 전기 경로가 만들어내는 자기장의 미묘한 변화를 지도로 만드는 방법에 의존한다. 조지프슨 접합 소자는 차세대 컴퓨터에 사용될 엄청나게 빠른 칩을 만드는 기반을 제공할 수도 있으며, 심지어 만약 성공하기만 한다면 컴퓨터과학에 혁명을 가져올 양자 연산에서 중요한 역할을 할 수 있다.

진자는 또한 인류에게 최초로 시간을 정확하게 잴 수 있는 방법도 제공했다. 진자시계가 나오기 전에는 최선의 시계들조차 한심한 수준이었다. 그런 시계들은 이상적인 조건에서도 하루에 15분이나 빨리 가거나 늦게 가기 일쑤였다. 진자시계는 이보다 100배 이상 더 정확하게 만들 수 있었다. 진자시계는 갈릴레이 시대에 가장 큰 기술적 난제로 남아 있던 문제를 해결할 수 있으리라는 희망을 주었다. 그것은 바로 바다에서 경도를 알아내는 문제였다. 위도는 태양이나 별을 관측함으로써 알 수 있었지만, 자연 환경에는 경도를 알려주는 단서가 없었다. 경도는 인위적이고 자의적으로 구성된 개념이지만, 그것을 제대로 측정하는 것은 현실적인 당면 문제였다. 탐험 시대에는 전쟁이나 무역을 하기 위해 배들이 먼 바다로 항해했는데, 바다에서 자신이 있는 위치를 정확하게 몰라 길을 잃거나 좌초하는 경우가 많았다. 포르투갈,

에스파냐, 영국, 네덜란드 정부는 경도 문제•를 해결하는 사람에게 큰 상금을 내걸었다. 그것은 가장 큰 관심을 끈 도전 과제였다.

말년에 진자시계를 만들려고 시도했을 때, 갈릴레이는 경도 문제를 염두에 두었을 것이다. 16세기 이래 과학자들이 알고 있던 것처럼 갈릴레이도 아주 정확한 시계만 만든다면 경도 문제를 해결할 수 있다는 사실을 알고 있었다. 항해사는 출발하는 항구에서 그곳 시간에 맞춘 시계를 갖고 먼바다로 나간다. 동쪽이나 서쪽으로 항해하는 동안 배가 있는 곳의 경도를 알려면, 그곳 시간이 정확하게 정오(하늘에서 태양이 가장 높은 고도에 이르는 순간)일 때 출발지 시간에 맞춘 시계를 보면 된다. 지구는 24시간 동안 360°의 경도만큼 자전하므로, 현지 시각과 출발지의 시각이 한 시간 차이가 나면, 두 지점의 경도는 15°만큼 차이가 난다. 경도 15°를 거리로 환산하면, 적도 부근에서는 무려 1600킬로미터에 해당한다. 이 방법으로 배를 원하는 목적지에서 몇 킬로미터 이상 벗어나지 않게 안전하게 안내하려면, 오차가 하루에 몇 초밖에 나지 않을 정도로 정확한 시계가 필요했다. 게다가 시계는 일렁이는 파도, 기압·온도·염분·습도의 큰 요동에도 불구하고 변함없이 정확성을 유지해야 했다. 이런 요인들은 시계의 톱니바퀴를 녹슬게 하거나, 용수철을 팽창시키거나, 윤활제를 걸쭉하게 만들어 시계를 빠르게 또는 느리게 가게 하거나 멈추게 할 수 있었다.

갈릴레이는 진자시계를 만들어 경도 문제를 해결하는 데 사용해 보지 못하고 세상을 떠났다. 크리스티안 하위헌스는 자신의 진자시계를 런던 왕립학회에 해결책으로 제출했지만, 환경의 교란에 너무 민감하다는 문제 때문에 불만족스럽다는 판정을 받았다. 훗날 하위헌스는 진자 대신에 평형바퀴와 나선형 용수철로 시계의 진동을 조절하는 해양 크로노미터chronometer를 발명했는데, 이것은 회중시계와 현대적인 손목시계를 낳은 혁신적인 설계였다. 하지만 결국 경도 문제를 해결한 것은 18세기 중엽에 나온 새로운 종류의 시계였는데, 정식 교육이라고는 전혀 받은 적이 없는 영국의 존 해리슨이 만들었다. 1760년대에 바다에서 시험한 해리슨의 H4 크로노미터는 경도를 16킬로미터 이내의 오차로 정확하게 추적했는데, 이 정도 성능이면 영국 의회가 내건 2만 파운드(오늘날의 가치로는 수백만 달러)의 상금을 받기에 충분했다.

오늘날에도 우리는 지구 위에서 항행을 할 때 여전히 시간을 정확하게 측정하는 방법에 의존한다. GPS•(global positioning system. 인공위성을 이용하여 자신의 위치를 정확히 알아낼 수 있는 시스템—옮긴이)를 생각해보라. 기계식 시계가 경도 문제를 해결하는 열쇠가 된 것처럼 원자시계는 지구상에서 어떤 물체의 위치를 몇 미터 이내의 오차로 정확하게 알아내는 열쇠 역할을 한다. 원자시계는 갈릴레이의 진자시계의 현대 버전이다. 그 조상과 마찬가지로 원자시계도 진동 횟수를 셈으로써 시간을 측정하지만, 시계추의 움직임을 추적하는 대신에 두 에너지 상태를 왔다 갔다 하는 세슘 원자의 진동 횟수를 센다. 이 진동은 초당 91억 9263만 1770번 일어난다. 비록 두 시계의 작동 메커니즘은 다르지만, 기본 원리는 똑같다. 반복적인 왕복 운동을 사용해 시간을 재는 것이다.

그리고 시간을 사용해 우리는 자신이 있는 곳의 위치를 알 수 있다. 휴대 전화나 자동차의 GPS를 사용할 때, 해당 장비는 약 3만 킬로미터 고도에서 지구 주위의 궤도를 돌고 있는 GPS 인공위성 24대 중 최소한 4대가 보내온 무선 신호를 수신한다. 각각의 인공위성에는 원자시계가 4개씩 실려 있는데, 오차가 10억분의 1초 미만일 정도로 서로 정확하게 동기화되어 있다. 우리의 수신기에 포착되는 여러 인공위성은 연속적인 신호 흐름을 보내오는데, 각각의 신호에는 나노초 단위까지 정밀한 타임스탬프가 찍혀 있다. 바로 여기서 원자시계가 진가를 발휘한다. 엄청나게 정확하게 잰 시간은 우리가 GPS에 기대하는 엄청나게 정확한 공간적 거리로 변환된다.

그 계산은 기하학을 바탕으로 한 전통적인 지리적 위치 파악 기술인 삼각법에 의존해 진행된다. GPS로 내가 있는 곳의 위치를 파악하는 원리는 다음과 같다. 네 대의 인공위성에서 보낸 신호가 수신기에 도착하면, GPS 장비가 송신 시간과 수신 시간을 비교한다. 이 네 가지 시간은 서로 아주 미소한 차이가 있는데, 나와 각 인공위성 사이의 거리가 모두 다르기 때문이다. GPS 장비는 이 미소한 네 가지 시간 차이에다 빛의 속도를 곱해 내가 머리 위의 네 인공위성으로부터 얼마나 먼 거리에 있는지 계산한다. 인공위성들의 위치는 이미 알려져 있고 매우 정확하게 조절되기 때문에, 나의 GPS 수신기는 삼각법으로 네 가지 거리를 계산해 자신이 지표면 위의 어느 지점에 있는지 알아낸다. 심지어 수신기가 위치한 고도와 속력까지 알아낼 수 있다. 본질적으로 GPS는 아주 정확하게 측정한 시간을 아주 정확하게 측정한 거리로 바꾸고, 그럼으로써 위치와 운동을 아주 정확하게 측정한다.

GPS는 냉전 기간에 미군이 개발했다. 원래 목적은 핵미사일을 탑재한 미국 잠수함을 추적해 현재의 정확한 위치를 잠수함에 제공하기 위한 것이었다. 그래야 핵 공격을 감행할 필요가 있을 때 대륙간 탄도 미사일ICBM을 목표 지점으로 아주 정확하게 발사할 수 있기 때문이다. 오늘날 GPS는 정밀 농업, 짙은 안개 속에서 항공기의 계기 착륙, 앰뷸런스와 소방차가 가장 빨리 갈 수 있는 경로를 자동적으로 계산하는 구급 시스템 등 평화적 목적으로 쓰이고 있다.

하지만 GPS는 단지 위치를 파악하고 경로를 인도하는 시스템에 불과한 것이 아니다. GPS는 100나노초 이내의 오차로 시간 동기화를 가능케 하는데, 이 때문에 은행 간 이체와 그 밖의 금융 거래에 유용하게 쓰인다. 또, 무선 전화와 데이터망을 동기화하는 데에도 쓰여, 전자기 스펙트럼의 특정 진동수들을 효율적으로 공유하게 해준다.

내가 이 이야기를 이토록 자세하게 하는 이유는 GPS가 미적분학의 숨겨진 유용성을 보여주는 전형적인 예이기 때문이다. 흔히 그렇듯이 미적분학은 일상생활의 무대 뒤에서 조용히 작동하고 있다. GPS의 경우, 이 시스템의 기능 중 거의 모든 측면이 미적분학에 의존하고 있다. 인공위성과 수신기 사이의 무선 통신을 생각해보라. 맥스웰의 연구를 통해 미적분학은 무선 통신을 가능케 하는 전자기파의 존재를 예측했다. 미적분학이 없었더라면, 무선 통신과 GPS는 존재하지 않을 것이다. 또한, GPS 인공위성에 실린 원자시계는 세슘 원자의 양자역학적 진동을 사용하는데, 미적분학은 양자역학 방정식들과 그것을 푸는 방법들의 기반을 이루고 있다. 미적분학이 없었더라면, 원자시계도 존재하지 않을 것이다. 이런 예는 얼마든지 더 들 수 있지만(미적분학은 인공위성의 궤적을 계산하고 그 위치를 조절하는 것뿐만 아니라, 약한 중력장에서 빠른 속도로 움직이는 원자시계로 측정한 시간에 아인슈타인의 상대론적 보정을 적용하는 수학적 방법의 기반을 이룬다), 나는 요점을 충분히 명확하게 전달했다고 믿는다. 미적분학은 GPS를 가능케 한 기술 중 대부분을 탄생시키는 데 기여했다. 물론 미적분학 혼자서 그 모든 일을 해낸 것은 아니다. 미적분학의 역할은 조연이었지만, 아주 중요한 조연이었다. 전자공학, 양자물리학, 항공우주공학을 비롯한 많은 분야와 함께 미적분학은 전체 팀에서 없어서는 안 될 중요한 일원이었다.

자, 그럼 피사 성당에서 흔들리는 샹들리에를 보면서 깊은 생각에 빠졌던 젊은 시절의 갈릴레이에게 다시 돌아가보자. 이제 우리는 진자와 진자의 등시성에 대한 그의 한가한 생각이 단지 그의 시대뿐만 아니라 우리 시대에 이르기까지 문명의 발전에 엄청난 영향을 미쳤다는 사실을 알았다.

케플러와 행성 운동의 수수께끼

갈릴레이가 지구에서 움직이는 물체의 운동에 관한 비밀을 풀었다면, 요하네스 케플러•는 하늘에서 움직이는 행성의 운동에 관한 비밀을 풀었다. 케플러는 먼 옛날부터 수수께끼로 남아 있던 이 비밀을 풀었을 뿐만 아니라, 천상의 조화가 태양계를 지배한다는 사실을 보여줌으로써 피타고라스의 꿈을 이루었다. 피타고라스가 현에서, 그리고 갈릴레이가 진자와 투사체와 낙체에서 발견한 것처럼, 케플러는 행성의 운동이 수학적 패턴을 따른다는 사실을 발견했다. 그리고 갈릴레이처럼 자신이 발견한 패턴에 푹 빠졌지만, 그것을 제대로 설명할 수 없다는 사실에 좌절을 느꼈다.

케플러는 갈릴레이처럼 몰락한 집안에서 태어났다. 하지만 케플러는 상황이 훨씬 나빴다. 아버지는 주정뱅이 용병이었고, 케플러의 기억에 따르면 "범죄자 성향"•이 강했다. 그리고 어머니는 (충분히 이해는 가지만) "성미가 까다로웠다."• 게다가 케플러는 어린 시절에 천연두에 걸려 하마터면 죽을 뻔했다. 양 손과 시력에 영구적인 손상을 입어 어른이 되고 나서도 육체적으로 힘든 일을 할 수 없었다.

다행히도 케플러는 아주 총명했다. 십대 시절에 튀빙겐 대학교에서 수학과 코페르니쿠스 천문학을 배웠는데, 그곳에서 "아주 뛰어나고 훌륭한 지성을 지녀 뭔가 특별한 것을 기대할 만한"• 학생이라고 인정받았다. 그는 1591년에 석사 학위를 받고 나서 튀빙겐 대학교에서 신학을 공부하면서 루터파 성직자가 될 계획을 세웠다. 그런데 그라츠의 루터파 신학교에서 근무하던 수학 선생이 죽자, 교회의 고위 성직자들이 대체할 사람을 찾다가 케플러를 선택하는 바람에 케플러는 마지못해 성직자의 꿈을 포기했다.

오늘날 물리학과 천문학을 공부하는 학생들은 모두 케플러가 발견한 행성 운동에 관한 세 가지 법칙을 배운다. 하지만 이 법칙들을 발견하기 위해 그가 기울인 고통스럽고도 광적인 노력에 관한 이야기는 별로 들은 적이 없을 것이다. 케플러는 신비주의와 수성·금성·화성·목성·토성의 위치에 어떤 신성한 질서가 있을 것이라는 자신의 믿음에 이끌려 하늘에서 규칙성을 찾아내려고 수십 년 동안 힘든 세월을 보냈다.

그라츠로 간 지 일 년 뒤, 케플러는 우주의 비밀을 알아냈다고 믿었다. 하루는 강의 도중에 행성들이 태양 주위에 어떤 패턴으로 배열돼 있는지에 대해 갑자기 영감이 떠올랐다. 그 기본 개념은 행성들이 마치 러시아 인형처럼 서로의 안쪽에 차례로 내접한 천구들에 실려 움직이며, 행성들 사이의 거리는 서로 내접한 다섯 가지 플라톤 입체들 사이의 거리와 같다는 것이었다. 다섯 가지 플라톤 입체는 정사면체, 정육면체, 정팔면체, 정십이면체, 정이십면체이다. 플라톤은 동일한 정다각형으로 만들 수 있는 3차원 형태(즉, 정다면체)는 이 다섯 가지밖에 없다는 사실을 발견했고, 유클리드가 이를 증명했다. 케플러가 보기에 이들 정다면체의 독특성과 대칭성은 영원이라는 속성과 딱 들어맞는 것 같았다.

케플러는 미친 듯이 계산에 몰두했다. "이 개념이 코페르니쿠스의 궤도들과 일치하는지, 혹은 나의 즐거움이 바람에 흩날려 사라지고 말지 알아내기 위해 나는 밤낮을 가리지 않고 계산에 몰두했다. 며칠 뒤 모든 것이 제대로 성립했고, 정다면체들이 하나씩 차례로 행성들 사이의 자기 자리를 정확하게 찾아가는 것을 지켜보았다."•

케플러는 수성의 천구 주위를 정팔면체로 둘러쌌고, 그 꼭지점들이 금성의 천구에 접하게 했다. 그다음에는 금성의 천구 주위를 정이십면체로 둘러쌌고, 그 꼭지점들이 지구의 천구에 접하게 했다. 이런 식으로 나머지 행성들도 천구와 플라톤 입체를 3차원 퍼즐처럼 맞춰갔다. 그리고 그 결과로 완성된 태양계 모형을 1596년에 출판된 『우주의 신비*Mysterium Cosmographicum*』에 실린 삽화로 묘사했다.

케플러의 이 통찰은 많은 것을 설명해주었다. 플라톤 입체가 5개밖에 없는 것처럼 태양계의 행성은 6개(지구까지 포함해)밖에 없으며, 따라서 그 사이의 간극도 5개가 존재한다. 모든 것이 딱 들어맞는 것

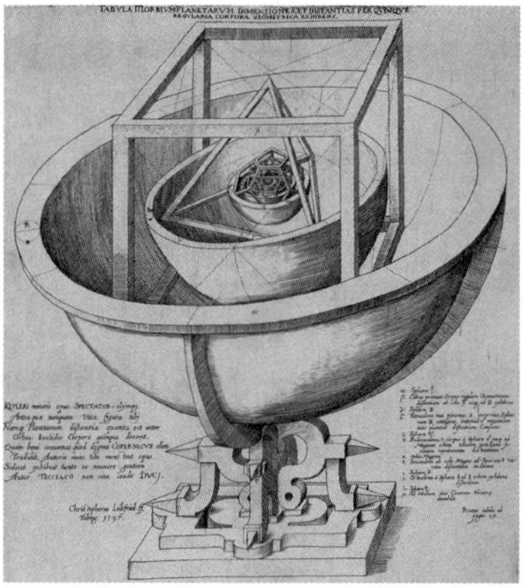

처럼 보였다. 기하학이 우주를 지배했다. 케플러는 원래 신학자가 되길 원했지만, 이제 큰 만족을 느끼며 자신의 한 스승에게 편지를 보냈다. "제 노력을 통해 천문학에서 하느님이 얼마나 큰 찬양을 받는지 보십시오."•

사실, 이 이론은 데이터와 딱 들어맞지 않는데, 특히 수성과 목성의 위치는 실제 위치와 차이가 좀 난다. 이러한 불일치는 뭔가 잘못된 것이 있다는 뜻인데, 무엇이 잘못되었을까? 이론이 틀렸을까, 데이터가 틀렸을까, 아니면 둘 다 틀렸을까? 케플러는 데이터가 틀린 게 아닐까 하고 의심했지만, 자신의 이론이 반드시 옳다고 고집하진 않았다. (지금 와서 생각하면 이것은 현명한 태도였는데, 그 이론은 성공할 가망이 전혀 없었기 때문이다. 알다시피 태양계에는 행성이 6개만 존재하는 것이 아니다.)

그럼에도 불구하고, 케플러는 포기하지 않았다. 행성에 대한 생각에 골몰하다가 얼마 후 운 좋게도 튀코 브라헤로부터 조수로 일해 달라는 요청을 받았다. 튀코(역사학자들은 흔히 이렇게 부른다)는 당대 최고의 관측 천문학자였다. 그가 관측한 데이터는 이전의 어떤 데이터보다 10배 이상 정확했다. 망원경이 발명되기 이전 시대에 튀코는 맨눈으로도 행성들의 각위치角位置(어떤 점이나 물체 따위가 특정 축을 중심으로 다른 점이나 선으로부터 얼마나 회전하였는지를 나타내는 양—옮긴이)를 2′(분) 이내의 오차로 결정할 수 있는 특별한 장비를 고안했다. 2′은 1/30°에 해당한다.

이것이 얼마나 작은 각도인지 감이 잘 오지 않는다면, 맑은 날 밤에 얼굴 앞으로 새끼손가락을 죽 뻗은 채 보름달을 바라본다고 상상해보라. 이때 새끼손가락의 폭은 약 60′이고, 보름달의 폭은 그것의 약 절반이다. 따라서 튀코가 2′의 호를 구분할 수 있었다는 것은, 여러분의 새끼손가락에 균일한 간격으로 점 30개(혹은 달 표면에 점 15개)를 찍었을 때, 튀코가 한 점과 다음 점 사이의 차이를 구별할 수 있었다는 뜻이다.

1601년에 튀코가 죽자, 케플러는 화성과 나머지 행성에 관한 튀코의 방대한 관측 자료를 손에 넣었다. 행성의 운동을 설명하기 위해 케플러는 갖가지 이론을 하나씩 적용하며 비교해보았다. 행성을 주전원을 그리며 움직이게도 해보았고, 다양한 달걀 모양의 궤도를 돌게도 해보았고, 중심에서 약간 벗어난 곳에 위치한 태양 주위를 이심원을 그리며 돌게도 해보았다. 하지만 이 모든 모형은 튀코의 데이터와 무시할 수 없는 차이가 났다. 그런 계산을 하나 소개한 뒤에 케플러는 "친애하는 독자여, 이 지루한 절차에 지쳤다면, 나를 불쌍히 여기기 바란다. 나는 이런 계산을 적어도 70번이나 했으니까."•라고 하소연했다.

케플러의 첫 번째 법칙: 타원 궤도

행성들의 운동을 설명하려는 노력 끝에 케플러는 마침내 잘 알려진 곡선인 타원을 시험해보았다. 갈릴레이의 포물선처럼 타원도 먼 옛날부터 연구된 도형이었다. 2장에서 보았듯이 고대 그리스인은 타원을 원뿔 표면의 기울기보다 작은 각도의 평면으로 원뿔을 자를 때 생기는 달걀 모양의 곡선으로 정의했다. 만약 자르는 평면의 기울기가 아주 작으면, 그 결과로 생기는 타원은 원에 아주 가깝다. 반대로 자르는 평면의 기울기가 원뿔 표면의 기울기보다 약간만 작다면, 타원은 시가처럼 아주 길고 홀쭉한 모양이 된다. 자르는 평면의 기울기를 조절함으로써 타원은 매우 둥근 것에서부터 크게 짜부라진 것까지, 그리고 그 중간의 어떤 모양으로도 만들 수 있다.

타원을 정의하는 또 한 가지 방법은 주변에 있는 몇 가지 물건의 도움을 받아 일상적인 용어로 표현하는 것이다.

연필, 코르크판, 종이 한 장, 압정 2개, 약간의 실을 준비한다. 종이를 코르크판 위에 올려놓는다. 실의 양쪽 끝을 압정으로 눌러 종이에 고정시키는데, 실은 좀 느슨하게 한다. 이제 연필로 실을 팽팽하게 잡아당기면서 곡선을 그린다. 이때, 실을 계속 팽팽한 상태로 유지해야 한다. 연필이 두 압정 주위를 돌아 출발점으로 돌아오면, 그 결과로 생긴 폐곡선이 타원이다.

여기서 압정들의 위치가 특별한 역할을 한다. 케플러는 그 위치를 타원의 '초점'이라고 불렀다. 타원에서 초점은 원에서 중심이 차지하는 것만큼 중요한 의미를 지닌다. 원은 주어진 점(중심)에서 일정한 거

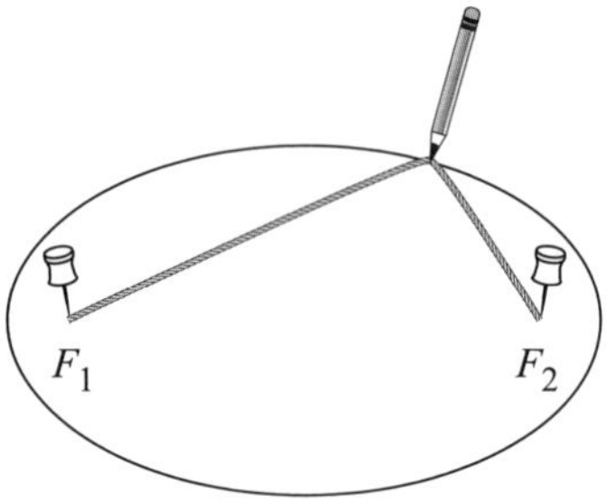

리에 있는 점들의 집합으로 정의된다. 이와 비슷하게 타원은 주어진 '두' 점(초점)으로부터 거리의 합이 같은 점들의 집합으로 정의된다. 실과 압정을 사용한 실험에서 그 일정한 합산 거리는 두 압정 사이에서 느슨하게 풀려 있는 실의 길이와 정확하게 똑같다.

케플러의 첫 번째 위대한 발견(이번에는 제대로 된 발견을 했으며, 그 개념을 수정할 필요가 없었다)은 모든 행성이 타원 궤도를 돈다는 것이었다. 행성의 궤도는 아리스토텔레스와 프톨레마이오스, 코페르니쿠스, 심지어 갈릴레이가 생각한 원이나 주전원과 결합된 원이 아니었다. 그것은 바로 타원이었다. 게다가 케플러는 모든 행성의 타원 궤도에서 두 초점 중 하나에 태양이 자리잡고 있다는 사실을 발견했다.

그것은 실로 놀라운 발견으로, 케플러가 기대했던 바로 그런 종류의 신성한 열쇠였다. 행성들은 정확하게 기하학에 따라 움직이고 있었다. 그것은 처음에 생각했던 다섯 가지 플라톤 입체의 기하학은 아니었지만, 그래도 그의 직감은 옳았던 것으로 드러났다. 즉, 기하학이 하늘을 지배하고 있었다.

케플러의 두 번째 법칙: 면적 속도 일정의 법칙

케플러는 관측 데이터에서 또 하나의 규칙성을 발견했다. 첫 번째 규칙성이 행성의 궤도에 관한 것이었다면, 이번 것은 궤도 속도에 관한 것이었다. 오늘날 케플러의 두 번째 법칙으로 알려진 이 법칙은 행성이 태양 주위를 도는 동안 행성과 태양을 이은 가상의 선이 동일한 시간 동안에 훑고 지나가는 면적은 동일하다고 말한다.

쉽게 설명하기 위해 오늘 밤에 타원 궤도를 도는 화성을 관측한다고 상상해보자. 화성의 위치를 태양과 직선으로 연결해보자.

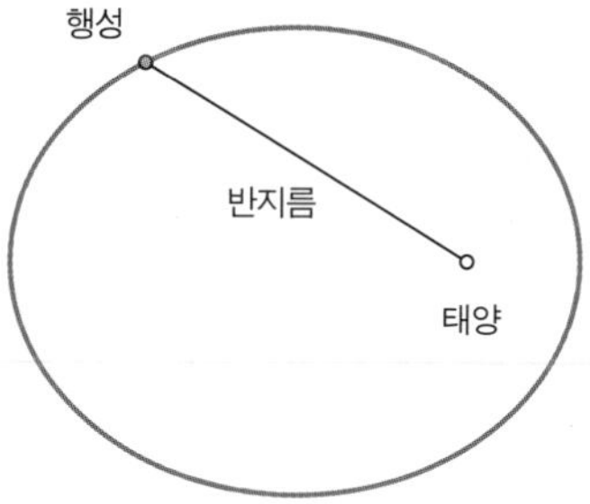

이번에는 이 직선을 와이퍼라고 생각해보자. 그 회전의 중심점에는 태양이 있고, 와이퍼 끝에는 화성이 있다. (다만, 이 와이퍼는 진짜 자동차 와이퍼처럼 좌우로 움직이진 않는다. 항상 앞쪽으로만 나아가고, 그것도 아주 느릿느릿 움직인다.) 매일 화성이 궤도에서 조금씩 앞으로 나아감에 따라 와이퍼도 따라서 움직이면서 타원 내부에서 약간의 면적을 훑고 지나간다. 만약 시간이 좀 흐른 뒤에(예컨대 3주일 뒤에) 화성을 다시 보면, 천천히 움직이는 와이퍼는 부채꼴 모양의 면적을 훑고 지나갔을 것이다.

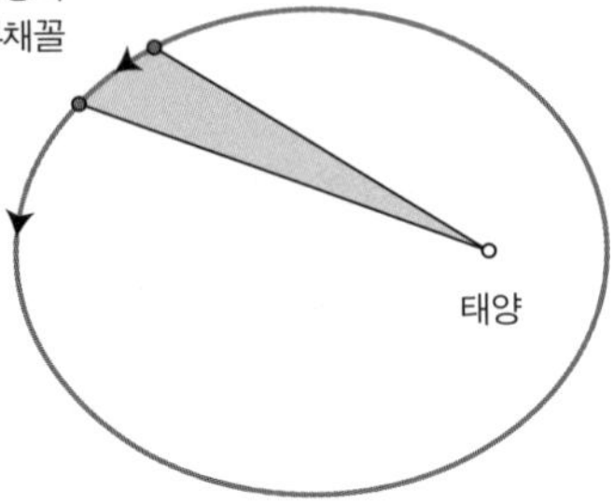

케플러는 화성이 3주일 동안에 훑고 지나가는 부채꼴의 면적은 화성이 궤도상의 어느 지점에 있건 동일하다는 사실을 발견했다. 3주일이라는 시간 간격에 특별한 의미가 있는 것은 아니다. 시간 간격은 얼마라도 상관이 없다. 궤도상에서 동일한 시간 간격만큼 떨어진 두 점을 선택하기만 한다면, 두 점의 위치에 상관없이 그 결과로 생긴 부채꼴의 면적은 항상 동일하다.

요컨대, 케플러의 두 번째 법칙은 행성이 일정한 속도로 움직이지 않는다고 말한다. 대신에 태양에 가까워질수록 속도가 빨라진다. 동일한 시간에 동일한 면적을 그린다는 케플러의 두 번째 법칙은 이 점을 분명하게 표현하는 한 가지 방법이다.

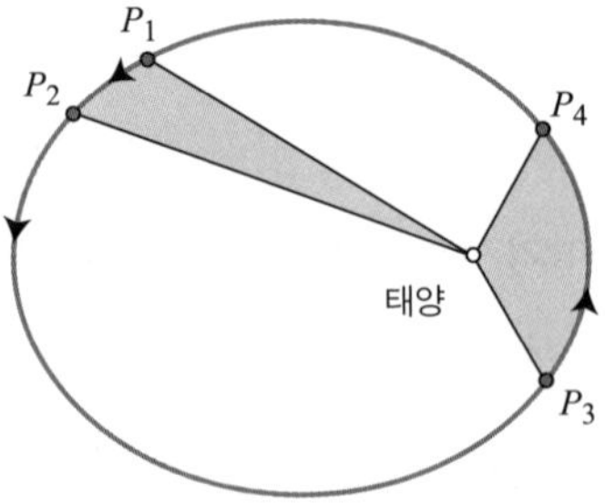

만약 시간($P_1 \rightarrow P_2$) = 시간($P_3 \rightarrow P_4$)이라면, 두 부채꼴의 면적은 동일하다.

그런데 부채꼴에는 곡선 부분이 포함돼 있는데, 케플러는 부채꼴의 면적을 어떻게 계산했을까? 그는 아르키메데스가 했던 것과 비슷한 방법을 썼다. 부채꼴을 수많은 가느다란 조각으로 쪼갠 뒤, 그것들을 삼각형과 거의 같은 모양이라고 보았다. 그리고 나서 삼각형의 면적을 계산하여 그것들을 모두 더해 부채꼴의 면적을 구했다. 사실상 아르키메데스 버전의 적분법을 사용해 실제 데이터에 적용한 것이다.

케플러의 세 번째 법칙과 신성한 광란

지금까지 살펴본 법칙들(각 행성이 태양을 하나의 초점으로 하는 타원 궤도를 돈다는 법칙과, 각 행성이 동일 시간에 동일 면적을 훑고 지나간다는 법칙)은 개별적인 행성에 관련된 내용이다. 케플러는 두 법칙을 1609년에 발견했다. 이에 반해 세 번째 법칙을 발견하기까지는 10년이라는 시간이 더 걸렸는데, 이 법칙은 모든 행성들에 집단적으로 적용된다. 이 법칙은 태양계 전체를 하나의 수치적 패턴으로 묶는다.

세 번째 법칙은 케플러가 새로운 계산에 맹렬하게 매달린 지 몇 달 뒤에, 그리고 플라톤 입체 모형으로 목표에 가까이 다가갔으나 고통스럽게 빗나간 지 20년 이상이 흘렀을 때 떠올랐다. 케플러는 『세계의 조화*Harmonices Mundi*』(1619) 서문에서 마침내 하느님의 계획에 포함된 패턴을 본 경험을 환희에 빠진 상태에서 기술했다. "여덟 달 전의 새벽 이후로, 석 달 전의 충만한 햇빛 이후로, 며칠 전에 밝은 태양이 나의 경이로운 사색을 환하게 밝힌 이후로, 그 무엇도 나를 막을 수 없다.

나는 신성한 광란에 스스로 자신을 맡긴다."•

케플러를 환희에 빠지게 한 수치적 패턴은 행성의 공전 주기의 제곱이 행성과 태양 사이의 거리의 세제곱에 비례한다는 발견이었다. 즉, 모든 행성에 대해 $\frac{T^2}{a^3}$의 값이 똑같다는 것이었다. 여기서 T는 행성의 공전 주기, 즉 행성이 태양 주위를 한 바퀴 도는 데 걸리는 시간을 말한다. 지구는 1년, 화성은 1.9년, 목성은 11.9년이다. a는 행성이 태양에서 얼마나 먼 곳에 있는지를 나타낸다. 이것은 정의하기가 약간 까다로운데, 실제 거리는 행성이 타원 궤도를 돌면서 태양에 가까워질 때도 있고 멀어질 때도 있어 시시때때로 변하기 때문이다. 이 효과를 감안해 케플러는 a를 행성이 태양에 가장 가까울 때와 가장 멀 때의 중간에 해당하는 평균 거리로 정의했다.

세 번째 법칙의 요지는 간단하다. 태양에서 더 멀리 떨어진 행성일수록 궤도를 더 느리게 돌고 공전 주기도 더 길다는 것이다. 하지만 이 법칙에서 흥미롭고 미묘한 점은 공전 주기가 단순히 궤도의 거리에 비례하지 않는다는 사실이다. 예를 들면, 지구에서 가장 가까운 이웃 행성인 금성은 공전 주기가 지구의 61.5퍼센트이지만, 태양에서의 평균 거리는 지구의 (61.5퍼센트가 아니라) 72.3퍼센트이다. 그것은 공전 주기의 '제곱'이 거리의 '세제곱'(제곱이 아니라)에 비례하기 때문인데, 따라서 공전 주기와 거리 사이의 관계는 단순한 정비례 관계보다 복잡하다.

T와 a를 앞에서처럼 지구년과 태양과 지구 사이의 거리에 대한 비율로 나타내면, 케플러의 법칙은 $T^2 = a^3$으로 단순화된다. 이 식에 금성의 예를 대입해보자. $T^2 = (0.615)^2 \approx 0.378$, $a^3 = (0.723)^3 \approx 0.378$.

따라서 그 결과는 동일한 3개의 유효숫자로 귀결된다. 케플러가 그토록 흥분한 것은 이 때문이었다. 이 법칙을 다른 행성들에 적용했을 때에도 결과는 마찬가지로 감명 깊은 것이었다.

케플러와 갈릴레이, 같은 점과 다른 점

케플러와 갈릴레이는 만난 적이 없지만, 코페르니쿠스의 견해와 자신들이 천문학 분야에서 새로 발견한 것에 대해 서신을 주고받았다. 일부 사람들이 악마의 소행이라고 두려워하며 갈릴레이의 망원경을 들여다보길 거부했을 때, 갈릴레이는 케플러에게 보낸 편지에서 유쾌한 체념의 어투로 이렇게 썼다. "친애하는 케플러, 우리가 군중의 터무니없는 어리석음을 비웃을 수 있었으면 좋겠습니다. 우리 대학교의 가장 뛰어난 철학자들이 수많은 나의 시도와 권유에도 불구하고 박제된 뱀과 같은 완고한 태도를 보이며 행성이나 달이나 내 망원경을 보길 거부했다는 사실을 어떻게 생각하십니까?"•

케플러와 갈릴레이는 어떤 측면에서는 비슷한 점이 있었다. 둘 다 운동에 큰 흥미를 느꼈다. 둘 다 적분을 연구했는데, 케플러는 와인을 담는 통 같은 곡선 형태의 부피를, 갈릴레이는 포물면의 무게중심을 구하려고 했다. 이 점에서 두 사람은 아르키메데스의 정신을 공유해 입체 물체를 마음속에서 살라미 소시지 조각처럼 가상의 얇은 조각들로 잘랐다.

하지만 다른 측면에서는 상호 보완적인 관계였다. 가장 명백한 것은 가장 큰 과학적 기여에서 드러난 상호 보완적 관계였는데, 갈릴레이가 지상에서 성립하는 운동의 법칙을 발견했다면, 케플러는 태양계에서 성립하는 운동의 법칙을 발견했다. 하지만 상호 보완적 관계는 과학적 사고방식과 성향까지 좀 더 깊은 곳까지 뻗어 있다. 갈릴레이는 합리적이었던 반면, 케플러는 신비주의적 성향이 있었다.

역학에 큰 매력을 느낀 갈릴레이는 아르키메데스의 지적 후계자라고 말할 수 있다. 첫 번째 책에서 갈릴레이는 아르키메데스가 저울과 목욕통을 사용해 히에론 왕의 왕관이 순금으로 만들어진 것이 아님을 밝히고, 금 세공인이 섞어 넣은 은의 양이 얼마인지 정확하게 계산한 방법을 보여줌으로써, '유레카!' 전설을 최초로 그럴듯하게 설명했다. 갈릴레이는 자신의 경력 내내 아르키메데스의 연구를 계속해서 자세히 설명했는데, 자신의 역학을 평형에서 운동으로 확대하는 과정에서 그런 경우가 많았다.

반면에 케플러는 피타고라스의 후계자에 가까웠다. 상상력이 매우 풍부하고 수비학적數祕學的 기질이 강했던 케플러는 도처에서 패턴을 보았다. 그는 눈송이가 왜 육각형 모양인지 최초로 설명을 제시했다. 또한 포탄을 가장 효율적으로 쌓는 방법을 생각했고, 물체를 쌓는 최적의 배열 방법은 자연이 석류 씨를 배열하고 상인이 오렌지를 쌓을 때 사용하는 방법과 동일하다고 (올바르게) 추측했다. 신성한 것이건 불경한 것이건, 기하학에 대한 케플러의 집착은 비합리적인 수준에 가까웠다. 하지만 뜨거운 열정이 케플러를 역사에 길이 남는 인물로 만들었다. 작가 아서 쾨슬러는 "요하네스 케플러는 피타고라스의 꿈에 홀딱 빠졌고, 이 환상의 기반 위에 마찬가지로 건전하지 않은 추론 방법으로 근대 천문학의 굳건한 건물을 세웠다. 이것은 사상의 역사에서 가장 놀라운 에피소드 중 하나이며, 논리가 과학의 발전을 지배한다는 경건한 믿음을 반박하는 사례이다."•라고 예리하게 지적했다.

다가오는 먹구름

위대한 발견이 모두 그렇듯이, 케플러가 하늘에서 발견한 행성의 운동 법칙과 갈릴레이가 지상에서 발견한 낙체 법칙은 답보다 질문을 더 많이 제기했다. 과학적 측면에서는 자연히 궁극적인 원인이 무엇인가 하는 질문이 나왔다. 이 법칙들은 어디에서 나오는가? 그 배후에 더 깊은 진리가 있는가? 예를 들면, 모든 행성의 타원 궤도에서 태양이 항상 초점이라는 특별한 위치를 차지하는 것은 우연의 일치라고 보기 어려웠다. 이것은 태양이 어떤 방식으로 행성들에 영향을 미친다는 것을 의미할까? 일종의 초자연적인 힘을 통해 그런 영향을 미칠까? 케플러는 그럴 것이라고 생각했다. 그는 얼마 전에 영국에서 윌리엄 길버트가 연구한 자기의 힘이 행성들을 끌어당기는 게 아닐까 하고 생각했다. 그것이 무엇이건, 보이지 않는 미지의 힘이 광대한 우주 공간을 가로질러 먼 거리까지 작용하는 것처럼 보였다.

갈릴레이와 케플러의 연구는 수학 분야에서도 새로운 질문을 낳았다. 특히 곡선은 큰 주목을 끌었다. 갈릴레이는 투사체가 그리는 호가 포물선임을 보여주었고, 아리스토텔레스의 원은 이제 케플러의 타원에 밀려났다. 17세기 전반에 일어난 그 밖의 과학적·기술적 발전은 곡선에 대한 관심을 더욱 부추겼다. 광학에서는 구부러진 렌즈의 모양에 따라 상이 확대되거나 왜곡되거나 흐릿해지는 정도가 결정되었다. 이것은 각각 천문학과 생물학에 혁명을 일으키고 있던 최신 발명인 망원경과 현미경을 설계할 때 중요하게 고려해야 하는 요소였다. 프랑스의 박학다식한 지식인인 르네 데카르트는 흐릿함이 전혀 없는 렌즈를 설계할 수 있을까 하고 물었다. 그것은 곡선에 관한 질문이나 다름없었다. 그의 질문은 렌즈를 어떤 곡선 모양으로 만들어야 한 점에서 뻗어 나온 광선이나 서로 평행하게 달리는 광선이 렌즈를 통과한 뒤 똑같은 하나의 점에 수렴할 수 있을까 라는 질문으로 바꿔 표현할 수 있다.

한편, 곡선은 운동에 관한 질문들을 제기했다. 케플러의 두 번째 법칙은 행성들이 타원 주위를 돌 때 때로는 머뭇거리면서, 때로는 속도가 빨라지면서 불균일하게 움직인다고 시사했다. 이와 비슷하게 갈릴레이의 투사체는 포물선 호를 그리는 동안 속도가 계속 변했다. 위로 올라갈 때에는 느려지고, 꼭대기에 이르러서는 멈추었다가, 내려올 때에는 빨라졌다. 진자 역시 마찬가지였다. 호의 끝부분을 향해 올라갈 때에는 느려지다가, 방향을 바꾸어 바닥으로 내려올 때에는 빨라졌고, 다시 반대편 끝부분으로 올라갈 때에는 느려졌다. 속도가 매 순간 변하는 운동은 어떻게 하면 계량화할 수 있을까?

이렇게 많은 질문들이 소용돌이치는 가운데 이슬람과 인도 수학에서 나온 개념들이 유럽 수학자들에게 앞으로 나아갈 새 방법을 제시했는데, 그것은 아르키메데스를 뛰어넘어 새로운 영역을 개척할 기회였다. 동양에서 온 개념들은 운동과 곡선을 새롭게 바라보는 방식을 낳았고, 갑자기 미분학을 탄생시키는 계기가 되었다.

4장

미분학에 서광이 비치다

오늘날의 관점에서 볼 때, 미적분학은 두 가지 측면으로 이루어져 있다. 미분학은 복잡한 문제를 무한히 많은 단순한 조각들로 나눈다. 그리고 적분학은 이 조각들을 다시 합쳐 처음의 문제를 푼다.

다시 조립하는 과정보다 분할 과정이 먼저라는 자연스러운 사실을 감안하면, 초보자는 미분학을 먼저 배우는 게 당연해 보인다. 실제로 오늘날 모든 미적분학 강의는 이 순서를 따른다. 도함수(자르고 쪼개는 비교적 쉬운 기술)부터 시작한 뒤, 조각들을 다시 합쳐 통합된 전체로 만드는, 훨씬 어려운 기술인 적분학으로 옮아간다. 학생들은 이 순서대로 미적분학을 배우는 게 더 편하다고 느끼는데, 쉬운 내용이 먼저 나오기 때문이다. 가르치는 선생들도 이 순서를 좋아하는데, 그렇게 해야 과목이 더 논리적으로 보이기 때문이다.

그런데 아주 기묘하게도 역사는 정반대 순서로 펼쳐졌다. 적분은 이미 기원전 250년 무렵에 고대 그리스에서 아르키메데스의 연구에 나타났던 반면, 도함수는 17세기 이전에는 어느 누구의 머릿속에도 떠오르지 않았다. 미분학은 왜 적분학보다 훨씬 늦게 발전했을까? 그것은 '대수학'이 성장하면서 거기서 미분학이 갈라져 나왔는데, 대수학이 자라고 이주하고 돌연변이를 일으켜 변형되기까지 수백 년이 걸렸기 때문이다. 중국·인도·이슬람 세계•에서 태어난 대수학은 원래 모든 것을 완전히 말로 기술하는 형식으로 구성되어 있었다. 미지수는 단어였지, 오늘날의 x나 y가 아니었다. 방정식은 문장이었고, 문제는 단락이었다. 하지만 1200년 무렵에 대수학이 유럽에 도착한 직후에 그것은 기호의 예술로 진화했다. 그럼으로써 대수학은 더욱 추상적이 되었고… 더욱 강력해졌다. 새로운 품종인 이 기호대수학은 그 후 기하학과 결합해 훨씬 강한 잡종인 해석기하학을 낳았고, 해석기하학은 다시 새로운 곡선들의 동물원을 낳았는데, 이 연구에서 미분학이 탄생했다. 이 장에서는 이 일이 어떻게 일어났는지 살펴보기로 하자.

동양에서 탄생하고 발전한 대수학

대수학이 중국·인도·이슬람 세계에서 탄생했다는 사실은 지금까지 내가 심어주었을지도 모를 인상, 즉 미적분학이 순전히 유럽에서 탄생했다는 개념을 바로잡는 데 도움이 되리라 믿는다. 비록 미적분학이 유럽에서 꽃을 활짝 피웠다곤 하지만, 그 뿌리는 다른 곳에서 왔다. 특히 대수학은 아시아와 중동에서 시작되었다. 대수학을 뜻하는 영어 단어 'algebra'는 '복원' 또는 '깨진 부분들을 다시 합치는 것'을 뜻하는 아랍어 '알 자브르*al-jabr*'에서 유래했다. 알 자브르는 방정식에서 양변의 균형을 맞추고 방정식을 푸는 데 필요한 연산들을 가리킨다. 예컨대 방정식의 한 변에서 어떤 수를 빼고 다른 변에 그 수를 더하는 연산이 그런 것인데, 이것은 사실상 깨어진 것을 복원하는 과정이다. 마찬가지로 기하학도 앞에서 보았듯이 고대 이집트에서 탄생했다. 그리스 기하학의 창시자 탈레스는 이집트에서 기하학을 배웠다고 전해진다. 기하학의 위대한 정리인 피타고라스의 정리는 피타고라스가 발견한 것이 아니다. 바빌로니아인은 탈레스보다 적어도 천 년 앞서 그것을 알고 있었는데, 기원전 1800년경에 만들어진 메소포타미아의 점토판에 남아 있는 기록이 이를 증언한다.

또한 고대 그리스를 언급할 때에도 이 지역이 아테네와 스파르타를 넘어서 아주 광대한 땅을 가리킨다는 사실을 명심할 필요가 있다. 최전성기 시절에 그리스 영토는 남쪽으로는 이집트, 서쪽으로는 이탈리아와 시칠리아, 동쪽으로는 지중해 연안을 지나 터키와 중동, 중앙아시아, 파키스탄과 인도 일부 지역까지 뻗어 있었다. 피타고라스도 소아시아(오늘날의 터키)의 서쪽 연안에 있는 사모스섬 출신이었다. 아르키메데스는 시칠리아의 남동해안에 위치한 시라쿠사에서 살았다. 유클리드는 이집트 나일강 하구에 위치한 큰 항구 도시이자 학문의 중심지였던 알렉산드리아에서 활동했다.

로마가 그리스를 정복한 뒤, 특히 알렉산드리아의 도서관이 불타고 서로마 제국이 망한 뒤, 수학의 중심지는 동양으로 되돌아갔다. 아르키메데스와 유클리드가 남긴 글은 아랍어로 번역되었고, 프톨레마이오스, 아리스토텔레스, 플라톤의 글 역시 아랍어로 번역되었다. 콘스탄티노플과 바그다드의 학자들과 필사자들은 고대의 지식을 살아남게 했고, 거기다가 자신들의 생각을 보탰다.

대수학의 융성과 기하학의 쇠퇴

대수학이 나타나기 이전의 수백 년 동안 기하학 분야에서는 거의 아무런 진전도 일어나지 않았다. 기원전 212년에 아르키메데스가 죽고 난 후, 이 분야에서 그에 필적할 자는 아무도 없는 것처럼 보였다. 음, 정확하게는 '거의' 아무도 없었다고 말할 수 있다. 기원후 250년경에 중국의 기하학자 유휘는 π값을 계산하는 아르키메데스의 방법을 개선했다. 200여 년 뒤, 조충지는 유휘의 방법을 정24576각형에 적용했다. 영웅적이라고 부를 만한 이 계산을 통해 조충지는 π의 값을 소수점 아래 일곱째 자리 범위까지 좁혔다.

$$3.1415926 < \pi < 3.1415927$$

다음 단계의 진전이 일어나기까지는 500여 년을 더 기다려야 했는데, 그 진전을 이룬 사람은 유럽인에게는 알하젠이란 이름으로 더 많이 알려진 아랍 학자 알하산 이븐 알하이삼*이었다. 965년 무렵에 이라크 바스라에서 태어난 이븐 알하이삼은 이슬람의 황금시대에 카이로에서 신학과 철학에서부터 천문학과 의학에 이르기까지 거의 모든 것을 연구했다. 기하학 연구에서는 아르키메데스가 한 번도 고려한 적이 없는 입체의 부피를 계산했다. 이러한 진전은 비록 인상적이긴 했지만, 기하학 부문에서는 보기 드문 생명의 징후였는데, 그것이 일어나기까지 무려 약 1200년이나 걸렸기 때문이다.

이렇게 긴 시간이 흐르는 동안 대수학과 산술 분야에서는 실질적인 진전이 빠르게 일어났다. 인도 수학자들은 0과 십진법 자릿값 개념을 발명했고, 방정식을 대수학적으로 푸는 방법이 이집트, 이라크, 페르시아, 중국에서 개발되었다. 이러한 기술은 상속법, 세금 계산, 상업, 부기, 이자 계산, 그 밖에 수와 방정식을 사용하기에 적절한 실용적인 문제들을 해결해야 할 필요성 때문에 발전했다. 대수학이 여전히 말로 표현된 문제를 다루던 이 시절에, 문제의 해는 답을 향해 나아가는 단계별 경로로 제시되었다. 이 방법은 무함마드 이븐 무사 알콰리즈미(780?-850?)가 쓴 유명한 교과서에 잘 설명돼 있다. 문제를 해결하는 단계별 절차를 뜻하는 알고리듬algorithm이란 단어는 바로 알콰리즈미의 이름에서 유래했다. 결국 무역상과 상인과 탐험가가 말로 표현된 형태의 대수학과 인도-아라비아 숫자를 서쪽의 유럽으로 전했다. 한편, 사람들은 아랍어 텍스트를 라틴어로 번역하기 시작했다.

응용과는 별개로 기호 체계로서의 대수학 자체에 대한 연구가 르네상스 시대의 유럽에서 꽃을 피우기 시작했다. 그리고 문자로 수를 대신 나타내면서, 대수학은 오늘날 우리가 알고 있는 것과 비슷한 모습을 갖추기 시작한 16세기에 이르러 절정에 달했다. 프랑스에서는 1591년에 프랑수아 비에트•가 미지의 양을 A와 E 같은 모음으로, 상수를 B와 G 같은 자음으로 나타냈다. (미지수를 x, y, z로, 상수를 a, b, c로 나타내는 오늘날의 방식은 50여 년 뒤에 르네 데카르트가 한 연구에서 유래했다.) 단어를 문자와 기호로 대체하자, 방정식을 다루고 해를 구하기가 훨씬 쉬워졌다.

이에 못지않게 큰 진전이 산술 분야에서 일어났는데, 네덜란드의 시몬 스테빈이 인도-아라비아 십진수를 소수小數•로 일반화하는 방법을 보여주었다. 그러면서 스테빈은 수(더 이상 나눌 수 없는 단위로 이루어진 정수를 뜻하는)와 크기(임의의 작은 부분들로 무한히 나눌 수 있는 연속적인 양)를 구분하던 아리스토텔레스의 낡은 방식을 철폐했다. 스테빈 이전에는 십진법은 어떤 양의 정수 부분에만 적용했고, 1보다 작은 부분은 분수로 표현했다. 스테빈의 새 접근법에서는 1마저도 여러 조각으로 쪼개고 소수점 뒤에 정확한 자릿수를 나타냄으로써 십진법으로 적을 수 있었다. 오늘날 우리가 보기에는 너무나도 단순해 보이지만, 그 당시에는 미적분학을 가능케 한 혁명적 개념이었다. 일단 1이 더 이상 쪼갤 수 없는 신성불가침의 존재가 아닌 것으로 드러나자, 모든 양(정수, 분수, 무리수)이 동일한 기반 위에서 하나의 큰 수 가족으로 통합되었다. 이것은 미적분학에 시간, 공간, 운동, 변화를 기술하는 데 필요한, 무한히 정확한 실수實數를 제공했다.

기하학이 대수학과 손을 잡기 바로 직전에 아르키메데스의 전통적인 기하학 방법에 마지막 개가를 올린 사건이 일어났다. 17세기 초에 케플러는 와인 저장통과 도넛 모양의 입체 같은 곡선 형태를 무한히 얇은 원반으로 무한히 많이 자르는 방법으로 그 부피를 구했고, 갈릴레이는 제자인 에반젤리스타 토리첼리, 보나벤투라 카발리에리•와 함께 다양한 형태를 선과 면이 무한히 많이 쌓여 있는 것으로 다룸으로써 그 면적과 부피와 무게중심을 계산했다. 무한과 무한소에 대해 앞뒤 재지 않는 저돌적인 접근법을 취한 이들의 방법은 엄밀하진 않았지만, 강력한 효과가 있었고 직관적이었다. 그 방법은 실진법보다 더 쉽고 빠르게 답을 얻어냈으므로, 흥미진진한 진전처럼 보였다. (하지만 오늘날 우리는 아르키메데스가 이들보다 먼저 이 방법을 사용했다는 사실을 알고 있다. 동일한 개념이 **방법**에 관한 그의 논문에 들어 있었는데, 그 당시에 이 논문은 어느 누구의 눈에도 띄지 않은 채 어느 수도원의 기도서 속에 숨겨져 있었고, 1899년에 가서야 발견되었다.)

어쨌든 신新아르키메데스주의자들이 이룬 진전은 그 당시에는 유망해 보였지만, 낡은 접근법을 계속 이어가는 방식은 성공할 가망이 없었다. 이제는 기호대수학이 대세였다. 그리고 기호대수학과 함께 가장 활기찬 곁가지들(해석기하학과 미분학)이 마침내 탄생하려 하고 있었다.

대수학과 기하학이 만나다

최초의 돌파구는 1630년 무렵에 (곧 경쟁자가 될) 두 프랑스 수학자 피에르 드 페르마와 르네 데카르트가 각자 독자적으로 대수학을 기하학과 결합하면서 열렸다. 이들의 연구에서 새로운 종류의 수학인 '해석기하학'이 탄생했는데, 해석기하학의 중심 무대는 방정식이 살아 숨 쉬면서 형태를 띠게 되는 무대인 xy 평면이었다.

오늘날 우리는 변수들 사이의 관계를 그래프로 나타낼 때 xy 평면을 사용한다. 예를 들어 가끔씩 튀어나오는 나의 나쁜 식습관이 섭취

칼로리에 어떤 결과를 초래하는지 살펴보자. 가끔 나는 아침에 계피와 건포도가 든 빵 두 조각을 먹는다. 포장지에는 한 조각의 열량이 무려 200칼로리나 나간다고 적혀 있다. (만약 건강에 더 좋은 식사를 원한다면, 나는 언제든지 아내가 사온 세븐그레인 빵을 먹을 수 있다. 이 빵은 한 조각의 열량이 130칼로리이다. 하지만 이 예에서는 계피-건포도 빵을 선택했는데, 200이 130보다 영양학적으로는 아니라 하더라도 수학적으로는 더 편리한 수이기 때문이다.)

내가 빵을 한 조각, 두 조각, 세 조각을 먹을 때 섭취하는 칼로리를 나타내는 그래프는 다음과 같다.

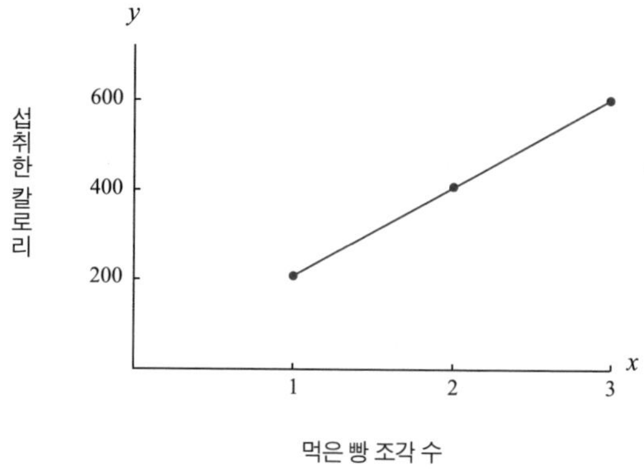

한 조각이 200칼로리이므로, 두 조각은 400칼로리, 세 조각은 600칼로리이다. 그래프 위에 데이터점으로 표시하면, 세 점은 동일 직선상에 위치한다. 따라서 섭취한 칼로리와 먹은 조각 수 사이에는 '선형' 관계가 성립한다. 먹은 조각 수를 x로, 섭취한 칼로리를 y로 나타낸다면, 이 선형 관계는 $y = 200x$로 나타낼 수 있다. 이 관계는 데이터점들 중간에서도 성립한다. 예를 들면 1.5조각은 300칼로리에 해당하고, 이에 대응하는 데이터점은 동일 직선상에 위치한다. 따라서 그림처럼 그래프에서 점들을 직선으로 연결하는 것이 타당하다.

나는 이 모든 것이 누구에게나 명백해 보일 것이라고 생각하지만, 그것은 내 생각일 뿐이다. 이 사실이 항상 명백했던 것은 아니다. 과거에는 명백하지 않았고(누가 추상적인 도표 위에 그 관계를 나타내는 아이디어를 생각해낼 때까지는), 지금도 명백하지 않은데, 적어도 이런 그래프를 처음 배우는 어린이들에게는 그렇다.

여기에는 상상력의 도약이 여러 번 필요하다. 하나는 음식 섭취량을 그림으로 나타내는 것이다. 그러려면 마음의 유연성이 필요하다. 칼로리에는 본질적으로 그림 요소가 전혀 없다. 우리가 보는 그래프는 빵에 섞인 건포도와 갈색 계피 무늬를 사진처럼 사실적으로 보여주는 그림이 아니다. 그래프는 일종의 추상화이다. 그래프는 서로 다른 수학 영역들이 상호 작용하고 협력하게 해준다. 칼로리 수치와 빵 조각 개수 같은 수의 영역, $y = 200x$ 같은 기호 관계의 영역, 직각으로 교차하는 두 축으로 이루어진 그래프에 그은 직선 위의 두 점 같은 형태의 영역이 그것이다. 이러한 개념들의 융합을 통해 초라한 도표는 수와 관계와 형태를 혼합하고, 그럼으로써 산술과 대수학을 기하학으로 융합한다. 그렇게 해서 바로 여기서 큰 거래가 일어난다. 수백 년 동안 각자 자기 길을 달려온 여러 갈래의 수학이 여기서 합쳐진다. (고대 그리스인이 기하학을 산술과 대수학보다 높이 평가했고, 이것들을 서로 섞는 일이 적어도 자주는 없었다는 사실을 떠올려보라.)

고대 그리스인이 그러한 관례가 깨지는 것을 보았더라면 큰 충격을 못 이겨 비명을 질렀을 것이다. 그들은 수를 정수와 분수처럼 불연속적인 양으로 간주했다. 이와는 대조적으로 선분의 길이로 측정되는 것과 같은 연속적인 양은 크기로 간주했는데, 이것은 수와는 개념적으로 완전히 구별되는 범주였다. 그래서 아르키메데스 시대부터 17세기 초까지 약 2000년 동안 수는 절대로 직선 위에 연속적으로 늘어선 점들과 같은 것으로 간주되지 '않았다'. 이런 의미에서 수직선數直線 개념은 관습에서 급진적으로 벗어나는 것이었다. 하지만 오늘날 우리는 수직선 개념을 아주 당연하게 여긴다. 초등학교 학생들도 수들을 이런 방식으로 시각적으로 나타낼 수 있다는 사실을 이해한다.

고대 그리스인의 관점에서 여기서 추가적인 신성 모독은 서로 비슷한 것끼리, 예컨대 사과를 사과와, 혹은 칼로리를 칼로리와 비교해야 한다는 원칙을 그래프가 완전히 무시한다는 점이다. 대신에 그래프는 한 축에서는 칼로리를, 다른 축에서는 빵 조각을 보여준다. 이것들은 서로 직접 비교할 수 없는 것들이다. 하지만 오늘날 우리는 이런 그래프를 그릴 때, 그러한 비교를 하는 것을 아무렇지도 않게 생각한다. 우리는 단순히 칼로리와 빵 조각을 수로 바꾸기만 할 뿐인데, 여기서 수는 연속적인 수학의 보편적 통화通貨인 실수와 무한소수를 의미한다. 고대 그리스인은 길이와 면적과 부피를 분명히 구별했지만, 오늘날 우리의 눈에는 이것들은 모두 실수일 뿐이다.

방정식을 곡선으로 나타내다

물론 페르마와 데카르트는 계피-건포도 빵처럼 구체적인 것을 연구하는 데 xy 평면을 사용한 적이 결코 없다. 그들에게 xy 평면은 순수 기하학을 연구하기 위한 도구였다.

두 사람은 각자 독자적으로 연구하면서 모든 선형 방정식(1차 방정식)은 xy 평면에서 직선으로 나타난다는 사실을 알아냈다. 선형 방정식과 직선 사이의 이 관계는 '비선형' 방정식과 '곡선' 사이에 더 깊은 연결 관계가 존재할 가능성을 시사했다. $y = 200x$와 같은 선형 방정식에서 변수 x와 y는 다른 것이 섞이지 않은 채 순수한 그 자신의 모습으로 나타나며, 제곱이나 세제곱이나 그 밖의 거듭제곱의 형태를 띠지 않는다. 페르마와 데카르트는 다른 거듭제곱 형태나 방정식을 가지고도 똑같이 할 수 있다는 사실을 알아챘다. 어떤 방정식을 마음대로 만들어내 x와 y에 어떤 조작을 가하더라도(그중 하나를 제곱하거나 다른 것을 세제곱하거나 둘을 곱하거나 둘을 합하거나 그 어떤 것이라도), 그 결과를 곡선으로 해석할 수 있었다. 운이 좋다면 그것은 흥미로운 곡선, 일찍이 어느 누구도 상상한 적이 없는 곡선, 어쩌면 아르키메데스조차 한 번도 연구한 적이 없는 곡선이 될 수도 있었다. x와 y를 포함한 방정식은 어떤 것이건 새로운 모험이었다. 그것은 게슈탈트의 전환이기도 했다. 곡선을 가지고 시작하는 대신에 방정식을 가지고 시작해 그것이 어떤 종류의 곡선을 만드는지 살펴볼 수 있다. 기하학은 뒷좌석에 앉힌 채 대수학에게 운전을 맡기면 된다.

페르마와 데카르트는 2차 방정식을 살펴보는 것으로 연구를 시작했다. 2차 방정식은 상수(예컨대 200)와 1차 항(예컨대 x와 y)과 함께 변수들이 제곱되거나 서로 곱해진 x^2, y^2, xy 같은 2차 항을 포함한 방정식을 말한다. 제곱 형태의 양은 전통적으로 정사각형 지역의 면적으로 해석돼왔다. 따라서 x^2은 한 변이 x인 정사각형의 면적을 의미했다. 옛날에는 면적을 길이나 부피와는 기본적으로 종류가 다른 양으로 간주했다. 하지만 페르마와 데카르트는 x^2을 그저 또 하나의 실수라고 보았는데, 이것은 x나 x^3 또는 x의 어떤 거듭제곱과 마찬가지로 수직선 위에 그 위치를 나타낼 수 있다는 뜻이었다.

오늘날 고등학교에서 대수학을 배우는 학생들은 $y=x^2$과 같은 방정식을 자주 그래프로 그리는데, 그 곡선은 포물선으로 나타난다. 놀랍게도 x와 y의 형태로 2차 항을 포함하면서 그보다 높은 차수의 항을 포함하지 않은 모든 방정식들이 그리는 곡선은 포물선, 타원, 쌍곡선, 원 이렇게 네 가지밖에 없다. (다만, 직선이나 점으로 나타나거나 아무 그래프도 없는 극단적인 경우가 일부 있긴 하지만, 이것들은 아주 드문 예외이므로 무시해도 괜찮다.) 예를 들면, 2차 방정식 $xy=1$은 쌍곡선, $x^2+y^2=4$는 원, $x^2+2y^2=4$는 타원을 나타낸다.

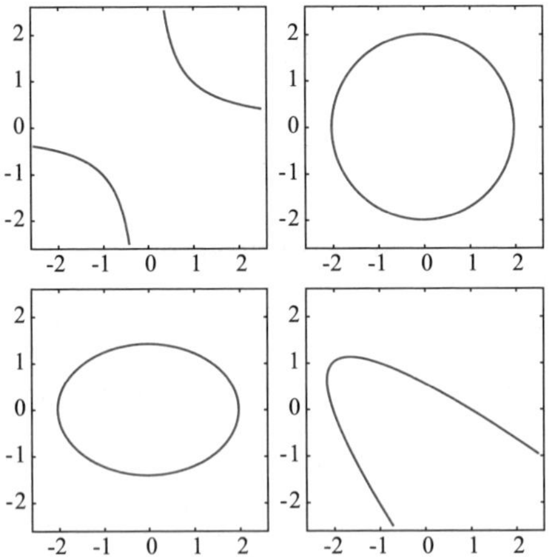

$x^2+2xy+y^2+x+3y=2$처럼 복잡한 2차 방정식도 위에 언급한 네 가지 곡선 중 하나를 나타낸다. 그 답은 포물선이다.

페르마와 데카르트는 이 놀라운 우연의 일치를 최초로 발견한 사람들이다. 대수학에서 x와 y를 포함한 2차 방정식이 나타내는 곡선은 고대 그리스인의 원뿔곡선(원뿔을 서로 다른 각도로 자를 때 생기는 네 종류의 곡선)에 대응하는 것이었다. 페르마와 데카르트가 펼친 이 새로운 무대에서 고전적인 곡선들이 마치 안개 속의 유령처럼 다시 나타났다.

대수학과 기하학의 결합

새로 발견된 대수학과 기하학 사이의 연결 관계는 두 분야 모두에 축복이 되었다. 각자는 상대방의 결점을 보완하는 데 도움을 주었다. 기하학은 우뇌를 반응시킨다. 기하학은 직관적이고 시각적이며, 그 명제가 참이라는 것이 한눈에 봐도 분명할 때가 많다. 하지만 기하학을 잘하려면 특별한 종류의 천재성이 필요하다. 기하학에서는 증명을 어디서부터 시작해야 할지 단서가 전혀 없는 경우가 많다. 논증을 시작하려면 반짝이는 천재성이 필요하다.

하지만 대수학은 체계적이다. 방정식은 이리저리 머리를 굴릴 필요 없이 편안하게 조작할 수 있다. 방정식의 양변에 같은 것을 더하거나 뺄 수 있고, 방정식을 풀어 미지수를 구할 수 있으며, 표준적인 방법에 따라 그 밖에도 십여 가지 절차와 알고리듬을 수행할 수 있다. 대수학의 과정들은 수월하게 반복적으로 할 수 있는 것이어서 뜨개질하듯이 즐겁게 할 수 있다. 하지만 대수학은 그 공허한 성격 때문에 어려움을 겪는다. 기호들은 공허하다. 어떤 의미를 부여하기 전에는 아무 의미도 지니지 않는다. 시각화할 수 있는 것도 없다. 대수학은 좌뇌적이고 기계적이다.

하지만 대수학과 기하학이 함께 힘을 합치면 막강한 위력을 발휘한다. 대수학은 기하학에 체계를 제공했다. 그러자 이제 기하학은 천재성 대신에 끈기를 요구했다. 그리고 직관력이 필요한 어려운 질문을 단순한(비록 많은 노력이 필요하긴 하지만) 계산으로 바꾸어놓았다. 기호의 사용은 마음을 해방시켰고, 시간과 에너지를 절약하게 해주었다.

한편, 기하학은 대수학에 의미를 부여했다. 방정식은 더 이상 무의미한 것이 아니었다. 이제 방정식은 구불구불한 기하학 형태가 구체화된 것이었다. 완전히 새로운 방정식을 기하학적으로 바라보자 곡선과 표면으로 이루어진 완전히 새로운 대륙이 나타났다. 기하학적 동물상과 식물상이 넘쳐나는 무성한 정글이, 발견되고 목록으로 작성되고 분류되고 해부되길 기다리고 있었다.

페르마 대 데카르트

수학과 물리학을 많이 공부한 사람이라면 누구나 페르마와 데카르트의 이름을 들어보았을 것이다. 하지만 나를 가르친 선생님들이나 교과서들은 두 사람의 경쟁 관계나 데카르트가 얼마나 사악해질 수 있는지에 관한 이야기는 전혀 들려주지 않았다. 두 사람의 싸움에 무엇이 걸려 있었는지 이해하려면, 두 사람의 생애와 성격, 그들이 이루고 자 했던 것이 무엇인지에 대해 좀더 알 필요가 있다.

르네 데카르트•(1596~1650)는 전 시대를 통틀어 가장 야심만만한 사람 중 하나로 꼽을 수 있다. 용감하고 지적 두려움이 없고 권위를 우습게 안 데카르트는 천재성만큼이나 큰 자부심을 갖고 있었다. 예를 들면, 그리스인이 기하학에 사용한 접근법에 대해 거의 2000년 동안 모든 수학자들이 존경심을 표시했지만, 데카르트는 경멸하는 어투로 이렇게 썼다. "옛날 사람들이 우리에게 가르친 것은 너무나도 빈약하고 대부분 신뢰성이 부족하기 때문에, 그들이 걸어간 모든 길을 거부하는 것 외에는 진리를 향한 어떤 종류의 접근법도 희망이 없다고 본다."• 개인적 차원에서 데카르트는 편집증적이고 신경이 예민했을 수 있다. 그의 초상화 중 가장 유명한 것은 수척한 얼굴과 거만한 눈에 경멸적인 코밑수염을 약간 기른 남자의 모습을 보여준다. 마치 만화에 나오는 악당 같은 모습이다.

데카르트는 이성과 과학과 회의론의 기반 위에 인간 지식을 다시 쌓아올리는 일에 착수했다. 데카르트는 철학 분야의 연구로 가장 유명한데, "나는 생각한다. 고로 나는 존재한다. *Cogito, ergo sum.*"라는 불멸의 명언을 남겼다. 이 말은 바꿔 말하면, 모든 것이 의심스러울 때에도 적어도 의심하는 마음이 존재한다는 사실 하나만큼은 확실하다는 것이다. 엄밀한 수학의 논리에 영감을 받은 것으로 보이는 그의 분석적 접근법은 오늘날 현대 철학의 시작을 알린 것으로 널리 인정받고 있다. 가장 유명한 책 『방법서설 *Discours de la méthode*』에서 데카르트는 철학 문제를 논의하는 새로운 사고방식을 도입했지만, 각자 나름의 흥미로운 측면이 있는 세 편의 부록도 포함시켰다. 하나는 기하학에 관한 것으로, 해석기하학을 다루는 자신의 접근법을 제시했다. 또 하나는 광학에 관한 것으로, 망원경, 현미경, 렌즈가 최신 기술이던 그 시절에 아주 중요하게 간주되던 분야였다. 나머지 하나는 날씨에 관한 것으로, 무지개를 제대로 설명한 내용 말고는 대부분 잊히고 말았다. 그의 광범위한 지성은 거침없이 사방으로 뻗어나갔다. 데카르트는 살아 있는 신체를 기계 장비들의 시스템으로 보았고, 뇌의 솔방울샘(송과선)을 정신이 머무는 장소로 지목했다. 그는 웅대한(하지만 틀린) 우주 체계를 제안했는데, 이에 따르면 보이지 않는 소용돌이가 모든 공간을 채우고 있으며, 행성들은 소용돌이에 휘말린 나뭇잎처럼 떠다닌다.

부유한 집안에서 태어난 데카르트는 어릴 때부터 병약했는데, 그래서 원하는 만큼 오랫동안 침대에 누워 지내면서 책을 읽고 사색에 빠져도 된다는 허락을 받았다. 그는 평생 동안 이 습관을 버리지 못했고, 정오 이전에는 침대에서 일어나지 않았다. 어머니는 데카르트가 한 살 때 세상을 떠났지만, 다행히도 많은 유산을 남기고 가 훗날 데카르트는 유랑 신사로 여가와 모험을 즐기며 살아갈 수 있었다. 데카르트는 네덜란드 군대에 자원해 입대했지만 전투에는 한 번도 참여하지 않아 철학을 할 시간이 많았다. 어른으로 살아간 세월 중 상당 기간을 네덜란드에서 보냈는데, 자신의 사상을 발전시키고 다른 훌륭한 사상가들과 서신을 주고받는 한편으로 다투기도 하면서 지냈다. 그러다가 1650년에 스웨덴 여왕 크리스티나의 철학 가정교사 자리를 마지못해 받아들였다. (데카르트는 스웨덴을 "바위와 얼음으로 둘러싸인 곰들의 나라"•라고 비웃었다.) 그런데 데카르트에게는 불행하게도 활력이 넘치는 젊은 여왕은 아침형 인간이었다. 새벽 5시에 강의를 해달라고 고집했는데, 다른 사람들에게도 무리한 시간이었지만, 평생 동안 정오에 일어나는 습관이 몸에 밴 데카르트에게는 감당하기 힘든 고역이었다. 그해 스톡홀름의 겨울은 수십 년 이래 가장 추웠다. 몇 주일이 지나기 전에 데카르트는 폐렴에 걸려 죽고 말았다.

피에르 드 페르마•(1601~1665)는 데카르트보다 다섯 살 어렸는데, 비교적 무탈하고 평화롭게 상위 중산층의 삶을 살아갔다. 낮에는 소란스러운 파리에서 멀리 떨어진 툴루즈에서 변호사와 지방 판사로 일했다. 밤에는 남편과 아버지로 살아갔다. 일을 마치고 집으로 돌아오면 아내와 다섯 자녀와 함께 저녁을 먹고 나서 남은 몇 시간 동안은 정말로 열정적으로 좋아한 일을 했는데, 수학이 바로 그것이었다. 데카르트는 거대한 야심을 품고 큰 생각을 했던 반면, 페르마는 소심하고 조용하고 차분하고 순진한 사람이었다. 지향하는 목표도 데카르트보다 훨씬 소박했다. 그는 자신을 철학자나 과학자라고 생각하지 않았다. 그저 수학을 하는 것으로 충분히 만족했고, 수학을 좋아하는 아마추어의 관점에서 수학을 추구했다. 연구 결과를 발표할 필요성도 느끼지 않았고 실제로 발표하지도 않았다. 디오판토스와 아르키메데스가 쓴 고대 그리스의 고전들을 읽다가 여백에 메모를 조금씩 남겼고, 가끔 자기 생각을 편지로 써서 그것을 알아볼 만한 학자들에게 보냈다. 툴루즈에서 멀리 여행을 하거나 당대의 주요 수학자를 만난 적도 전혀 없었다. 다만, 프란체스코회 수도사이자 수학자인 마랭 메르센을 통해 다른 수학자들과 서신을 주고받았다.

페르마와 데카르트가 다투게 된 것•도 메르센을 통해서였다. 수학자들 중에서 메르센은 파리에서 모두가 찾는 마당발이었다. 페이스북이 없던 그 시절에 메르센은 모든 사람들을 연결시켜주는 사람이었는데, 모든 일에 참견하기를 좋아했지만 요령과 신중함이 부족했다. 그는 문제를 일으키는 경향이 있었다. 예를 들면, 자신이 받은 개인적 서신을 사람들에게 보여주거나 비밀에 부쳐야 할 원고를 발표되기도 전에 공개하기도 했다. 메르센 주위에는 페르마와 데카르트 정도의 수준은 아니더라도 최고 수학자들로 이루어진 집단이 있었는데, 이들은 데카르트에게 앙심을 품고 있었다. 이들은 항상 데카르트와 그의 대작인 『방법서설』을 비난했다.

그래서 메르센을 통해 툴루즈에서 페르마라는 아마추어가 자신보다 10년 먼저 해석기하학을 개발했고, 이 동일한 아마추어(도대체 이 작자는 누구란 말인가?)가 자신의 광학 이론에 이의를 제기했다는 이야기를 들은 데카르트는 이번에도 괜히 자신을 헐뜯으려고 나선 작자이겠거니 하고 생각했다. 그 후 데카르트는 오랫동안 페르마에 맞서 격렬하게 싸웠고, 그의 명성을 바닥에 떨어뜨리려고 시도했다.* 결국에는 데카르트가 잃을 게 더 많았다. 그는 『방법서설』에서 자신의 분석 방법은 지식에 이르는 유일하게 확실한 길이라고 주장했다. 만약 페르마가 자신의 방법을 사용하지 않고도 자신을 능가할 수 있다면, 데카르트의 전체 체계가 위태로운 지경에 처할 수 있었다.

데카르트는 무자비하게 페르마를 비방했고, 페르마의 명성을 어느 정도 깎아내리는 데 성공했다. 페르마의 연구는 1679년 이전에는 제대로 출판되지 못했다. 그의 연구 결과는 입을 통해서 또는 편지 복사본을 통해서 조금씩 새어나왔지만, 죽고 나서 세월이 한참 지날 때까지 제대로 평가받지 못했다. 하지만 데카르트는 승승장구했다. 『방법서설』은 아주 유명한 저서로 명성을 날렸다. 다음 세대는 이 책을 통해 해석기하학을 배웠다. 오늘날에도 학생들은 학교에서 데카르트 좌표계(직교 좌표계)를 배운다. 사실, 이 좌표계는 페르마가 먼저 생각한 것•인데도 말이다.

해석을 찾기 위한 노력, 오랫동안 실종된 발견의 방법

데카르트와 페르마 사이의 다툼이 일어난 시대적 배경은 수학자들이 기하학의 해석 방법을 찾길• 꿈꾸던 17세기 초였다. 여기서 말하는 '해석analysis'은 해석기하학에서 말하는 해석과 마찬가지로 고대에 쓰이던 의미로 이해해야 한다. 즉, 결과를 '증명'하는 수단이 아니라, 결과를 '발견'하는 수단으로 이해해야 한다. 그 당시에는 고대 그리스인이 '발견의 방법'을 알고 있었지만 의도적으로 그것을 숨겼다는 의심이 광범위하게 퍼져 있었다. 예를 들면, 데카르트는 고대 그리스인이 "현재 우리 시대에 통용되는 것과는 아주 다른 종류의 수학 지식을 갖고 있었지만… 나는 그 당시 이 저자들이 저급하고 실로 유감스러운 일종의 잔꾀를 부려 이 지식을 숨겼다고 생각한다."•라고 주장했다.

그것과 비슷해 보인 기호대수학이 오랫동안 실종된 이 발견의 방법일지 몰랐다. 하지만 더 보수적인 사람들은 반동적인 회의론으로 대수학을 대했다. 한 세대가 지난 뒤, 아이작 뉴턴이 "대수학은 수학에서 서투른 아마추어들이나 하는 해석이다."[•]라고 말했을 때, 이것은 대놓고 데카르트를 모욕한 말이었다. 데카르트가 대수학에 의존해 문제를 거꾸로 푸는 서투른 아마추어의 대표적인 예라고 생각했기 때문이다.

이 공격을 펼칠 때 뉴턴은 해석과 종합 사이의 전통적인 구분을 고수했다. 해석에서는 이미 답을 얻은 것처럼 맨 끝에서부터 시작해 문제를 푸는데, 주어진 전제에 이르는 길을 발견하길 기대하면서 거꾸로 출발점을 향해 나아간다. (analysis는 철학에서는 '분석'이라고 하고, 뜻도 복잡한 현상이나 대상 또는 개념을 단순한 구성 요소로 분해하는 것을 가리키며, '종합'과 대비되는 개념으로 본다. 수학에서는 '해석'으로 번역하며, 뜻도 저자의 설명과 비슷하게 '명제 A가 참임을 증명할 때, 이미 참인 것으로 알려진 B에 귀착시켜 증명하는 방법'이다. 우리말로는 '분석'과 '해석' 중 하나로 옮길 수밖에 없지만, 영어로는 둘 다 같은 analysis이고, 저자는 두 가지 개념을 섞어서 사용하니, 이 책에서 사용한 해석이란 용어는 철학의 분석이란 의미도 포함할 때가 있음을 염두에 두기 바란다 — 옮긴이)

종합synthesis은 정반대 방향으로 나아간다. 주어진 전제를 가지고 시작해 어둠 속에서 이것저것 시도하면서, 논리적으로 한 걸음 한 걸음 내디디면서 답을 향해 조금씩 나아가다가, 마침내 원하는 결과에 이른다. 대체로 종합은 해석보다 훨씬 어려운데, 답에 이르기 전까지는 거기에 이르는 길을 모르기 때문이다.

고대 그리스인은 종합이 해석보다 논리적 힘과 설득력이 더 강하다고 생각했다. 종합은 어떤 결과를 '증명'하는 유일하게 정당한 방법이라고 여겼고, 해석은 결과를 '찾기' 위한 실용적 방법으로 간주했다. 엄밀한 증명을 원한다면, 종합을 선택해야 했다. 아르키메데스가 자신의 정리를 발견할 때에는 시소 위에 형태들을 올려놓고 균형을 잡는 해석적 방법을 사용했다가, 그것을 증명할 때에는 종합적 방법인 실진법을 사용했던 이유는 이 때문이다.

그러나 비록 뉴턴이 대수학적 해석을 경멸하긴 했지만, 나중에 7장에서 보게 되듯이 자신도 그것을 사용했으며, 그 결과로 엄청난 성공을 거두었다. 하지만 이 방법을 최초로 능숙하게 사용한 사람은 뉴턴이 아니었다. 그 사람은 바로 페르마였다. 페르마의 사고방식은 아주 재미있어서 살펴볼 가치가 있는데, 우아하고 쉽게 이해할 수 있으면서도 이질적이고 놀랍기 때문이다. 페르마가 곡선을 연구하는 데 사용한 방법은 현대에는 더 이상 사용되지 않는데, 오늘날의 교과서들에서는 그 대신에 더 정교한 방법을 사용한다.

짐칸을 채우는 최적화 문제

페르마가 생각한 초기의 미분 개념은 최적화 문제•에 대수학을 적용하다가 나왔다. 최적화는 일을 처리하는 여러 가지 방법 중에서 최선의 방법을 찾아내는 연구를 말한다. 상황에 따라 '최선'은 가장 빠른 것이나 가장 싼 것, 가장 큰 것, 가장 큰 이익이 되는 것, 가장 효율적인 것을 비롯해 선택 가능한 것 중에서 가장 좋은 것을 의미한다. 자신의 개념을 가장 간단한 방식으로 설명하기 위해 페르마는 몇 가지 문제를 생각해냈는데, 수학 선생님들이 지금도 학생들에게 내주는 연습 문제와 비슷한 것이었다. 그러니 이런 문제들에 불만이 있는 사람은 페르마를 탓하라.

그중 한 문제를 오늘날의 상황에 맞게 조금 바꿔 소개하면 다음과 같다. 최대한 물건을 많이 담을 수 있도록 직육면체 상자를 설계하려고 하는데, 두 가지 전제 조건이 있다. 첫째, 상자의 윗면과 아랫면은 정사각형이어야 한다. 즉, 가로가 x인치이고 세로도 x인치여야 한다. 둘째, 특정 항공사 비행기의 객실에 있는 머리 위 짐칸에 딱 들어가야 한다. 이 항공사의 수하물 규정에 따르면, 상자의 가로와 세로와 높이를 더한 값이 45인치를 초과해서는 안 된다. 자, 그렇다면 상자의 부피를 최대로 하려면, x의 값을 얼마로 정해야 할까?

이 문제를 푸는 한 가지 방법은 상식에 의존하는 것이다. 몇 가지 가능성을 시도해보라. 가로와 세로가 각각 10인치라고 하자. 그러면 높이는 25인치가 되는데, $10+10+25=45$이기 때문이다. 이 크기의 상자 부피는 $10\times10\times25=2500$세제곱인치이다. 정육면체 모양의 상자가 더 나을까? 정육면체는 가로, 세로, 높이가 모두 같아야 하므로, 각각의 길이는 15인치이고, 이 상자의 부피는 $15\times15\times15=3375$세제곱인치이다. 몇 가지 다른 가능성을 검토해보면, 정육면체가 최선의 선택인 것처럼 보인다. 그리고 실제로 그렇다.

따라서 이것은 그 자체로는 특별히 어려운 문제가 아니다. 여기서 요점은 페르마가 그런 문제를 추론한 방식을 보여주는 것인데, 왜냐하면 그의 접근법이 훨씬 큰 개념을 낳았기 때문이다.

대부분의 대수학 문제에서와 마찬가지로 첫 번째 단계는 주어진 정보를 모두 기호로 번역하는 것이다. 상자의 가로와 세로는 모두 x이므로, 둘을 더하면 $2x$가 된다. 그리고 가로와 세로와 높이를 더한 값이

45인치를 넘어서면 안 되므로, 높이는 $45-2x$가 된다. 따라서 부피는 $x\times x\times(45-2x)$이다. 정리하면, $45x^2-2x^3$이 된다. 이것을 $V(x)$라 부르기로 하자. 그러면

$$V(x)=45x^2-2x^3$$

여기서 잠깐 편법을 써서 컴퓨터나 그래프 계산기를 사용해 수평 방향이 x를, 수직 방향이 V를 나타내는 곡선으로 그려보면, 예상대로 곡선이 $x=15$인치일 때 최대값에 이른 뒤, 그 뒤로는 하강하기 시작해 0으로 떨어지는 것을 볼 수 있다.

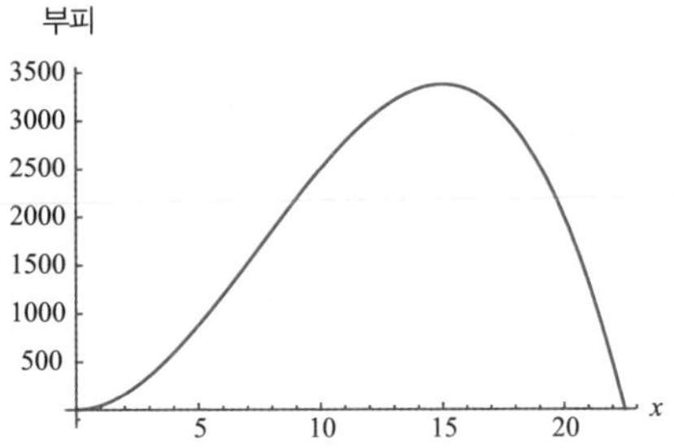

아니면, 오늘날 학생들이 흔히 반사적으로 그러듯이 미분으로 최대값을 구하려면, V의 도함수를 구해 그것을 0과 같다고 놓으면 된다. 그 이유는 곡선이 꼭대기에 도달한 순간의 기울기가 0이기 때문이다. 이 지점에서 곡선은 올라가지도 내려가지도 않는다. 기울기는 도함수로 나타나기 때문에(6장에서 보게 되겠지만), 최대값에서 도함수의 값은 0이 되어야 한다. 약간의 대수학과 도함수에 관한 여러 가지 규칙을

적용해 이런 식으로 추론하면, 최대값에서 $x = 15$라는 결과를 얻는다.

하지만 페르마는 그래프 계산기나 컴퓨터가 없었고, 또 도함수 개념도 알지 못했다. 반대로 페르마는 도함수를 '낳게' 될 개념들을 발명했다! 그렇다면 그는 이 문제를 어떻게 풀었을까? 그는 최대값의 특별한 성질을 사용해 풀었다. 다음 그림에서처럼 최대값 아래의 수평선들은 곡선의 두 점과 교차하는 반면에,

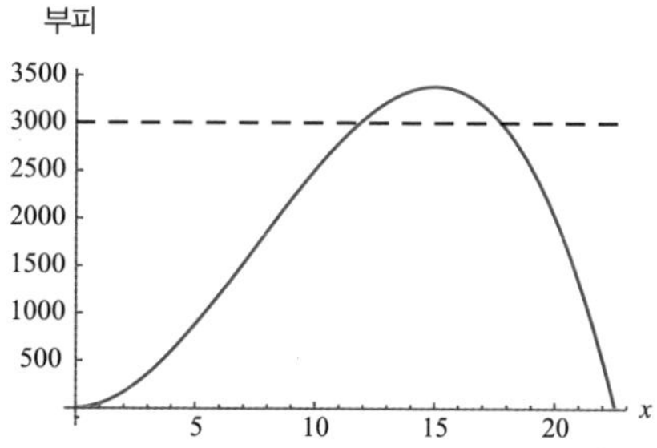

최대값 위의 수평선들은 곡선과 교차하지 않는다는 성질이 바로 그것이다.

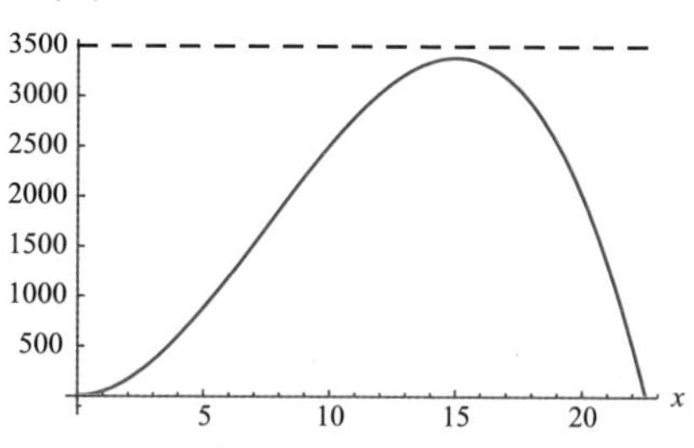

이것이 문제를 직관적으로 풀 수 있는 전략을 제공했다. 최대값 아래에서 시작하는 수평선을 천천히 위로 올린다고 상상해보라. 수평선이 점점 위로 올라감에 따라 두 교점은 마치 목걸이에 꿰인 구슬들처럼 곡선을 따라 서로를 향해 다가갈 것이다.

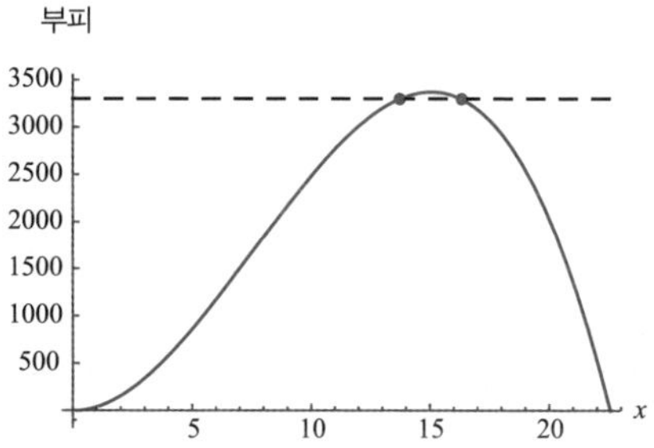

그리고 최대값에서 두 점은 충돌한다. 페르마는 그 충돌 지점을 찾는 방법으로 최대값을 알아냈다. 그는 두 점이 '이중 교점'을 형성하면서 한 점으로 합쳐지는 조건을 유도했다. 이러한 통찰 앞에서 나머지는 단순히 기호들을 다루는 대수학 문제에 지나지 않았다. 그 과정은 다음과 같다.

두 교점이 $x=a$와 $x=b$에서 생겼다고 하자. 두 교점은 동일한 수평선 위에 존재하기 때문에, $V(a)=V(b)$여야 한다. 따라서

$$45a^2-2a^3=45b^2-2b^3$$

앞으로 나아가려면 이 방정식을 재배열할 필요가 있다. 2차 항들

을 좌변으로, 3차 항들을 우변으로 보내면 다음과 같이 된다.

$$45a^2 - 45b^2 = 2a^3 - 2b^3$$

중학교에서 배우는 인수분해 기술을 약간 사용하면, 다음과 같이 정리할 수 있다.

$$45(a-b)(a+b) = 2(a-b)(a^2+ab+b^2)$$

이제 양변을 공통 인수 $a-b$로 나눈다. 이것은 문제가 없는데, a와 b는 서로 다른 값을 가진다고 가정하기 때문이다(만약 두 값이 같다면, 양변을 $a-b$로 나누는 것은 0으로 나누는 셈인데, 1장에서 설명했듯이 이것은 수학에서 금지돼 있다). 이렇게 양변에서 $a-b$를 소거하면, 방정식은 다음과 같이 된다.

$$45(a+b) = 2(a^2+ab+b^2)$$

이제 논리적으로 혼란스러운 부분이 나오니, 마음의 준비를 단단히 하라. 페르마는 방금 a와 b는 서로 다른 값이라고 가정했다. 하지만 a와 b가 최대값에서 합쳐져서 같은 값이 되어도 방금 유도한 방정식이 계속해서 성립한다고 상상했다. 그는 '유사 등가adequality'[•]라는 모호한 개념을 도입해 이것을 정당화하려고 시도했다. 이것은 최대값에서 a와 b가 완전히 같은 값은 아니지만 일종의 같은 값이 된다는 개념이다. (오늘날이라면 우리는 극한값이나 이중 교점 개념을 사용해 이것을 표현할 것이다.) 어쨌든 페르마는 $a \approx b$라고 보았는데, 여기서 물결 모양 기호(≈)는 유사 등가를 나타낸다. 그러고 나서 용감하게 위의 방정식에서 b를 a로 치환하여 다음과 같이 바꾸었다.

$$45(2a) = 2(a^2 + a^2 + a^2)$$

이 식을 정리하면, $90a = 6a^2$이 된다. 이것을 풀면, $a = 0$과 $a = 15$가 나온다. 첫 번째 해인 $a = 0$은 부피가 '최소'인 상자이다. 가로와 세로가 0이므로 부피도 0이다. 이것은 우리가 구하는 값이 아니다. 두 번째 해인 $a = 15$는 부피가 '최대'인 상자이다. 이것이 바로 우리가 원하는 답이다. 15인치가 최선의 가로와 세로 길이이다.

오늘날의 관점에서 보면, 페르마의 이 추론은 이상해 보인다. 페르마는 도함수를 사용하지 않고서 최대값을 구한다. 오늘날 우리는 최적화 문제를 다루기 전에 도함수를 가르친다. 페르마는 이것을 거꾸로 했다. 하지만 그것은 중요하지 않다. 그가 생각한 개념은 우리가 생각하는 것과 똑같은 결과를 낳는다.

페르마는 어떻게 FBI에 도움을 주었는가

최적화 문제에 관한 페르마의 초기 연구가 남긴 유산은 오늘날 우리 주위에 널려 있다. 오늘날 우리의 삶은 최적화 문제를 푸는 알고리듬에 크게 의존하고 있는데, 이 알고리듬은 도함수로 표현되는 이중 교점과 등가 조건 개념을 사용한다. 오늘날의 문제들은 페르마의 문제보다 훨씬 복잡한 경향이 있지만, 기본 개념은 동일하다.

한 가지 중요한 응용은 데이터를 최대한 압축시켜 부호화하는 게 유리한 빅데이터 집합과 관련이 있다. 예를 들면, 미국 연방 수사국FBI은 수천만 명의 지문 기록을 보유하고 있다. FBI는 신원 조사를 위해 이 자료를 효율적으로 저장하고 탐색하고 검색할 때 미적분학에 기반을 둔 데이터 압축 방법을 사용한다. 똑똑한 알고리듬은 중요한 세부 내용을 전혀 손상시키지 않으면서 디지털 지문 파일의 크기를 크게 줄인다. 휴대 전화에 음악이나 영상을 저장할 때에도 똑같은 일이 일어난다. 모든 음정과 픽셀을 그대로 저장하는 대신에 MP3와 JPEG*라는 압축 알고리듬이 정보를 훨씬 효율적인 형태로 농축함으로써 저장 공간을 절약한다. 이 알고리듬은 노래와 사진을 빠르게 다운로드하고, 상대방의 편지함 용량을 지나치게 많이 잡아먹지 않으면서 그 파일들을 사랑하는 사람에게 보내게 해준다.

미적분학과 최적화가 데이터 압축과 무슨 관계가 있는지 알아보기 위해 관련된 통계 문제를 살펴보자. 곡선을 데이터에 일치시키는 문제인데, 이 문제는 기후과학에서부터 경제 예측에 이르기까지 모든 곳에서 등장한다. 우리가 살펴볼 데이터 세트는 낮의 길이가 계절 변화에 따라 어떻게 변하는지* 보여준다. 모두가 알다시피, 여름에는 낮의 길이가 길어지고 겨울에는 짧아진다. 하지만 전체적인 패턴은 어떤 모습으로 나타날까? 다음 그래프는 2018년의 뉴욕시 데이터이다. 가로축은 1월 1일부터 12월 31일까지의 시간을 나타낸다. 세로축은 일

출과 일몰 사이의 시간을 분 단위로 표시한다. 그림이 너무 복잡해지는 것을 피하기 위해 나는 1월 1일부터 시작해 2주일 간격으로 27일의 데이터만 그래프에 나타냈다.

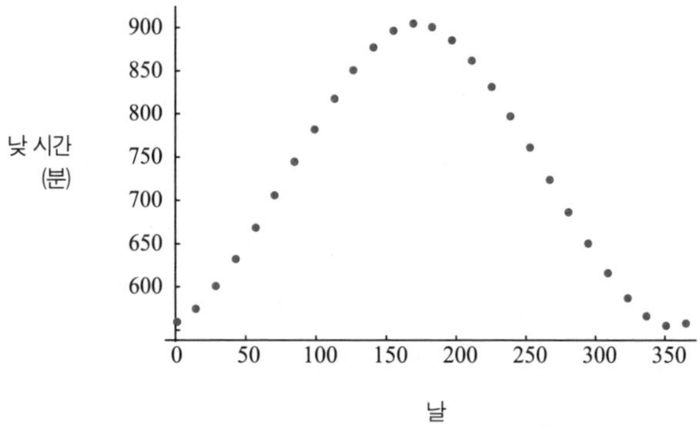

이 그래프는 예상대로 1년에 걸쳐 낮의 길이가 길어졌다가 짧아지는 것을 보여준다. 낮의 길이는 하지(6월 21일로, 그래프에서는 중앙의 정점 부분인 172일째에 해당한다) 부근에서 가장 길고, 반년 뒤인 동지 부근에서 가장 짧다. 전체적으로 이 데이터는 부드럽게 굽이치는 물결처럼 보인다.

고등학교에서 삼각법을 가르치는 시간에 선생님들은 사인파라는 파동에 대해 이야기한다. 나중에 나는 사인파가 무엇이고, 미적분학의 관점에서 볼 때 사인파가 왜 특별한지 좀 더 자세히 이야기할 것이다. 여기서 알아야 할 중요한 사실은 사인파가 원운동과 관련이 있다는 것이다. 그 연결 관계를 알고 싶다면, 일정한 속도로 원 주위를 움직이는 점을 상상해보라. 이 점의 상하 위치를 시간의 함수로 나타내면, 점이 그리는 궤적은 사인파로 나타난다.

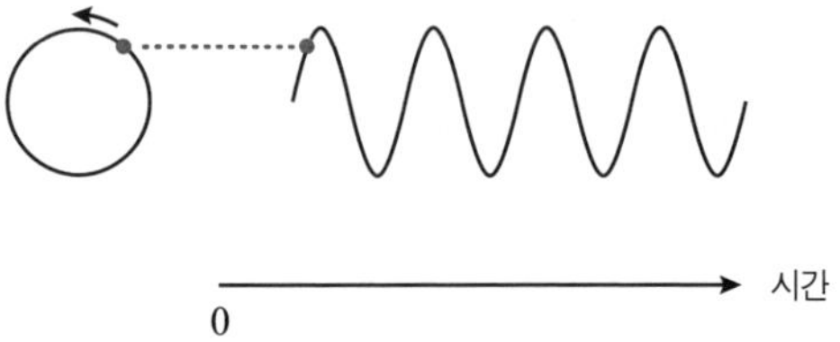

그리고 원은 순환과 긴밀한 관계가 있기 때문에, 계절 순환에서부터 소리굽쇠의 진동과 형광등과 송전선에서 나오는 초당 60사이클의 웅웅거리는 소리에 이르기까지 순환 현상이 일어나는 곳이라면 어디에서건 사인파가 나타난다. 귀에 거슬리는 웅웅거리는 소리는 초당 60번씩 위아래로 굽이치는 사인파의 소리이다. 이것은 전력망의 발전기가 교류를 만들어낸다는 것을 명백하게 보여주는 증거인데, 발전기 역시 동일한 진동수로 회전한다. 원운동이 있는 곳에는 사인파가 생긴다.

모든 사인파는 네 가지 통계 수치로 정의되는데, 주기, 평균, 진폭, 위상이 그것이다.

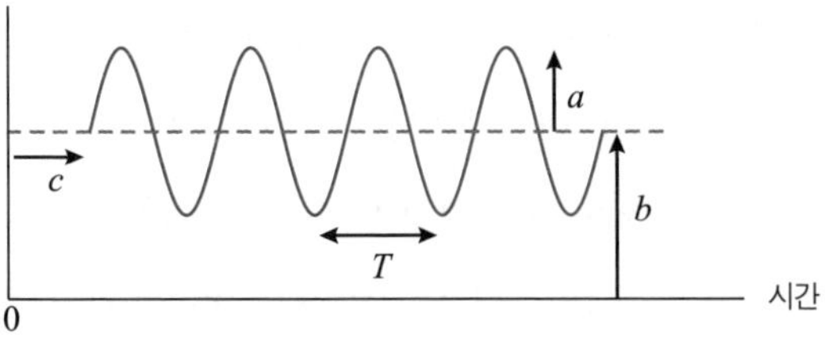

이 네 가지 매개변수의 정의는 단순하다. 주기 T는 파동이 완전히 한 번 순환하는 데 걸리는 시간을 가리킨다. 앞에서 살펴본 낮의 길이 데이터에서 T는 약 1년, 조금 더 정확하게는 365.25일이다(이 여분의 0.25일 때문에 달력이 자연의 주기와 어긋나지 않도록 4년마다 윤년을 둔다). 사인파의 평균은 기준선의 값인 b이다. 앞의 데이터에서는 2018년에 모든 낮의 길이를 평균하여 분으로 나타낸 값과 같다. 파동의 진폭 a는 일 년 중 낮의 길이가 가장 긴 날이 평균적인 날에 비해 낮의 길이가 몇 분이나 더 긴지 알려준다. 파동의 위상 c는 파동이 평균을 지나 위로 올라가는 날을 알려주는데, 앞의 데이터에서는 춘분 부근에 해당한다.

이 네 가지 매개변수(a, b, c, T)는 이리저리 돌림으로써 사인파의 형태와 위치의 다양한 특징을 조절하는 네 가지 손잡이라고 생각하면 편리하다. b 손잡이는 사인파를 위아래로 움직인다. c 손잡이는 사인파를 좌우로 움직인다. T 손잡이는 사인파의 진동 속도를 조절한다. a 손잡이는 그 진동이 얼마나 뚜렷하게 나타나는지 결정한다.

만약 손잡이들을 설정해 사인파가 앞에서 그린 모든 데이터점들을 지나가도록 할 수 있다면, 이것은 정보를 크게 압축하는 것에 해당한다. 이것은 사인파의 네 가지 매개변수만으로 27개의 데이터점을 정확하게 나타낼 수 있다는 것을 뜻하며, 그럼으로써 데이터를 27/4, 즉 6.75배만큼 압축시킬 수 있다는 뜻이다. 우리는 매개변수 중 하나가 1년이라는 사실을 알고 있기 때문에, 실제로는 나머지 세 매개변수만 처리하면 된다. 따라서 압축 비율은 27/3, 즉 9배가 된다. 이만한 비율의 압축이 가능한 것은 데이터가 무작위적이지 않기 때문이다. 데이터는 어떤 패턴을 따른다. 사인파는 그 패턴을 구현해 우리를 위해 필요한 일을 해준다.

유일한 문제점은 데이터와 완벽하게 일치하는 사인파는 없다는 점이다. 이것은 이상적인 모형을 현실 세계의 데이터와 맞추려고 할 때 충분히 예상되는 일이다. 어느 정도 차이가 나게 마련이다. 그저 그 차이가 무시할 만한 수준에 그치길 바랄 수밖에 없다. 차이를 최소화하려면 가능한 한 가깝게 데이터점과 일치하는 사인파를 찾아야 한다. 바로 여기에 미적분학이 필요하다.

다음 그림은 데이터점과 가장 잘 일치하는 사인파를 보여주는데, 이것은 잠시 후에 설명할 최적화 알고리듬으로 결정된 것이다.

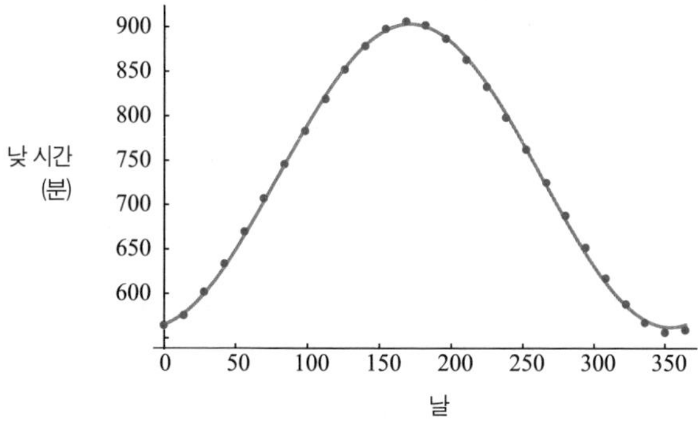

하지만 그전에 일치가 완벽한 것이 아니라는 점에 유의하라. 예를 들면, 낮의 길이가 아주 짧아지는 12월에는 사인파가 충분히 아래로 내려가지 않아 데이터점이 곡선 아래에 위치한다. 그럼에도 불구하고, 이 단순한 사인파는 실제로 일어나는 일의 본질을 잘 포착하고 있다. 목표가 어떤 것이냐에 따라 이 정도의 일치는 충분한 것이 될 수 있다.

자, 그러면 여기서 미적분학이 어떤 역할을 할까? 미적분학은 가장 알맞은 네 가지 매개변수를 선택하는 데 도움을 준다. 가장 강한 신호를 포착하기 위해 라디오의 다이얼을 돌리는 것처럼, 가장 잘 일치하는 결과를 얻기 위해 네 손잡이를 돌리는 상황을 상상해보라. 이것은 본질적으로 가장 부피가 큰 상자를 찾는 문제에서 페르마가 한 일과 같다. 거기서 페르마는 하나의 매개변수 x(상자의 폭)를 조정하면서 상자의 부피가 최대임을 알려주는 신호인 이중 교점을 찾았다. 우리의 경우에는 조정해야 할 매개변수가 4개나 된다. 하지만 기본 개념은 동일하다. 우리는 이중 교점을 찾음으로써 최선의 네 가지 매개변수를 선택할 것이다.

조금 더 자세히 설명해보자. 우리는 주어진 네 가지 매개변수에 대해 적절한 사인파와 일 년 동안 기록된 점 27개로 이루어진 실제 데이터 사이의 차이, 즉 오차를 계산한다. 가장 잘 일치하는 것을 선택하는 기준은 27개의 점 모두에 대한 오차를 합한 전체 오차가 가장 작은 것이다. 하지만 전체 오차는 완전히 옳은 개념이 아닌데, 음의 오차가 양의 오차와 상쇄되어 실제보다 오차가 작은 것처럼 보일 가능성이 있기 때문이다. 표적에 못 미치는 것은 표적을 넘어서는 것만큼 나쁜 결과이며, 둘 다 똑같이 불이익을 주어야 마땅하다. 둘을 상쇄하여 아무 일도 없었던 것처럼 넘겨서는 안 된다. 이런 이유 때문에 수학자들은 음의 오차를 양의 값으로 바꾸기 위해 각 점에서의 오차를 '제곱'하여 계산한다. 이렇게 하면 사이비 상쇄를 방지할 수 있다. (이것은 음수에 음수를 곱하면 양수가 된다는 사실이 현실에서 유용하게 쓰이는 한 예이다. 음의 오차를 제곱함으로써 양의 값을 가진 차이로 만들 수 있다.) 따라서 기본 개념은 적절한 사인파의 오차의 제곱을 모두 더한 값이 실제 데이터와 차이가 가장 작게 나도록 네 가지 매개변수를 선택하는 것이다. 그래서 이 접근법을 '최소 제곱법'이라 부른다. 이 방법은 이 예에서처럼 데이터가 어떤 패턴을 따를 때 가장 효과적이다.

여기서 아주 중요한 일반적 사실이 드러나는데, 압축을 가능케 하는 것은 바로 패턴이다. 패턴이 있는 데이터만 압축이 가능하다. 무작위적 데이터는 압축할 수 없다. 다행히도 노래나 얼굴, 지문처럼 사람들이 관심을 가진 것들은 고도로 구조화되어 일정한 패턴을 가진 것이 많다. 낮의 길이가 단순한 파동 패턴을 따르는 것처럼 얼굴 사진에는 눈썹과 티, 광대뼈를 비롯해 그 밖의 특징적인 패턴이 포함돼 있다. 노래에는 멜로디와 화음, 리듬, 강약이 있다. 지문에는 고리 무늬와 나선 무늬와 피부 능선이 있다. 우리는 이런 패턴들을 즉각 인식한다. 컴퓨터도 이것들을 인식하도록 가르칠 수 있다. 비결은 특정 패턴들을 부호화할 수 있는 적절한 종류의 수학적 대상을 발견하는 것이다. 사인파는 주기적 패턴을 나타내기에 이상적이지만, 콧구멍 가장자리나 애교점처럼 매우 국지적인 특징을 나타내는 데에는 적합하지 않다.

이 목적을 위해 여러 분야의 연구자들은 사인파를 일반화한 한 형태인 웨이블릿wavelet•을 도입했다. 이 작은 파동은 사인파보다 더 국지적인 파동이다. 웨이블릿은 양 방향으로 무한대까지 주기적으로 확장돼나가는 대신에 시간이나 공간상의 좁은 지점에 집중돼 있다.

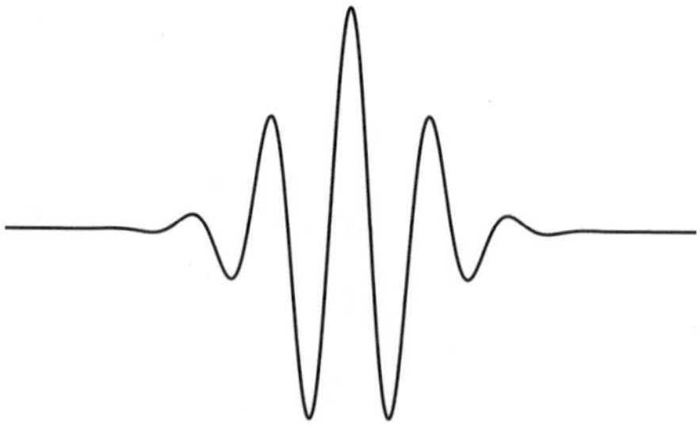

웨이블릿

웨이블릿은 갑자기 나타나 잠깐 동안 진동하다가 사라진다. 이것은 심전도계의 신호나 지진계에 기록되는 폭발적인 지진 활동과 거의 비슷해 보인다. 웨이블릿은 뇌파계에서 갑자기 치솟는 극파極波(심전도, 뇌파 따위에서 가시처럼 뾰족한 형태의 파형—옮긴이)나 반 고흐의 그림에 나타나는 과감한 붓질 또는 얼굴의 주름을 나타내는 데 이상적이다.

FBI는 웨이블릿을 이용해* 지문 파일을 현대화했다. 20세기 초에 지문 분석법이 도입된 이래 지문 기록은 종이 카드에 찍은 잉크 자국의 형태로 보관돼왔다. 이 파일들은 빨리 검색하기가 어려웠다. 1990년대 중엽이 되자, 쌓인 지문 카드는 약 2억 장이나 되었고, 보관하는 사무실 면적이 1에이커나 되었다. FBI는 이 파일들을 디지털화하기로 결정하면서 인치당 점 500개의 해상도로 256단계로 구분되는 회색 음영의 흑백 이미지로 만들었다. 그 정도면 모든 나선과 고리, 피부 능선, 분기를 비롯해 지문 확인에 필요한 그 밖의 세부 사항을 담기에 충분했다.

하지만 그 당시에는 디지털 카드 한 장에 약 10메가바이트의 데이터가 필요하다는 게 문제였다. 이 때문에 FBI는 현지 경찰서로 신속하게 디지털 파일을 보낼 수가 없었다. 1990년대 중엽에는 전화 모뎀과 팩스가 최첨단 기기였고, 10메가바이트의 파일을 전송하는 데 몇 시간이 걸렸다는 사실을 기억할 필요가 있다. 게다가 그 당시 사용 가능했던 휴대용 저장 매체인 플로피디스크는 저장 용량이 1.5메가바이트밖에 안 돼 그렇게 큰 파일을 담기 어려웠다. 긴급한 신원 조사를 요구하는 새 지문 카드가 매일 3만 장씩 쏟아져 들어오면서 신속한 처리 요구가 커지자, 관련 시스템을 현대화할 필요가 절실해졌다. FBI는 파일을 왜곡시키지 않고 압축하는 방법을 찾아야 했다.

그 일을 처리하는 데에는 웨이블릿이 아주 이상적이었다. FBI와 팀을 이룬 로스앨러모스 국립연구소 수학자들은 지문을 수많은 웨이블릿의 결합으로 나타내고, 미적분학을 사용해 거기에 붙은 손잡이들을 돌림으로써 파일을 20배 이상 축소시킬 수 있었다.* 이것은 법의학에 혁명을 가져왔다. 현대적 형태로 바꾼 페르마의 개념(그리고 더 큰 역할을 한 웨이블릿 분석과 컴퓨터 과학, 신호 처리) 덕분에 10메가바이트의 파일을 전화선으로 충분히 보낼 수 있는 500킬로바이트 크기로 압축할 수 있었다. 그리고 그 과정에서 충실도fidelity도 전혀 훼손되지 않았다. 인간 지문 전문가들도 이 방법을 승인했다. 컴퓨터 역시 그랬다. 압축 파일은 FBI의 자동 식별 시스템을 아무 문제 없이 의기양양하게 통과했다. 이것은 미적분학에는 좋은 소식이었고, 범죄자에게는 나쁜 소식이었다.

최소 시간의 원리

나는 페르마가 자신의 개념이 이렇게 이용되는 것을 보면 어떻게 생각할지 궁금하다. 그는 수학을 현실 세계에 응용하는 것에는 특별한 관심을 보이지 않았다. 그저 수학 자체를 위해 연구하는 것에 만족했다. 하지만 그는 응용수학에서 영속적인 중요성을 지니게 될 기여를 한 가지 했다. 페르마는 미적분학을 논리적 엔진으로 사용함으로써 더 깊은 법칙에서 자연의 법칙을 추론해낸 최초의 사람이었다. 200여 년 뒤에 맥스웰이 전기와 자기를 가지고 한 것과 비슷하게, 페르마는 가상의 자연 법칙을 미적분학 언어로 번역한 뒤, 엔진을 가동하면서 그 법칙을 입력했다. 그러자 그 결과로 엔진에서 다른 법칙이 출력되었다. 그러면서 페르마는 그 후 이론과학을 지배하게 될 추론 방식을 창시했다.

그 이야기는 1637년에 파리의 한 수학자 집단이 페르마에게 데카르트가 얼마 전에 발표한 광학 분야의 논문에 대한 의견을 물으면서 시작되었다. 데카르트는 빛이 공기 중에서 물속으로 또는 공기 중에서 유리 속으로 들어갈 때 어떻게 구부러지는지(굴절이라 부르는 현상) 설명하는 이론을 내놓았다.

확대경을 가지고 논 적이 있는 사람은 누구나 빛을 구부러뜨려 한 점에 초점을 맺게 할 수 있다는 사실을 알 것이다. 어린 시절에 나는 확대경을 들고 위아래로 움직이면서 나뭇잎 위에 초점을 맺게 함으로써 나뭇잎에 불을 붙이는 것을 좋아했다. 굴절 현상은 그보다는 덜 극적인 방식으로 안경을 만드는 데 쓰인다. 안경의 렌즈는 광선을 구부러뜨려 망막 위의 적절한 위치에 초점을 맺게 함으로써 시력을 교정한다.

아마도 여러분은 화창한 날에 수영장 옆에서 어슬렁거리다가 착시 현상을 경험한 적이 있을 텐데, 이것도 빛의 굴절로 설명할 수 있다. 수영장 바닥에 보석처럼 반짝이는 물체가 놓여 있다고 가정해보자.

물속에서 반짝이는 물체를 바라볼 때 우리 눈에 보이는 물체의 위치는 실제 위치가 아닌데, 보석에 반사돼 나오는 빛이 물속에서 공기 중으로 나올 때 구부러지기 때문이다. 같은 이유로 작살로 물고기를 잡는 사람은 눈에 보이는 물고기 위치보다 더 '아래' 지점을 향해 작살을 찔러야 한다.

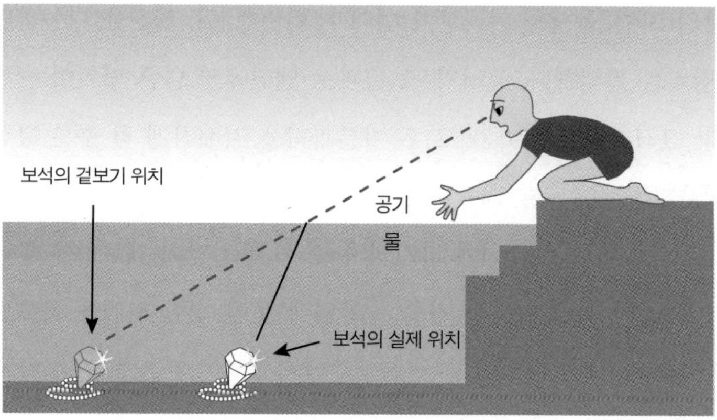

이와 같은 굴절 현상은 단순한 규칙을 따른다. 광선이 공기처럼 밀도가 낮은 매질에서 물이나 유리처럼 밀도가 높은 매질로 들어갈 때에는 두 매질의 경계면에 대해 수직인 방향에 '가까워지는' 쪽으로 구부러진다. 반대로 밀도가 높은 매질에서 밀도가 낮은 매질로 들어갈 때에는 광선이 수직인 방향에서 '멀어지는' 쪽으로 구부러진다(207쪽 그림).

1621년, 네덜란드 과학자 빌레브로르트 스넬은 이 규칙을 분명하게 기술하면서 훌륭한 실험을 통해 계량화했다. 입사 광선의 입사각 a를 체계적으로 변화시키면서 다른 매질로 나오는 굴절각 b가 어떻게 변하는지 관찰함으로써 주어진 한 쌍의 매질에 대해 $\frac{\sin a}{\sin b}$의 비율이 늘 동일하게 유지된다는 사실을 발견했다. (여기서 sin은 삼각법의 사인 함수를 가리킨다. 사인함수의 물결 모양 그래프는 낫의 길이를 논의할 때 나온 바 있다.)

하지만 스넬은 $\frac{\sin a}{\sin b}$의 값이 두 매질이 어떤 물질로 이루어졌느냐

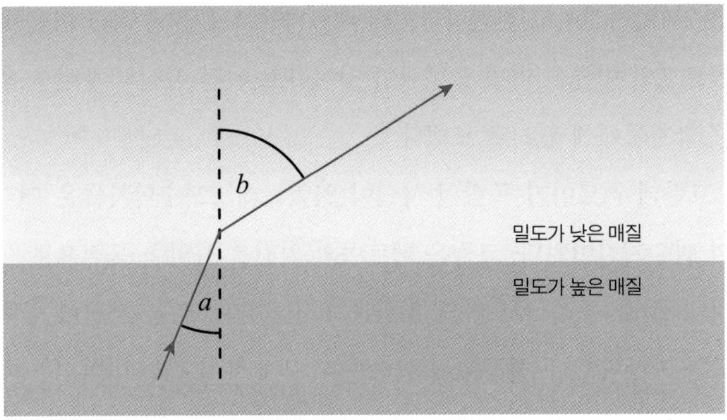

에 따라 달라진다는 사실을 발견했다. 공기와 물이 한 가지 일정한 비율을 나타낸 반면, 공기와 유리는 그것과는 다른 일정한 비율을 나타냈다. 그는 사인 법칙이 왜 성립하는지 그 이유는 알지 못했다. 그저 성립한다는 것만 알아냈을 뿐이다. 그것은 설명할 수는 없지만, 빛이 지닌 분명한 성질이었다.

데카르트는 스넬의 사인 법칙•을 재발견했는데, 자신보다 먼저 발견한 사람이 세 명이나 있다는 사실을 알지 못한 채 1637년에 「굴절광학Dioptrique」이라는 논문으로 발표했다. 스넬은 1621년에 이 법칙을 발견했고, 영국 천문학자 토머스 해리엇은 1602년에 발견했으며, 페르시아 수학자 아부 사드 알알라 이븐 사흘은 그보다 훨씬 전인 984년에 발견했다.

데카르트는 밀도가 더 높은 매질에서는 빛이 '더 빨리' 움직인다고 (부정확하게) 가정함으로써 사인 법칙에 대한 역학적 설명을 내놓았다. 하지만 페르마에게는 그것은 거꾸로 된 설명처럼 들렸고, 상식에 어긋나 보였다. 순진하고 천진난만했던 페르마는 도움을 주려는 마음에서, 데카르트의 이론을 가볍게 비판한 것이라고 여긴 자신의 생각을 파리의 수학자들에게 편지로 보냈다.

그런데 페르마가 몰랐던 사실이 있었는데, 그 수학자들은 데카르트와 원수지간이었다. 그들은 페르마의 의견을 사악한 목적으로 사용했다. 소문을 통해 페르마의 비판을 들은 데카르트는 자신이 공격을 받았다고 생각했다. 툴루즈에 산다는 이 변호사에 관한 이야기는 이전에 한 번도 들은 적이 없었다. 데카르트의 눈에 페르마는 시골에서 연구하는 무명의 아마추어에 지나지 않았고, 머리 주변에서 윙윙대는 또 한 마리의 귀찮은 각다귀 같은 존재였다. 그다음 몇 년 동안 데카르트는 페르마를 업신여기는 태도로 대했고, 페르마가 우연히 그렇게 잘못된 결과를 얻었다고 주장했다.

여기서 시간을 훌쩍 건너뛰어 27년 뒤로 가보자. 데카르트가 죽고 난 뒤인 1657년, 마랭 퀴로 드 라 샹브르라는 동료가 페르마에게 굴절에 관한 이전의 논란을 다시 검토해달라고 요청했다. 퀴로의 요청을 들은 페르마는 최적화에 대해 자신이 아는 것을 사용해 그 문제를 직접 다뤄보기로 마음먹었다.

페르마는 직감적으로 빛이 최적의 선택을 하리라고 생각했다. 더 정확하게는 빛이 항상 두 점 사이에서 저항이 가장 작은 경로를 따라 나아갈 것이라고 추측했다. 그리고 이것을 빛이 가장 빠른 경로를 따라 나아간다는 뜻으로 해석했다. 이 '최소 시간의 원리'*로 왜 빛이 균일한 매질에서는 직선으로 나아가고, 거울에 반사돼 나올 때에는 입사각과 굴절각이 같은지 설명할 수 있다는 사실도 깨달았다. 하지만 이

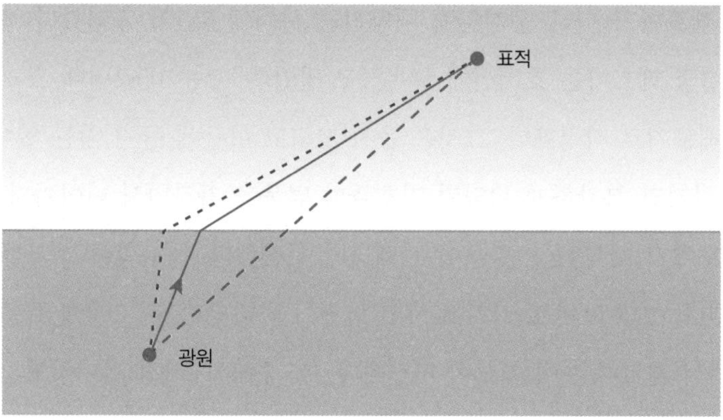

원리가 한 매질에서 다른 매질로 들어갈 때 빛이 어떻게 구부러지는지도 정확하게 예측할 수 있을까? 최소 시간의 원리는 굴절의 사인 법칙을 설명할 수 있을까?

페르마는 확신할 수 없었다. 그 계산은 결코 쉽지 않을 것처럼 보였다. 광원에서 출발한 빛이 한 매질에서 다른 매질로 나아갈 때, 경계면에서 팔꿈치처럼 구부러지는 직선 경로는 무한히 많이 존재할 수 있었다.

이 모든 경로를 지나는 데 걸리는 시간들 중 최소값을 계산하는 것은 아주 어려웠는데, 미분학이 막 탄생하던 초기 단계에서는 특히 그랬다. 페르마의 낡은 이중 교점 방법 외에는 사용할 만한 도구가 전혀 없었다. 게다가 페르마는 잘못된 답을 얻을까 봐 두려웠다. 그래서 퀴로에게 보낸 편지에서 "길고 어려운 계산 끝에 불규칙하고 기상천외한 어떤 비율을 얻게 되지 않을까 하는 두려움과, 나의 천성적인 게으름 때문에 그 문제를 그냥 그 상태로 남겨두었다."•라고 썼다.

페르마가 다른 문제들에 매달리는 사이에 5년이 흘러갔다. 하지만 결국 페르마는 호기심에 굴복하고 말았다. 그는 1662년에 그 계산을 해보기로 작정했다. 그것은 몹시 고되고 마음에 들지 않는 일이었다. 하지만 복잡하게 뒤엉킨 기호들의 덤불을 자르면서 나아가자, 뭔가 보이기 시작했다. 항들이 상쇄되기 시작했다. 대수학이 효과를 나타냈다. 그리고 바로 거기에 사인 법칙이 나타났다. 퀴로에게 보낸 편지에서 페르마는 이 계산이 자신이 한 것 중에서 "가장 기이하고 가장 예상치 못한 것이자 가장 행복한 것"이었다고 말했다. "전혀 예상치 못한 이 사건에 너무나도 놀란 나머지, 뛰는 가슴을 쉽게 진정시킬 수 없었다."•

페르마는 막 태어나기 시작한 단계의 미분학을 물리학에 적용했다. 이것은 이전에 어느 누구도 시도한 적이 없는 일이었다. 그리고 그 과정에서 빛이 가장 효율적인 방식(가장 똑바로 나아가는 방식이 아니라 가장 빠른 방식)으로 나아간다는 것을 보여주었다. 빛은 자신이 택할 수 있는 모든 경로 중에서 마치 이곳에서 저곳으로 가장 빨리 가는 방법을 아는 것처럼 행동한다. 이것은 미적분학이 우주의 작동 시스템에 내장돼 있음을 시사한 초기의 중요한 단서였다.

최소 시간의 원리는 훗날 최소 작용의 원리principle of least action•로 일반화되었다. '작용'이란 단어는 전문적인 의미를 지니고 있는데, 여기서 자세히 다룰 필요는 없을 것 같다. 이 최적화 원리(자연이 가장 경제적인 방식으로 행동한다는 원리)는 역학의 법칙들을 정확하게 예측하는 것으로 밝혀졌다. 20세기에 최소 작용의 원리는 일반 상대성 이론과 양자역학을 비롯해 현대 물리학의 다른 분야들에까지 확대되었다. 심지어 17세기에는 철학에 영향을 미치기까지 했는데, 고트프리트 빌헬름 라이프니츠는 모든 것은 가능한 모든 세계 중 최선의 세계에서 최선을 위한 것이라고 주장했다. 이 낙관론적 견해는 훗날 볼테르가 『캉디드*Candide*』에서 패러디했다. 물리적 현상을 설명하는 데 최적화 원리를 사용하고, 미적분학으로 그 결과를 추론한다는 개념은 바로 페르마가 한 이 계산에서 시작되었다.

접선을 둘러싼 논란

페르마의 최적화 기술은 곡선에서 접선을 찾는 문제도 풀 수 있게 해주었다. 이것은 데카르트의 피를 끓어오르게 했던 문제였다.

서양에서 접선을 뜻하는 단어 'tangent'는 '접촉하다' 또는 '닿다'란 뜻의 라틴어에서 유래했다. 이것은 아주 적절한 용어로 보이는데, 접선은 곡선의 두 점을 지나가는 대신에 한 점만 살짝 스치면서 지나가기 때문이다.

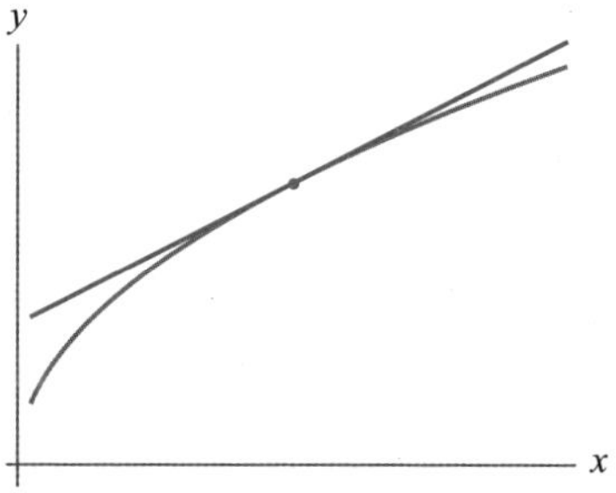

접선의 조건은 최대값이나 최소값의 조건과 비슷하다. 직선과 곡선을 교차하게 한 뒤, 직선을 위나 아래로 계속 움직이다가 두 교점이 하나로 합쳐질 때 그 직선은 접선이 된다.

1620년대의 어느 시점에 페르마는 사실상 어떤 대수학적 곡선(로그, 사인함수 그리고 그 밖의 초월 함수를 전혀 포함하지 않고 x와 y의 정수 거듭제곱으로만 표현되는 곡선)에 대해서도 접선을 찾을 수 있게 되었다. 페르마는 자신의 이중 교점 개념을 사용해 자신의 방법으로 오늘날 우리가 도함수로 계산할 수 있는 모든 것을 계산할 수 있었다.

데카르트도 접선을 찾는 방법을 독자적으로 발견했다.* 1637년에 출판한 『기하학*La Géométrie*』에서 데카르트는 의기양양하게 자신의 방법을 세상에 발표했다. 데카르트는 페르마가 이미 그 문제를 해결했다는 사실을 모른 채 독자적으로 이중 교점 개념을 생각해냈지만, 곡선과 교차하는 직선 대신에 곡선과 교차하는 원을 사용했다. 접점 근처에서 전형적인 원은 곡선을 두 점에서 만나며 지나가거나, 어느 점에서도 만나지 않을 것이다.

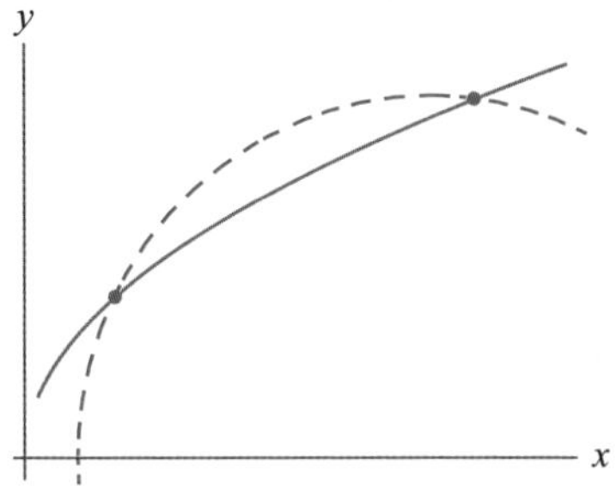

원의 위치와 반지름을 조정함으로써 데카르트는 두 교점을 하나

로 합치게 할 수 있었다. 바로 그 이중 교점에서 원은 곡선과 접점을 이루며 지나갔다.

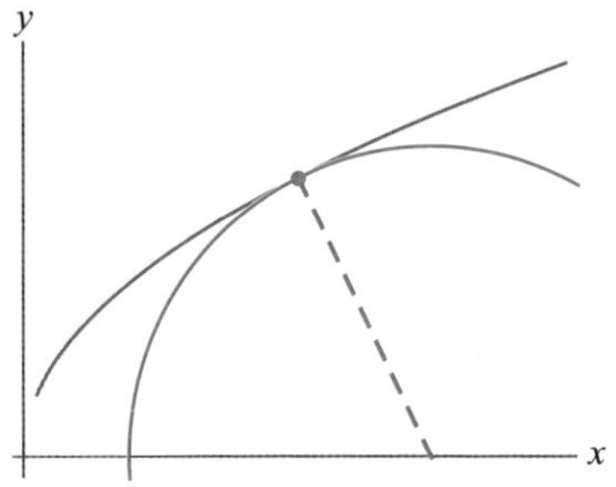

이로써 데카르트는 곡선의 접선을 발견하는 데 필요한 모든 것을 손에 쥐게 되었다. 이 방법으로 곡선의 법선(접선에 대해 직각을 이루는 직선)도 구할 수 있었는데, 법선은 원의 반지름을 따라 뻗어 있었다.

데카르트의 방법은 옳았지만 거추장스러웠다. 페르마의 방법보다 훨씬 많은 대수학 계산이 필요했다. 하지만 데카르트는 아직 페르마의 이름도 들어본 적이 없었기 때문에, 평소의 자신만만한 태도로 자신이 최초로 이 방법을 발견했다고 믿었다. 그래서 『기하학』에서 "나는 곡선 위에서 임의로 선택한 점에 대해 직각을 이루는 직선을 긋는 일반적인 방법을 설명했다. 이것은 기하학에서 내가 아는 가장 유용하고 일반적인 문제일 뿐만 아니라, 내가 알길 원했던 가장 유용하고 일반적인 문제이다."•라고 자화자찬했다.

1637년 후반에 데카르트는 서신을 주고받던 파리의 지인들로부터 페르마가 자신보다 10년 전에 접선 문제를 풀었지만 그것을 발표하지 않았다는 이야기를 듣고서 망연자실했다. 1638년에 데카르트는 허점을 찾기 위해 페르마의 방법을 자세히 검토했다. 그리고 허점을 아주 많이 발견했다! 중개자를 통해 쓴 글에서 데카르트는 "나는 굳이 그의 이름을 거명하고 싶지 않은데, 그래야 내가 찾아낸 오류들에 그 사람이 부끄러움을 덜 느낄 것이기 때문이다."•라고 말했다. 그는 페르마의 논리를 반박했는데, 솔직하게 말하자면 페르마의 논리는 개략적인 것이었고 설명이 부족했다. 하지만 페르마가 차분하게 자신의 개념을 분명히 설명하려고 노력하면서 편지를 여러 차례 주고받은 끝에 데카르트는 페르마의 추론이 옳다고 인정하지 않을 수 없었다.

하지만 패배를 인정하기 전에 데카르트는 페르마에게 3차 방정식 $x^3 + y^3 = 3axy$(여기서 a는 상수이다)로 정의되는 곡선의 접선을 찾아보라고 도발함으로써 기를 꺾으려고 했다. 데카르트는 거추장스러운 원을 사용하는 자신의 방법으로는 그 접선을 찾을 수 없다는 사실을 알고 있었다(풀이에 필요한 대수학 계산이 너무 어려웠다). 그래서 페르마도 직선을 사용하는 방법으로는 그것을 찾을 수 없을 것이라고 생각했다. 하지만 페르마는 실력이 더 좋은 수학자였고, 더 나은 방법을 알고 있었다. 그는 별로 힘들이지 않고 데카르트가 제시한 곡선의 접선을 구해 데카르트를 또 한 번 좌절시켰다.

약속의 땅이 눈앞에 보이다

페르마는 현대적인 형태의 미적분학을 향해 나아가는 길을 닦았다.

최소 시간의 원리는 최적화가 자연의 구조 속에 깊이 뿌리박혀 있음을 보여주었다. 해석기하학과 접선에 관한 연구는 미분학을 향해 나아가는 길을 열었고, 곧 그 뒤를 다른 사람들이 따라갔다. 또한 페르마는 뛰어난 대수학 실력을 가졌던 이전의 가장 유명한 수학자들도 구하지 못했던 특정 곡선들 아래의 면적을 계산해냈다. 특히 어떤 양의 정수 n에 대해서 $y=x^n$이 그리는 곡선 아래의 면적을 구했다.• (다른 학자들은 처음 아홉 가지 경우, 즉 $n=1, 2, \cdots 9$일 때의 면적은 구했지만, 모든 n에 대해 성립하는 방법은 발견하지 못했다.) 페르마의 업적은 적분학을 향해 큰 한 걸음을 내디딘 것으로, 곧 다가올 비약적 발전을 위한 무대를 마련했다.

하지만 이 모든 업적에도 불구하고, 페르마의 연구는 뉴턴과 라이프니츠가 곧 발견하게 될 비밀에는 미치지 못했다.• 그것은 미적분학에 혁명을 일으키고 미적분학의 두 분야를 통합하게 될 비밀이었다. 페르마가 아주 가까이 다가가고서도 그 비밀을 발견하지 못한 것은 매우 안타까운 일이다. 그 잃어버린 고리는 그가 만들어내고서도 그 중요성을 인식하지 못한 것과 관련이 있는데, 최대값과 접선을 구하는 그의 방법에 숨어 있었다. 이는 훗날 도함수라고 불리게 된다. 도함수의 응용 분야는 곡선과 그 접선을 넘어서서 모든 종류의 변화까지 포함하게 된다.

5장

교차로

이제 우리는 이 이야기에서 교차로에 이르렀다. 이곳은 미적분학이 현대적으로 바뀌고, 곡선의 수수께끼로부터 운동과 변화의 수수께끼로 나아가는 지점이다. 이곳은 미적분학이 우주의 리듬과 그 오르내림, 그리고 그것이 시간에 남긴 패턴에 대해 생각하기 시작하는 지점이다. 미적분학은 정적인 기하학 세계에 더 이상 만족하지 못하고 동역학에 흥미를 느끼기 시작한다. 그리고 다음과 같은 질문들을 던진다. 운동과 변화의 법칙은 무엇일까? 미래에 대해 확실하게 예측할 수 있는 것은 무엇일까?

이 교차로에 이르고 나서 400년이 지나는 동안 미적분학은 대수학과 기하학에서 갈라져나와 물리학과 천문학, 생물학과 의학, 공학과 기술, 그리고 모든 것이 유동적이고 변화가 끊이지 않는 그 밖의 모든 분야로 뻗어나갔다. 미적분학은 시간마저 수학으로 기술할 수 있는 대상으로 만들었다. 그리고 우리가 사는 세계가, 그 모든 부당함과 불행과 혼돈에도 불구하고, 깊숙한 내면에서는 수학 법칙을 따르는 합리적인 세계일지 모른다는 희망을 던져주었다. 가끔 우리는 과학으로 이 법칙들을 발견할 수 있다. 가끔 우리는 미적분학을 통해 그것을 이해할 수 있다. 그리고 때로는 미적분학을 사용해 우리의 삶을 개선하고, 사회에 도움을 주고, 역사의 방향을 더 나은 쪽으로 바꿀 수 있다.

미적분학 이야기에서 획기적인 전환점은 17세기 중엽에 곡선과 운동과 변화의 수수께끼들이 2차원 격자판, 곧 페르마와 데카르트의 *xy* 평면 위에서 충돌했을 때 찾아왔다. 하지만 페르마와 데카르트는 자신들이 만들어낸 도구가 다방면으로 얼마나 대단한 위력을 지닌 것인지 알지 못했다. 그들은 *xy* 평면을 순수수학의 한 가지 도구로 여겼을 뿐이었다. 하지만 그것은 시작부터 방정식과 곡선의 만남, 대수학과 기하학의 만남, 동양 수학과 서양 수학의 만남이 일어난 일종의 교차로였다. 그리고 다음 세대에 아이작 뉴턴은 이들의 연구뿐만 아니라 갈릴레이와 케플러의 연구를 바탕으로 기하학과 물리학을 합쳐 위대한 종합을 이루었다. 뉴턴의 불꽃은 계몽주의 시대를 열고, 서양의 과학과 수학에 혁명을 가져오는 불을 지폈다.

하지만 그 이야기를 하려면, 이 모든 것이 일어난 장소인 *xy* 평면부터 자세히 들여다볼 필요가 있다. 오늘날 미적분학을 처음 배우는 학생들은 바로 이 평면에서 1년을 꼬박 보낸다. 이 분야를 전문 용어로는 '일변수 함수 미적분학'이라 부른다. 앞으로 몇 장에 걸쳐 이것을 다룰 것이다. 여기서는 우선 함수 이야기로 시작하기로 하자.

곡선이 운동과 변화와 충돌하는 일이 일어나고 나서 수백 년 동안

xy 평면은 중심 무대로서의 중요성이 더욱 커졌다. 오늘날 xy 평면은 데이터를 그래프로 만들고, 숨어 있는 관계를 드러내는 양적 연구 분야라면 어디에건 쓰인다. 우리는 xy 평면을 한 변수가 다른 변수에 어떻게 종속되며, 모든 것이 일정할 때 x와 y 사이에 어떤 관계가 성립하는지 시각화하는 데 사용한다. 그런 관계는 한 변수의 함수로 모형화할 수 있다. 기호로는 $y=f(x)$라고 쓴다. 여기서 f는 나머지 모든 것이 일정한 값으로 고정돼 있는 상황에서 변수 y('종속' 변수라고 부른다)가 변수 x('독립' 변수라고 부른다)에 어떻게 종속되는지를 나타내는 함수function를 말한다. 이런 함수는 세계가 가장 말끔하게 행동하는 방식을 모형으로 나타낸다. 원인은 예측 가능한 결과를 만들어낸다. 1회분의 투약은 예측 가능한 반응을 자극한다. 더 형식적으로는 함수 f는 각각의 x에 독특한 y를 부과하는 규칙이다. 이것은 입력-출력 기계와 같다. x를 입력하면 y가 출력되며, 기계는 신뢰할 수 있고 예측할 수 있게 동작한다.

페르마와 데카르트가 등장하기 수십 년 전에 갈릴레이는 현실을 이렇게 의도적으로 단순화하는 방법이 얼마나 큰 위력을 발휘하는지 이해했다. 그는 나머지 모든 조건을 일정하게 유지한 채 한 번에 단 한 가지 조건만 세심하게 바꿔가며 실험을 했다. 그는 빗면 위로 공을 굴리면서 일정 시간에 공이 얼마나 멀리 가는지 측정했다. 거리를 시간의 함수로 나타낸 이 결과는 아주 훌륭하고 단순했다. 이와 비슷하게 케플러는 행성이 태양 주위를 도는 데 걸리는 시간을 조사했고, 그 공전 주기가 태양과 행성 사이의 평균 거리와 어떤 관계가 있는지 비교했다. 한 가지 변수를 다른 변수와, 즉 공전 주기를 거리와 비교한 것이다. 이 방법은 큰 진전을 가져다주었다. 그것은 웅대한 자연의 책을 읽는 방법이었다.

우리는 앞선 장들에서 함수의 예를 보았다. 계피-건포도 빵의 예에서 x는 먹은 빵 조각 수, y는 섭취한 칼로리 양이었다. 그 관계는 $y = 200x$였고, 이 관계는 xy 평면에서 직선 그래프로 나타났다. 또 다른 예는 2018년에 뉴욕시에서 낮의 길이가 계절 변화에 따라 어떻게 변하는지 살펴볼 때 나타났다. 이 상황에서 x는 일 년 중의 날, y는 하루 중 낮의 길이(일출부터 일몰까지의 시간)를 분으로 나타낸 것이었다. 이 경우에 낮의 길이가 여름에 가장 길어졌다가 겨울에 가장 짧아짐에 따라 그래프는 사인파처럼 진동했다.

함수들의 함수

어떤 함수들은 너무나도 중요해 과학 계산기에 독립적인 단추로 붙어 있다. 이것들은 x^2, $\log x$, 10^x 같은 수학의 유명 인사들이다. 물론 대부분의 사람들은 이것들을 사용할 일이 거의 없을 것이다. 거스름돈을 계산하거나 팁을 얼마 줄지 결정하는 데에는 이런 함수들이 전혀 필요하지 않다. 일상생활에서는 정수와 산수만으로 충분하다. 휴대 전화에서 계산기 앱을 누르면, 0에서 9까지의 숫자와 사칙연산(덧셈, 뺄셈, 곱셈, 나눗셈) 기호와 퍼센트를 나타내는 단추만 있는 기본적인 계산기가 뜨는 이유는 이 때문이다. 대부분의 사람들은 이 정도만으로도 살아가는 데 아무 지장이 없다.

하지만 과학이나 기술 전문직에 종사하는 사람들에게 기본적인 수는 시작에 불과하다. 과학자, 공학자, 금융 시장 전문가, 그리고 의학 연구자는 하나가 다른 것에 어떤 영향을 미치는지 보여주는 수들 사이의 '관계'를 살펴야 한다. 그와 같은 관계를 기술하려면 함수가 꼭 필요하다. 함수는 운동과 변화를 모형화하는 데 필요한 도구를 제공한다.

일반적으로 말하면, 어떤 것이 변하는 방법은 세 가지가 있다. 위로 올라가거나 아래로 내려가거나 왔다 갔다 할 수 있다. 다시 말해서, 성장하거나 쇠퇴하거나 요동할 수 있다. 상황에 따라 각각 다른 함수가 필요하다. 앞으로 우리는 다양한 함수들을 만날 테니, 가장 유용한 몇 가지 함수를 기억에서 불러오면 도움이 될 것이다.

멱함수

매우 점진적인 형태로 일어나는 증가를 계량화할 때에는 x^2이나 x^3 같은 '멱함수power function'를 자주 사용한다. 멱함수는 변수 x의 지수가 거듭제곱으로 표시된 함수를 말한다.

그중에서 가장 간단한 것은 선형 함수인데, 선형 함수는 종속 변수 y가 독립 변수 x와 정비례 관계에 있다. 예를 들어 y가 계피-건포도 빵을 한 조각이나 두 조각 혹은 세 조각을 먹을 때 섭취하는 칼로리양이라면, y는 방정식 $y = 200x$에 따라 커진다. 여기서 x는 빵 조각 수, 200은 빵 조각 하나의 칼로리를 가리킨다. 하지만 계산기에 x 단추를 별도로 만들 필요까지는 없는데, 곱셈을 사용해 같은 일을 충분히 할 수 있기 때문이다. 여기서는 200칼로리에 빵 조각 수를 곱하면 섭취한 칼로리 양이 나온다.

하지만 2차 함수적 증가라고 부르는 다음 단계의 성장을 다루려면, 계산기에 x^2 단추가 있어야 편리하다. 2차 함수적 증가는 선형적 증가(1차 함수적 증가)에 비해 직관적으로 파악하기가 쉽지 않다. 이것은 단순한 곱셈 문제가 아니다. 예를 들어 x를 1에서 2로, 그리고 3으로 변화시키면서 $y=x^2$의 값이 어떻게 변하는지 살펴보면, $1^2=1$, $2^2=4$, $3^2=9$로 변하는 것을 알 수 있다. 따라서 y 값의 증가분은 처음에는 $\Delta y=4-1=3$, 다음에는 $\Delta y=9-4=5$로 단계가 올라갈수록 점점 커진다. 이 과정을 계속한다면, 그 값은 홀수의 패턴을 따르면서 7, 9, 11… 로 계속 커져갈 것이다. 따라서 2차 함수적 증가의 경우에는 x 값이 증가함에 따라 변화량 자체가 계속 증가한다. 단계가 진행될수록 증가 속도가 점점 더 빨라진다.

지수 함수

x나 x^2처럼 순한 멱함수와는 대조적으로 2^x나 10^x 같은 '지수 함수 exponential function'는 훨씬 폭발적인 증가를 나타내는데, 눈덩이처럼 불어나면서 스스로를 급속도로 살찌운다. 선형 증가가 매 단계마다 일정한 양이 '더해지는' 방식으로 증가한다면, 지수 함수적 증가는 일정한 비율만큼 '곱해지면서' 증가한다.

예를 들어 페트리접시에서 자라는 세균 집단이 20분마다 그 수가 두 배로 늘어난다고 하자. 처음에 세균 세포가 1000개 있었다면, 20분 뒤에는 2000개가 있을 것이다. 거기서 또 20분이 지나면 세균 세포는 4000개가 될 것이고, 또 20분이 지난 뒤에는 8000개가, 그런 식으로 16000개, 32000개…로 계속 그 수가 불어날 것이다. 이 예에 관여하는 지수 함수는 2^x이다. 만약 20분을 시간의 기본 단위로 정한다면, x 단위의 시간이 지난 뒤에 세균의 수는 1000×2^x개가 될 것이다. 이와 비슷한 지수 함수적 증가는 실제 바이러스의 증식에서부터 소셜 네트워크에서 정보가 바이러스처럼 확산되는 과정에 이르기까지 어떤 것이 눈덩이처럼 불어나는 모든 과정에 포함돼 있다.

지수 함수적 증가는 돈이 불어나는 과정과도 관련이 있다. 은행 계좌에 100달러가 있는데, 연 1퍼센트의 이자가 계속 붙는다고 상상해보자. 1년이 지나면 총액은 101달러가 될 것이다. 2년이 지난 뒤에는 101달러에 1.01을 곱한 102.01달러가 될 것이다. 그리고 x년이 지난 뒤에는 $100 \times (1.01)^x$달러가 될 것이다.

2^x와 $(1.01)^x$ 같은 지수 함수에서 2와 1.01을 이 지수 함수의 '밑'이라 부른다. 미적분학 이전의 수학에서 가장 많이 사용된 밑은 10이다. 다른 수보다 10을 선호한 수학적 이유는 따로 없다. 우리는 생물학적 진화의 우연(손가락이 10개라는 사실) 때문에 그냥 전통적으로 10을 선호해왔다. 그래서 우리는 10의 거듭제곱으로 표시되는 십진법을 산술 체계의 기반으로 삼았다.

자라나는 과학자들이 대개 고등학교에서 제일 먼저 마주치는 지수 함수가 10^x인 것도 같은 이유에서이다. 여기서 x를 '지수'라 부른다. x가 1이나 2나 3 또는 다른 양의 정수라면, 10^x에서 x 값은 10을 얼마나 여러 번 곱하는가를 나타낸다. 하지만 x가 0이나 음수, 혹은 두 정수 사이의 어떤 값이라면, 10^x의 의미는 다소 미묘해지는데, 자세한 내용은 조금 있다가 나올 것이다.

10의 거듭제곱

과학에서는 계산을 쉽게 하기 위해 10의 거듭제곱을 사용할 때가 많다. 특히 수가 아주 크거나 작을 때, 그것을 다루기 쉽게 과학적 표기법으로 고쳐 쓰는 것은 아주 좋은 생각이다. 과학적 표기법은 10의 거듭제곱을 사용해 수를 최대한 간결하게 나타낸다.

예컨대 요즘 미국 국가 부채와 관련해 자주 거론되는 21조라는 수를 살펴보자. 21조는 십진법으로 21,000,000,000,000로 표기할 수도 있고, 과학적 표기법으로 더 간단하게 $21\times10^{12}=2.1\times10^{13}$으로 표기할 수도 있다. 만약 어떤 이유로 이 큰 수에 예컨대 10억을 곱해야 한다면, 십진법으로 모든 0을 일일이 세어가며 표기하는 것보다는 $(2.1\times10^{13})\times10^{9}=2.1\times10^{22}$이라고 표기하는 게 훨씬 간단하다.

10의 거듭제곱 중 처음 3개는 우리가 매일 마주치는 수들이다.

1	$10^1=10$
2	$10^2=100$
3	$10^3=1000$

여기서 어떤 경향이 나타나는지 살펴보라. 왼쪽 기둥(x)은 '덧셈'으로 증가하는 반면, 그 오른쪽 기둥(10^x)은 지수 함수적 증가에서 일어나는 것처럼 '곱셈'으로 증가한다. 따라서 왼쪽 기둥에서는 한 단계씩 넘어갈 때마다 앞의 수에 1을 더한 것만큼 증가하는 반면, 그 오른쪽 기둥에서는 앞의 수에 10을 곱한 것만큼 증가한다. 덧셈과 곱셈 사이의 이 흥미로운 일치 관계는 일반적으로 지수 함수의 특징, 그중에서도 특히 10의 거듭제곱의 특징이다.

두 기둥 사이의 이러한 일치 관계 때문에 왼쪽 기둥의 두 수를 '더하는' 연산은 오른쪽 기둥에서 그에 대응하는 두 수를 '곱하는' 연산에 해당한다. 예를 들면, 왼쪽 기둥에서 $1+2=3$이란 연산은 오른쪽 기둥에서 $10\times100=1000$으로 번역된다. 덧셈을 이렇게 곱셈으로 번역하는 것은 일리가 있는데, 왜냐하면,

$$10^{1+2}=10^3=10^1\times10^2$$

이기 때문이다.

따라서 10의 거듭제곱을 곱할 때에는 위의 예에서처럼 그 지수들을 더하면 된다. 일반적인 규칙은 다음과 같다.

$$10^a\times10^b=10^{a+b}$$

이와 밀접한 관련이 있는 또 하나의 경향은 왼쪽 기둥의 '뺄셈'이 오른쪽 기둥의 '나눗셈'에 대응한다는 것이다.

$3-2=1$는 $\frac{1000}{100}=10$에 대응한다.

이 편리한 패턴은 두 기둥을 점점 더 작은 수 쪽으로 연장하는 방법에 실마리를 제공한다. 그 원리는 왼쪽 기둥에서 1을 빼는 것은 오른쪽 기둥에서는 10으로 나누는 것에 해당한다는 것이다. 자, 맨 위쪽 행에 주목해보라.

1	$10^1=10$
2	$10^2=100$
3	$10^3=1000$

왼쪽 기둥에서 1을 빼는 것은 오른쪽 기둥에서 10으로 나누는 것과 같으므로, 이 대응 관계는 이 위쪽에 행을 새로 하나 만들어도 성립한다. 즉, 왼쪽 기둥에서는 $1-1=0$이 되고, 오른쪽 기둥에서는 $\frac{10}{10}=1$이 된다. 따라서 다음과 같다.

0	$10^0=1$
1	$10^1=10$
2	$10^2=100$
3	$10^3=1000$

이 논리는 많은 사람들이 혼란스러워하는 사실, 즉 왜 10^0을 1로 정의하는지 그 이유를 설명해준다. 다른 선택을 한다면 이 패턴이 깨

지고 만다. 두 기둥에서 이 규칙을 계속 이어가려면 이렇게 정의하는 것 말고는 다른 방법이 없다.

이런 식으로 대응 관계를 계속 연장해갈 수 있는데, 이제 왼쪽 기둥에서 음수까지도 그 관계를 이어갈 수 있다. 그러면 오른쪽 기둥에서 이에 대응하는 수는 $\frac{1}{10}$의 거듭제곱에 해당하는 분수가 된다.

−2	$\frac{1}{100}$
−1	$\frac{1}{10}$
0	1
1	10
2	100
3	1000

왼쪽 기둥의 수가 0이나 음수가 되더라도, 오른쪽 기둥의 수는 항상 양수로 남아 있다는 사실에 주목하라.

10의 거듭제곱을 사용할 때 생길 수 있는 인지적 함정이 하나 있는데, 실제로는 큰 차이가 나는 수들을 차이가 얼마 나지 않는 것처럼 착각할 위험이 있다. 이 함정을 피하려면, 10의 거듭제곱으로 표현된 수들이 개념적으로 서로 다른 범주에 속한다고 생각하는 게 좋다. 가끔 인간의 언어는 서로 다른 10의 거듭제곱 수들에 마치 서로 아무 관계가 없는 종들인 양 분명히 구별되는 이름을 붙임으로써 자기도 모르게 이런 일을 한다. 영어에서는 10, 100, 1000을 서로 관련이 없는 단어인 'ten', a 'hundred', a 'thousand'로 표기한다. 이것은 좋은 일인데, 이 수들이 서로 이웃한 10의 거듭제곱인데도 질적으로 다르다는 개념을 전달하기 때문이다. 연봉이 다섯 자리일 때와 여섯 자리일 때의 차이를 실감하는 사람은 추가된 0 하나가 얼마나 큰 차이를 빚어내는지 알 것이다.

10의 거듭제곱을 나타내는 단어들이 서로 비슷하게 들릴 때에는 우리의 판단력이 흐려지기 쉽다. 2016년 미국 대통령 경선 때 버니 샌더스 상원 의원은 지나치게 많은 감세 혜택이 "백만장자와 억만장자millionaires and billionaires"에게 돌아간다고 자주 비난했다. 여러분이 그의 정치적 견해에 동조하건 않건, 샌더스는 백만장자와 억만장자를 서로 비슷한 재산을 소유한 사람들로 보이게 하는 우를 범했다. 사실, 억만장자는 백만장자보다 훨씬 더 큰 부자이다. 100만million과 10억billion의 차이가 얼마나 큰지 감을 잡고 싶다면, 이렇게 생각해보라. 100만 초는 2주일이 조금 못 되는 시간이고, 10억 초는 약 32년에 해당한다. 100만 초가 휴가를 보내는 기간과 비슷하다면, 10억 초는 한평생의 약 1/3에 해당하는 기간이다.

이 이야기가 주는 교훈은 10의 거듭제곱을 사용할 때에는 주의할 필요가 있다는 것이다. 10의 거듭제곱은 엄청나게 큰 수를 우리가 쉽게 가늠할 수 있을 만큼 크게 압축시키는 능력이 있다. 이것은 10의 거듭제곱이 과학자들에게 큰 사랑을 받는 이유이기도 하다. 어떤 양이 아주 큰 규모로 변하는 상황에서는 10의 거듭제곱이 적절한 측정 척도를 정의하는 데 자주 사용된다. 그 예로는 산성도와 염기성도를 나타내는 pH, 지진의 규모를 나타내는 리히터 규모, 소리의 크기를 나타내는 데시벨 척도 등이 있다. 예를 들어 어떤 용액의 pH가 7(순수한 물 같은 중성)에서 2(레몬주스 같은 산성)로 변했다면, 그 용액의 수소 이온 농도는 10^5배, 즉 10만 배나 커진 것이다. pH가 7에서 2로 떨어졌다고 하면, 그것은 겨우 다섯 단계밖에 떨어지지 않은 것처럼 보이지만, 실제로는 수소 이온 농도에 10만 배의 변화가 일어난 것이다.

로그

지금까지 살펴본 예들에서 100과 1000처럼 오른쪽 기둥에 있는 수들은 늘 우수리가 없는 수였다. 10의 거듭제곱은 아주 편리하기 때문에, 우수리가 있는 수도 같은 방식으로 나타낼 수 있다면 아주 좋을 것이다. 예를 들어 90을 살펴보자. 90이 100보다 약간 작고 100이 10^2이라는 사실을 감안하면, 90은 밑은 10이지만 지수는 2보다 약간 작은 수로 표현할 수 있을 것 같다. 하지만 그 수는 정확하게 무엇일까?

로그logarithm는 바로 이런 질문에 답하기 위해 발명되었다.* 계산기에서 90을 입력하고 로그 단추를 누르면, 다음과 같은 결과를 얻는다.

$$\log 90 = 1.9542\cdots$$

이것이 그 답이다. 즉, $10^{1.9542\cdots} = 90$이다.

이런 식으로 로그를 사용하면 어떤 양수라도 10의 거듭제곱으로 표현할 수 있다. 로그는 많은 계산을 쉽게 해주며, 또한 수들 사이의 놀라운 연결 관계를 드러낸다. 90에 10이나 100을 곱하고, 그것에 로그를 취하면 다음과 같이 된다.

$$\log 900 = 2.9542\cdots$$

그리고

$$\log 9000 = 3.9542\cdots$$

여기서 두 가지 사실에 주목할 필요가 있다.

1) 모든 로그는 소수점 이하의 수가 0.9542⋯ 로 똑같다.
2) 원래의 수 90에 10을 곱하면, 그 로그 값은 1이 증가한다. 원래의 수 90에 100을 곱하면, 그 로그 값은 2가 증가한다. 이러한 규칙은 계속 이어진다.

이 두 가지 사실을 모두 설명할 수 있는 로그의 규칙이 있다: 로그의 진수가 두 양수의 곱이면, 그것은 각각의 양수가 진수인 두 로그의 합과 같다(로그의 진수는 $\log x$에서 x를 의미한다— 옮긴이).

$$\begin{aligned}\log 90 &= \log(9\times 10)\\ &= \log 9 + \log 10\\ &= 0.9542\cdots + 1\end{aligned}$$

그리고

$$\log 900 = \log (9 \times 100)$$
$$= \log 9 + \log 100$$
$$= 0.9542\cdots + 2$$

이런 식으로 규칙은 계속 이어진다. 이것은 90과 900과 9000이 진수인 로그가 모두 소수점 아래 부분이 0.9542… 로 똑같은 이유를 설명해준다. 이 소수점 아래 부분은 log 9에 해당하는데, 9는 지금까지 우리가 살펴본 모든 수에 나타나는 인수이다. 서로 다른 10의 거듭제곱은 로그의 진수에서 서로 다른 정수 부분으로 나타난다(이 경우에는 소수점 앞에 있는 1, 2, 3으로). 이 때문에 만약 다른 수들의 로그 값을 알고 싶다면, 1부터 10까지의 로그만 구하면 된다. 그러면 소수점 아래 부분을 구할 수 있다. 나머지 모든 양수들의 로그는 이 값들만으로 표현할 수 있다. 10의 거듭제곱 부분은 따로 맡은 일이 있다. 이것들은 정수 부분을 담당한다.

일반적인 규칙을 기호로 나타내면 다음과 같다.

$$\log (a \times b) = \log a + \log b$$

다시 말해서, 두 수를 곱한 뒤 그것에 로그를 취하면, 그 결과는 두 수의 개개 로그를 더한 것(곱한 것이 아니라!)과 같다. 이런 의미에서 로그는 곱셈 문제를 '훨씬' 쉬운 덧셈 문제로 바꾼다. 로그가 발명된 이유는 바로 이 때문이다. 로그는 계산을 엄청나게 간편하게 만든다. 곱셈 문제와 제곱근, 세제곱근 같은 엄청나게 복잡한 계산을 직접 하는 대신에 그런 문제를 덧셈 문제로 바꾼 뒤, 로그표의 도움을 받아 쉽게 해결할 수 있다. 로그 개념은 17세기 초에 떠돌아다니고 있었지만, 로그를 유행시키는 데 가장 큰 공을 세운 사람은 1614년에 『로그의 놀라운 규칙*Mirifici Logarithmorum Canonis Descriptio*』을 출간한 스코틀랜드 수학자 존 네이피어이다. 10년 뒤, 요하네스 케플러는 행성들과 천체들의 천문표를 작성할 때 이 새로운 계산 도구를 적극적으로 사용했다. 로그는 그 시대의 슈퍼컴퓨터나 다름없었다.

많은 사람들은 로그를 혼란스럽게 여기지만, 목공 일에 비유해 생각해보면 로그가 얼마나 편리한지 이해할 수 있다. 목공에서는 각각의 도구가 서로 다른 일에 쓰인다. 망치는 나무에 못을 박는 용도로, 드릴은 구멍을 파는 용도로, 톱은 자르는 용도로 쓰인다. 이와 비슷하게 지수 함수는 스스로 되먹임되는 증가를 모형화하는 데 쓰이고, 멱함수는 덜 급격한 형태의 증가를 모형화하는 데 쓰인다. 로그가 유용한 이유는 스테이플 리무버가 유용한 이유와 같다. 즉, 다른 도구의 작용을 없었던 것으로 되돌리는 데 쓰인다. 구체적으로 말하면, 로그는 지수 함수의 작용을 무효화시키며, 지수 함수는 로그의 작용을 무효화시킨다.

지수 함수 10^x를 살펴보자. x에 어떤 수, 예컨대 3을 대입해보자. 그러면 그 결과는 1000이다. 이것을 없었던 일로 돌리려면, 계산기에서 $\log x$ 단추를 누르고 1000을 입력하면 된다. 그러면 처음의 수 3이 나온다. 밑이 10인 로그 함수 $\log x$는 지수 함수 10^x 가 한 일을 없었던 것으로 돌린다. 이런 의미에서 두 함수는 서로의 역함수이다.

로그는 역함수로서의 역할 외에도 많은 자연 현상을 기술한다. 예를 들면, 우리가 소리의 높이를 지각하는 방식은 로그 계산 방식과 비슷하다. 소리의 높이가 '도'에서 한 옥타브 위의 '도'로 올라갈 때, 관련 음파의 진동수는 두 배로 커진다. 한 옥타브가 증가할 때마다 파동의 진동수는 두 배씩 커지지만, 우리는 이 두 배 증가(진동수의 '곱셈' 변화에 해당하는)를 소리의 높이가 한 단계씩 높아지는 것으로(즉, '덧셈' 과정으로) 듣는다. 이것은 아주 기묘한 사실이다. 마음은 우리에게 1과 2 사이의 간격이 2와 4 사이의 간격과, 그리고 4와 8 사이의 간격과 같다고 믿게 한다. 어떻게 그런지는 몰라도 우리는 진동수를 로그 계산 방식으로 감지한다.

자연로그와 그 지수 함수

밑이 10인 로그는 전성기 시절에는 아주 많이 쓰였지만, 오늘날의 미적분학에서는 별로 많이 쓰이지 않는다. 겉보기에는 난해해 보이지만 10보다 훨씬 자연스러운 것으로 드러난 밑을 가진 로그가 등장해 밑이 10인 로그를 뒷전으로 밀어냈다. 자연스러운 밑은 e이다. e는 2.718에 가까운 수이지만(이것이 어디서 나왔는지는 잠시 후에 설명하겠다), 여기서 정확한 값을 따지는 것은 중요하지 않다. 중요한 것은 e가 밑인 지수 함수는 함수 자체와 정확하게 똑같은 속도로 증가한다는 사실이다.

다시 한번 반복하겠다.

e^x의 증가 속도는 e^x 자체와 같다.

이 경이로운 성질 때문에 밑이 e인 지수 함수로 표현하면, 지수 함수의 모든 계산이 아주 간단해진다. 밑이 다른 지수 함수는 이런 이점이 없다. 도함수나 적분, 미분방정식 혹은 그 밖의 어떤 미적분학 도구를 다룰 때에도 항상 밑이 e인 지수 함수가 가장 깔끔하고 우아하고 아름답다.

e는 미적분학에서 계산을 단순하게 만드는 역할 외에도 금융과 은행 업무에서 자연스럽게 나타난다. 다음 예를 보면, e가 어디서 나타나고 어떻게 정의되는지 쉽게 이해할 수 있다.

100달러를 은행에 예금했다고 하자. 그런데 이 예금에 대해 터무니없지만 차마 거부하기 힘든 연리 100퍼센트의 이자가 붙는다고 하자. 그러니까 1년이 지나면, 예금이 100달러에서 200달러로 불어난다는 뜻이다. 이제 훨씬 더 마음에 드는 시나리오를 살펴보자. 여러분이 은행을 설득하여 예금 이자를 일 년에 두 차례에 걸쳐 복리로 지불받기로 했다고 가정해보자. 즉, 6개월마다 이자에 대한 이자가 계속 붙는 것이다. 그렇다면 얼마나 더 많은 이익을 얻을까? 연리 100퍼센트를 두 번에 나눠 지급하니, 6개월의 이자는 그 절반, 즉 50퍼센트로 하는 게 합당해 보인다. 따라서 6개월이 지난 뒤, 원리금은 100달러×1.50=150달러가 된다. 다시 6개월이 지나면(즉, 일 년 뒤에는) 여기에 다시 이자가 50퍼센트가 붙어 150달러×1.50=225달러가 될 것이다. 이것은 처음 조건에서 받는 200달러보다 많은데, 일 년이 지나는 동안에도 이자에 대한 이자를 받았기 때문이다.

그 다음 질문은 만약 예금에 대한 복리 적용을 더 자주 하면(물론 해당 기간에 맞춰 이자는 낮추면서), 어떤 일이 일어나느냐 하는 것이다. 엄청나게 많은 재산을 손에 쥘 수 있을까? 3개월마다 이자를 지불하는 방식으로 바꾸면, 일 년 뒤의 원리금은 100달러×$(1.25)^4 \approx$ 244.14달러로, 225달러보다 조금 더 불어난다. 이번에는 기간을 더 잘게 쪼개 일 년 365일 동안 매일 이자를 지불하는 방식으로 바꿔보자. 그렇더라도 일 년 뒤에 손에 쥐는 돈은 크게 늘어나지 않는다.

$$100\text{달러}\times\left(1+\frac{1}{365}\right)^{365}\approx 271.46\text{달러}$$

여기서 분모와 지수의 365는 일 년 동안의 복리 지급 횟수를 가리키고, $\frac{1}{365}$에서 1은 연리 100퍼센트의 이자를 의미한다.

마지막으로 이자 지급 기간을 쪼개는 과정을 극한까지 가져가면 어떤 일이 일어나는지 살펴보자. 일 년 중 이자 지급 횟수를 n번이라고 하고 n을 엄청나게 큰 수로 만들면, 즉 이자 지급 기간을 나노초보다 더 짧은 기간으로 하고 이자율도 그에 상응해 아주 작은 값으로 만들면, 일 년 뒤에 받게 될 원리금은 다음과 같다.

$$100\text{달러}\times\left(1+\frac{1}{n}\right)^{n}$$

n이 무한대에 가까워지면, 이 액수는 100에 다음 식의 극한값을 곱한 것과 같다.

$$\left(1+\frac{1}{n}\right)^{n}$$

이 극한값이 e라는 수로 정의된다. 그 값이 정확하게 얼마인지는 분명하지 않지만, 대략 2.71828…이다.

은행업계에서는 이와 같은 금융 약정을 '연속 복리'라고 부른다. 우리가 얻은 결과는 호들갑 떨 만큼 대단한 것이 아님을 보여준다. 앞의 문제에서 1년이 지난 뒤에 손에 쥐게 되는 총액은 다음과 같다.

100달러 $\times e \approx 271.83$달러

이것이 손에 쥘 수 있는 최대 금액이지만, 일 단위로 복리를 계산하는 결과보다 겨우 37센트 더 많을 뿐이다.

우리는 방금 e를 정의하기 위해 많은 고리를 통과했다. 결국 e는 복잡한 극한값인 것으로 드러났다. 원주율을 나타내는 수 π가 그렇듯이 e에는 무한이 포함돼 있다. π를 구할 때 원 안에 내접시킨 다각형의 둘레를 계산하는 과정을 포함했다는 사실을 떠올려보라. 변의 수 n이 무한대에 접근하고 변의 길이가 0에 접근할 때 다각형이 원에 가까워졌다. e라는 수는 이와 다소 비슷한 방식으로 극한값으로 정의되는데, 다만 연속 복리 증가라는 별개의 맥락에서 나타난다는 점이 다르다.

밑이 10인 지수 함수를 10^x로 쓰는 것처럼, e가 밑인 지수 함수는 e^x로 쓴다. 처음에는 기이해 보이지만, 구조적 측면에서 이것은 밑이 10인 지수 함수와 같다. 모든 원리와 패턴이 동일하다. e^x의 값이 어떤 수, 예컨대 90이라고 할 때 x의 값을 구하려고 한다면, 앞에서 했던 것처럼 로그를 사용할 수 있다. 다만 이번에는 밑이 e인 로그, 즉 '자연로그natural logarithm'를 써야 하며, $\ln x$로 표기한다. $e^x = 90$인 x를 구하려면,

과학용 계산기에 90을 입력하고 ln x 단추를 누르기만 하면 된다. 그 값은 다음과 같다.

$$\ln 90 \approx 4.4498$$

검산을 하고 싶으면, 이 수를 화면에 그대로 둔 채 e^x 단추를 눌러 보라. 그러면 90이 나올 것이다. 로그와 지수는 스테이플러와 스테이플 리무버처럼 서로의 작용을 무효화시킨다.

이 모든 것이 난해해 보일 수도 있다. 하지만 자연로그는 실용적으로 매우 편리하게 쓰일 때가 많은데, 우리 눈에 잘 드러나지 않을 때가 많다. 한 예를 들면, 자연로그는 투자자와 은행가에게 72의 법칙으로 알려진 경험 법칙의 이면에 자리잡고 있다. 주어진 이자율로 돈이 두 배로 불어나는 데 걸리는 시간을 알고 싶다면, 72를 이자율로 나누면 된다. 예컨대 이자율이 연리 6퍼센트라면, 예금액이 두 배로 불어나는 시간은 $72 \div 6 = 12$년이 걸린다. 이 경험 법칙은 자연로그와 지수 함수적 증가의 성질에서 유래하며, 이자율이 충분히 낮을 때 잘 성립한다. 오래된 나무와 뼈의 방사성 탄소 연대 측정과 예술품 감정 논란 이면에도 자연로그가 관여한다. 한 유명한 사례는 네덜란드 화가 페르메이르의 작품으로 알려졌지만 결국 위조품으로 드러난 그림들이다.* 위조 증거는 물감에 섞인 납과 라듐의 방사성 붕괴 동위 원소 분석을 통해 드러났다. 이 예들이 시사하듯이, 지수 함수적 증가와 감소가 일어나는 모든 분야에 자연로그가 숨어 있다.

지수 함수적 증가와 감소 이면에 숨어 있는 메커니즘

요점을 다시 반복하면, e를 특별하게 만드는 것은 e^x의 변화 비율이 e^x라는 데 있다. 따라서 이 지수 함수의 그래프는 점점 더 높이 치솟을수록 그 기울기는 항상 현재의 높이와 일치한다. 더 높이 올라갈수록 기울기가 더 가팔라진다. 미적분학의 전문 용어를 사용해 표현하면, e^x는 그 자신의 도함수이다. 이렇게 말할 수 있는 함수는 오직 이것밖에 없다. e^x는 모든 함수 중에서 가장 아름답다—적어도 미적분학의 관점에서 볼 때에는.

밑이 e인 지수 함수는 유일무이한 명성을 떨치지만, 다른 지수 함수들도 비슷한 증가 원리를 따른다. 유일한 차이점은 지수 함수적 증가 비율이 함수와 정확하게 '똑같은' 것이 아니라, 함수의 현재 수준에 '비례'한다는 것이다. 하지만 이러한 비례만으로도 우리가 지수 함수적 증가와 연관 짓는 폭발적 증가를 초래하기에 충분하다.

이러한 비례 관계가 나타나는 이유에 대한 설명은 직관적으로 명백하다. 예를 들어 세균의 번식 사례에서 큰 개체군일수록 개체수가 더 빨리 증가하는데, 세균이 더 많이 존재할수록 분열하여 후손을 만드는 세균의 수도 더 많기 때문이다. 일정한 이자율의 복리 조건으로 예금한 돈이 증가하는 상황도 마찬가지다. 돈이 많을수록 이자가 더 많이 붙고, 따라서 전체 금액의 증가 속도가 더 빠르다.

이 효과는 마이크에 자신의 스피커에서 나는 소리가 들어갈 때 삐 소리가 나는 현상도 설명해준다. 스피커에는 소리를 더 크게 만드는 증폭기가 들어 있다. 증폭기는 소리의 음량을 일정한 비율만큼 증폭시킨다. 만약 마이크에 더 큰 소리가 들어가 증폭기를 다시 통과하면, 그 음량은 양성 피드백 고리를 통해 반복적으로 증폭된다. 그 결과로 현재 음량에 비례하는 속도로 증가하면서 갑작스럽게 음량이 지수 함수적으로 증폭되어 불쾌하고 시끄러운 삐 소리가 나게 된다.

같은 이유로 핵 연쇄 반응도 지수 함수적 증가의 지배를 받는다. 우라늄 원자가 분열할 때 중성자들이 튀어나오는데, 이 중성자들은 다른 원자들과 충돌하여 그 원자들을 분열시킬 수 있다. 그러면 그 원자들에서 더 많은 중성자들이 튀어나오고, 같은 과정이 계속 반복된다. 중성자 수의 지수 함수적 증가는 억제하지 않을 경우 핵폭발을 일으킬 수 있다.

급격한 증가와 마찬가지로 급격한 감소도 지수 함수로 기술할 수 있다. 지수 함수적 감소는 어떤 것이 현재 수준과 비례하는 비율로 고갈되거나 소비될 때 일어난다. 예를 들면, 고립된 우라늄 덩어리에 들어 있는 원자들 중 절반이 방사성 붕괴를 하는 데 걸리는 시간은 항상 똑같다. 이것은 처음에 덩어리 속에 원자가 몇 개가 들어 있었는가에 상관없이 언제나 성립한다. 이렇게 방사성 붕괴를 통해 처음 양의 절반으로 줄어드는 시간을 반감기라고 부른다. 이 개념은 다른 분야들에도 적용된다. 8장에서 우리는 의사들이 단백질 분해 효소 억제제라는 기적의 약을 투여하고 나서 HIV에 감염된 환자들의 혈액 속에서 바이러스 입자의 수가 반감기가 겨우 2일밖에 안 되는 비율로 지수 함수적 감소를 하는 것을 발견하고서 AIDS에 관해 중요한 사실을 알아낸 이야기를 살펴볼 것이다.

핵 연쇄 반응의 동역학과 마이크의 피드백 잡음에서부터 은행 계좌에 쌓이는 돈에 이르기까지 다양한 예들을 보면, 지수 함수와 그 로그가 시간에 따른 변화를 다루는 미적분학에 깊이 뿌리박혀 있는 것처럼 보인다. 그리고 지수 함수적 증가와 감소가 미적분학의 교차로 중 현대 쪽 부분에서 중요한 주제라는 것은 분명한 사실이다. 하지만 로그는 그 반대편에서 처음 나타났는데, 미적분학이 여전히 곡선의 기하학에 집중하고 있던 시절에 나타났다. 사실, 자연로그는 일찍이 쌍곡선 $y=\frac{1}{x}$ 아래에 있는 면적을 연구하던 시절부터 나타났다. 그 이야기는 쌍곡선 아래의 면적이 로그처럼 기이하게 행동하는 함수를 정의한다는 사실이 발견된 1640년대에 복잡하게 전개되기 시작했다. 사실, 그 함수는 로그 함수였다. 그 함수는 다른 로그와 동일한 구조적 규칙을 따랐고, 똑같이 곱셈 문제를 덧셈 문제로 바꾸었다. 하지만 그 밑은 밝혀지지 않은 채 남아 있었다.

곡선 아래의 면적에 대해서는 아직도 알아내야 할 것이 많이 남아 있었다. 이것은 미적분학 앞에 놓인 두 가지 큰 도전 과제 중 하나였다. 나머지 하나는 곡선의 접선과 기울기를 구하는 더 체계적인 방법을 찾는 것이었다. 이 두 가지 문제의 답, 그리고 두 문제 사이에 놀라운 연결 관계가 있다는 사실의 발견은 미적분학의 현대화, 그리고 세계의 현대화에 결정적 역할을 했다.

6장

변화의 용어

21세기의 관점에서 미적분학은 흔히 변화의 수학으로 간주된다. 미적분학은 두 가지 큰 개념을 사용해 변화를 계량화하는데, 그 두 가지 개념은 바로 도함수와 적분이다. 변화율을 모형화하는 도함수가 이번 장의 주요 주제이다. 변화의 누적을 모형화하는 적분은 7장과 8장에서 자세히 다룬다.

도함수는 "얼마나 빠른가?", "얼마나 가파른가?", "얼마나 민감한가?" 같은 질문에 답을 내놓는다. 이것들은 모두 이런저런 형태의 '변화율'에 관한 질문이다. 변화율은 종속 변수에 일어난 변화를 독립 변수에 일어난 변화로 나눈 값을 뜻한다. 변화율은 항상 $\frac{\Delta y}{\Delta x}$라는 형태로 표현되는데, y에 일어난 변화를 x에 일어난 변화로 나눈 값이다. 때로는 다른 문자를 사용하기도 하지만, 기본 구조는 동일하다. 예를 들어 시간이 독립 변수일 때에는 변화율을 $\frac{\Delta y}{\Delta t}$로 쓰는 게 일반적이고 더 명확하다. 여기서 t는 시간을 가리킨다.

가장 잘 알려진 변화율의 예는 '속력'이다. 자동차가 시속 100킬로미터로 달린다고 말한다면, 이것은 변화율을 제대로 나타낸 것인데, 주어진 시간($\Delta t = 1$시간) 동안 자동차가 얼마나 멀리 가는지($\Delta y = 100$킬로미터) 말하면서 속력을 $\frac{\Delta y}{\Delta t}$로 정의하기 때문이다.

마찬가지로 '가속도'도 변화율이다. 가속도는 속도의 변화율로 정의되고, 기호로는 대개 $\frac{\Delta v}{\Delta t}$로 쓰는데, 여기서 v는 속도를 가리킨다. 미국 자동차 회사 쉐보레는 자사의 고출력 자동차 V-8 카마로 SS가 4.0초 만에 정지 상태에서 시속 60마일로 가속할 수 있다고 주장하는데, 이때 이들은 가속도를 변화율로 이야기하고 있다. 속도의 변화(0에서 시속 60마일로)를 시간의 변화(4초)로 나눈 값이 가속도이다.

빗면의 '기울기'는 변화율을 보여주는 세 번째 예이다. 기울기는 빗면의 수직 높이 Δy를 수평 방향의 거리 Δx로 나눈 값으로 정의된다. 빗면이 가파를수록 기울기가 크다. 미국 법은 휠체어가 다닐 수 있는 빗면은 기울기가 1/12 미만이어야 한다고 규정하고 있다. 편평한 땅은 기울기가 0이다.

온갖 다양한 변화율 중에서 xy 평면에서 곡선의 기울기가 가장 중요하고 유용한데, 나머지 모든 변화율을 대표하기 때문이다. x와 y가 나타내는 것이 무엇인가에 따라 곡선의 기울기는 속력이나 가속도, 시급, 환율, 투자의 한계 수익, 혹은 그 밖의 어떤 변화율도 나타낼 수 있다. 예를 들면, 계피-건포도 빵 x 조각에 든 칼로리의 양 y를 그래프로 나타내면, 빵 조각 하나당 200칼로리의 기울기를 가진 직선으로 나타난다. 기울기(기하학적 특징)는 빵이 칼로리(영양학적 특징)를 제공하는 비율을 말해준다. 이와 비슷하게 자동차가 달리는 거리를 시간에 대한 그래프로 나타냈을 때, 그 기울기는 자동차의 속력을 말해준다. 따라서 기울기는 일종의 보편적인 변화율이다. 변수가 하나뿐인 함수는 어떤 것이라도 항상 xy 평면 위에 곡선으로 나타낼 수 있기 때문에, 그 그래프의 기울기를 알아냄으로써 변화율을 구할 수 있다.

문제는 현실 세계나 수학에서 변화율이 일정한 경우가 드물다는 점이다. 그럴 경우, 변화율을 정의하는 일이 골칫거리가 될 수 있다. 미분학에서 첫 번째 큰 문제는 변화율이 계속 변할 때, 그 변화율이 무엇을 의미하는지 정의하는 것이다. 속도계와 GPS 장비는 이 문제를 해결했다. 이 장비들은 자동차 속도가 빨라지거나 느려지더라도 어떤 속도를 보고해야 하는지 항상 안다. 어떻게 그럴 수 있을까? 어떤 계산을 통해 이 일을 해낼까? 앞으로 보게 되겠지만, 당연히 미적분을 사용해 그 일을 해낸다.

속도가 반드시 일정할 필요가 없는 것처럼 기울기 역시 반드시 일정해야 할 이유가 없다. 원이나 포물선 혹은 그 밖의 매끄러운 경로(완전한 직선이 아니기만 하면 된다) 같은 곡선 위에서는 어떤 곳은 기울기가 더 가파르고 어떤 곳은 더 완만하다. 현실 세계에서도 그렇다. 산길에는 위험할 정도로 아주 가파른 장소도 있고, 편히 걸어갈 수 있는 편평한 장소도 있다. 그래서 질문은 남아 있다. 기울기가 계속 변한다면, 기울기를 어떻게 정의해야 할까?

맨 먼저 알아야 할 것은 우리가 아는 변화율 개념을 확대할 필요가 있다는 것이다. '거리 = 변화율(속력) × 시간'이라는 식을 포함하는 대수학 문제에서 변화율은 항상 상수이다. 하지만 미적분학에서는 그렇지 않다. 독립 변수 x나 t가 변함에 따라 속력과 기울기를 포함해 그 밖의 변화율도 변하기 때문에 이것들은 그 자체가 함수라고 보아야 한다. 변화율은 더 이상 단순히 수에 불과한 게 아니다. 변화율도 함수가 되어야 한다.

'도함수' 개념이 우리를 위해 바로 그 일을 해준다. 도함수는 변화율을 함수로 정의한다. 설사 변화율이 가변적이더라도, 도함수는 주어진 점이나 시간에서의 변화율을 구체적으로 명시한다. 이 장에서 우리는 도함수를 어떻게 정의하고, 도함수가 무엇을 의미하며, 도함수가 왜 중요한지 살펴볼 것이다.

여러분에게 비밀을 살짝 귀띔하자면, 도함수가 중요한 이유는 도함수가 도처에 존재하기 때문이다. 가장 깊은 수준에서 자연의 법칙은 도함수로 표현된다. 마치 우주는 우리보다 먼저 변화율을 알고 있는 것처럼 보인다. 더 일상적인 수준에서는 어떤 것의 변화가 다른 것의 변화와 어떤 관계가 있는지 계량화하려고 할 때마다 항상 도함수가 나타난다. 앱의 가격을 올리면, 소비자의 수요에 어떤 영향이 미칠까? 스타틴(콜레스테롤 수치를 낮추는 약—옮긴이) 복용량을 늘리면, 환자의 콜레스테롤 수치를 낮추는 효과나 간 손상 같은 부작용을 초래할 위험이 얼마나 높아질까? 어떤 관계를 조사할 때마다 우리는 다음과 같은 것을 알고 싶어 한다. 만약 한 변수가 변하면, 그와 연관된 변수는 어느 정도나 변할까? 그리고 그 변화는 증가와 감소 중 어느 방향으로 나타날까? 이것들은 바로 도함수에 관한 질문이다. 로켓의 가속도, 인구 성장률, 투자의 한계 수익, 수프 접시의 온도 기울기 등 이 모든 것이 도함수이다.

미적분학에서 도함수를 나타내는 기호는 $\frac{dy}{dx}$이다. 이것을 보고서 아마도 여러분은 통상적인 변화율 $\frac{\Delta y}{\Delta x}$가 떠올랐을 텐데, 여기서는 두 가지 변화 dy와 dx가 무한히 작다고 가정한다는 차이점이 있다. 이것은 우리가 천천히 그리고 부드럽게 살펴볼 아주 새로운 개념이지만, 아주 놀라운 개념으로 비치지는 않을 것이다. 우리는 무한의 원리를 설명할 때, 복잡한 문제를 해결하는 방법은 그것을 무한히 작은 조각들로 쪼개고, 그 조각들을 분석한 뒤, 다시 조각들을 모두 합쳐 답을 찾는 것이라고 배웠다. 작은 변화인 dx와 dy는 미분 상황에서 바로 무한히 작은 조각들에 해당한다. 그리고 이것들을 다시 합쳐 전체로 만드는 것은 바로 적분이 하는 일이다.

미적분학의 세 가지 중심 문제

앞으로 만날 것들에 대비해 우리는 처음부터 마음속에 큰 그림을 그릴 필요가 있다. 미적분학에는 세 가지 중심 문제가 있다. 다음 다이어그램이 그 문제들을 도식적으로 보여준다.

1) 순방향 문제: 곡선이 주어졌을 때, 곡선 위 모든 지점의 기울기를 구하라.
2) 역방향 문제: 곡선 위 모든 지점의 기울기가 주어졌을 때, 그 곡선을 구하라.
3) 면적 문제: 주어진 곡선에서 곡선 아래의 면적을 구하라.

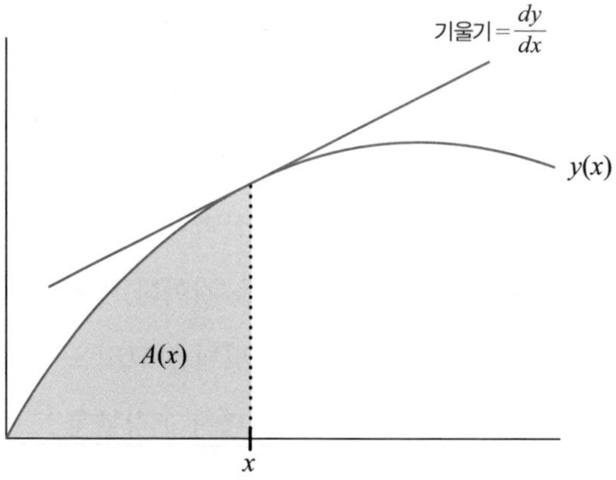

이 다이어그램은 일반적인 함수 $y(x)$의 그래프를 보여준다. 나는 x와 y가 무엇을 나타내는지 말하지 않았는데, 그것은 중요하지 않기 때문이다. 이 그림은 완전히 일반적인 것이며, 평면 위의 곡선을 보여준다. 이 곡선은 변수가 하나인 어떤 함수라도 나타낼 수 있고, 그런 함수가 나타나는 곳이면 어떤 수학이나 과학 분야에도 적용할 수 있으며, 그런 함수는 본질적으로 도처에 존재한다. 그 기울기와 면적의 중요성은 나중에 설명할 것이다. 여기서는 그냥 있는 그대로, 즉 기울기와 면적으로 생각하라.

이 곡선은 두 가지 방식으로 바라볼 수 있다. 하나는 낡은 방식이고, 하나는 새로운 방식이다. 미적분학이 등장하기 전인 17세기 초에는 이러한 곡선은 기하학적 대상으로 간주되었다. 곡선은 그 자체만으로도 흥미로운 대상으로 여겨졌다. 수학자들은 그 기하학적 성질들을 계량화하길 원했다. 주어진 곡선의 모든 점에서 접선의 기울기와 곡선의 호 길이, 곡선 아래의 면적 등을 구하는 방법을 알길 원했다. 21세기의 우리는 곡선을 만드는 함수에 더 큰 관심이 있다. 함수들은 자연 현상이나 기술적 절차를 모형화하며, 곡선의 모습으로 자신을 드러낸다. 곡선은 데이터이지만, 그 이면에는 더 깊은 것이 숨어 있다. 오늘날 우리는 곡선을 모래 위에 남은 발자국으로, 즉 그 곡선을 만든 과정을 알려주는 단서로 여긴다. 우리가 관심을 가진 것은 바로 그 과정(함수로 모형화된)이지, 뒤에 남은 흔적이 아니다.

이 두 관점의 충돌은 왜 곡선의 수수께끼가 운동과 변화의 수수께끼와 충돌했는지 알려준다. 고대의 기하학이 현대 과학과 충돌한 이유도 이것으로 설명할 수 있다. 비록 우리는 현대에 살고 있지만, 나는 더 오래된 관점에서 그림을 그리기로 선택했는데, xy 평면이 그만큼 우리에게 익숙하기 때문이다. 이것은 미적분학의 세 가지 중심 문제를 가장 명료하게 이해하는 방법을 제공하는데, 세 가지 문제는 기하학적으로 제시할 때 쉽게 시각화할 수 있기 때문이다. (동일한 개념을 곡선과 기울기 대신에 속력과 거리 같은 동역학적 개념을 사용해 운동과 변화로 나타낼 수도 있지만, 여러분이 기하학을 좀 더 잘 알고 난 뒤에 그렇게 할 것이다.)

이 질문들은 함수의 관점에서 해석해야 한다. 즉, 곡선의 기울기를 말할 때, 이것은 단지 한 특정 점에서의 기울기를 말하는 게 아니라 임의의 점 x에서의 기울기를 말한다. 곡선 위에서의 움직임에 따라 기울기는 계속 변한다. 우리의 목표는 그것이 x의 함수로서 어떻게 변하는지 이해하는 것이다. 이와 비슷하게 곡선 아래의 면적은 x에 좌우된다. 다이어그램에서는 이 면적을 회색 음영으로 표시하고, $A(x)$라는 기호로 나타냈다. 이 면적 역시 x의 함수로 간주해야 한다. x가 커질수록 수직 점선은 오른쪽으로 이동하고, 그에 따라 면적도 늘어난다. 따라서 면적은 우리가 선택하는 x에 따라 결정된다.

이것들이 세 가지 중심 문제이다. 곡선의 변하는 기울기를 어떻게 알아낼 수 있을까? 그 기울기로부터 곡선을 어떻게 재구성할 수 있을까? 그리고 곡선 아래에서 변하는 면적을 어떻게 알 수 있을까?

기하학의 맥락에서 표현한 이 질문들은 매우 무미건조하게 들릴 수 있다. 하지만 질문들을 현실 세계에서 재해석하면, 즉 21세기의 관점에서 운동과 변화에 관한 문제로 재해석하면, 이 질문들은 엄청나게 광범위한 것으로 변한다. 기울기는 변화율을 측정하고, 면적은 변화의 누적을 측정한다. 그래서 기울기와 면적은 물리학, 공학, 금융, 의학을 비롯해 변화가 늘 중요한 관심사인 모든 분야에서 나타난다. 문제와 그 해결책을 알면 현대식 계량적 사고의 우주가 열린다. 적어도 일변수 함수에 관해서는 그렇다. 사실을 다 이야기하자면, 미적분학에는 이것 말고도 다변수 함수와 미분방정식을 비롯해 더 많은 것이 있다는 사실을 언급하지 않을 수 없다. 하지만 모든 일에는 다 적당한 때가 있는 법이니, 이것들은 나중에 자세히 다루기로 하자.

이 장에서는 일변수 함수와 그 도함수(그 함수의 변화율)를 다루는데, 일정한 비율로 변하는 함수들에서 시작해 그보다 더 어려운 함수들, 즉 변화율이 변하는 함수들로 옮겨갈 것이다. 미분학이 진정으로 진가를 발휘하는 지점은 바로 이곳, 즉 항상 변하는 변화를 이해하는 것이다.

일단 변화율을 이해하고 나면, 다음 장에서 만나게 될 더 어려운 주제인 변화의 누적 문제를 다룰 준비가 된다. 거기서 우리는 순방향 문제와 역방향 문제가 겉으로는 서로 아주 달라 보이지만, 사실은 태어나자마자 서로 떨어져 살아가게 된 쌍둥이라는 사실을 알게 될 텐데, 이 충격적인 사실을 '미적분학의 기본 정리'라 부른다. 이 정리는 변화율과 변화의 누적이 어느 누가 상상한 것보다 훨씬 더 긴밀한 관계라는 사실을 드러냈고, 둘로 쪼개져 있던 미적분학의 두 분야를 통합시켰다.

하지만 먼저 변화율이 시작되는 곳에서 이야기를 시작하기로 하자.

선형 함수와 일정한 변화율

일상생활의 많은 상황은 한 변수가 다른 변수와 비례하는 선형 관계로 기술된다. 예를 들면, 다음과 같은 상황들이 있다.

1) 지난여름, 내 딸 레아는 옷가게에서 첫 일자리를 얻었다. 급료는 시간당 10달러였으므로, 두 시간 일하면 20달러를 벌었다. 더 일반적으로는 t시간 동안 일하면 y달러를 벌었는데, 여기서 $y = 10t$의 관계가 성립한다.
2) 어떤 자동차가 고속도로에서 시간당 60킬로미터를 달린다. 따라서 한 시간 뒤에는 60킬로미터를 가고, 두 시간 뒤에는 120킬로미터를 갈 것이다. t시간 뒤에는 $60t$킬로미터를 간다. 여기서 $y = 60t$의 관계가 성립하는데, y는 자동차가 t시간 동안 달린 거리를 킬로미터 단위로 나타낸 것이다.
3) 미국 장애인법에 따르면, 휠체어가 통행하는 경사로는 길이 12인

치당 높이가 1인치 이상이어서는 안 된다. 허용 가능한 최대의 기울기를 가진 경사로에서 길이와 높이 사이의 관계는 $y = \frac{x}{12}$인데, y는 높이를, x는 길이를 나타낸다.

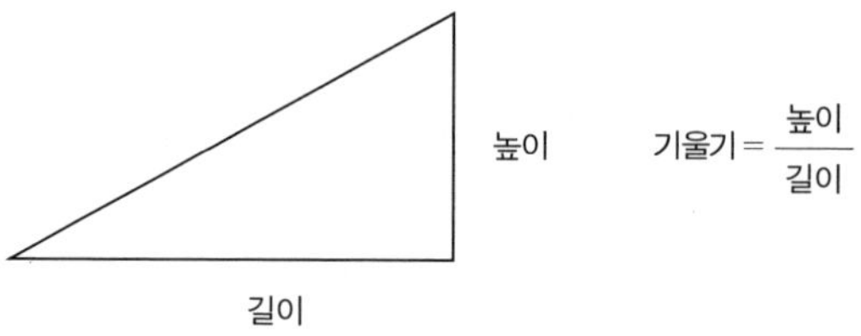

이 모든 선형 관계에서 종속 변수는 독립 변수에 대해 일정한 비율로 변한다. 내 딸의 급료 변화율은 시간당 10달러로 늘 일정하다. 자동차의 속력 역시 시속 60킬로미터로 늘 일정하다. 휠체어의 통행이 가능한 경사로도 $\frac{\text{높이}}{\text{길이}}$로 정의되는 기울기가 $\frac{1}{12}$로 일정하다. 내가 좋아하는 계피-건포도 빵도 마찬가지다. 한 조각당 200칼로리의 일정한 비율로 칼로리를 제공한다.

미적분학에서 '변화율'은 항상 두 가지 변화의 비율을 의미한다. 즉, y의 변화를 x의 변화로 나눈 값으로, 기호로는 $\frac{\Delta y}{\Delta x}$로 표기한다. 예를 들어 내가 빵 두 조각을 더 먹는다면, 나는 400칼로리를 추가로 섭취하는 셈이다. 따라서 이에 대응하는 변화율은 다음과 같다.

$$\frac{\Delta y}{\Delta x} = \frac{400\text{칼로리}}{2\text{조각}}$$

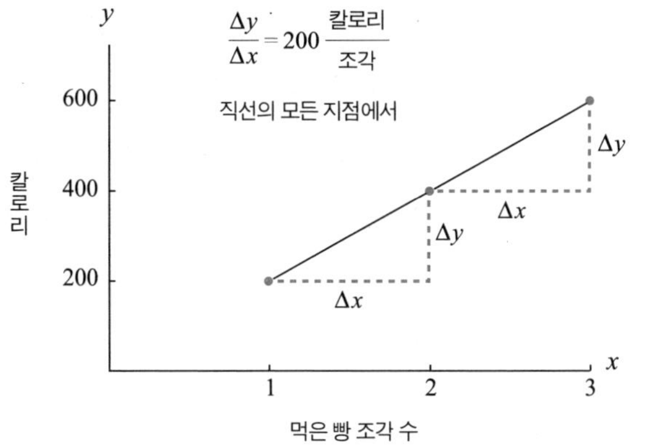

이를 간단히 하면 한 조각당 200칼로리가 된다. 여기에는 놀랄 것이 전혀 없다. 하지만 여기서 흥미로운 사실은 이 변화율이 일정하다는 것이다. 내가 이미 빵을 몇 조각 먹었건 상관없이 변화율은 늘 일정하다.

변화율이 일정할 때, 변화율을 조각당 200칼로리, 시간당 10달러, 또는 기울기 $\frac{1}{12}$처럼 단순히 하나의 수로 생각하고 싶은 유혹이 든다. 여기서는 그래도 아무 문제가 없지만, 나중에는 문제가 된다. 더 복잡한 상황에서는 변화율이 일정하게 유지되지 않는다. 예를 들어 가파른 곳과 편평한 곳이 반복되면서 기복이 심한 지형을 걷는 상황을 생각해보라. 이런 지형의 기울기는 위치의 함수이다. 여기서 기울기를 단순히 하나의 수에 불과하다고 생각한다면 잘못이다. 마찬가지로 자동차가 가속을 하거나 행성이 태양 주위를 돌 때, 그 속도는 끊임없이 변한다. 그렇다면 속도를 시간의 함수로 간주할 필요가 있다. 따라서 이제 우리는 이것을 습관으로 몸에 붙여야 한다. 그리고 변화율을 수로 생각하는 습관을 버려야 한다. 변화율은 함수이다.

여기서 혼란이 발생할 가능성이 있는데, 우리가 살펴본 선형 관계에서는 변화율 함수가 일정하기 때문이다. 그래서 선형 관계 맥락에서는 변화율을 수로 취급하더라도 문제가 되지 않는다. 독립 변수를 바꾸더라도 변화율은 변하지 않는다. 내 딸의 급료 변화율은 얼마나 많이 일하건 상관없이 시간당 10달러이다. 경사로의 기울기는 경사로 모든 곳에서 $\frac{1}{12}$이다. 하지만 이것에 현혹되어서는 안 된다. 이 변화율들은 그래도 여전히 함수이다. 그저 '상수 함수'일 뿐이다. 상수 함수의 그래프는 조각당 항상 200칼로리가 들어 있는 계피-건포도 빵의 다음 그래프에서처럼 수평선을 그린다.

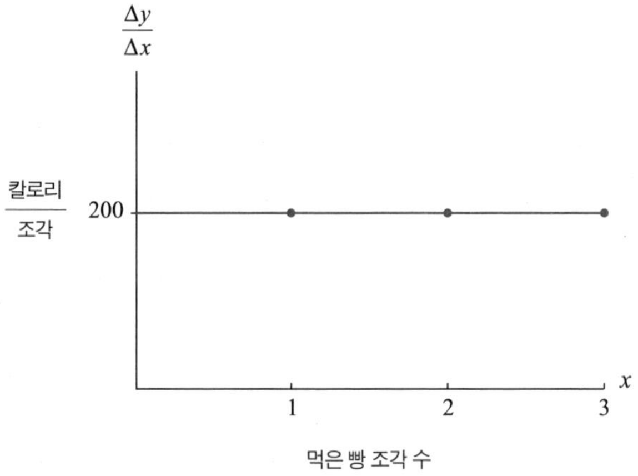

다음 절에서 선형이 아닌 관계를 다룰 때, 그것을 xy 평면에서 그래프로 나타내면, 그 그래프는 직선이 아니라 곡선으로 나타난다는 사실을 보게 될 것이다. 어쨌든 직선이건 곡선이건 그래프는 늘 그것을 만들어낸 관계에 대해 많은 것을 알려준다. 그래프는 관계의 증명

사진 또는 서명과 같으며, 자신을 만들어낸 것의 정체를 드러내는 단서이다.

함수와 함수의 그래프 사이의 차이에 유의하라. 함수는 x를 삼키고 y를 뱉어내는 규칙이며, 각각의 x에 대해 단 하나의 y만 뱉어내는 방식으로 작용한다. 이런 의미에서 함수는 실체가 없다. 함수를 바라보면 아무것도 보이지 않는다. 함수는 유령처럼 실체가 없는, 추상적인 규칙이다. 예를 들면, 그 규칙은 "내게 어떤 수를 입력하면, 그 수의 10배를 돌려주마."와 같은 것일 수 있다. 이와는 대조적으로 함수의 그래프는 눈으로 보고 거의 손으로 만질 수 있는 형태를 갖고 있다. 구체적으로 말하면, 내가 방금 설명한 함수의 그래프는 원점에서 출발하는 기울기가 10인 직선으로, $y = 10x$라는 방정식으로 정의된다. 하지만 함수 자체는 직선이 아니다. 함수는 직선을 낳는 규칙이다. 함수의 모습을 드러내게 하려면, x에 어떤 값을 대입하여 그것에 대응하는 y 값을 뱉어내게 하면서, 모든 x에 대해 같은 과정을 반복하여 그 결과를 그리면 된다. 그렇게 하더라도 함수 자체는 보이지 않는 상태로 남아 있다. 우리 눈앞에 나타나는 것은 함수의 그래프이다.

비선형 함수와 변하는 그 변화율

선형 관계가 아닌 함수는 그 변화율 $\frac{\Delta y}{\Delta x}$가 일정하지 않다. 기하학적으로 말하면, 함수의 그래프가 점마다 계속 기울기가 변하는 곡선이라는 뜻이다. 그 예로 다음 포물선을 살펴보자.

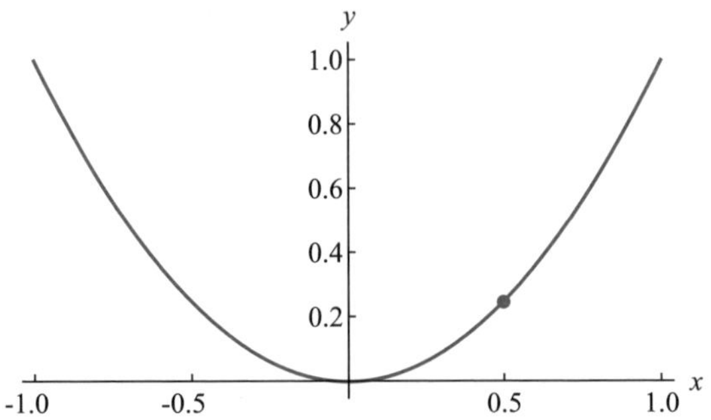

이 그래프는 $y=x^2$의 곡선으로, 계산기에는 가장 단순한 비선형 함수인 제곱 함수를 나타내는 x^2이라는 단추로 포함돼 있다. 이 예는 도함수를 접선의 기울기로 정의하는 것에 익숙해지게 하고, 왜 이 정의에 극한값이 관여하는지 분명히 보여줄 것이다.

포물선을 살펴보면, 어떤 부분은 가파르고 어떤 부분은 비교적 편평하다는 걸 알 수 있다. 가장 편평한 부분은 바닥에 해당하는 점인 $x=0$이다. 여기서 우리는 아무 노력을 기울이지 않더라도 그 도함수가 0임을 알 수 있다. 바닥을 지나가는 접선은 x축이 분명하므로 그 도함수는 0일 수밖에 없다. 포물선을 일종의 경사로로 보면, 이 직선은 솟아오른 부분이 전혀 없이 수평으로만 달리므로, 기울기가 0이다.

하지만 포물선의 다른 점들에서는 접선의 기울기가 얼마인지 즉각 명확하게 알 수 없다. 사실, 전혀 명확하지 않다. 접선의 기울기를 알아내기 위해 아인슈타인이 즐긴 사고 실험을 해보자. 포물선 위의 임의의 점 (x, y)를 크게 확대해, 그 점을 항상 시야의 중심에 두고 볼 때 무엇을 보게 될지 상상해보자. 이것은 마치 직선의 한 부분을 현미경으로 바라보면서 확대 배율을 점차 높이는 것과 비슷하다. 점점 더 확대하며 다가갈수록 포물선의 그 부분은 점점 더 직선에 가까워질 것이다. '무한히' 확대한 극한에 이르면(그 점 주변의 곡선 중 '무한히' 짧은 조각을 확대하면), 확대한 부분은 직선에 가까워질 것이다. 이때, 이 극한 직선을 곡선의 해당 지점을 지나가는 '접선'으로 정의하고, 접선의 기울기를 그 점의 '도함수'로 정의한다.

여기서 우리가 무한의 원리를 사용하고 있다는 사실에 주목하라. 복잡한 곡선을 무한히 작은 직선 조각들로 쪼갬으로써 더 단순하게 만들려고 노력하고 있다. 이것은 우리가 미적분학에서 늘 하는 일이다. 곡선 형태는 어렵다. 하지만 직선 형태는 쉽다. 설사 그 수가 무한히 많고, 그 크기가 무한히 작다 하더라도 말이다. 이런 식으로 도함수를 계산하는 것은 전형적인 미적분 방법이며, 무한의 원리를 적용하는 가장 기본적인 방법 중 하나이다.

이 사고 실험을 하려면 확대할 곡선 위의 한 점을 선택할 필요가 있다. 어떤 점이라도 상관없지만, 수치적으로 편리한 것은 포물선에서 $x=\frac{1}{2}$에 있는 점이다. 앞의 그래프에서 나는 이 점을 굵은 점으로 표시했다. xy 평면에서 이 점은 다음 위치에 있다.

$$(x,y)=\left(\frac{1}{2},\frac{1}{4}\right)$$

혹은 소수로 표기하면 $(x, y)=(0.5, 0.25)$이다. 이 점에서 y가 $\frac{1}{4}$인 이유는 포물선 위에 있는 점이 되려면 $y=x^2$이라는 정의를 만족해야 하기 때문이다. 따라서 $x=\frac{1}{2}$일 때, 이 점의 y 값은 다음이 되어야 한다.

$$y=x^2=\left(\frac{1}{2}\right)^2=\frac{1}{4}$$

이제 우리는 이 점을 확대할 준비가 되었다. 점 $(x, y)=(0.5, 0.25)$를 현미경 중심에 놓는다. 컴퓨터 그래픽의 도움을 받아 이 점 주위의 곡선 부분을 크게 확대해보겠다. 첫 번째 확대 모습은 다음과 같다.

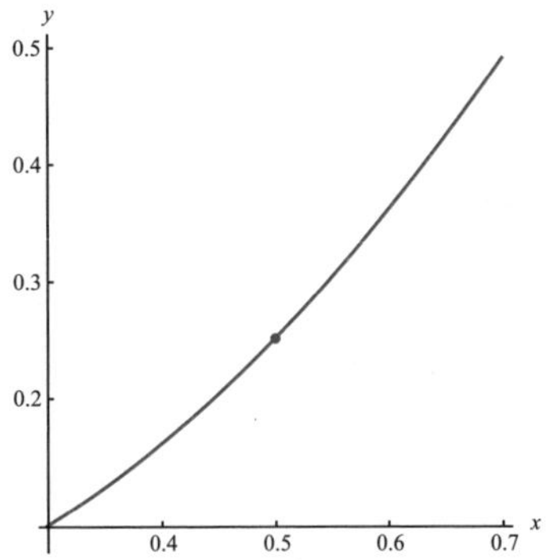

확대한 이 모습에서는 포물선의 전반적인 모습이 사라져 보이지 않는다. 대신에 약간 구부러진 호가 보인다. 전체 포물선 중 $x=0.3$부터 $x=0.7$까지의 이 작은 부분은 전체 포물선보다 덜 구부러져 보인다.

$x=0.49$부터 $x=0.51$에 해당하는 부분을 더 크게 확대해보자. 그 모습은 이전보다 훨씬 더 똑바른 것처럼 보이지만 완전히 직선은 아닌데, 여전히 포물선의 일부이기 때문이다.

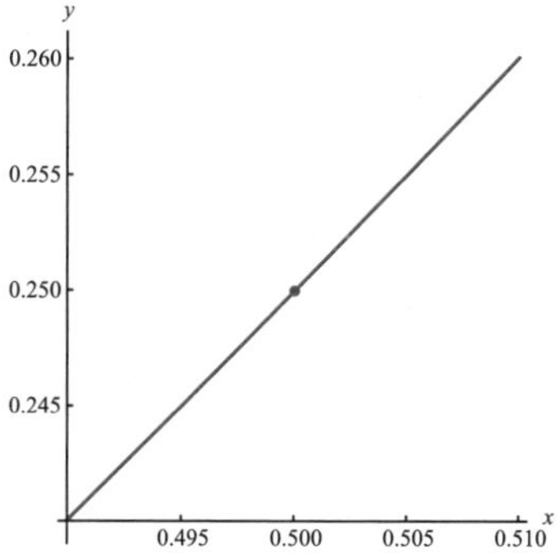

전반적인 추세는 명백하다. 확대 비율을 높일수록 조각은 점점 더 직선에 가까워진다. 거의 직선에 가까운 이 조각의 높이 대 길이 비율인 $\frac{\Delta y}{\Delta x}$를 측정하면서 점점 더 크게 확대하면, Δx가 0에 가까워짐에 따라 우리는 사실상 기울기 $\frac{\Delta y}{\Delta x}$의 극한값에 다가가게 된다. 컴퓨터 그래픽은 거의 직선에 가까운 이 부분의 기울기가 1에 점점 가까워진다는 것을 보여준다(이는 $45°$ 도 각도의 직선에 해당한다).

약간의 대수학 계산을 통해 이 기울기의 극한값이 '정확하게' 1임을 증명할 수 있다. (그 계산을 어떻게 하는지는 8장에서 보게 될 것이다.) 게다가 단지 $x=\frac{1}{2}$에서뿐만 아니라 임의의 x에 대해서도 동일한 계산을 해보면, 극한 기울기(따라서 접선의 기울기)가 포물선 위의 임의의 점 (x, y)에서 $2x$라는 것을 알 수 있다. 이를 미적분학의 전문 용어로 표현하면 다음과 같다.

x^2의 도함수는 $2x$이다.

더 나아가기 전에 이 도함수 규칙을 증명하고 싶은 유혹이 들지만, 여기서는 그냥 이것을 받아들이고 이 규칙이 무엇을 의미하는지만 살펴보자. 우선 이 규칙은 $x=\frac{1}{2}$인 점에서의 기울기는 $2x=2\times\frac{1}{2}=1$이라고 말하는데, 컴퓨터 그래픽에서 본 것과 동일한 결과이다. 또한 $x=0$인 포물선 바닥 지점에서는 기울기가 2×0, 즉 0이 된다고 말하는데, 이것 역시 옳다는 것은 이미 앞에서 보았다. 마지막으로 $2x$ 공식은 포물선에서 오른쪽으로 갈수록 기울기가 증가한다고 예측한다. 즉, x가 커질수록 기울기($=2x$)도 커지는데, 이것은 포물선이 점점 더 가팔라진다는 것을 뜻하며, 실제로도 그렇다.

포물선을 사용한 우리의 실험은 도함수에 관한 두 가지 주의 사항을 이해하는 데 도움을 준다. 우리는 곡선을 크게 확대했을 때 곡선이 극한 직선에 가까워지는 경우에만 도함수를 정의할 수 있다. 몇몇 병적인 곡선들에서는 도함수를 구할 수 없다. 예를 들어 만약 한 점에 예리한 모퉁이가 있는 V자 모양이 곡선에 포함돼 있다면, 그 점은 확대하더라도 여전히 모퉁이로 보일 것이다. 곡선을 아무리 크게 확대하더라도 모퉁이는 사라지지 않으며, 절대 직선으로 보이지 않을 것이다. 이 때문에 V자 모양 곡선의 모퉁이 지점은 잘 정의된 접선이나 기울기가 없으며, 따라서 그곳의 도함수는 구할 수 없다.

하지만 어떤 점을 선택하건 충분히 크게 확대할 때 그 부분이 점점 더 직선에 가까워지는 곡선을 '매끄러운' 곡선이라고 부른다. 이 책 전체에 걸쳐서 나는 이전의 선구자들이 그랬던 것처럼 곡선들과 미적분 과정이 매끄럽다고 가정했다. 하지만 현대 미적분학을 통해 수학자들은 매끄럽지 않은 곡선을 다루는 법을 배웠다. 응용 과정에서 매끄럽지 않은 곡선의 불편함과 병적 측면이 가끔 나타나는 경우가 있는데, 물리적 계의 행동에 일어나는 갑작스런 도약이나 그 밖의 불연속성이 그 원인이다. 예를 들어 전기 회로의 스위치를 켜면, 전류가 전혀 흐르지 않던 상태에서 갑자기 많이 흐르는 상태로 변한다. 전류의 세기를 시간에 대한 그래프로 나타내면, 전류가 흐르기 시작할 때 불연속적인 도약을 통해 거의 수직에 가까운 돌발적 상승이 나타난다. 때로는 이러한 돌발적 전이를 정말로 불연속적인 도약으로 모형화하는 것이 편리한데, 이 경우 시간의 함수로 나타낸 전류는 스위치를 켜는 순간에는 도함수를 가지지 않는다.

고등학교나 대학교의 미적분학 강의에서는 처음에는 위에 나온 x^2의 도함수를 구하거나, "$\sin x$의 도함수는 $\cos x$이다." 또는 "$\ln x$의 도함수는 $\frac{1}{x}$이다."와 같은 도함수 규칙을 계산하거나 배우는 데 많은 시간을 보낸다. 하지만 우리에게는 도함수의 개념을 이해하고, 그 추상적 정의가 실제로 어떻게 적용되는지 아는 게 더 중요하다. 이를 위해 실제 세계로 돌아가보자.

낮의 길이 변화율로 나타낸 도함수

4장에서 우리는 낮의 길이가 계절에 따라 어떻게 변하는지 나타낸 데이터를 보았다. 그때 우리의 목적은 사인파, 곡선을 데이터에 맞추는 법, 데이터 압축 등의 개념을 설명하는 것이었지만, 이제 이 데이터를 가변적인 변화율을 설명하고 도함수를 다른 맥락에서 현실에 적용하는 목적으로 사용할 수 있다.

앞서의 데이터는 2018년 일 년 동안 매일 뉴욕시의 낮 시간(일출부터 일몰까지의 시간)을 분 단위로 나타낸 것이었다. 이 맥락에서 적절한 도함수는 하루가 지날 때마다 낮의 길이가 길어지거나 짧아지는 변화율이다. 예컨대 1월 1일은 일출부터 일몰까지의 시간이 9시간 19분 23초이다. 1월 2일은 9시간 20분 5초로, 그 시간이 조금 더 길어진다. 늘어난 42초(0.7분)는 일 년 중 특정 날에 낮의 길이가 얼마나 빨리 길어지고 있는지를 나타낸다. 낮의 길이는 하루당 약 0.7분의 비율로 길어지고 있다.

비교를 위해 2주일 뒤인 1월 15일의 변화율을 살펴보자. 그날과 그다음 날 사이에 낮의 길이는 90초가 늘어났는데, 이것은 하루당 1.5분에 해당하여 2주일 전에 측정한 0.7분보다 두 배 이상 길다. 따라서 낮의 길이는 1월에 단지 길어졌을 뿐만 아니라, 하루하루가 지날 때마다 '더 빠르게' 길어졌다.

이 환영할 만한 추세는 그다음 수 주일 동안 계속 이어졌다. 봄이 다가옴에 따라 낮의 길이는 계속 길어졌다(그리고 '더 빠르게' 길어졌다). 춘분인 3월 20일에 증가율은 하루당 2.72분으로 최고점을 찍었다. 그날의 데이터는 앞서 4장에 나온 그래프에서 확인할 수 있다. 왼쪽에서 1/4쯤 지난 지점인 그날은 79일째 되는 날로, 낮의 길이 파동이 가장 가파르게 상승하는 지점이다. 이것은 이치에 맞는다. 그래프가 가장 가파른 곳은 가장 빠르게 상승하는 곳인데, 이것은 그 도함수가 가장 큰 값을 갖고, 낮의 길이가 최대한 빠르게 길어진다는 것을 뜻한다. 이 모든 일이 봄의 첫날에 일어난다.

이번에는 이와 대조적으로 일 년 중 낮의 길이가 가장 짧은 날들을 생각해보자. 이 날들은 이중의 고통을 안겨준다. 가장 어두운 이 겨울날들은 단지 낮의 길이가 짧기만 한 게 아니다. 하루하루가 지나도 낮의 길이는 멈춰선 듯이 그다지 변화가 없다. 하지만 생각해보면 이것은 이치에 닿는 일이다. 낮의 길이가 가장 짧은 날들은 낮의 길이 파동에서 바닥에 도달했을 때 일어나는데, 바닥에서는 파동이 편평하다(그렇지 않다면 그곳은 바닥이 될 수 없는데, 더 좋아지거나 나빠져야 하기 때문이다). 바닥에서 파동이 편평하기 때문에 그 도함수는 0이다. 즉, 그곳에서는 변화율이 적어도 잠깐 동안은 정지 상태가 된다는 뜻이다. 그런 날들에는 마치 봄이 영영 오지 않을 것처럼 느껴진다.

나는 많은 사람들에게 감정적 의미를 지닌 춘분과 하지 부근의 두 시기에 초점을 맞춰 소개했지만, 일 년 전체를 살펴보는 것이 훨씬 유익하다. 낮의 길이 변화율의 계절적 변화를 추적하기 위해 나는 1월 1일부터 시작해 일 년 동안 2주일 간격으로 낮의 길이의 변화량을 계산해 그래프로 나타내보았다. 다음 그래프가 그 결과이다.

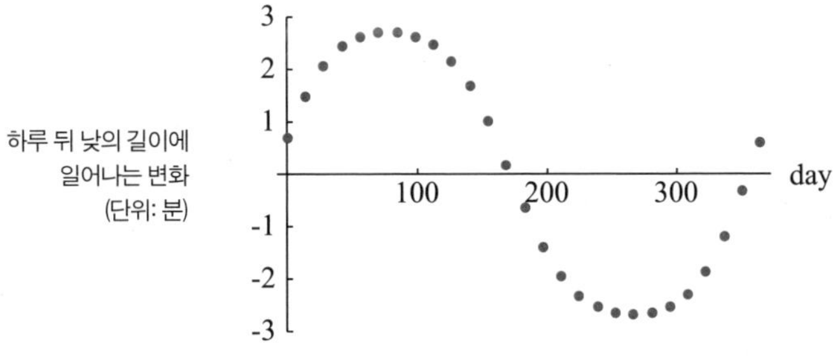

수직축은 하루하루의 변화율을 나타낸다. 즉, 하루가 지날 때 늘어나거나 줄어드는 낮의 길이를 분 단위로 보여준다. 수평축은 그날이 일 년 중 언제인지 보여주는데, 1부터(1월 1일) 365까지(12월 31일)의 숫자로 표시돼 있다.

그 변화율은 파도처럼 출렁인다. 그것은 낮의 길이가 길어지기 시작하는 한겨울과 초봄에 양의 값으로 시작해 79일째(춘분인 3월 20일) 무렵에 정점에 이른다. 우리가 이미 알고 있듯이, 이 무렵은 낮의 길이가 하루당 약 2.72분씩 가장 빠르게 증가하는 시기이다. 하지만 그 날 이후에는 변화율이 하향 추세로 돌아선다. 변화율은 죽 감소하다가 172일째인 하지(6월 21일)를 지나면 음의 값으로 변한다. 내일이 되면 오늘보다 낮의 길이가 더 짧아진다. 낮의 길이가 가장 빨리 짧아지는 9월 22일 무렵에 변화율은 바닥에 이르고, 355일째인 동지(12월 21일)까지 음의 값에 머문다. 동지를 지나면 낮의 길이가 비록 감지하기 힘들 만큼이긴 하지만 다시 길어지기 시작한다.

이 파동을 4장에서 보았던 파동과 비교해보면 흥미로운 것을 발견할 수 있다. 두 파동을 나란히 놓고 똑같은 진폭을 갖도록 조정하면, 다음과 같은 모습이 된다.

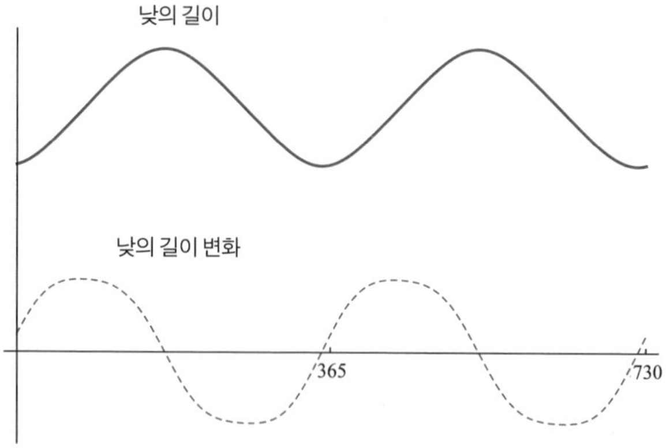

(여기서는 파동의 반복성을 강조하기 위해 2년 치의 데이터를 나타냈다. 그리고 두 파동의 비교 효과를 높이기 위해 점들을 연결했고, 파동의 형태와 시기에 주의를 집중하기 위해 수직축의 숫자들을 지웠다.)

맨 먼저 눈에 띄는 특징은 두 파동의 위상이 어긋난다는 점이다. 두 파동은 정점의 위치가 일치하지 않는다. 낮의 길이 파동은 일 년 중 절반이 지난 무렵에 정점에 이르는 반면, 그 변화율은 그보다 약 3개월 앞서 정점에 이른다. 각 파동이 상하 운동의 주기를 한 번 완성하는 데 12개월이 걸리기 때문에, 이것은 변화율 파동이 낮의 길이 파동보다 1/4사이클 더 앞선다는 뜻이다.

주목해야 할 또 한 가지 특징은 두 파동이 미소한 차이는 있지만 서로 닮았다는 점이다. 두 파동은 분명한 가족 관계를 보여주지만, 점선 파동은 실선 파동보다 덜 대칭적이고, 그 마루와 골이 더 납작하다.

내가 이 이야기를 자세히 하는 이유는 현실 세계의 이 파동들은 사인파의 놀라운 성질을 엿볼 수 있는 기회를 제공하기 때문이다. 놀라운 성질이란, 한 변수가 완전한 사인파 패턴을 따를 때 그 변화율 역시 1/4사이클이 앞선 완전한 사인파가 된다는 사실이다. 이 자기 재생 능력은 사인파에서만 볼 수 있는 독특한 성질이다. 다른 종류의 파동에서는 이러한 성질을 볼 수 없다. 이것은 심지어 사인파를 '정의'하는 성질로 간주할 수도 있다. 이런 의미에서 우리의 데이터는 완전한 사인파에 내재하는 경이로운 부활 현상을 암시한다. (이것은 나중에 푸리에 해석과 관련해 이 성질이 다시 나올 때 더 자세히 이야기할 것이다. 미적분학의 강력한 자손인 푸리에 해석은 오늘날 아주 흥미로운 응용을 여러 가지 낳았다.)

이제 1/4사이클 이동이 등장하는 배경을 알아보자. 이 개념은 사인파의 변화율을 계산하면 왜 사인파가 나오는지도 설명한다. 사인파가 등속 원운동과 관련이 있다는 것이 그 열쇠가 된다. 한 점이 원 주위를 일정한 속력으로 움직일 때, 시간에 대해 나타낸 그 상하 운동이 사인파를 그린다고 했던 이야기를 떠올려보라(이 점에서는 점의 좌우 운동도 마찬가지다). 이 사실을 염두에 두고 다음 다이어그램을 보자.

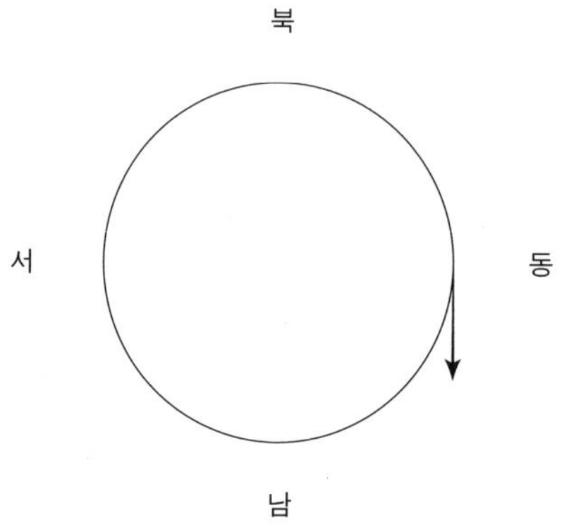

이 다이어그램은 한 점이 원 주위를 시계 방향으로 움직이는 상황을 보여준다. 이 점은 물리적 대상이나 천문학적 대상을 나타낸 것이 아니다. 이 점은 태양 주위를 도는 지구가 아니며, 계절하고도 아무 상관이 없다. 그저 원 주위를 도는 추상적인 점일 뿐이다. 동쪽 방향의 변위는 사인파처럼 커졌다 작아졌다 한다. 다이어그램에서처럼 점이 가장 동쪽 지점에 이르렀을 때, 이것은 사인파의 마루 또는 일 년 중 낮의 길이가 가장 긴 날에 해당한다. 여기서 질문은 점이 가장 동쪽 지점에 이르렀을 때, 그리고 사인파가 마루에 이르렀을 때, 그다음에는 어떤 일이 일어나느냐 하는 것이다. 다이어그램에서 보듯이, 가장 동쪽 지점에서 점은 화살표로 표시한 것처럼 '남쪽'을 향한다. 그런데 나침반에서 볼 때 남쪽은 동쪽에서 90° 방향에 있는데, 90°는 1/4사이클에 해당한다. 아하! 바로 여기서 1/4사이클의 차이가 나타난다! 원의 기하학 때문에 어떤 사인파와 그 변화율에 해당하는 그 도함수 사인파 사이에는 항상 1/4사이클의 차이가 생긴다. 이 비유에서 점의 진행 방향은 그 변화율과 같다. 이것은 점이 다음에 어디로 갈지, 따라서 그 위치가 어떻게 변할지 결정한다. 게다가 화살표가 향하는 방향 자체도 일정한 속력으로 원을 그리며 돌기 때문에, 시간에 대해 나타낸 화살표의 방향 변화도 사인파를 그린다. 그리고 화살표가 향하는 방향은 변화율과 같다. 자, 어떤가? 변화율 역시 사인파 패턴을 따른다. 이것은 바로 우리가 이해하려고 애쓴 바로 그 자기 재생 성질이다. 사인파는 90°의 위상 차이가 나는 사인파를 낳는다. (전문가들은 내가 사인함수의 도함수가 왜 코사인함수인지 공식을 전혀 사용하지 않으면서 설명하려고 노력한다는 사실을 알아챌 것이다. 코사인함수는 그 위상이 1/4사이클만큼 차이가 나는 사인함수이다.)

다른 진동계들에서도 이와 비슷한 90° 위상 차이가 나타난다. 진자가 좌우로 움직일 때, 그 속력은 진자가 바닥을 지나갈 때 최대가 되는 반면, 중심에서 벗어난 각도는 1/4사이클 뒤에 진자가 오른쪽으로 가장 멀리 갔을 때 최대가 된다. 각도를 시간에 대해 나타낸 그래프와 속력을 시간에 대해 나타낸 그래프는 서로 비슷한 두 사인파가 위상이 90° 어긋난 채 진동하는 모습을 보여준다.

또 다른 예는 생물학의 포식자-피식자 상호 작용 모형에서 나온다. 물고기 개체군을 잡아먹고 사는 상어 개체군을 상상해보자. 물고기 개체수가 최대일 때 상어 개체군은 최대 비율로 증가하는데, 먹을 물고기가 아주 많기 때문이다. 상어 개체군은 계속 증가해 1/4사이클 뒤에 최대 수준에 이르는데, 그때쯤에는 물고기 개체군은 1/4사이클 전에 아주 많이 잡아먹힌 결과로 감소한다. 이 모형의 분석에 따르면, 두 개체군은 그 위상이 90° 만큼 어긋난 채 진동한다. 비슷한 포식자-피식자 진동은 자연계의 다른 곳에서도 볼 수 있는데, 예컨대 19세기에 모피 수집 회사들의 기록에 남아 있는 것처럼 캐나다의 토끼와 스라소니 개체군의 연간 요동에서도 볼 수 있다. (다만, 생물학의 사례들이 흔히 그렇듯이 이러한 진동에 대한 실제 설명은 훨씬 복잡하다.)

낮의 길이 데이터로 다시 돌아가면, 안타깝게도 그 파동은 완전한 사인파가 아니라는 걸 알 수 있다. 또한, 그 데이터는 본질적으로 하루에 하나씩만 있고 그 사이의 데이터가 없는 불연속적인 점들의 집합이다. 그렇기 때문에 이 데이터는 미적분학이 요구하는 점들의 연속체를 제공하지 않는다. 그러니 도함수의 마지막 예로는 밀리초 단위까지 원하는 만큼 높은 정밀도로 데이터를 수집할 수 있는 사례를 살펴보기로 하자.

순간 속도로서의 도함수

2008년 8월 16일 저녁, 베이징의 날씨는 바람 한 점 없이 고요했다. 오후 10시 30분, 세상에서 가장 빠른 남자 8명이 올림픽 100미터 달리기 결승전을 위해 출발선에 섰다. 그중에서 21세의 자메이카 선수 우사인 볼트*는 다른 선수들에 비하면 신인이었다. 200미터 달리기 선수로 더 많이 알려진 볼트는 몇 년 전부터 코치에게 더 짧은 경주에 나서게 해달라고 간청했고, 지난 1년 동안 100미터 달리기 부문에서 성적이 크게 향상되었다.

그는 다른 단거리 주자와는 많이 달라 보였다. 키 196센티미터의 호리호리한 체격에 보폭이 아주 길었다. 소년 시절에 축구와 크리켓을 했는데, 크리켓 코치가 그의 스피드를 눈여겨보고는 단거리 달리기를 해보라고 권했다. 십대 시절에는 달리기 선수로 좋은 성적을 계속 냈지만, 정작 자신은 그 종목에서 성공하는 것을 그다지 진지하게 생각하지 않았다. 엉뚱하고 짓궂은 면이 있었고, 장난을 치며 남을 놀리는 걸 좋아했다.

그날 밤 베이징에서 각 선수의 소개와 TV 카메라 앞에서의 촬영이 끝나자, 경기장이 일순 조용해졌다.* 선수들은 발을 스타팅 블록에 갖다대고 몸을 구부린 채 출발 자세를 취했다. 심판이 "제자리에, 차렷!"을 외친 뒤 신호총을 쏘았다.

볼트는 스타팅 블록에서 쏜살같이 튀어나갔지만, 다른 선수들만큼 폭발적이지는 않았다. 느린 반응 시간 때문에 출발 순간에는 8명의 선수들 중 7등이었다. 하지만 점점 속력을 높여 30미터 지점에서는 전체 선수들 중 중간에 진입했다. 그러고 나서는 탄환 열차처럼 가속이 붙으면서 자신과 나머지 선수들 사이에 햇살이 비칠 만한 간격을 만들어냈다.

80미터 지점에서 볼트는 경쟁자들이 어디쯤 있는지 보려고 오른쪽을 흘끗 돌아보았다. 자신이 많이 앞섰다는 사실을 알고는 눈에 띄게 속력을 늦추면서 양 팔을 양 옆으로 내렸고, 결승선을 통과하는 순간에는 손으로 자신의 가슴을 두드렸다. 일부 해설자들은 이것을 뽐내는 동작으로, 다른 해설자들은 환희에 찬 축하 동작으로 해석했지만, 어쨌거나 볼트는 막판에 열심히 달릴 필요를 느끼지 않은 게 분명했다. 이 때문에 볼트가 최선을 다했으면 얼마나 빨리 달렸을까 하는 추측이 난무했다. 그런데 이 축하 세리모니(그리고 풀린 신발 끈)에도 불구하고, 볼트는 9.69초라는 세계 신기록을 세웠다. 한 관계자는 스포츠맨답지 않은 행동을 했다면서 비판했지만, 볼트가 무례한 의도로 그런 행동을 한 것은 아니었다. 나중에 그는 기자들에게 "나는 원래 천성이 그렇다. 나는 편안하게 즐기길 좋아한다."*라고 말했다.

볼트는 얼마나 빨리 달렸을까? 100미터를 9.69초에 달렸으니, 1초에 $\frac{100}{9.69} = 10.32$미터를 달린 셈이다. 시속으로는 약 37킬로미터에 해당한다. 하지만 이것은 전체 경주 동안 그가 달린 평균 속도이다. 처음과 끝에는 이보다 느렸고, 중간에는 더 빨랐다.

더 자세한 정보는 10미터 간격으로 측정한 스플릿 타임 기록에서 얻을 수 있다. 볼트는 처음 10미터 구간을 1.83초에 통과했는데, 평균 초속 5.46미터로 달린 셈이다. 가장 빠른 스플릿 타임은 50~60미터, 60~70미터, 70~80미터 구간에서 기록되었다. 이 세 구간을 각각 0.82초에 통과했는데, 평균 속도는 초속 12.2미터였다. 자세를 흩뜨리면서 속도를 줄인 마지막 10미터 구간에서는 평균 속도가 초속 11.1미터로 느려졌다.

사람은 패턴을 잘 감지하도록 진화했기 때문에, 방금 우리가 한 것처럼 숫자들을 자세히 살펴보는 대신에 그것을 시각화해서 바라보면 더 유익할 때가 많다. 아래 그래프는 볼트가 100미터 결승선을 9.69초 만에 통과할 때까지 10미터, 20미터, 30미터… 지점을 각각 지날 때 경과한 시간을 보여준다.

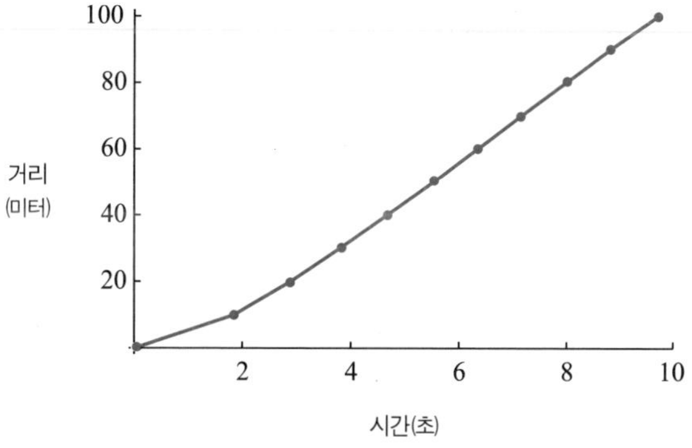

나는 보기에 편하도록 점들을 직선으로 연결했지만, 실제 데이터는 오직 점들뿐이라는 사실을 명심하라. 점들과 그 사이의 선분들은 다각형 곡선을 이루고 있다. 왼쪽의 선분들은 다른 것들에 비해 기울

기가 작은 편인데, 경주 초반 볼트의 느린 속도가 반영된 것이다. 오른쪽으로 가면서 그래프는 위쪽으로 구부러지는데, 볼트가 가속하고 있음을 나타낸다. 그러다가 선분들이 죽 이어져 거의 직선에 가까워지는데, 대부분의 구간에서 유지된 일정하게 높은 속도를 나타낸다.

볼트가 가장 빨리 달린 시점은 언제이고, 또 어느 지점에서 그런 일이 일어났을까 하는 질문이 자연스럽게 나온다. 50미터와 80미터 사이에서 10미터 구간의 '평균' 속도가 가장 빨랐다는 사실은 알지만, 우리가 원하는 것은 10미터 구간의 평균 속도가 아니다. 우리는 볼트의 '최고' 속도를 알고 싶다. 우사인 볼트가 몸에 속도계를 차고 있었다고 상상해보자. 볼트는 정확하게 어느 순간에 최고 속도에 이르렀을까? 그리고 그 속도는 정확하게 얼마였을까?

여기서 우리가 구하고자 하는 것은 볼트의 순간 속도를 측정하는 방법이다. 이 개념은 역설적인 것처럼 보인다. 어느 순간에 볼트는 정확하게 어느 한 장소에 있었다. 그리고 스냅 사진을 찍은 것처럼 그 순간에 그 장소에 얼어붙어 있었다. 그렇다면 그 순간의 속도란 무엇을 뜻하는 것일까? 속도는 어느 한 순간이 아니라 일정 시간 간격에 걸쳐 측정하는 것이 아닌가?

순간 속도를 둘러싼 수수께끼가 제기된 것은 수학과 철학의 역사에서 아주 먼 옛날, 제논과 그의 경이로운 역설이 등장한 기원전 450년 무렵으로 거슬러 올라간다. 아킬레스와 거북 역설에서 제논이 더 빠른 주자가 더 느린 주자를 결코 따라잡을 수 없다고(비록 우사인 볼트가 그날 밤 베이징에서 이것이 사실이 아님을 보여주었지만) 주장했던 것을 떠올려보라. 또한 제논은 화살의 역설에서 날아가는 화살은 결코 움직일 수 없다고 주장했다. 수학자들은 제논이 이 역설들로 주장하려고 한 것이 무엇인지 아직 확실히 모르지만, 나는 순간 속도 개념에 내재하는 미묘한 문제들 때문에 제논과 아리스토텔레스를 비롯해 그리스 철학자들이 크게 고민했으리라고 추측한다. 그리스 수학자들이 운동과 변화에 대해 별로 이야기하지 않은 이유는 이 불안감으로 설명할 수 있을지도 모른다. 무한과 마찬가지로 이 불편한 주제들은 예의 바른 대화에서 배제되었던 것으로 보인다.

제논 이후 2000년 뒤, 미분학의 창시자들은 순간 속도의 수수께끼를 풀었다. 이들이 생각해낸 직관적 해법은 순간 속도를 극한값, 구체적으로는 점점 더 짧은 시간 간격에 대한 평균 속도로 정의하는 것이었다.

이것은 우리가 포물선을 확대하면서 했던 것과 같은 방법이다. 그때 우리는 매끄러운 곡선에서 점점 더 작은 조각을 들여다보면서 결국에는 그것을 직선과 같은 것으로 간주했다. 그러고 나서 무한 확대의 극한에서 어떤 일이 일어나는지 살펴보았다. 그리고 직선 기울기의 극한값을 구함으로써 매끄러운 포물선 위 어느 한 점에서의 도함수를 정의할 수 있었다.

여기서 우리는 이와 비슷하게 시간적으로 매끄럽게 변하는 어떤 것을 근사하려고 하는데, 트랙에서 우사인 볼트가 달린 거리가 바로 그것이다. 기본 개념은 시간에 대해 나타낸 거리 그래프를 짧은 시간 간격 동안 일정한 평균 속도로 변하는 다각형 곡선으로 대체하는 것이다. 만약 시간 간격을 점점 더 짧게 할 때 각 간격의 평균 속도가 어떤 극한값에 접근한다면, 그 극한값이 바로 주어진 시간에서의 순간 속도이다. 어느 한 점에서의 기울기와 마찬가지로 어느 순간의 속도도 도함수이다.

이 모든 계획이 성공하려면, 트랙에서 볼트가 달린 거리가 매끄럽게 변한다고 가정해야 한다. 그렇지 않다면, 우리가 찾는 극한값은 존재하지 않을 것이고, 도함수도 존재하지 않을 것이다. 시간 간격을 계속 짧게 하더라도 그 결과는 어떤 유의미한 값에 접근하지 않을 것이다. 그런데 트랙에서 볼트가 달린 거리는 그것을 시간의 함수로 나타냈을 때 실제로 매끄럽게 변할까? 우리는 확실한 것을 알 수 없다. 우리가 가진 데이터는 10미터 구간별로 측정한 스플릿 타임뿐인데, 이것은 불연속적인 데이터이다. 순간 속도를 구하려면, 데이터를 뛰어넘어 이 점들 사이의 시간에 볼트가 어느 지점에 있었는지 근거 있는 추측을 할 필요가 있다.

그런 추측을 체계적으로 하는 방법으로 내삽법interpolation이라 부르는 것이 있다. 내삽법의 기본 개념은 사용 가능한 데이터에서 빈 공간 사이를 매끄러운 곡선으로 연결하는 것이다. 다시 말해서, 불연속적인 점들을 연결하는 것이다.* 앞에서 한 것처럼 똑바른 선분이 아니라, 점들을 지나가는 가장 매끄러운 곡선 혹은 적어도 그것에 최대한 가까운 곡선으로 연결하려고 한다. 이 곡선의 구속 조건은 곡선이 팽팽해야 하고 너무 많이 출렁거려서는 안 된다는 것이다. 곡선은 모든 점들을 최대한 가까이 지나가야 한다. 또, 볼트의 처음 속도가 0임을 보여주어야 하는데, 출발선상에 있을 때 볼트는 정지 상태였기 때문이다. 이러한 기준을 충족시키는 곡선은 많다. 통계학자들은 매끄러운 곡선을 데이터에 맞추는 기술을 많이 개발했다. 이것들은 모두 비슷한 결과를 낳으며, 또 모두 어느 정도 추측을 포함하기 때문에 어느 것을 사용할지를 놓고 크게 고민할 필요는 없다.

다음은 모든 조건을 만족시키는 매끄러운 곡선의 한 예이다.

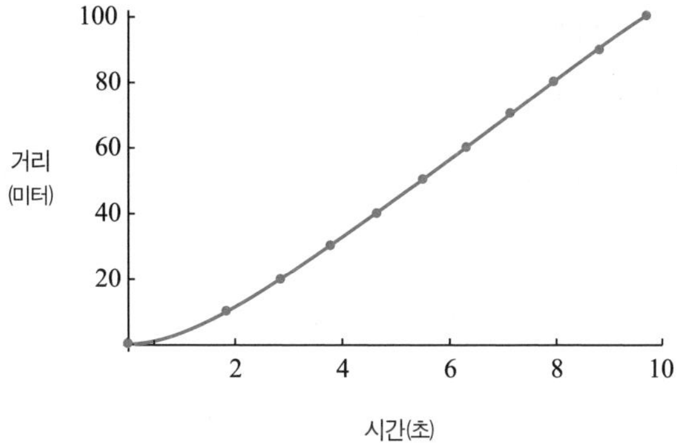

이 곡선은 매끄럽게 설계된 것이므로, 모든 점에서 도함수를 계산할 수 있다. 그 결과로 나온 그래프는 그날 밤 베이징에서 세계 신기록을 작성한 경주의 매 순간에 우사인 볼트가 얼마의 속도로 달렸는지 추정할 수 있게 해준다.

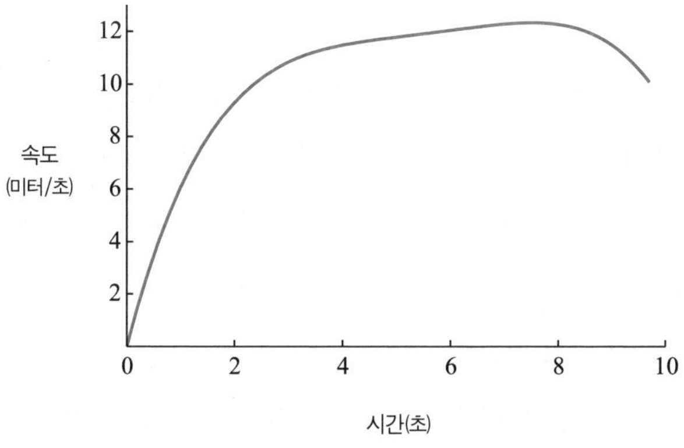

다음 해에 베를린에서 벌어진 2009년 세계 챔피언십 대회에서 볼트는 자신이 얼마나 빨리 달릴 수 있는가를 놓고 벌어진 추측에 종지부를 찍었다. 이번에는 가슴을 두드리는 동작을 전혀 하지 않았다. 결승선까지 열심히 달린 끝에 9.58초라는 놀라운 기록으로 베이징에서 세운 9.69초의 세계 신기록을 갈아치웠다. 이 사건을 둘러싼 큰 기대 때문에 생체역학 연구자들이 경찰이 과속 차량을 단속하기 위해 사용하는 레이더 건과 비슷한 레이저 건을 들고• 현장에 있었다. 이 첨단 장비로 연구자들은 주자의 위치를 초당 100번이나 측정할 수 있었다. 그리고 볼트의 순간 속도를 계산하여 다음과 같은 결과를 얻었다.

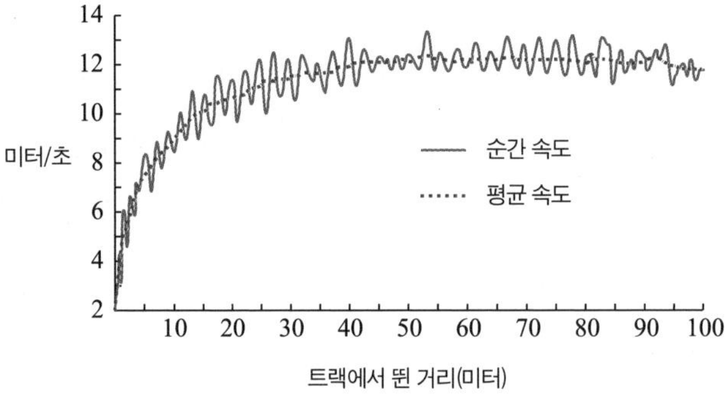

전체적인 추세 곡선에서 굽이치는 작은 요동은 걸음을 뗄 때마다 불가피하게 나타나는 속도 변화를 반영한 것이다. 달리기는 결국 일련의 도약과 착지의 반복으로 이루어진다. 볼트의 속도는 땅에 발을 디디면서 잠깐 제동을 걸고, 다시 앞으로 박차고 나가면서 공중으로 붕 뜰 때마다 조금씩 변한다.

이 작은 요동은 비록 흥미롭긴 하지만, 데이터 분석가에게는 성가

시고 귀찮은 존재이다. 우리가 정말로 보길 원하는 것은 요동이 아니라 추세인데, 이 목적을 위해서는 매끄러운 곡선을 데이터에 맞추는 앞서의 접근법이 이에 못지않게 훌륭하며, 어쩌면 더 나을 수도 있다. 어쨌든 고해상도 데이터를 모두 수집하고 요동을 관찰한 연구자들은 요동을 제거해 매끄러운 곡선을 만들어야 했다. 그들은 더 의미 있는 추세를 드러내기 위해 요동을 모두 걸러냈다.

나는 그러한 요동이 더 큰 교훈을 준다고 본다. 나는 요동을 일종의 비유라고, 즉 실제 현상을 미적분으로 모형화하는 작업의 본질을 말해주는 일종의 교육적 우화라고 생각한다. 만약 측정의 해상도를 너무 정밀하게 높이려고 시도한다면, 만약 어떤 현상을 시간적으로나 공간적으로 엄청나게 자세히 들여다본다면, 매끄러움이 붕괴하기 시작할 것이다. 우사인 볼트의 속도 데이터에서 요동은 매끄러운 추세를 없애고, 그래프를 담배 파이프 청소 도구처럼 숱이 무성한 모습으로 바꾸었다. 만약 분자 수준에서 측정한다면, 어떤 형태의 운동에도 똑같은 일이 일어날 수 있다. 그 수준에서는 운동이 전혀 매끄럽지 않고 불안하게 요동하는 모습으로 나타난다. 그런 상황에서는 미적분학도 우리에게 알려줄 게 별로 없다—적어도 직접적으로는. 하지만 전체적인 추세에 주의를 기울인다면, 요동을 제거해 매끄럽게 만드는 것이 좋을 수 있다. 이 우주에서 일어나는 운동과 변화의 본질을 들여다볼 수 있게 미적분학이 우리에게 제공한 엄청난 통찰력은 (비록 근사이긴 하지만) 매끄러움의 힘이 얼마나 대단한지 증언한다.

이제 마지막 교훈이 남았다. 모든 과학 분야에서와 마찬가지로 수학적 모형을 만드는 과정에서는 무엇을 강조하고 무엇을 무시해야 할지 늘 선택을 해야 한다. 추상의 예술은 무엇이 필수적인 것이고 무엇이 사소한 것인지, 무엇이 신호이고 무엇이 잡음인지, 무엇이 추세이고 무엇이 요동인지 아는 데 있다. 이것이 예술인 이유는 그런 선택에는 항상 위험 요소가 포함되기 때문이다. 그것은 희망 섞인 생각과 지적 부정직성에 가깝다. 갈릴레이와 케플러 같은 위대한 과학자들은 어쨌든 그 위험한 벼랑을 건너가는 데 성공했다.

피카소는 "예술은 우리에게 진리를 깨닫게 하는 거짓말이다."라고 말했다.* 자연의 모형을 만드는 미적분학에 대해서도 똑같이 말할 수 있다. 17세기 전반에 미적분학은 운동과 변화를 추상화하는 과정에서 강력한 도구로 쓰이기 시작했다. 그리고 17세기 후반에 같은 종류의 예술적 선택, 즉 진리를 드러내는 거짓말이 혁명을 향해 나아가는 길을 닦았다.

7장

비밀의 샘

17세기 후반에 영국의 아이작 뉴턴•과 독일의 고트프리트 빌헬름 라이프니츠가 수학의 방향을 돌이킬 수 없게 바꿨다. 두 사람은 운동과 곡선에 관한 잡다한 개념들을 하나로 모아 미적분학a calculus으로 발전시켰다.

위의 문장에서 부정관사 'a'에 주목하라. 라이프니츠가 1673년에 이 맥락에서 'calculus'란 단어를 도입할 때 그는 'a calculus'라고 말했고, 때로는 더 애정을 담아 'my calculus(내 미적분학)'라고 불렀다. 라이프니츠는 'calculus'란 단어를 계산을 수행하기 위한 규칙과 알고리듬의 체계를 가리키는 일반적인 의미(즉, '계산법'이란 뜻)로 사용했다. 훗날 그의 체계가 매우 정교해지자 부정관사는 정관사로 격상되었고, 이 분야는 정관사 'the'가 붙은 'the calculus'로 알려지게 되었다. 하지만 지금은 슬프게도 정관사와 소유격은 모두 사라지고 말았다. 오늘날 남아 있는 것은 단조롭고 칙칙한 'calculus'뿐이다.

정관사 외에 'calculus'란 단어 자체도 나름의 뒷이야기가 있다. 이 단어는 '작은 돌'을 뜻하는 라틴어 *calx*에서 유래했는데, 이것은 먼 옛날에 수를 세고 계산을 하는 데 조약돌을 사용하던 시절을 상기시킨다. 같은 어근에서 유래한 단어에는 calcium(칼슘), chalk(분필), caulk(충전재) 등이 있다. 당신의 치과 의사는 치아에 엉겨붙어 굳은 물질인 치석을 calculus라고 부를지도 모른다. 의사들도 쓸개, 콩팥, 방광에 생긴 돌인 결석을 calculus라고 부른다. 잔인한 아이러니라고나 할까, 미적분학의 개척자인 뉴턴과 라이프니츠 둘 다 calculus(뉴턴은 방광 결석, 라이프니츠는 콩팥돌) 때문에 극심한 고통 속에서 죽었다.

면적과 적분, 기본 정리

한때 돌을 가지고 수를 세는 것을 가리켰던 calculus는 뉴턴과 라이프니츠 시대에 들어 곡선 연구와 대수학을 사용하는 새로운 곡선 분석을 가리키게 되었다. 30년 전에 페르마와 데카르트는 대수학을 사용해 최대값과 최소값, 곡선의 접선을 구하는 방법을 발견했다. 아직 해결되지 않고 남은 것은 곡선의 '면적', 더 정확하게는 곡선으로 둘러싸인 지역의 면적을 구하는 문제였다.

고전적으로 곡선의 구적법이라 불렸던 이 '면적 문제'를 해결하려고 2000년 동안 많은 수학자들이 달려들었지만, 그들은 번번이 좌절을 맛보았다. 원의 넓이를 구하기 위한 아르키메데스의 노력에서부터 포물선의 구적법과 곡선 $y=x^n$ 아래의 면적을 구하는 페르마의 해법에 이르기까지 특정 사례들을 해결하기 위한 천재적인 방법들이 많이 나왔다. 하지만 이 모든 것을 하나로 꿸 수 있는 체계가 없었다. 면적 문제는 각 사례마다 임시변통 방식으로 접근되었으며, 문제가 바뀌면 처음부터 다시 생각해야 했다.

곡면체의 부피와 구부러진 호의 길이에 관한 문제들에도 동일한 어려움이 따랐다. 사실, 데카르트는 호의 길이가 인간의 이해를 벗어난다고 생각했다. 데카르트는 기하학에 관한 책에서 "직선과 곡선 사이에 존재하는 비율은 알려져 있지 않으며, 심지어 내 판단으로는 인간의 능력으로는 알 수 없는 것이 아닌가 싶다."•라고 썼다. 이 모든 문제들(면적, 호의 길이, 부피)은 무한히 작은 조각들의 무한히 많은 합이 필요했다. 현대적인 용어를 쓰자면, 이 문제들은 모두 '적분'이 필요했다. 이 문제들을 푸는 데 필요한 확실한 체계를 아는 사람은 아무도 없었다.

그런데 뉴턴과 라이프니츠가 등장하고 나서 이 모든 것이 변했다. 두 사람은 각자 독자적으로 난제들의 풀이를 일상적인 과정으로 만드는 기본 정리를 발견하고 증명했다. 이 정리는 면적을 기울기와 연결시켰고, 그럼으로써 적분을 도함수와 연결시켰다. 그것은 아주 놀라운 결과를 낳았다. 디킨스의 소설에 나오는 반전처럼, 아무 상관도 없는 것으로 생각했던 두 인물이 사실은 가장 가까운 친족으로 드러났다. 적분과 도함수는 같은 피를 물려받은 혈족이었다.

이 기본 정리가 미친 영향은 숨이 멎을 만큼 엄청난 것이었다. 거의 하룻밤 사이에 면적은 아주 쉽게 다룰 수 있는 문제가 되었다. 이전의 학자들이 풀려고 그렇게 애썼지만 풀지 못했던 문제들을 이제 몇 분 만에 간단히 풀 수 있게 되었다. 뉴턴은 친구에게 보낸 편지에서 이렇게 이야기했다. "방정식으로 표현된 곡선이라면 어떤 것이건… 그 면적을 구할 수 있는지 없는지 여부를 10분 내에 알아낼 수 있다."• 동시대 사람들에게 이 주장이 얼마나 믿기 힘든 것으로 들릴지 잘 안 뉴턴은 계속해서 이렇게 주장했다. "이것은 과감한 주장처럼 보일 수 있지만… 내가 그것을 퍼올린 샘을 볼 때 내게는 명명백백한 것으로 보인다. 다만, 나는 굳이 이것을 다른 사람들에게 증명해 보이진 않을 것이다."•

뉴턴이 발견한 비밀의 샘은 '미적분학의 기본 정리'였다. 뉴턴과 라이프니츠가 이 정리를 처음 알아챈 것은 아니지만,• 두 사람은 이 정리를 발견한 것으로 인정받고 있는데, 최초로 이 정리를 일반적으로 증명했고, 그 놀라운 유용성과 중요성을 알아챘으며, 그것을 바탕으로 알고리듬 체계를 만들었기 때문이다. 이들이 개발한 방법들은 지금은 상식이 되었다. 적분은 이빨 빠진 호랑이가 되어 십대 청소년이 일상적으로 푸는 문제가 되었다.

오늘날에는 전 세계 각지의 고등학교와 대학에서 수천만 명의 학생들이 미적분 문제들을 열심히 공부하고 있는데, 기본 정리의 도움으로 적분 문제를 잇달아 푼다. 하지만 자신들이 누리는 혜택의 고마움을 아는 사람은 드물다. 하지만 이것은 충분히 이해할 만한데, 물고기에 관한 오래된 농담과 비슷한 상황이다. 물고기가 친구에게 "넌 물이 고맙지 않니?"라고 묻자, 친구는 "물이 뭔데?"라고 되묻는다. 미적분학을 배우는 학생들은 늘 기본 정리 속에서 헤엄치고 있기 때문에 그것을 당연한 것으로 여긴다.

운동으로 기본 정리를 시각화하다

기본 정리는 주자나 자동차처럼 움직이는 물체가 이동한 거리를 생각함으로써 직관적으로 이해할 수 있다. 이 사고방식에 익숙해지면, 기본 정리가 무엇을 말하는지, 그것이 왜 옳으며 왜 중요한지를 이해할 수 있다. 기본 정리는 단순히 면적을 구하는 기술이 아니다. 기본 정리는 우리가 관심을 기울이는 모든 것의 미래를 예측하고, 우주에서 일어나는 운동과 변화의 비밀을 푸는 열쇠이다.

기본 정리는 뉴턴이 면적 문제를 동역학적 관점에서 바라보았을 때 머릿속에 떠올랐다. 이때 떠오른 영감은 시간과 운동을 전체 그림에 포함시키자는 것이었다. 면적을 흘러가게 내버려두자. 연속적으로 퍼져나가게 내버려두자. 그러면 어떤 일이 일어날까?

이 개념을 가장 간단하게 설명하려면, 우리에게 익숙한 문제인 일정한 속력으로 달리는 자동차 문제로 돌아갈 필요가 있다. 여기서는 거리 = 속력 × 시간의 관계가 성립한다. 이 예는 아주 초보적인 것이지만 기본 정리의 본질을 잘 표현하기 때문에, 논의의 출발점으로 삼기에 아주 좋다.

고속도로에서 시속 60킬로미터로 달리는 자동차를 상상해보자. 거리를 시간에 대한 그래프로 나타내고, 속력을 시간에 대한 그래프로 나타낸 것을 그 아래에 나란히 배치하면, 그 결과는 다음과 같다.

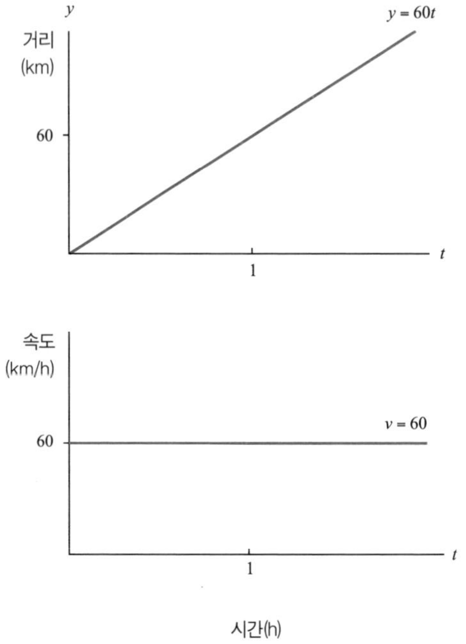

먼저 거리 대 시간 그래프를 보자. 자동차는 한 시간 뒤에는 60킬로미터, 두 시간 뒤에는 120킬로미터…를 간다. 일반적으로 거리와 시간 사이에는 $y=60t$라는 관계가 성립한다. 여기서 y는 자동차가 t시간 동안 간 거리를 나타낸다. $y(t)=60t$를 '거리 함수'라고 부르기로 하자. 위쪽 그림에서 보는 것처럼 거리 함수의 그래프는 기울기가 시간당 60킬로미터인 직선이다. 이 기울기는 우리가 설사 그것을 몰랐다 하더라도 모든 순간에서 자동차의 속력을 말해준다. 더 어려운 문제에서는 속력이 요동칠 수 있지만, 여기서는 모든 t에 대해 단순한 상수 함수 $v(t)=60$으로 나타난다. 그 그래프는 아래쪽 그림에서처럼 수평선으로 나타난다. (여기서 v는 속도velocity를 나타내는데, 우리의 논의에서 속도는 속력speed과 똑같다.) [이 책 전반에 걸쳐 저자는 속도와 속력을 엄밀하게 구별하지 않고 같은 개념으로 사용하고 있다. 이 점이 못마땅한 독자도 있을 테지만, 이 점을 감안해서 읽을 필요가 있다—옮긴이]

거리 그래프에서 속력이 어떻게 그 모습을 드러내는지(직선의 기울기로) 보았으므로, 이제 질문을 뒤집어 이렇게 물어볼 수 있다. 속력 그래프에서 거리는 어떻게 그 모습을 드러낼까? 바꿔 말하면, 자동차가 주어진 시간 t 동안 얼마나 멀리 갔는지 추론할 수 있게 해주는 시각적 또는 기하학적 특징이 속력 그래프에 있는가? 그렇다, 있다. 자동차가 달린 거리는 시간 t 동안 속력 곡선(수평선) 아래에 누적된 면적이 그것이다.

그 이유를 알아보기 위해 자동차가 특정 시간 동안, 예컨대 30분 동안 달렸다고 가정해보자. 이 경우에 자동차가 달린 거리는 30킬로미터인데, 거리=속력×시간의 공식에 따라 계산하면 $60\times\frac{1}{2}=30$이기 때문이다. 여기서 중요한 핵심은 $t=0$에서 $t=\frac{1}{2}$시간까지 수평선 아래에 있는 회색 직사각형의 면적이 바로 거리에 해당한다는 사실이다.

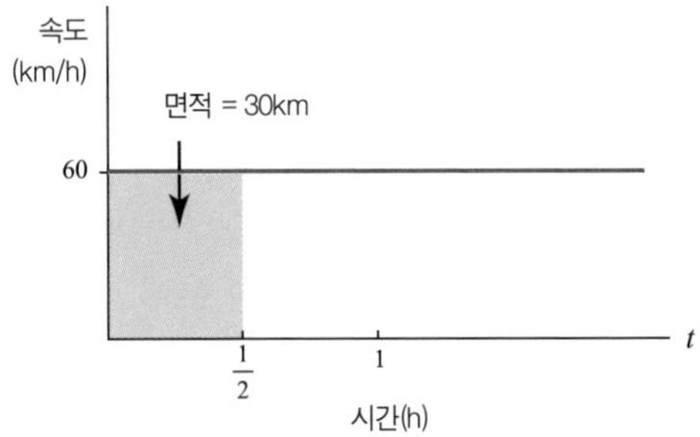

직사각형의 높이 60km/h에 밑변 $\frac{1}{2}$시간을 곱하면, 직사각형의

면적 30킬로미터가 나온다. 앞에서 이야기한 것처럼 이것은 자동차가 달린 거리에 해당한다.

'어떤' 시간 t에 대해서도 같은 추론이 성립한다. 그러면 직사각형의 밑변은 t가 되고 높이는 여전히 60이므로, 그 면적은 $60t$이다. 그리고 실제로 이것은 우리가 구하려고 했던 거리 $y = 60t$이다.

따라서 적어도 속력이 완전히 일정하고 속력 곡선이 수평선을 그리는 이 예에서 속력으로부터 거리를 구하는 열쇠는 바로 속력 곡선 아래의 면적을 계산하는 것이다. 뉴턴은 뛰어난 통찰력으로 설사 속력이 일정하지 않더라도, 면적과 거리 사이의 이 등식 관계가 '항상' 성립한다는 사실을 알아냈다. **어떤 물체가 아무리 불규칙하게 움직인다 하더라도, 시간 t 동안 그 속력 곡선 아래에 누적된 면적은 항상 그 시간 동안 그 물체가 여행한 총 거리와 똑같다.** 이것은 기본 정리의 한 가지 버전이다. 이것은 너무나도 쉬워서 도저히 참이라고 믿기 힘들지만, 정말로 참이다.

뉴턴은 면적을 기하학자들이 습관적으로 생각한 것처럼 어떤 형태의 얼어붙은 측정값으로 보는 대신에, 흘러가면서 움직이는 실체로 간주함으로써 이 기본 정리에 도달했다. 뉴턴은 기하학에 시간을 도입했고, 기하학을 물리학처럼 바라보았다. 만약 뉴턴이 지금 살아 있다면, 어쩌면 앞의 그림을 스냅 사진이 아니라 플립북에 가깝게 애니메이션처럼 시각화했을지도 모른다. 그렇게 보려면, 앞의 그림을 한 번 더 쳐다보라. 다만, 이번에는 영화 속의 한 프레임이나 플립북의 한 페이지라고 상상해보라. 마음속에서 애니메이션이 펼쳐지면, 회색 직사각형은 어떻게 행동하는가? 그것은 옆 방향으로 확대돼가는 모습으로 보일 것이다. 왜 그럴까? 밑변의 길이는 t인데, 이 t가 시간이 지남에 따라 커지기 때문이다. 만약 매 순간마다 한 프레임씩을 만들어 플립북 페이지들을 넘기는 것처럼 순서대로 재생시키면, 회색 직사각형의 애니메이션 버전은 오른쪽으로 계속 뻗어나가는 모습으로 보일 것이다. 이것은 팽창하는 피스톤이나 옆으로 누운 채 회색 액체를 빨아들이는 주사기 모습과 비슷하다.

회색 액체는 확대되는 직사각형의 면적을 나타낸다. 우리는 이 면적을 속력 곡선 $v(t)$ 아래에 '누적'된다고 생각한다. 이 예에서 시간 t까지 누적된 면적 $A(t)=60t$이고, 이것은 자동차가 달린 거리 $y(t)=60t$와 일치한다. 따라서 속력 곡선 아래에 누적된 면적은 거리를 시간의 함수로 제시한다. 이것은 운동에 초점을 맞춘 기본 정리의 한 가지 버전이다.

일정한 가속도

지금까지 우리는 뉴턴이 발견한 기본 정리의 일반적인 기하학 버전을 알아보았다. 이것은 추상적인 곡선 $y(x)$와 그 아래에 누적된 면적 $A(x)$로 표현돼 있다. 면적 누적 개념은 이 정리를 설명하는 열쇠이지만, 이 개념에 익숙해지기가 쉽지 않으므로, 추상적인 기하학 사례를 다루기 전에 운동에 관한 더 구체적인 문제에 이것을 적용해보자.

일정한 가속도로 움직이는 물체를 생각해보라. 이것은 속도가 일정한 비율로 증가하면서 점점 더 빨리 움직인다는 뜻이다. 정지 상태에서 출발하면서 가속 페달을 밟는 경우와 대략 비슷한 상황이다. 어쩌면 자동차는 1초 뒤에는 시속 10킬로미터, 2초 뒤에는 시속 20킬로미터, 3초 뒤에는 시속 30킬로미터…로 달릴지도 모른다. 이 가상의 예에서 자동차는 1초가 지날 때마다 속도가 시속 10킬로미터씩 빨라진다. 초당 시속 10킬로미터라는 이 속도의 변화율을 이 자동차의 '가속도'로 정의한다. (이야기를 단순하게 하기 위해 실제 자동차는 넘을 수 없는 최고 속도가 있고, 가속 페달을 밟을 때 가속도가 정확히 일정하게 증가하지 않을 수 있다는 사실은 무시하기로 한다.)

이상적인 상황을 가정한 이 예에서 매 순간 자동차의 속도는 $v(t)=10t$라는 선형 함수로 나타낼 수 있다. 여기서 숫자 10은 자동차의 가속도를 나타낸다. 만약 가속도가 다른 상수, 예컨대 a라면, 이 공식은 다음과 같이 일반화할 수 있다.

$$v(t)=at$$

이처럼 쌩 하고 달리는 자동차에 대해 우리가 알고 싶은 것은 시간 0에서 시간 t까지 자동차가 얼마나 멀리 가느냐 하는 것이다. 즉, 시간의 함수로 나타냈을 때 출발점에서의 거리가 어떻게 증가하느냐 하는 것이다. 거리=속력×시간이라는 중학교 때 배우는 공식을 생각한다면 끔찍한 실수가 되고 마는데, 이 공식은 변화율(자동차의 속력)이 일정할 때에만 성립하기 때문이다. 지금 상황은 변화율이 일정하지 않다. 이 문제에서 자동차는 매 순간 속도가 증가하고 있다. 우리는 더 이상 일정한 속도의 나른한 세계에 머물고 있지 않다. 이곳은 스릴 넘치는 일정한 가속도의 세계이다.

중세 시대 학자들은 이미 그 답을 알고 있었다.* 옥스퍼드 대학교 머턴 칼리지의 철학자이자 논리학자인 윌리엄 헤이츠버리는 1335년경에 이 문제를 풀었고, 프랑스의 성직자이자 수학자인 니콜 오렘은 1350년경에 그것을 더 자세하게 설명하고 그림으로 분석했다. 불행하게도 이들의 연구는 널리 알려지지 않았고, 곧 잊히고 말았다. 약 250년 뒤에 갈릴레이는 등가속도가 순수한 학문적 가정에 불과한 게 아님을 실험을 통해 입증했다. 등가속도는 쇠공처럼 무거운 물체가 지표면 근처에서 자유 낙하하거나 기울기가 작은 경사면을 굴러내려갈 때 실제로 보이는 행동이다. 두 경우 모두 등가속도 운동에서 충분히 예상할 수 있듯이, 공의 속도 v는 시간에 비례해 증가한다. 즉, $v = at$.

$v = at$에 따라 속도가 선형적으로 증가한다는 사실을 알았으니, 이제 '거리'는 어떻게 증가하는지 살펴보기로 하자. 기본 정리는 이동 거리가 시간 t가 지나는 동안 속도 곡선 아래에 누적된 면적과 같다고 말한다. 여기서 속도 곡선은 기울어진 직선 $v = at$이므로, 그 면적은 쉽게 계산할 수 있다. 다음 그림에서 삼각형의 면적에 해당한다.

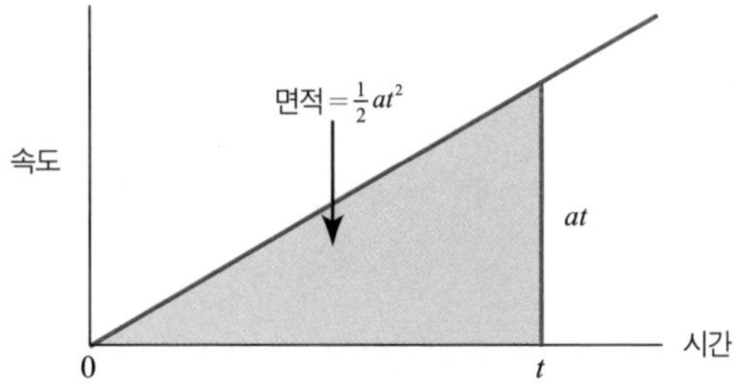

앞의 문제에 나왔던 회색 직사각형처럼 여기서 회색 삼각형도 시

간이 지남에 따라 점점 팽창한다. 다만, 직사각형은 수평 방향으로만 팽창한 반면, 이 삼각형은 수평과 수직 양 방향으로 모두 팽창한다는 차이점이 있다. 그 면적이 얼마나 빨리 증가하는지 계산하려면, 임의의 시간 t에서 삼각형의 밑변은 t이고, 그 높이는 물체의 현재 속도 $v=at$라는 사실을 이용하면 된다. 삼각형의 면적은 밑변에 높이를 곱한 값의 절반이므로, 누적된 면적은 $\frac{1}{2}\times t\times at=\frac{1}{2}at^2$이다. 기본 정리에 따르면, 속도 곡선 아래의 면적은 물체가 얼마나 멀리 갔는지 알려준다.

$$y(t)=\frac{1}{2}at^2$$

따라서 정지 상태에서 출발해 일정한 비율로 가속이 일어나는 물체의 경우, 이동한 거리는 경과한 시간의 '제곱'에 비례한다. 3장에서 보았듯이 갈릴레이가 실험을 통해 발견하고 자신의 홀수 법칙을 통해 아주 매력적인 방식으로 표현한 것이 바로 이것이다. 중세 시대의 학자들도 이것을 알고 있었다.

하지만 가속도가 일정하지 '않을' 때 속도가 어떻게 변하는지는 중세 시대 혹은 심지어 갈릴레이의 시대에도 알려지지 않았다. 다시 말해서, 임의의 가속도 $a(t)$로 움직이는 물체의 속도 $v(t)$는 어떻게 변할까?

이것은 내가 앞장에서 언급한 역방향 문제와 같다. 이것은 아주 어려운 문제이다. 이 문제를 제대로 이해하려면, 우리가 아는 것과 모르는 것을 제대로 파악하는 것이 중요하다.

가속도는 속도의 변화율로 정의된다. 따라서 속도 $v(t)$가 주어졌을 때, 그것에 대응하는 가속도 $a(t)$를 구하는 것은 쉽다. 이것은 '순방향 문제를 푸는 것'이다. 이 문제는 앞장에서 현미경으로 들여다봄으로써 포물선의 기울기를 계산한 것과 거의 비슷한 방식으로 주어진 속도 함수의 변화율을 계산함으로써 풀 수 있다. 알려진 함수의 변화율을 구하려면, 그 도함수의 정의를 알고, 다양한 함수의 도함수를 계산하는 많은 규칙을 적용하기만 하면 된다.

하지만 역방향 문제를 어렵게 만드는 것은 속도 함수가 주어지지 '않는다는' 데 있다. 오히려 속도 함수를 '찾아내라고' 요구한다. 우리는 그 변화율(가속도)이 시간의 함수로 주어졌다고 가정하고서 어떤 속도 함수가 자신의 주어진 변화율로 그런 가속도 함수를 가지는지 알아내려고 한다. 어떻게 하면 알려진 변화율로부터 미지의 속도를 '거꾸로' 추론할 수 있을까? 이것은 어린이들이 하는 게임과 같다. "나는 변화율이 얼마인 속도 함수를 생각했어. 내가 생각한 속도 함수는 무엇일까?"

속도로부터 거리를 추론하려고 할 때에도 이와 동일하게 거꾸로 추론하는 것이 필요한 문제가 생겨난다. 가속도가 속도의 변화율인 것처럼, 속도는 거리의 변화율이다. 순방향으로 추론하는 것은 쉽다. 우사인 볼트가 베이징에서 트랙을 달린 예에서 그랬던 것처럼, 움직이는 물체의 거리를 시간의 함수로 나타낸 것을 알고 있다면, 매 순간 그 물체의 속도를 쉽게 계산할 수 있다. 앞장에서 우리는 바로 그런 계산을 했다. 역방향으로 추론하는 것은 어렵다. 만약 경주에서 우사인 볼트가 매 순간 얼마나 빨리 달렸는지 알려준다면, 매 순간에 볼트가 트랙

위의 어느 지점에 있었는지 추론할 수 있겠는가? 더 일반적으로, 임의의 속도 함수 $v(t)$가 주어졌을 때, 그에 대응하는 거리 함수 $y(t)$를 추론할 수 있겠는가?

뉴턴의 기본 정리는 주어진 변화율로부터 미지의 함수를 추론하는 이 어려운 역방향 문제에 빛을 비춰주었고, 많은 사례에서 문제를 완전히 풀었다. 그 열쇠는 문제를 흐르고 팽창하는 면적에 관한 문제로 재구성하는 데 있었다.

페인트 롤러를 사용해 기본 정리 증명하기

미적분학의 기본 정리는 18세기 수학적 사고의 절정에 해당하는 성과였다. 기본 정리는 아르키메데스가 기원전 250년의 고대 그리스에서 물었을 법한, 혹은 250년에 중국의 유휘나 1000년에 카이로의 이븐 알하이삼 또는 1600년에 프라하의 케플러에게 떠올랐을 법한, 정적인 기하학 문제에 동역학적 수단을 사용해 답을 내놓았다.

다음 그림의 회색 구역과 같은 형태를 생각해보자.

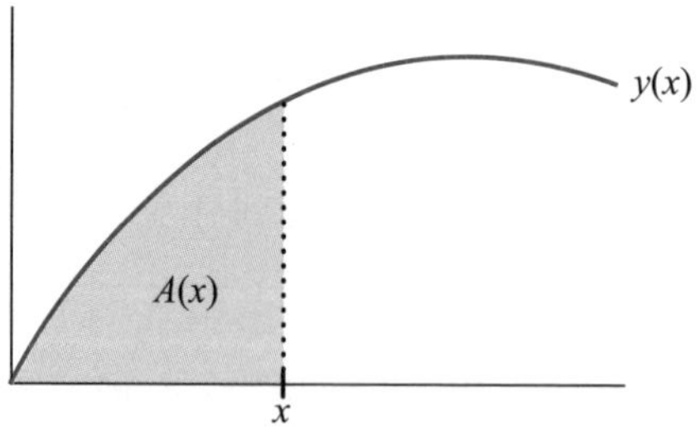

위쪽을 지나가는 곡선은 거의 어떤 것이라도 될 수 있다는 조건에서, 이와 같은 임의의 형태가 가진 면적을 정확하게 계산하는 방법이 있을까? 특히 위쪽 곡선은 반드시 고전적인 곡선이 아닐 수도 있다. 페르마와 데카르트가 열어젖힌 정글인 xy 평면에서 어떤 방정식으로 정의되기만 한다면, 새로 보는 아주 기이한 곡선이어도 상관이 없다. 혹은 곡선이 예컨대 움직이는 입자의 궤적이나 광선의 경로처럼 물리적으로 흥미로운 대상으로 정의된다면 어떨까? 그런 임의의 곡선 아래에 있는 면적을 구하는 방법이 있는가? 그런 계산을 체계적으로 하는 방법이 있는가? 이것이 바로 내가 앞에서 미적분학의 세 번째 중심 문제라고 언급한 '면적 문제'로, 17세기 중엽의 가장 긴급한 수학적 난제였다. 뉴턴은 운동과 변화의 수수께끼에 영감을 받은 개념들을 사용해 완전히 새로운 방향에서 이 문제에 접근했다.

역사적으로 이와 같은 문제를 푸는 방법은 아주 똑똑하게 생각하는 것밖에 달리 길이 없었다. 곡선으로 둘러싸인 지역을 가느다란 조각으로 쪼개거나, 그것을 작은 조각들로 부순 뒤에 그 조각들을 다시 꿰어맞추거나, 아르키메데스가 한 것처럼 상상의 시소에 올려놓고 무게를 재거나 하는 식으로 아주 기발한 방법을 찾아내야 했다. 그런데 1665년 무렵에 뉴턴은 거의 2000년 만에 면적 문제에 최초로 큰 진전을 가져온 발견을 했다. 뉴턴은 이슬람 대수학과 프랑스 해석기하학의 통찰력을 함께 사용했지만, 단지 그것에 그치지 않고 그것들을 뛰어넘어 훨씬 더 앞으로 나아갔다.

뉴턴의 새로운 체계에서 첫 단계는 면적을 xy 평면 위에 놓고 윗부분의 곡선에 해당하는 방정식을 찾는 것이었다. 그러려면 곡선이

x축에서 위쪽으로 얼마나 멀리 떨어져 있는지 한 번에 수직 방향의 조각(다이어그램에서 점선으로 표시한 수직선에 해당하는)을 하나씩 계산해 그것에 해당하는 y값을 구하는 것이 필요했다. 이 계산은 곡선을 y와 x를 연관 짓는 방정식으로 바꾸었고, 그럼으로써 대수학의 도구를 사용해 곡선을 다룰 수 있게 만들었다. 30년 전에 페르마와 데카르트도 이미 이 방법을 상당히 많이 이해했고 이 기술을 사용해 곡선의 접선을 구했는데, 그 자체만으로도 상당한 진전이었다.

하지만 두 사람은 접선 자체는 그렇게 중요한 것이 아니라는 사실을 간과했다. 접선보다 더 중요한 것은 '기울기'였는데, 도함수 개념의 탄생을 가져온 것이 바로 기울기였기 때문이다. 앞장에서 보았듯이, 도함수는 기하학에서 곡선의 기울기로 아주 자연스럽게 나타났다. 또한 도함수는 물리학에서도 속도 같은 다른 변화율로 나타났다. 따라서 도함수는 기울기와 속도, 그리고 더 넓게는 기하학과 운동 사이에 어떤 연결 관계가 존재함을 암시했다. 뉴턴의 마음속에 일단 도함수 개념이 단단하게 자리를 잡자, 기하학과 운동을 연결하는 그 힘이 마지막 관문을 통과하는 강력한 무기가 되었다. 마침내 면적 문제를 푼 것은 바로 도함수였다.

뉴턴이 면적 문제를 동역학적으로 바라보는 순간, 이 모든 개념들(기울기와 면적, 곡선과 함수, 변화율과 도함수) 사이에 깊숙이 숨어 있던 연결 관계가 어둠 속에서 서서히 드러나기 시작했다. 앞 절에서 했던 것처럼 앞의 다이어그램을 자세히 살펴보면서 x를 일정한 속도로 오른쪽으로 민다고 상상해보라. x를 시간으로 생각해도 좋다. 뉴턴은 자주 그렇게 했다. 그러면 x가 움직임에 따라 회색 지역의 면적이 계속 변한다. 이 면적은 x에 따라 달라지므로 x의 함수로 간주할 수 있고, 따라서 $A(x)$라고 쓸 수 있다. 이 면적이 x의 함수(얼어붙은 수가 아니라)라는 사실을 강조하고자 할 때에는 이것을 '면적 누적 함수' 또는 때로는 그냥 '면적 함수'라고 부른다.

고등학교 때 내게 미적분학을 가르친 조프레이 선생님은 x가 움직임에 따라 면적이 변하는 이러한 유체 시나리오를 기억에 남을 만한 비유로 표현했다. 선생님은 우리에게 좌우로 움직이는 마법의 페인트 롤러를 상상해보라고 했다. 이 마법의 롤러는 일정한 속도로 오른쪽으로 움직이면서 곡선 아래에 있는 지역을 회색으로 칠한다.

x에 점선으로 표시된 직선은 오른쪽으로 굴러가는 롤러의 현재 위치를 나타낸다. 한편, 이 지역을 아주 깔끔하게 칠하기 위해 롤러는 위쪽의 곡선과 아래쪽의 x축을 경계선을 넘지 않고 정확하게 포함하기 위해 마법처럼 순간적으로 수직 방향으로 줄어들거나 늘어난다. 여기

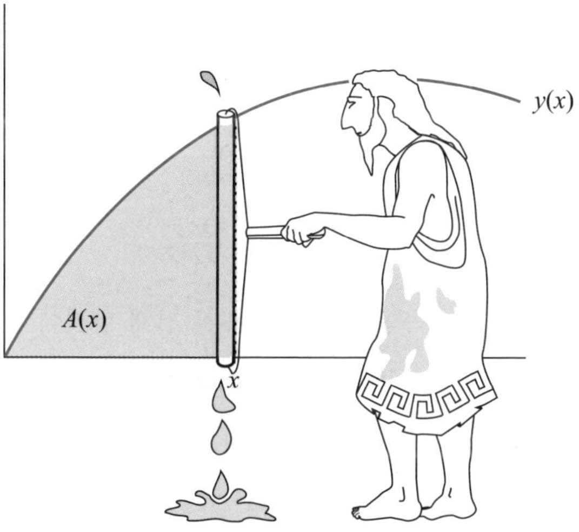

서 마법적인 측면은 롤러가 굴러가면서 항상 자신의 길이를 $y(x)$에 딱 맞추면서 해당 면적을 한 치의 어긋남도 없이 정확하게 칠한다는 점이다.

다소 억지스러운 이 시나리오에서 우리는 다음 질문을 던질 수 있다. x가 오른쪽으로 움직임에 따라 회색 지역은 어떤 '속도'로 증가하는가? 혹은 바꿔 표현하면, 롤러가 x에 있을 때, 페인트가 칠해지는 속도는 얼마인가? 이 질문에 답하려면, 무한히 작은 시간 간격이 지난 뒤에 어떤 일이 일어날지 생각해보라. 롤러는 무한히 작은 거리 dx만큼 오른쪽으로 이동한다. 한편, 이 작은 거리를 이동하는 동안 수직 방향의 길이 y는 거의 완전히 일정하게 유지되는데, 무한히 작은 거리를 굴러가는 동안 그 길이에 변화가 일어날 시간이 거의 없기 때문이다 (이에 관련된 세부 내용은 다음 장에서 자세히 다룰 것이다). 아주 짧은 이 시간 간격 동안 롤러는 높이가 y이고, 폭이 무한히 작은 dx이고, 면적도 무한히 작은 $dA = y\ dx$인 길고 가느다란 직사각형을 칠한다. 이 등식을 dx로 나누면, 면적이 누적되는 속도가 나온다. 이는 다음 식으로 주어진다.

$$\frac{dA}{dx} = y$$

이 깔끔한 공식은 곡선 아래에 칠해진 전체 면적이 롤러의 현재 길이 y와 같은 속도로 증가한다고 알려준다. 이것은 이치에 맞는데, 현재 롤러의 길이가 더 길수록 다음 순간에 더 많은 면적을 칠하므로, 그만큼 누적되는 면적이 더 빨리 증가하기 때문이다.

계산을 조금 더 해보면, 기본 정리의 이 기하학 버전이 앞에서 사용했던 운동 버전(속도 곡선 아래에 누적된 면적이 움직이는 물체가 움직인 거리와 같다고 했던)과 동일하다는 것을 보여줄 수 있다. 하지만 우리 앞에는 더 시급한 문제들이 놓여 있다. 우리는 이 정리가 무엇을 의미하고, 왜 중요하며, 결국에 어떻게 세상을 바꾸어 놓았는지 이해해야 한다.

기본 정리의 의미

다음 다이어그램은 방금 우리가 배운 것을 요약해 보여준다.

$$A(x) \xrightarrow{\text{도함수}} y(x) \xrightarrow{\text{도함수}} \frac{dy}{dx}$$

곡선 아래의 면적   곡선   곡선의 기울기

다이어그램은 우리가 관심을 가지고 있는 세 함수와 그 관계를 보여준다. 주어진 곡선은 가운데에 있고, 미지의 기울기는 오른쪽에, 미지의 면적은 왼쪽에 있다. 6장에서 본 것처럼 이것들은 미적분학의 세 가지 중심 문제에서 나타나는 함수들이다. 곡선 y가 주어졌을 때, 우리는 그 기울기와 면적을 알아내려고 한다.

기울기를 찾는 것을 왜 '순방향 문제'라고 불렀는지 그 이유가 이 다이어그램에 분명히 나타나 있다. 곡선에서 기울기를 찾으려면, 단순히 화살표를 따라 오른쪽으로 가기만 하면 된다. 그 기울기는 y의 도함수를 계산해 구할 수 있다. 이것은 앞장에서 이야기했던 첫 번째 중심 문제인 순방향 문제이다.

우리가 기본 정리로부터 전에는 몰랐지만 이제 막 안 사실은, 면적 A와 곡선 y도 도함수를 통해 서로 연관돼 있다는 것이다. 기본 정리는 A의 도함수가 y임을 보여주었다. 이것은 굉장한 의미를 지닌 사실이다. 이 사실은 거의 2000년 동안 위대한 천재들을 좌절시켜온 수수께끼, 즉 임의의 곡선 아래의 면적을 구하는 길을 열어준다. 이 그림은 답에 이르는 길을 가리킨다. 하지만 샴페인을 터뜨리기 전에 기본 정리가 우리가 원하는 것을 바로 주진 않는다는 사실을 알 필요가 있다. 기본 정리는 면적을 직접 우리에게 갖다주지 않는다. 하지만 그것을 얻는 방법을 알려준다.

적분학의 성배

앞에서 내가 분명히 이야기한 것처럼, 기본 정리가 면적 문제를 완전하게 해결한 것은 아니다. 기본 정리는 면적이 변하는 속도에 관한 정보를 제공하지만, 면적 자체는 우리가 추론해서 구해야 한다.

기호로 나타내면, 기본 정리는 $\frac{dA}{dx}=y$라고 말하는데, 여기서 $y(x)$는 주어진 함수이다. 우리는 아직도 이 방정식을 만족시키는 $A(x)$를 구해야 하는 과제가 남아 있다. 잠깐만! 이것은 우리가 갑자기 '역방향 문제'에 또다시 맞닥뜨렸다는 뜻이다! 이것은 아주 놀라운 반전이다. 우리는 6장의 중심 문제 명단에서 세 번째인 면적 문제를 풀려고 했는데, 갑자기 이 명단에서 두 번째인 역방향 문제를 만나게 되었다. 내가 이 문제를 역방향 문제라고 부르는 이유는 앞의 다이어그램에서 보듯이 y로부터 A를 구하는 것은 화살표 방향과 반대 방향으로, 도함수에서 '뒤쪽' 방향으로 가야 하기 때문이다. 이 상황은 어린이들이 하는 게임이 이런 식으로 진행되는 것과 같다. "나는 도함수가 $12x + x^{10} - \sin x$인 면적 함수 $A(x)$를 생각했어. 내가 생각한 함수는 무엇일까?"

단지 $12x + x^{10} - \sin x$뿐만 아니라 어떤 곡선 $y(x)$에 대해서도 역방향 문제를 푸는 방법을 발견하는 것은 미적분학의 성배가 되었다. 더 정확하게는 '적분학'의 성배가 되었다. 역방향 문제를 풀기만 한다면, 면적 문제를 최종적으로 풀 수 있다. 즉, 어떤 곡선 $y(x)$에 대해서도 그 아래의 면적 $A(x)$를 구할 수 있다. 역방향 문제를 풂으로써 면적 문제도 풀 수 있다. 내가 두 문제를 태어나자마자 서로 떨어져 살아가게 된 쌍둥이이자 동전의 양면이라고 부른 이유는 이 때문이다.

역방향 문제를 푸는 방법은 다음 이유 때문에 훨씬 큰 의미를 지닐 수도 있었다. 아르키메데스의 관점에서 볼 때 면적은 무한히 작은 직사각형 조각들이 무한히 많이 모인 합이다. 그렇기 때문에 면적은 '적분'이다. 모든 조각들을 다시 합쳐놓은 전체로, 무한히 작은 변화들이 축적된 것이다. 그리고 도함수가 기울기보다 더 중요한 것처럼 적분은 면적보다 더 중요하다. 면적은 기하학에 중요한 것인 반면, 이어지는 장들에서 보게 될 테지만 적분은 '모든 것'에 중요하다.

어려운 역방향 문제를 풀기 위한 한 가지 접근법은 그것을 무시하는 것이다. 어려운 문제를 한쪽으로 제쳐놓으면 된다. 그리고 그것을 더 쉬운 순방향 문제로 바꾼다(주어진 A에 대해 그 변화율 $\frac{dA}{dx}$를 계산한다. 우리는 기본 정리에 따라 이것이 우리가 찾는 y와 같다는 사실을 안다). 이 순방향 문제는 훨씬 쉬운데, 어디서부터 시작해야 할지 우리가 알기 때문이다. 알려진 면적 함수 $A(x)$를 가지고 시작해 도함수를 구하는 표준 공식을 적용함으로써 그 변화율을 구할 수 있다. 그 결과로 구한 $\frac{dA}{dx}$는 y의 동반자 함수 역할을 한다. 이것은 기본 정리가 우리에게 확인시켜주는 사실이다. 즉 $\frac{dA}{dx}=y$이다. 이 모든 과정이 끝나고 나면, 한 쌍의 동반자 함수 $A(x)$와 $y(x)$를 얻는데, 이것들은 각각 면적 함수와 그에 대응하는 곡선을 나타낸다. 이 특정 곡선 $y(x)$ 아래의 면적을 구하는 문제가 남아 있는데, 운이 아주 좋으면 이에 대응하는 면적 함수가 그 동반자인 $A(x)$인 경우를 만날 수 있다. 이것은 체계적인 접근법은 아니며, 운이 아주 좋은 경우에만 성립하지만, 어쨌든 이것은 좋은 출발점이 될 수 있고 문제를 쉽게 풀 수 있다. 성공 확률을 높이기 위해 수백 개의 면적 함수와 그에 대응하는 곡선이 $(A(x), y(x))$ 쌍으로 나열된 긴 색인을 표로 만들 수 있다. 이 표가 크고 다양할수록 원하는 면적 문제를 푸는 데 필요한 쌍을 만날 확률이 높아진다. 필요한 쌍을 찾으면, 더 이상 애쓸 필요가 없다. 원하는 답이 바로 그 표에 있으니까.

예를 들면, 다음 장에서 우리는 x^3의 도함수가 $3x^2$임을 보게 될 것이다. 우리는 단순히 도함수를 구하는 순방향 문제를 풂으로써 이 결과를 얻을 것이다. 하지만 여기서 놀라운 사실은 이 결과가 x^3이 $A(x)$의 역할을, $3x^2$이 $y(x)$의 역할을 한다고 말해준다는 것이다. 우리는 땀 한 방울 흘리지 않고 $3x^2$에 관한 면적 문제를 풀었다. 이런 식으로 계속해나가면, x의 다른 멱함수들에 대한 표도 채울 수 있다. 비슷한 계산을 통해 x^4의 도함수는 $4x^3$, x^5의 도함수는 $5x^4$, 그리고 일반적으로 x^n의 도함수는 nx^{n-1}임을 알 수 있다. 이것들은 모두 멱함수에 관한 순방향 문제를 쉽게 푸는 방법이다. 따라서 표에서 각 세로줄은 다음과 같이 쓸 수 있다.

곡선 $y(x)$	그 면적 함수 $A(x)$
$3x^2$	x^3
$4x^3$	x^4
$5x^4$	x^5
$6x^5$	x^6
$7x^6$	x^7

아이작 뉴턴은 스무 살 때 대학생 시절의 공책•에 이와 비슷한 표를 만들었다.

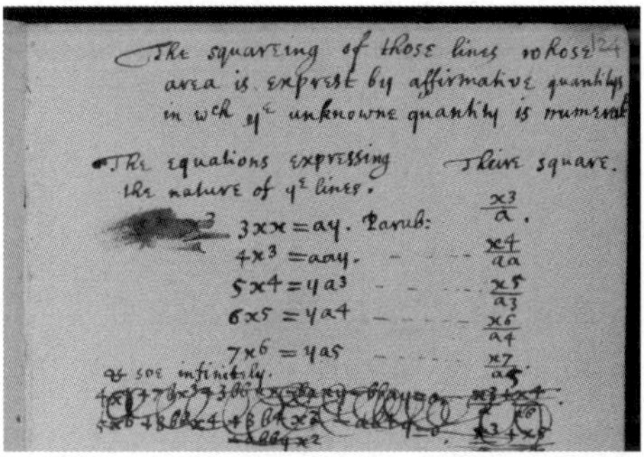

뉴턴이 사용한 영어가 현대의 영어와는 좀 다르다는 데 주목하라.

곡선을 표현한 왼쪽 기둥에는 "선들의 성격을 나타내는 방정식들The equations expressing the nature of ye lines"이라는 제목이 붙어 있다. 그 면적 함수들에는 "이것들의 면적Theire square"이라는 제목이 붙어 있다. (왜냐하면, 뉴턴은 면적 문제를 "곡선의 면적을 구하는squaring of curves" 문제로 보았기 때문이다.) 또, 뉴턴은 모든 양을 적절한 크기의 수로 나타내기 위해 임의의 길이 단위 a의 다양한 거듭제곱을 집어넣을 필요가 있다고 느꼈다. 예를 들면, 표에서 $A(x)$에 해당하는 오른쪽 기둥에서 맨 아래, 즉 위에서 다섯 번째 칸에는 $\frac{x^7}{a^5}$이 적혀 있는데, 이것이 면적을 나타내므로 길이를 제곱한 형태의 단위를 가져야 한다고 생각했기 때문이다. 이 모든 것은 "그 면적을 구할 수 있는 구불구불한 선들의 면적을 구하는 방법"이라는 문장, 즉 미적분학의 기본 정리의 탄생 선언 이후 몇 페이지 뒤에 나온다. 이 정리로 무장한 뉴턴은 '구불구불한 선들'과 그 '면적들'의 명단이 적힌 페이지를 더 많이 채워나갔다. 뉴턴의 손에서 미적분의 기구機構가 윙윙거리며 돌아가기 시작했다.

환상적인 일로 생각되었던 다음 과제는 단지 멱함수뿐만 아니라 '어떤' 곡선이든지 그 면적을 찾는 방법이었다. 아마도 이것은 특별히 황홀한 환상처럼 보이진 않을 것이다. 그 방법이 너무나도 일반적인 것이기 때문이다. 다르게 표현한다면, 이 문제는 적분학을 그토록 도전적인 것으로 만드는 본질적인 핵심을 포함하고 있다. 만약 이 문제를 푼다면, 그 사건은 일종의 연쇄 반응을 일으킬 것이다. 도미노를 쓰러뜨리는 것과 비슷하게 한 문제에 뒤이어 다른 문제들이 잇따라 쓰러질 것이다. 만약 이 문제를 푼다면, 데카르트가 인간의 이해를 벗어나는 문제라고 생각했던, 임의의 곡선에서 호의 길이를 구하는 문제에도 답을 얻을 수 있을 것이다. 평면 위에 있는 아메바 모양 구획의 면적을 구하는 것도 가능할 것이다. 구, 포물면, 항아리, 통, 그리고 도예가가 돌림판 위에서 빙빙 돌려서 만드는 꽃병처럼 축을 중심으로 어떤 곡선을 회전시켜서 생겨나는 모든 표면의 겉넓이와 부피와 무게중심도 계산할 수 있을 것이다. 아르키메데스가 깊이 고민했고 그 후 1800년 동안 많은 수학 천재들이 고민했던, 곡선 형태에 관한 고전적인 문제들이 갑자기 단숨에 풀릴 것이다.

이뿐만이 아니라, 특정 예측 문제들도 해결할 수 있을 것이다. 만약 이 문제를 풀 수만 있다면, 움직이는 물체의 위치를 먼 미래까지 예측하는 것(예컨대 어떤 행성이 궤도 중의 어느 지점에 있을지 예측하는 것. 심지어 그 행성이 우리 우주에서 작용하는 것과 다른 종류의 인력에 지배를 받는다고 하더라도)도 가능해질 것이다. 내가 이 문제의 해결 방법을 적분학의 성배라고 부른 이유는 이 때문이다. 이 문제를 풀기만 한다면, 그 밖의 많은 문제들도 아주 쉽게 풀 수 있다. 이 문제만 푼다면, 모든 것이 해결되는 것이다.

임의의 곡선 아래의 면적을 계산하는 것이 매우 중요했던 이유는 이 때문이다. 역방향 문제와의 밀접한 관계 때문에 '면적 문제'는 단지 면적에 관한 문제로 그치지 않는다. 이것은 단지 형태나 거리와 속도 사이의 관계나 그만큼 협소한 주제에 관한 문제가 아니다. 이것은 완전히 일반적인 문제이다. 현대적 관점에서 본다면, 면적 문제는 어떤 것의 변화율이 가변적일 때, 그 변화율과 시간이 지남 따라 그것에 누적되는 변화량 사이의 관계를 예측하는 문제이다. 그런 문제로는 은행 계좌에 출렁이면서 유입되는 금액과 그 계좌에 축적되는 잔고에 관한 문제가 있다. 세계 인구 성장률과 지구에 사는 전체 인구에 관한 문제도 마찬가지다. 환자의 혈액 속에서 변하는 화학 요법 약의 농도와 긴 시간에 걸쳐 그 약에 노출된 효과의 누적에 관한 문제 역시 그렇다. 약에 노출된 전체 기간은 화학 요법의 효능과 독성에 영향을 미친다. 면적 문제가 중요한 이유는 미래가 중요하기 때문이다.

뉴턴의 새로운 수학은 늘 '변하는 세계world in flux'에 적용하기에 아주 적합한 것이었다. 그래서 그는 그 수학을 '유율流率, fluxion'이라고 불렀다. 뉴턴은 '변하는 양fluent quantity'(오늘날 우리가 시간의 함수로 생각하는 것)과 그 유율(시간에 따른 변화율, 즉 그 도함수)을 이야기했다. 그리고 두 가지 중심 문제를 발견했다.

1) 변하는 양이 주어졌을 때, 그 유율을 어떻게 구할 수 있을까? (이것은 앞에서 언급한 순방향 문제와 같다. 주어진 곡선의 기울기를 찾는 쉬운 문제, 혹은 더 일반적으로는 알려진 함수의 변화율, 즉 도함수를 구하는 과정으로 오늘날 '미분'이라고 부르는 과정이다.)
2) 유율이 주어졌을 때, 변하는 양은 어떻게 구할 수 있을까? (이것은 역방향 문제와 같으며, 면적 문제를 푸는 열쇠이다. 이것은 곡선의 기울기로부터 곡선을 추론하는 어려운 문제이다. 더 일반적으로는 함수의 변화율로부터 미지의 함수를 추론하는 과정으로, 오늘날 '적분'이라고 부르는 과정이다.)

2번 문제는 1번 문제보다 훨씬 어렵다. 2번 문제는 또한 우주의 암호를 예측하고 이용하는 데에도 훨씬 더 중요하다. 뉴턴이 이 문제의 해결에 얼마나 가까이 다가갔는지 살펴보기 전에 이 문제가 왜 그렇게 어려운지부터 살펴보기로 하자.

국지적인 것 대 전체적인 것

적분이 미분보다 훨씬 어려운 이유는 국지적인 것과 전체적인 것 사이의 차이와 관계가 있다. 국지적인 문제는 쉽고, 전체적인 문제는 어렵다.

미분은 국지적인 연산이다. 앞에서 보았듯이, 도함수를 계산하는 것은 현미경을 들여다보는 것과 같다. 우리는 현미경의 배율을 계속 높여가면서 곡선이나 함수의 작은 부분을 확대한다. 작은 국지적 부분을 점점 더 확대해 들여다볼수록 곡선이 덜 구부러져 보인다. 곡선의 아주 작은 부분을 크게 확대한 모습은 수평 방향의 길이가 Δx, 수직 방향의 길이가 Δy인 아주 작은 경사로처럼 보이는데, 거의 직선에 가깝다. 무한히 확대한 극한값에서는 이 선이 특정 직선에 접근하는데, 그 직선은 현미경 중심에 위치한 그 점을 지나가는 접선이다. 이 극한 직선의 기울기가 바로 그 지점의 도함수이다. 현미경의 역할은 우리가 관심을 가진 곡선의 그 부분에 초점을 맞추게 해주는 것이다. 나머지는 모두 무시된다. 도함수를 구하는 것을 국지적인 연산이라고 부르는 이유는 바로 이 때문이다. 유일한 관심 대상인 어느 점 근방의 무한히 작은 부분을 빼고 나머지 모든 것은 무시한다.

적분은 전체적인 연산이다. 여기서는 현미경 대신에 망원경을 사용한다. 우리는 아주 먼 거리(혹은 먼 미래. 다만, 이 경우에는 수정 구슬이 필요하겠지만)를 보려고 애쓴다. 자연히 이 문제는 훨씬 어려울 수밖에 없다. 중간에 끼어드는 사건들은 모두 중요하며, 어느 것 하나 함부로 무시할 수 없다. 혹은 그렇게 보인다.

국지적인 것과 전체적인 것, 즉 미분과 적분 사이의 차이를 잘 보여주고, 적분이 왜 그렇게 어렵고 과학적으로 아주 중요한지 설명하기 위해 적절한 비유를 들어보자. 베이징에서 우사인 볼트가 세계 신기록을 세운 경주 이야기로 다시 돌아가보자. 각 순간의 질주 속도를 구하기 위해 트랙에서 그의 위치를 시간의 함수로 나타낸 매끄러운 곡선을 데이터에 맞춘 방법을 떠올려보라. 그러고 나서 특정 시점, 예컨대 출발 후 7.2초가 지난 순간에 그의 속도를 구하기 위해 우리는 그 곡선을 사용해 시간이 조금 더 지난 시점, 예컨대 7.25초가 지난 시점에 그의 위치를 추정했고, 그러고 나서 거리의 변화를 시간의 변화로 나누어 그 순간에서 그의 속도를 추정했다. 이것들은 모두 국지적인 계산이었다. 이 계산들에서 사용한 유일한 정보는 주어진 시간에서 수십분의 1초밖에 떨어지지 않은 시점에 얼마나 빨리 달렸느냐 하는 것뿐이었다. 그 전과 후, 경주의 나머지 부분에서 볼트가 한 일은 모두 무시했다. 이 문제를 국지적이라고 부른 것은 이런 이유에서였다.

이와 대조적으로 경주를 하는 동안 매 순간 볼트의 속도를 보여주는 무한히 긴 스프레드시트를 주고서, 출발 후 7.2초가 지난 시점에 볼트가 있었던 위치를 재구성하라는 질문에는 어떤 요소들이 포함되는지 생각해보라. 볼트가 스타팅 블록에서 튀어나간 순간의 초기 속도를 바탕으로 거리=속력×시간 공식을 사용해 예컨대 100분의 1초 뒤에 볼트가 있었던 위치를 추정할 수 있다. 그리고 이 새로운 위치와 새로 경과한 시간으로부터 그에 상응하는 속도와 볼트가 달린 거리로 그다음 100분의 1초 뒤에 볼트가 트랙 위의 어느 지점에 있을지 추정할 수 있다. 이런 식으로 한 번에 100분의 1초에 해당하는 정보를 계속 축적하면서 트랙 위에서 조금씩 나아감으로써 경주를 하는 동안 처음부터 끝까지 볼트의 위치를 계속 갱신할 수 있다. 이것은 매우 고단한 일이 될 것이다. 일일이 모든 계산을 하는 일이 그렇다는 말이다. 이 때문에 전체적인 계산은 매우 어렵다. 원하는 답을 얻으려면 미래에 이르기까지(이 경우에는 출발 총성이 울리고 나서 7.2초가 지난 시점까지) 모든 단계를 계산할 필요가 있다.

하지만 시간을 훌쩍 건너뛰어 곧장 우리가 원하는 순간으로 갈 수 있다고 상상해보자. 그럴 수만 있다면 아주 편리할 것이다. 역방향 문제인 적분 문제를 푸는 일이 바로 이것이다. 이것은 시간을 뚫고 지나가는 웜홀처럼 지름길을 제공한다. 그래서 전체적인 문제를 국지적인 문제로 바꾼다. 역방향 문제를 푸는 것이 미적분학의 성배를 찾는 것과 같다고 말하는 이유는 이 때문이다.

많은 문제들에서 흔히 일어난 것처럼, 이 문제를 맨 처음 푼 사람도 학생이었다.

외로운 소년

아이작 뉴턴은 1642년 크리스마스에 돌로 지은 농가에서 태어났다.*

태어난 날이 크리스마스라는 것 말고 그의 탄생을 반겨야 할 징조는 전혀 없었다. 조산아로 태어난 아기는 너무 작아서 1쿼트(1.14리터)짜리 머그잔에 쏙 들어갈 정도였다고 전한다. 게다가 뉴턴은 유복자로 태어났다. 농부였던 아버지는 뉴턴이 태어나기 석 달 전에 죽었는데, 보리와 가구와 키우던 양들을 유산으로 남겼다.

게다가 뉴턴이 세 살 되던 해에 어머니 해나가 재혼을 해 떠나는 바람에 뉴턴은 외가의 조부모 밑에서 자랐다. (새 남편인 바너버스 스미스 목사는 해나에게 뉴턴을 떼어놓고 올 것을 결혼 조건으로 요구했다. 나이가 해나보다 두 배나 많고 부유했던 스미스는 젊은 아내를 원했지만, 어린 의붓자식은 원하지 않았다.) 당연히 뉴턴은 의붓아버지에게 분노를 느꼈고, 어머니에게 버림받았다고 생각했다. 훗날 19세 이전에 자신이 저지른 죄를 열거한 명단에는 "13. 의붓아버지와 어머니에게 그들과 집을 불태우겠다고 협박한 죄"가 포함돼 있었다. 그 다음 항목은 더 섬뜩했다. "14. 일부 사람들이 죽길 바라고 그런 일이 일어나길 기대했다." 그리고 이어 "15. 많은 사람들을 때렸다. 16. 불결한 생각과 말과 행동을 하고 불결한 꿈을 꾸었다."라고 썼다.

정서가 불안하고 외롭게 자란 뉴턴은 친구가 아무도 없었고 시간은 많았다. 농가에서 해시계를 만들고, 벽에 비친 빛과 그림자의 움직임을 측정하면서 혼자서 연구를 해나갔다. 열 살 때 어머니가 또다시 남편을 여의고 돌아왔다. 그리고 재혼에서 낳은 딸 둘과 아들 하나도 함께 데려왔다. 어머니는 뉴턴을 집에서 13킬로미터나 떨어진 그랜섬의 학교로 보냈는데, 걸어서 다니기에는 너무 멀었다. 뉴턴은 약제사이자 화학자인 윌리엄 클라크의 집에서 하숙을 했으며, 그에게서 치료법과 물질을 끓이고 섞는 방법, 막자사발과 막자로 물질을 가는 법을 배웠다. 교장이던 헨리 스토크스는 라틴어와 약간의 신학, 그리스어, 히브리어, 농부를 위한 측량 같은 실용 수학을 가르쳐주었다. 그와 함께 아르키메데스가 π의 값을 추정한 방법처럼 더 깊은 지식도 일부 가르쳤다. 생활 기록부는 뉴턴을 게으르고 주의력이 부족한 학생으로 묘사하고 있지만, 뉴턴은 밤에 혼자 방에 있을 때면 벽에 아르키메데스가 그렸던 원과 다각형 같은 도형들을 그렸다.

열여섯 살 때 어머니가 뉴턴을 학교에서 데려와 농장 일을 맡겼다. 뉴턴은 농사가 싫었다. 그래서 돼지들이 이웃의 밭으로 들어가도 방치하고, 울타리가 무너져도 신경 쓰지 않았다가, 지역 법정에 불려가 벌금형을 받았다. 어머니와 여동생들과도 자주 싸웠다. 종종 밭에 누워 혼자서 책을 읽었다. 또, 개울에 수차를 만들고, 물결에 생기는 소용돌이를 연구했다.

그러다가 마침내 어머니가 올바른 결정을 내렸다. 오빠와 스토크스 교장의 권유에 못 이겨 뉴턴을 다시 학교로 돌려보낸 것이다. 뉴턴은 충분히 좋은 성적을 거두어 1661년에 케임브리지 대학교의 트리니티 칼리지에 특대생으로 입학할 수 있었다. 특대생은 학비를 면제받는 대가로 부유한 학생들의 식사 시중을 드는 등의 봉사를 해야 했다. 가끔은 그들이 남긴 음식을 먹기도 했다(어머니는 뉴턴의 학비를 대줄 능력이 있었지만 그러지 않았다). 대학 시절에 뉴턴은 친구를 거의 사귀지 않았는데, 이 패턴은 평생 동안 지속되었다. 결혼도 하지 않았고, 우리가 아는 한 연애조차 한 적이 없다. 거의 웃지도 않았다.

그는 대학에 들어오고 나서 처음 2년 동안 아리스토텔레스 철학의 영향을 받은 스콜라 철학을 배워야 했는데, 스콜라 철학은 그 당시에 여전히 표준 교육 과정이었다. 하지만 2년이 지나자 뉴턴의 마음이 요동치기 시작했다. 점성술 책을 읽고 나서 수학에 큰 흥미를 느꼈다. 삼각법에 관한 지식을 약간 익히지 않으면 점성술을 이해할 수 없다는 사실을 알았는데, 삼각법을 이해하려면 기하학을 알아야 했다. 그래서 뉴턴은 유클리드의 『기하학 원론』을 읽었다. 처음에는 모든 결과가 명백해 보였지만, 피타고라스의 정리를 읽는 순간 마음이 바뀌었다.

1664년에 장학금을 받은 뉴턴은 수학을 더욱 깊이 파고들었다. 그 당시의 표준 교재 여섯 권으로 독학을 하면서 소수 계산, 기호대수학, 피타고라스의 세 쌍, 순열, 3차 방정식, 원뿔곡선, 무한소 등의 기초를 빠른 속도로 익혔다. 특히 두 저자에게 큰 매력을 느꼈는데, 해석기하학과 접선을 연구한 데카르트, 그리고 무한과 구적법을 연구한 존 월리스였다.

멱급수를 만지작거리다

뉴턴은 1664년과 1665년 사이의 겨울에 월리스의 『무한소 산술 *Arithmetica Infinitorum*』을 탐독하다가 우연히 마법적인 것을 발견했다.* 그것은 곡선 아래의 면적을 구하는 새로운 방법이었는데, 쉬우면서도 체계적인 방법이었다.

뉴턴은 사실상 무한의 원리를 알고리듬으로 바꾸었다. 전통적인 무한의 원리는 복잡한 면적을 계산하려면 그것을 더 단순한 면적들의 무한급수로 상상하라고 말한다. 뉴턴은 이 전략을 따랐지만, 기본 요소로 형태가 아니라 기호를 사용함으로써 그 방법을 개선했다. 통상적으로 사용하던 조각이나 가느다란 띠나 다각형 대신에 뉴턴은 x^2이나 x^3처럼 기호 x의 거듭제곱을 사용했다. 오늘날 우리는 이 전략을 '멱급수 방법the method of power series'이라고 부른다.

뉴턴은 멱급수를 무한소수를 자연스럽게 일반화하는 방법으로 여겼다. 무한소수는 결국은 10과 $\frac{1}{10}$의 무한 멱급수로 나타낼 수 있기 때문이다. 각 자릿수의 숫자들은 10이나 $\frac{1}{10}$의 각 거듭제곱이 몇 개 있는지 알려준다. 예를 들어 $\pi = 3.14\cdots$ 는 다음과 같이 쓸 수 있다.

$$3.14\cdots = 3\times10^0 + 1\times\left(\frac{1}{10}\right)^1 + 4\times\left(\frac{1}{10}\right)^2 + \cdots$$

물론 어떤 수를 이런 방식으로 표기하려면 '무한히' 많은 자릿수의 숫자를 사용해야 하는데, 무한소수는 정의상 자릿수가 무한 개이기 때문이다. 뉴턴은 여기서 유추해 어떤 곡선이나 함수라도 무한히 많은 x의 거듭제곱을 사용해 나타낼 수 있지 않을까 하는 생각이 들었다. 비결은 각각의 거듭제곱 수가 얼마인지 알아내는 데 있었다. 그리고 연구 과정에서 그것을 알아내는 방법을 여러 가지 개발했다.

뉴턴은 원의 면적을 생각하다가 이 방법을 발견했다. 뉴턴은 오래된 이 문제를 더 일반적인 것으로 만듦으로써 이전에 어느 누구도 알아채지 못했던 그 속의 구조를 드러냈다. 그는 완전한 원이나 4분원처럼 표준적인 형태에만 주의를 집중하는 대신에 폭이 x인 기묘한 모양의 '활꼴' 면적을 살펴보았는데, x는 0에서 1 사이의 어떤 수라도 될 수 있었다. 여기서 1은 원의 반지름의 길이를 가리켰다.

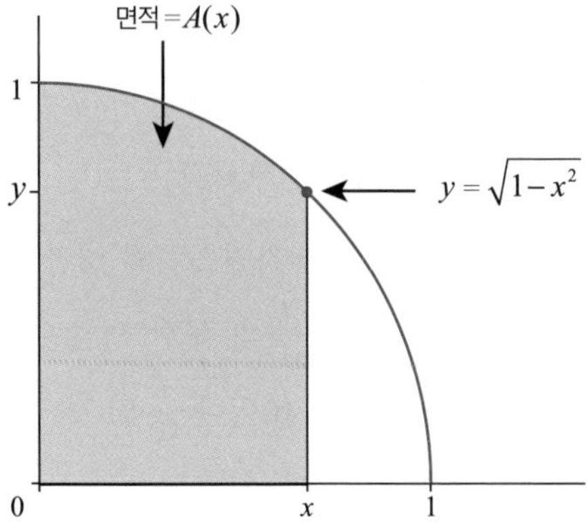

이것이 뉴턴이 첫 번째로 떠올린 창조적 발상이었다. 변수 x의 사용은 마치 손잡이를 돌리듯이 해당 지역의 형태를 연속적으로 조정할 수 있는 이점을 가져다주었다. x를 0 근처의 작은 값으로 잡으면, 얇은 띠처럼 가늘고 기다란 활꼴이 된다. x 값을 점점 늘려가면 활꼴은 점점 더 뚱뚱한 모양으로 변해간다. 그리고 x 값이 1이 되면 우리에게 익숙한 사분원이 된다. 이렇게 x 값을 자유자재로 조절함으로써 뉴턴은 그 사이의 어떤 곳이라도 갈 수 있었다.

실험과 패턴 인식과 탁월한 추측이 자유분방하게 섞인 과정(이것은 월리스의 책에서 배운 사고방식이었다)을 통해 뉴턴은 활꼴의 면적을 다음의 무한급수로 나타낼 수 있다는 사실을 발견했다.

$$A(x) = x - \frac{1}{6}x^3 - \frac{1}{40}x^5 - \frac{1}{112}x^7 - \frac{5}{1152}x^9 - \cdots$$

이 기묘한 분수들이 어디에서 나왔는지, 또 x의 지수가 왜 모두 홀수인지는 뉴턴만 아는 비법이었다. 뉴턴은 특별한 논증을 통해 이것을 만들어냈는데,• 그 논증은 다음과 같이 요약할 수 있다. (이 논증에 특별한 관심이 없다면 이 단락의 나머지 부분은 건너뛰어도 좋다. 만약 세부 사항을 더 자세히 알고 싶다면, '노트'에 언급된 참고 문헌을 읽어보라.) 뉴턴은 해석기하학을 사용해 활꼴에 대한 연구를 시작했다. 그는 원을 $x^2+y^2=1$로 놓고, 이것을 y에 대해 풀어 $y=\sqrt{1-x^2}$을 얻었다. 그리고 제곱근은 $\frac{1}{2}$제곱과 같으므로, 식을 $y=(1-x^2)^{\frac{1}{2}}$로 고쳐 썼다. 괄호 오른쪽에 있는 지수 $\frac{1}{2}$이 제곱근을 나타낸다. 그러고 나서, $\frac{1}{2}$제곱으로 표현된 활꼴의 면적을 구하는 법은 뉴턴은 물론이고 어느 누구도 몰랐으므로, 이 문제를 우회하여(이것이 두 번째 창조적 발상이었다) 대신에 정수 거듭제곱으로 표현된 문제를 풀었다. '정수' 거듭제곱으로 표현된 면적을 구하는 것은 쉬웠다. 뉴턴은 월리스의 책에서 그 방법을 배웠다. 그래서 뉴턴은 $y=(1-x^2)^1$, $y=(1-x^2)^2$, $y=(1-x^2)^3$ 등의 면적을 구했다. 이것들은 모두 괄호 밖의 지수가 1, 2, 3… 같은 정수로 표시돼 있다. 뉴턴은 이항 정리를 사용해 이 식들을 전개하면서 그 결과가 단순한 멱함수들, 즉 이미 자신이 표(앞에서 뉴턴이 직접 손으로 쓴 공책 페이지에서 보았듯이)로 만들었던 개개 면적 함수들의 합으로 나타난다는 사실을 발견했다. 그러고 나서 x의 함수로 표현한 활꼴들의 면적에서 어떤 패턴이 나타나는지 살펴보았다. 정수 제곱에 대한 결과를 바탕으로 $\frac{1}{2}$제곱에 대한 답을 추측한(세 번째 창조적 발상) 뒤, 그것을 여러 가지 방법으로 검증했다. $\frac{1}{2}$제곱에 대한 답은 $A(x)$를 구하는 공식(앞에서 소개했듯이 특이한 분수들로 이루어진 놀라운 멱급수)으로 안내했다.

활꼴의 면적을 나타내는 멱급수의 도함수는 원 자체를 나타내는 급수를 발견하는 데 도움을 주었는데, 그것 역시 아주 놀라운 급수였다.

$$y=\sqrt{1-x^2}=1-\frac{1}{2}x^2-\frac{1}{8}x^4-\frac{1}{16}x^6-\frac{5}{128}x^8-\cdots$$

이후에 이것 말고도 더 많은 것을 발견했지만, 이미 이것만 해도 아주 놀라운 업적이었다. 뉴턴은 무한히 많은 더 단순한 조각들로부터 원을 만들어냈다. 여기서 더 단순하다는 표현은 물론 적분과 미분의 관점에서 볼 때 그렇다는 것이다. 모든 항들은 x^n의 형태를 한 멱함수였다(여기서 n은 정수). 모든 개개 멱함수는 쉬운 도함수와 적분(면적 함수)을 가지고 있었다. 이와 비슷하게 x^n의 수치 값은 곱셈의 반복에 불과한 단순한 산술로 계산할 수 있었고, 그러고 나서 덧셈과 뺄셈과 곱셈과 나눗셈에 불과한 산술을 사용해 급수에 집어넣을 수 있었다. 처리해야 할 제곱근이나 그 밖의 골치 아픈 함수는 전혀 없었다. 만약 원 외에 '다른' 곡선에 대해서도 이와 비슷한 멱급수를 발견할 수 있다면, 그것을 적분하는 일 역시 아주 손쉬울 것으로 보였다.

겨우 22세의 나이에 뉴턴은 성배를 향해 나아가는 길을 발견했다. 그는 곡선을 멱급수로 바꿈으로써 그 면적을 체계적으로 알아낼 수 있었다. 뉴턴이 이미 표로 만든 함수 쌍들을 참고한다면, 이 역방향 문제는 멱급수로 아주 쉽게 풀 수 있었다. 따라서 역함수들의 급수로 나타낼 수만 있다면, 어떤 곡선이건 그 면적을 구하는 것은 식은 죽 먹기였다. 이것이 바로 뉴턴이 사용한 알고리듬이었는데, 매우 강력한 위력을 발휘했다.

그러고 나서 뉴턴은 다른 곡선인 쌍곡선 $y = \frac{1}{1+x}$ 역시 다음과 같은 멱급수로 표현할 수 있다는 사실을 발견했다.

$$\frac{1}{1+x} = 1 - x + x^2 - x^3 + x^4 - x^5 + \cdots$$

이 급수로부터 뉴턴은 0부터 x에 이르는 쌍곡선 아래 지역의 면적(앞서 연구했던 활꼴에 대응하는)을 구하는 멱급수를 얻을 수 있었다. 이것은 뉴턴이 쌍곡선 로그라고 부르고, 오늘날 자연로그라고 부르는 함수를 정의했다.

$$\ln(1+x) = x - \frac{1}{2}x^2 + \frac{1}{3}x^3 - \frac{1}{4}x^4 + \frac{1}{5}x^5 - \frac{1}{6}x^6 + \cdots$$

로그에 뉴턴이 크게 들뜬 이유는 두 가지가 있었다. 첫째, 로그는 계산을 아주 빠르게 해주는 이점이 있었고, 둘째, 로그는 그 당시 뉴턴이 연구하고 있던, 논란이 많은 음악 이론 문제를 다루기에 편리했다. 그 문제란 전통적인 음계의 듣기 좋은 화음을 해치지 않으면서, 한 옥타브를 완벽하게 동일한 단계들로 나누는 방법을 찾는 것이었다. (음악 이론의 전문 용어를 빌려 표현하자면, 뉴턴은 한 옥타브를 균일하게 등분하는 방식이 전통적인 순정조純正調[자연 배음의 제5음까지 음의 진동수 비에 기초하여 만든 음계의 조율법 — 옮긴이]에 얼마나 가깝게 근사할 수 있는지 평가했다.)

인터넷의 경이로운 마법과 '뉴턴 프로젝트Newton Project'에 참여한 역사학자들 덕분에 우리는 지금 당장 1665년으로 시간 여행을 떠나 젊은 뉴턴이 작업하는 모습을 바라볼 수 있다. (뉴턴이 대학 시절에 쓴 공책은 '노트'의 웹페이지 주소에서 볼 수 있다.) 그의 어깨 너머로 233쪽(원본에서는 105v쪽)을 보면, 뉴턴이 음악의 수열과 기하학의 수열을 비교하는 모습을 볼 수 있다. 이 페이지의 아랫부분을 확대해서 보면, 자신의 계산을 로그와 어떻게 연결하는지 볼 수 있다. 그리고 43쪽(원본에서는 20r쪽)으로 가면, 뉴턴이 "쌍곡선의 면적을 구하고", 자신의 멱급수를 사용해 1.1의 자연로그 값을 50자리까지 계산하는 것을 볼 수 있다.

손으로 로그 값을 50자리까지 계산하는 사람은 도대체 어떤 사람일까? 뉴턴은 자신이 새로 발견한 멱급수가 주는 힘을 즐기는 것처럼 보였다. 훗날 뉴턴은 지나치게 낭비적인 이 계산을 회상하며 다소 멋쩍은 듯이 이렇게 말했다. "그 당시 달리 할 일이 없었던 내가 이 계산을 몇 자리까지 했는지 말하는 게 부끄럽다. 그때 나는 이 계산을 하는 데에서 정말로 아주 큰 즐거움을 느꼈기 때문이다."•

다른 사람들에게 조금 위로가 되는 이야기일지 모르겠지만, 완벽한 사람은 아무도 없다. 이 계산을 처음 했을 때, 뉴턴은 작은 실수를 한 가지 저질렀다. 그의 계산은 스물여덟 자리까지만 옳았다. 뉴턴은 나중에 오류를 발견하고서 바로잡았다.

자연로그를 손댄 뒤에 뉴턴은 자신의 멱급수를 천문학, 측량, 항해 등에서 원이나 주기 또는 삼각형을 다룰 때마다 등장하는 삼각함수로 확대 적용했다. 하지만 이 시도는 뉴턴이 처음 한 것이 아니었다. 200년도 더 전에 인도 케랄라의 수학자들•이 사인함수, 코사인함수,

아크탄젠트함수의 멱급수를 발견했다. 16세기 초에 지에스타데바와 닐라칸타 소마야지는 이 공식들을 발견한 공을 산가마그라마의 마드하바(1350~1425)에게 돌렸다. 수학과 천문학 분야에서 케랄라학파를 창시한 마드하바는 뉴턴보다 약 250년이나 앞서 이 공식들을 유도해 시의 형식으로 표현했다. 인도에서 급수가 발견된 것은 어떤 면에서는 충분히 예견할 수 있는 일이었다. 소수도 인도에서 발명되었고, 앞에서 보았듯이 뉴턴은 자신이 곡선에서 한 일을 무한소수가 산술에서 한 일과 비슷하다고 여겼다.

이 모든 이야기의 요점은 뉴턴의 멱급수가 미적분학에 사용할 스위스 군용 칼을 제공했다는 것이다. 멱급수로 무장한 뉴턴은 적분을 하고, 대수방정식의 근을 구하고, 사인과 코사인, 로그 같은 '비대수학적 함수'의 값을 계산할 수 있었다. "이것들의 도움으로 해석을 모든 문제에 적용할 수 있게 되었다고 말할 수 있다."•

매시업 아티스트로서의 뉴턴

나는 뉴턴이 의식적으로 그랬다고는 생각하지 않지만, 그는 멱급수 연구에서 수학적 매시업 아티스트처럼 행동했다(매시업mash-up은 서로 다른 노래들을 조합해 새로운 노래를 만들어내는 것을 말한다—옮긴이).

그는 기하학의 면적 문제에 고대 그리스인이 발견한 무한의 원리를 통해 접근했고, 거기에 인도의 소수와 이슬람의 대수학과 프랑스의 해석기하학을 집어넣었다.

뉴턴이 진 수학적 빚 중 일부는 그가 만든 방정식들의 구조에서 드러난다. 예를 들어 아르키메데스가 포물선의 구적법에서 사용한 '수들'의 무한급수를 보자.

$$\frac{4}{3} = 1 + \frac{1}{4} + \frac{1}{16} + \frac{1}{64} + \cdots$$

이것을 뉴턴이 포물선의 구적법에서 사용한 '기호'들의 무한급수와 비교해보라.

$$\frac{1}{1+x} = 1 - x + x^2 - x^3 + x^4 - x^5 + \cdots$$

뉴턴의 급수에 $x = -\frac{1}{4}$을 대입하면, 아르키메데스의 급수와 똑같은 것이 된다. 이런 의미에서 뉴턴의 급수는 아르키메데스의 급수를 특수한 경우로 포함한다.

게다가 두 연구의 유사성은 그들이 다룬 기하학 문제들까지 뻗어 있다. 둘 다 활꼴을 좋아했다. 아르키메데스는 자신의 급수를 포물선 활꼴 면적을 구하는 데 사용한 반면, 뉴턴은 자신의 멱급수

$$A_{\text{원}}(x) = x - \frac{1}{6}x^3 - \frac{1}{40}x^5 - \frac{1}{112}x^7 - \frac{5}{1152}x^9 - \cdots$$

을 원의 활꼴 면적을 구하는 데 사용했고, 또 다른 멱급수

$$A_{\text{쌍곡선}}(x) = x - \frac{1}{2}x^2 + \frac{1}{3}x^3 - \frac{1}{4}x^4 + \frac{1}{5}x^5 - \frac{1}{6}x^6 + \cdots$$

을 쌍곡선 활꼴 면적을 구하는 데 사용했다.

사실, 뉴턴의 급수는 단지 하나의 원의 활꼴이나 쌍곡선 활꼴에 그치지 않고, 무한히 많은 원의 활꼴과 쌍곡선 활꼴의 면적을 구할 수 있다는 점에서 아르키메데스의 급수보다 비할 수 없이 강력했다. 추상적인 기호 x가 바로 이러한 위력을 발휘했다. x는 문제를 연속적이고 수월하게 바꾸었다. x를 왼쪽이나 오른쪽으로 옮김으로써 활꼴의 모양을 조절할 수 있었고, 하나의 무한급수처럼 보이던 것이 사실은 각자 나름의 x 값을 가진 무한급수가 무한히 모인 가족임이 드러났다. 이것이 바로 멱급수가 가진 힘이었다. 멱급수 덕분에 뉴턴은 무한히 많은 문제를 단번에 풀 수 있었다.

하지만 만약 뉴턴이 거인들의 어깨 위에 서지 않았더라면 이 중 어떤 것도 해내지 못했을 것이다. 뉴턴은 위대한 선각자들이 생각한 개념들을 통합하고 종합하고 일반화했다. 아르키메데스에게서는 무한의 원리를 물려받았다. 페르마에게서는 접선을 배웠다. 소수는 인도에서 왔다. 변수는 아랍의 대수학에서 왔다. 곡선을 xy 평면의 방정식으로 나타내는 방법은 데카르트의 연구에서 배웠다. 무한을 자유분방하게 다루는 태도와 실험 정신, 추측과 귀납법에 대한 열린 태도는 월리스에게서 배웠다. 뉴턴은 이 모든 것을 뒤섞어 새로운 것을 만들어냈는데, 그것은 우리가 오늘날 아직도 미적분 문제를 풀 때 사용하는 것으로, 멱급수를 다양하게 사용하는 방법이다.

아무도 모르게 혼자서 한 미적분학 연구

뉴턴이 1664년과 1665년 사이의 겨울에 멱급수를 연구하고 있을 때, 유럽 전역에는 끔찍한 역병이 퍼지고 있었다. 이 역병은 지중해에서 시작해 위로 파도처럼 밀고 올라오면서 네덜란드까지 번졌다. 가래톳페스트(흔히 흑사병 또는 페스트라고 부르는)가 런던에 상륙하자, 처음에는 일주일에 수백 명이 죽어나가다가 곧 수천 명이 죽어나갔다. 1665년 여름에 케임브리지 대학교는 흑사병 때문에 임시 휴교에 들어갔다. 뉴턴은 링컨셔주의 고향 집으로 돌아갔다.

그다음 2년 동안 뉴턴은 세계에서 가장 뛰어난 수학자가 되었다. 하지만 뉴턴은 현대적인 미적분학을 발명하는 것만으로는 성에 차지 않았다. 중력의 역제곱 법칙을 발견해 달에 적용했고, 반사 망원경을 발명했으며, 백색광이 무지개의 모든 색으로 이루어져 있다는 사실을 실험을 통해 입증했다. 아직 25세도 채 되지 않은 나이에 이룬 일들이었다. 훗날 뉴턴은 "그 당시는 내 인생에서 발명이 샘솟는 전성기였고, 그 이후의 어느 때보다 수학과 철학에 깊이 몰두한 시기였다."* 라고 회상했다.

흑사병의 기세가 수그러든 1667년에 뉴턴은 케임브리지로 돌아와 고독한 연구를 계속했다. 1671년 무렵에는 제각각 뿔뿔이 흩어져 있던 미적분학의 여러 분야들을 아주 깔끔한 전체로 통합했다. 뉴턴은 멱급수 방법을 개발했고, 운동에 관한 개념들을 활용해 기존의 접선 이론들을 크게 개선했고, 면적 문제를 해결한 기본 정리를 발견하고 증명했으며, 곡선들과 그 면적 함수들의 표를 작성했고, 이 모든 것을 결합해 정밀하게 조율된 체계적인 계산 기계로 만들었다.

그런데 트리니티 칼리지의 회랑 밖 세상에서는 그의 모습이 전혀 눈에 띄지 않았다. 그것은 뉴턴이 원한 생활 방식 때문이었다. 그는 자신이 발견한 비밀의 샘을 혼자만 알고 있었다. 은둔자 기질이 강하고 의심이 많았던 뉴턴은 비판에 매우 민감하여 다른 사람, 특히 자신을 제대로 이해하지 못하는 사람과 논쟁에 휘말리는 걸 싫어했다. 훗날 뉴턴이 말했듯이, 그는 "수박 겉 핥기 정도의 수학 지식밖에 없는 사람들이 집적대는"• 걸 좋아하지 않았다.

신중한 태도를 취해야 할 이유가 하나 더 있었다. 뉴턴은 자신의 연구가 논리적 문제 때문에 공격받을 수 있다는 사실을 잘 알고 있었다. 뉴턴은 기하학이 아니라 대수학을 사용했고, 미적분학의 원죄라고 부를 수 있는 무한을 무심하고 자유롭게 다루었다. 학생 시절에 뉴턴에게 큰 영향을 미친 책을 쓴 존 월리스는 똑같은 이유로 혹독한 비판을 받았다. 정치철학자이자 이류 수학자였던 토머스 홉스•는 월리스의 『무한소 산술』을 대수학에 의존했다는 이유로 "기호들의 옴"•이라고 비난했고, 무한을 사용했다는 이유로 "괴혈병 책"•이라고 맹공을 퍼부었다. 그리고 뉴턴은 자신의 연구가 '종합'이 아니라 '분석'에 불과하다는 점을 인정하지 않을 수 없었다. 그것은 발견을 하기에는 좋은 도구였지만, 증명까지 하진 못했다. 그는 자신의 무한 방법을 "공개적으로 표명할 가치"가 없다고• 깎아내렸고, 세월이 한참 지난 뒤에 "허울만 그럴듯한 우리의 대수학은 무엇을 찾아내기에는 충분히 적합하지만, 글로 옮겨 후세에 전하기에는 전혀 적합하지 않다."•라고 말했다.

이 이유들과 그 밖의 이유들로 뉴턴은 자신의 연구를 알리지 않고 감춰두었다. 하지만 그것을 발견한 공을 인정받고 싶다는 마음도 일부 있었다. 1668년에 니콜라스 메르카토르가 로그에 관한 얇은 책을 출판했는데, 거기에는 뉴턴이 3년 먼저 발견한 자연로그에 대한 동일한 무한급수가 들어 있었다. 이 일은 뉴턴에게 가슴이 찢어지는 듯한 고통을 안겨주었다. 이렇게 선수를 빼앗긴 사건에서 느낀 충격과 실망 때문에 뉴턴은 1669년에 멱급수에 관한 짧은 필사본 논문을 써서 믿을 수 있는 몇몇 조수들에게 은밀하게 나눠주었다. 그 내용은 단지 로그에만 그치지 않았다. 이 논문은 흔히 「해석에 관하여De Analysi」로 불리지만, 정식 제목은 「무한급수에 의한 해석에 관하여De analysi per aequationes numero terminorum infinitas」이다. 1671년에는 그 내용을 더 확대하여 미적분학에 관한 주 논문으로 썼는데, 그 제목은 「급수와 유율의 방법에 관한 논문Tractatus de Methodis Serierum et Fluxionum」이다. 하지만 이 논문은 뉴턴이 살아 있는 동안 빛을 보지 못했다. 뉴턴은 이 논문을 가까이에 둔 채 철저하게 지켰고, 개인적 용도로만 썼다. 「무한급수에 의한 해석에 관하여」는 1711년이 되어서야 출판되었다. 그리고 「급수와 유율의 방법에 관한 논문」은 뉴턴이 죽고 나서 1736년에 출판되었다. 뉴턴의 사유지에는 미발표 수학 원고가 5000페이지나 남아 있었다.

그래서 세상 사람들이 뉴턴의 업적을 발견하기까지는 시간이 좀 걸렸다. 하지만 케임브리지의 벽 안쪽에서 뉴턴은 천재로 유명했다. 초대 루카스 석좌 교수이자 뉴턴의 유일한 멘토에 가까웠던 아이작 배로는 1669년에 사임하면서 루카스 수학 석좌 교수 자리에 뉴턴을 임명하라고 추천했다.

그 자리는 뉴턴에게 아주 이상적인 자리였다. 태어나서 처음으로 뉴턴은 경제적 안정을 누리게 되었다. 그 자리는 강의 부담이 거의 없었다. 돌봐야 할 대학원생이 아무도 없었고, 대학생을 대상으로 한 강의에는 학생이 거의 들어오지 않았는데, 그것도 괜찮았다. 어쨌거나 학생들은 뉴턴의 강의를 제대로 이해할 수 없었다. 그들은 진홍색 로브에 은빛 머리카락을 어깨까지 치렁치렁 늘어뜨린 채 엄숙한 얼굴을 하고 나타난 이 이상하고 수척한 수도사 같은 교수를 어떻게 이해해야 할지 몰랐다.

「급수와 유율의 방법에 관한 논문」을 완성하고 난 뒤, 뉴턴의 마음은 언제나처럼 열정으로 끓어올랐지만, 미적분은 더 이상 주요 관심사가 아니었다. 이제 그는 성경의 예언과 연대기, 광학과 연금술에 깊이 빠졌다. 프리즘을 이용해 빛을 그 구성 성분의 색들로 쪼개고, 수은을 가지고 실험을 하고, 화학 물질을 냄새 맡고 때로는 맛까지 보고, 납을 금으로 변화시키려는 시도로 주석 노爐를 밤낮을 가리지 않고 가열했다. 뉴턴도 아르키메데스처럼 음식과 잠을 등한시했다. 우주의 비밀을 찾으려 했던 그는 딴 곳에 주의를 돌리는 것을 참지 못했다.

그런데 1676년의 어느 날, 그의 주의를 딴 곳으로 돌리게 하는 사건이 일어났다. 파리에서 날아온 한 통의 편지가 그 발단이 되었다. 라이프니츠라는 사람이 보낸 편지였다. 그는 멱급수에 관해 몇 가지 질문을 했다.

8장

마음이 만들어낸 허구

라이프니츠는 뉴턴이 발표하지 않은 연구를 어떻게 알고 있었을까? 별로 어려운 일은 아니었다. 뉴턴의 발견에 대한 소문이 몇 년 전부터 계속 사방으로 퍼져나가고 있었다. 1669년, 아이작 배로는 젊은 제자를 승진시키려고 익명의 저자가 쓴 「무한급수에 의한 해석에 관하여」 사본을 존 콜린스라는 사람에게 보냈다. 콜린스는 수학자를 몹시 동경한 사람인 동시에 뛰어난 기획자였다. 콜린스는 영국과 유럽 대륙의 수학자들을 연결하는 서신 왕래 네트워크의 중심을 자처하고 나섰다. 그 논문의 결과에 압도된 콜린스는 배로에게 저자가 누구냐고 물었다. 배로는 뉴턴의 승낙을 얻어 저자의 이름을 밝혔다. "내 친구의 논문이 당신에게 그토록 큰 만족을 주었다니 무척 기쁘군요. 그의 이름은 미스터 뉴턴입니다. 우리 대학의 교수이지요. 아주 젊지만… 이런 일들에 비범한 천재성과 능숙한 솜씨를 갖고 있습니다."•

콜린스는 비밀을 마음속에 숨겨두는 유형의 인물이 전혀 아니었다. 서신을 주고받던 사람들에게 「무한급수에 의한 해석에 관하여」의 일부 내용을 소개해 감질나게 했고, 뉴턴의 결과를 보여주면서 그들을 열광하게 만들었지만 그 출처는 밝히지 않았다. 1675년에 콜린스는 뉴턴이 구한 사인함수와 역사인함수의 멱급수를 덴마크 수학자 게오르그 보어에게 보여주었는데, 보어는 그 내용을 라이프니츠에게 알려주었다. 라이프니츠는 독일 출신으로 런던의 왕립학회 사무총장을 맡고 있던 헨리 올든버그에게 요청서를 보냈다. "그[보어]가 우리에게 이 연구를 보냈는데, 제 판단에는 매우 독창적인 연구로 보이고, 특히 뒤에 나오는 급수는 보기 드문 우아함을 갖고 있기 때문에, 저명한 선생님에게 이렇게 청을 드리니 제게 그 증명을 보내준다면 매우 고맙겠습니다."•

올든버그는 이 요청서를 뉴턴에게 전달했는데, 그것을 본 뉴턴은 기분이 썩 좋지 않았다. 증명을 보내달라고? 하! 그는 대신에 올든버그를 통해 라이프니츠에게 매 페이지마다 난해하고 무시무시한 공식들이 넘치는 「무한급수에 의한 해석에 관하여」 전체 논문을 보냈다. 뉴턴의 내집단을 제외하고는 이전에 이와 같은 수학을 본 사람은 아무도 없었다. 한술 더 떠서 뉴턴은 이 논문이 케케묵은 것이라고 강조했다. "나는 비교적 짧게 썼는데, 이 이론들이 이미 오래전부터 마음에 들지 않았기 때문입니다.• 그래서 나는 근 5년 동안 이 이론들을 전혀 사용하지 않았습니다."

이에 굴하지 않고 라이프니츠는 더 많은 정보를 얻길 기대하면서 뉴턴에게 다시 편지를 보내 채근했다. 라이프니츠는 이 분야에서는 풋

내기나 다름없었다. 외교관이자 논리학자, 언어학자, 철학자였던 그는 얼마 전에야 고등 수학에 흥미를 느끼기 시작했다. 그리고 최신 수학 내용을 빨리 습득하기 위해 유럽 대륙의 저명한 수학자 크리스티안 하위헌스와 함께 시간을 보냈다. 불과 3년간의 공부 끝에 라이프니츠는 유럽 대륙의 거의 모든 수학자보다 더 나은 경지에 이르렀다. 이제 그에게 필요한 것은 뉴턴이 아는 것과… 감추고 있는 것이 무엇인지 알아내는 것이었다.

뉴턴에게서 정보를 캐내기 위해 라이프니츠는 다른 방법을 시도했다. 뉴턴에게 깊은 인상을 주려고 시도했는데, 그것은 잘못된 판단이었다. 자신의 연구 결과 중 일부(특히 자신이 자부하던 한 무한급수)를 뉴턴에게 보여주었는데, 표면적으로는 선물로 보였지만 실제로는 자신이 뉴턴의 비밀을 공유할 자격이 있음을 보여주는 신호였다.

뉴턴은 두 달 뒤인 1676년 10월 24일에 올든버그를 통해 답장을 보냈다. 뉴턴은 라이프니츠를 "아주 훌륭한"• 사람이라고 부르고 그의 무한급수가 "그에게서 아주 대단한 것을 기대하게 만듭니다."•라고 칭찬하면서 듣기 좋은 말로 시작했다. 이 칭찬은 진심이었을까? 그렇게 보이진 않는데, 바로 다음 줄에 신랄하게 비꼬는 말이 나오기 때문이다. "같은 목표에 이르는 다양한 방법들이 내게 더 큰 즐거움을 주었는데, 나는 이미 그런 종류의 급수를 도출하는 세 가지 방법을 알고 있었기 때문이지요. 그래서 새로운 방법이 우리에게 전달되리라고는 전혀 기대하지 않았습니다."• 바꿔 말하면, 그 결과를 보여주어서 고맙긴 하지만, 나는 이미 다른 세 가지 방법을 통해 같은 결과를 얻었다는 뜻이다.

편지의 나머지 부분에서 뉴턴은 라이프니츠를 가지고 놀았다. 무한급수를 얻는 자신의 방법 일부를 보여주면서 마치 초등학생을 가르치는 것과 같은 방식으로 설명했다. 후세 사람들에게는 다행하게도 편지에서 이 부분은 너무나도 명확해서 뉴턴의 의중을 정확하게 파악할 수 있다.

하지만 자신의 가장 소중한 소유물(아직 공개하지 않은 기본 정리를 포함해 미적분학에 관한 두 번째 논문 「급수와 유율의 방법에 관한 논문」에 나오는 혁명적인 기술들)에 이르러서는 뉴턴의 상냥한 설명이 중단되었다. "이 연산들의 기초는 사실 충분히 명백합니다. 하지만 나는 지금 그 설명을 계속 이어갈 수 없기 때문에, 그것을 감춰두려고 합니다.* 6accdae13eff7i3l9n4o4qrr4s8t12vx. 이 기초 위에서 나는 또한 곡선의 면적을 구하는 것과 관련된 이론들을 단순하게 만들려고 시도하여 일반적인 정리들을 알아냈습니다."

이 암호문으로 뉴턴은 자신의 가장 소중한 비밀을 라이프니츠의 눈앞에 흔들었다. 이것은 사실상 "나는 네가 모르는 걸 알고 있어. 그리고 설사 네가 나중에 그걸 발견한다 하더라도, 이 암호문은 내가 그것을 먼저 알아냈다는 걸 입증할 거야."라고 말한 것이나 다름없었다.

그런데 뉴턴이 몰랐던 것이 있었는데, 라이프니츠도 이미 독자적으로 그 비밀을 발견해 알고 있었다.

눈 깜짝할 사이에

1672년부터 1676년 사이에 라이프니츠는 독자적인 버전의 미적분학을 창안했다. 뉴턴과 마찬가지로 기본 정리를 발견하고 증명했으며, 그 중요성을 인식했고, 그것을 바탕으로 알고리듬 체계를 만들었다. 라이프니츠는 이것을 이용해 그 당시 알려진 구적법과 접선에 관한 거의 모든 정리(뉴턴이 아직 세상에 감추고 있던 것들은 빼고)를 "눈 깜짝 할 사이에"• 유도할 수 있었다고 썼다.

라이프니츠는 1676년에 정보를 캐려고 시도하고 증명을 요구하면서 뉴턴에게 두 번의 편지를 썼을 때 자신이 너무 주제넘게 설친다는 느낌이 분명히 들었지만, 그러지 않고 가만히 있을 수가 없었다. 그는 친구에게 "나는 이 세상을 살아가는 데 중요한 자질이 부족하다는 사실 때문에 부담을 많이 느낀다네. 즉, 세련된 매너가 부족한데, 이 때문에 나의 첫인상을 망칠 때가 많아."•라고 말한 적이 있다.

비쩍 마른 체격에 구부정하고 창백했던• 라이프니츠는 겉모습은 아름답지 않았을지 몰라도 마음만은 아름다웠다. 데카르트, 갈릴레이, 뉴턴, 바흐를 비롯해 위대한 천재들이 배출되던 세기에 그는 가장 다재다능한 천재였다.•

비록 라이프니츠는 뉴턴보다 10년 뒤에 미적분학을 발견했지만, 여러 가지 이유로 일반적으로 공동 발견자로 인정받는다. 라이프니츠는 미적분학을 우아하고 쉬운 형태로 먼저 발표했으며, 세심하고 우아하게 설계한 그의 미적분 기호들은 오늘날에도 그대로 쓰이고 있다. 게다가 라이프니츠 주위에는 그 소식을 전도사와 같은 열정으로 온 세상에 퍼뜨리려고 노력한 추종자들이 모여들었다. 이들은 영향력 있는 교과서를 쓰고, 이 분야를 풍부하고 자세하게 발전시켰다. 훗날 라이프니츠가 뉴턴에게서 미적분학을 훔쳤다는 비난을 받았을 때, 라이프니츠의 추종자들은 그를 열렬하게 옹호했고, 그에 못지않은 열정으로 뉴턴에게 반격을 가했다.

라이프니츠가 미적분학에 사용한 접근법*은 뉴턴에 비해 더 기초적인(그리고 어떤 면에서는 더 직관적인) 것이었다. 또한 라이프니츠의 접근법은 왜 도함수를 연구하는 분야를 오래전부터 '미분학differential calculus'이라 불렀고, 도함수를 구하는 연산을 '미분differentiation'이라고 불렀는지도 설명한다. 그 이유는 라이프니츠의 접근법에서는 '미분소differential'라는 개념이 미적분학의 진정한 심장이고, 도함수는 나중에 개량을 통해 나온 부차적인 개념이기 때문이다.

오늘날 우리는 미분소가 얼마나 중요한지 망각하는 경향이 있다. 오늘날의 교과서들은 미분소를 경시하거나 재정의하거나 무시하려고 하는데, 그것이 무한소라는 이유 때문이다. 무한소는 역설적이고, 규범에서 벗어나고, 두려운 것으로 간주되는데, 많은 책들은 안전을 위해 무한소를 영화 〈사이코Psycho〉에 나오는 노먼 베이츠의 어머니처럼 다락방에 가두어버린다. 하지만 사실은 두려워할 것이 전혀 없다. 정말이다.

자, 그러면 어머니를 만나러 가보자.

무한소

'무한소無限小, infinitesimal'는 모호한 존재이다. 무한소는 상상할 수 있는 것 중에서 0이 아닌 가장 작은 수이다. 더 간단하게 말하면, 무한소는 모든 것보다 작으면서 무無보다는 크다.

더 역설적인 사실은 무한소에도 다양한 크기가 있다는 것이다. 무한소의 무한소 부분은 처음의 무한소보다 비교할 수 없을 만큼 작다. 이것을 2차 무한소라고 부를 수 있다.

무한소 수가 있는 것처럼 무한소 길이와 무한소 시간도 있다. 무한소 길이는 점이 아니지만(점보다는 크다) 상상할 수 있는 어떤 길이보다 짧다. 마찬가지로 무한소 시간 간격은 시간상의 한 점에 해당하는 순간이 아니지만, 상상 가능한 어떤 시간 간격보다 짧다.

무한소 개념은 극한을 다루는 한 가지 방법으로 나왔다. 1장에서 정삼각형과 정사각형에서 시작해 정오각형, 정육각형을 지나 변의 수가 점점 더 많은 정다각형들로 나아가는 예를 다룬 게 기억나는가? 우리는 거기서 변의 수가 더 많아지고 변의 길이가 더 짧아질수록 정다각형이 점점 원에 가까워지는 것을 보았다. 그래서 원은 무한히 많은 변을 가진 무한 다각형이라고 말하고 싶은 유혹이 들었지만, 이 개념이 터무니없는 결과를 낳기 때문에 차마 그 말을 입 밖으로 꺼내지 못했다.

또, 우리는 원주상의 어떤 점을 선택해 현미경으로 본다면, 그 점을 포함한 아주 작은 호가 현미경 배율을 높일수록 점점 더 직선에 가까워지는 것을 보았다. 무한 확대의 극한에서 작은 호는 완전한 직선으로 보인다. 이런 의미에서 원을 무한히 많은 직선 조각들의 집합으로, 따라서 무한소의 변을 가진 무한 다각형으로 간주하면 정말로 큰 도움이 될 것처럼 보인다.

뉴턴과 라이프니츠 둘 다 무한소를 사용하긴 했지만, 뉴턴은 나중에 무한소를 거부한 대신에 유율(이것은 1차 무한소의 비율이므로, 도함수처럼 유한하여 남들 앞에 떳떳하게 내놓을 수 있었다)을 선택한 반면, 라이프니츠는 더 실용적인 견해•를 택했다. 그는 무한소가 실제로 존재하는지 여부에 대해서는 그렇게 큰 신경을 쓰지 않았다. 무한소를 유용한 지름길, 즉 극한에 대한 논의를 다르게 바꿔 제시하는 데 효율적인 방법으로 여겼다. 또, 무한소를 부기 도구로 유용하다고 보았는데, 그러면 과중한 업무에서 상상력을 해방시켜 더 생산적인 일에 쓸 수 있다고 보았다. 라이프니츠는 한 동료에게 이렇게 설명했다. "철학적으로 말하면, 나는 무한히 큰 양을 믿지 않는 것과 마찬가지로 무한히 작은 양도 믿지 않는다. 즉, 무한대도 무한소도 믿지 않는다. 나는 둘 다 미적분학에 적절한, 간결한 표현 방법을 위해 마음이 만들어낸 허구•라고 생각한다."

오늘날의 수학자들은 어떻게 생각할까? 무한소는 실제로 존재할까? 그 답은 '실제로'가 무엇을 뜻하느냐에 따라 달라진다. 물리학자들은 무한소가 실제 세계에 존재하지 않는다고 말한다. (그렇긴 하지만, 실제 세계에 존재하지 않는 것은 나머지 수학도 마찬가지다.) 수학의 이상적인 세계에서 무한소는 실수 체계 안에 존재하지 않지만, 실수를 일반화한 특정 비표준적 수 체계에는 존재한다. 라이프니츠와 그 추종자들에게 무한소는 마음이 만들어낸 허구였지만, 매우 편리한 존재였다. 우리도 앞으로 무한소를 그렇게 생각할 것이다.

2 부근에 있는 수들의 세제곱

무한소가 얼마나 큰 도움을 주는지 보기 위해 매우 구체적인 예를 살펴보자. 이 산술 문제를 생각해보라. 2의 세제곱(즉, 2×2×2)은 얼마인가? 그 답은 물론 8이다. 그렇다면 2.001×2.001×2.001은? 8보다 약간 큰 것은 분명한데, 얼마나 더 클까?

여기서 우리가 살펴보려고 하는 것은 수치적인 답이 아니라 사고방식이다. 일반적인 질문은, 문제에 입력하는 값을 바꾸면(여기서는 2를 2.001로) 출력 값이 얼마나 변하는가 하는 것이다(여기서는 8에서 8보다 조금 더 큰 값으로 변하는데, 그 구조를 우리가 파악하려고 한다).

답을 알고 싶은 충동을 억제하기가 힘들므로, 계산기가 뭐라고 말하는지 보자. 2.001을 입력하고 x^3 단추를 누르면 다음 결과가 나온다.

$$2.001^3 = 8.012006001$$

여기서 주목해야 할 구조는 소수점 아래의 숫자들이 실제로는 크기가 아주 다른 세 부분으로 이루어져 있다는 점이다.

$$.012006001 = .012 + .000006 + .000000001$$

이것은 작은 부분 더하기 아주 작은 부분 더하기 아주아주 작은 부분으로 생각할 수 있다.

이 구조는 대수학을 사용하면 잘 이해할 수 있다. x(여기서는 2라는 수)라는 양이 아주 약간 변해 $x+\Delta x$(이 경우에는 2.001)가 되었다고 가정하자(Δ는 그리스문자의 네 번째 글자이며, '델타'라고 읽는다—옮긴이). Δx는 x와의 차이, 즉 x에 일어난 미소한 변화(여기서 $\Delta x=0.001$)를 나타낸다. 그렇다면 2.001^3이 무엇이냐고 묻는 것은 실제로는 $(x+\Delta x)^3$이 무엇이냐고 묻는 것과 같다. 일일이 곱해서(혹은 파스칼의 삼각형이나 이항 정리를 사용해) 그 답을 구하면 다음 식을 얻는다.

$$(x+\Delta x)^3 = x^3 + 3x^2\Delta x + 3x\Delta x^2 + \Delta x^3$$

앞의 문제에서 $x=2$이므로, 이 식은 다음과 같이 된다.

$$\begin{aligned}(2+\Delta x)^3 &= 2^3 + 3(2)^2\Delta x + 3(2)\Delta x^2 + \Delta x^3 \\ &= 8 + 12\Delta x + 6\Delta x^2 + \Delta x^3\end{aligned}$$

이제 8 다음에 이어지는 부분들이 왜 크기가 서로 다른 세 부분으로 이루어져 있는지 알 수 있다. 작지만 지배적인 부분은 $12\Delta x = 12\times 0.001 = 0.012$이다. 나머지 두 부분 $6\Delta x^2$과 Δx^3은 아주 작은 0.000006과 아주아주 작은 0.000000001에 해당한다. 인수인 Δx가 많이 포함돼 있을수록 그 값은 더 작아진다. 각 부분들이 크기별로 확연히 구분되는 이유는 이 때문이다. 작은 인수인 Δx를 한 번 더 곱할 때마다 작은 부분의 값은 더욱 작아진다.

이 사소한 예에서 미분학 뒤에 숨어 있는 핵심 통찰이 드러난다. 인과 관계, 투여량과 반응, 입력과 출력, 혹은 변수 x와 그것에 종속된

다른 변수 y 사이의 관계를 다루는 많은 문제에서, 입력에 일어난 작은 변화 Δx는 출력에 작은 변화 Δy를 만들어낸다. 이 작은 변화는 일반적으로 우리가 활용할 수 있는 구조로 조직된다. 즉, 출력에 부분들의 위계로 이루어진 변화가 일어난다. 그 부분들은 크기가 작은 것에서부터 아주 작은 것, 그리고 아주아주 작은 것까지 단계별로 차등화되어 있다. 이러한 단계별 차이 때문에 작지만 지배적인 변화에 주목하고 나머지(아주 작은 것, 그리고 아주아주 작은 것)는 무시할 수 있다. 이것이 바로 핵심 통찰이다. 작은 변화는 작지만, 다른 것들에 비하면 아주 크다(0.012이 0.000006이나 0.000000001과 비교하면 엄청나게 큰 것처럼).

미분소

가장 큰 몫을 제외하고 정답에 기여하는 나머지 몫을 모두 무시하는 이러한 사고방식은 근사에 불과한 것으로 보일 수 있다. 실제로 그렇다 — 앞의 예에서 2에 덧붙인 0.001처럼 입력에 일어난 변화가 '유한한' 변화라면. 하지만 입력에 일어난 변화가 '무한히 작은' 변화라면, 이 사고방식이 옳다. 우리는 어떤 종류의 오류도 범하지 않는다. 가장 큰 몫이 전부이다. 그리고 이 책에서 줄곧 보아왔듯이, 기울기와 순간 속도, 곡선으로 둘러싸인 지역의 면적을 구하는 데 꼭 필요한 것은 바로 무한히 작은 변화이다.

이것이 실제 상황에서 어떻게 효과를 나타내는지 보기 위해 2보다 아주 조금 큰 수의 세제곱을 계산하려고 했던 앞의 예로 돌아가보자.

다만 이번에는 2에서 $2+dx$로 변한다. 여기서 dx는 무한히 작은 차이 Δx를 나타낸다. 이 개념은 본질적으로 터무니없는 것이므로 너무 깊이 생각하지 말도록 하자. 요점은 이것을 제대로 사용하는 법을 배우면, 미적분이 식은 죽 먹기처럼 쉬워진다는 것이다.

특히 앞에서 $(2+\Delta x)^3$이 $8+12\Delta x+6\Delta x^2+\Delta x^3$로 계산되었던 것이 이제 훨씬 간단한 다음 식으로 변한다.

$$(2+dx)^3=8+12dx$$

$6dx^2$과 dx^3 같은 다른 항들은 어떻게 되었는가? 그냥 버렸다. 그것들은 무시할 만한 수준이기 때문이다. 그것들은 아주 작은 것과 아주 아주 작은 것이어서 $12dx$와 비교하면 매우 하찮은 것에 지나지 않는다. 하지만 $12dx$는 왜 남겨두었는가? 이것 역시 8과 비교하면 무시할 만한 것이 아닌가? 그렇긴 하지만, 이것 역시 버린다면 어떤 변화도 고려하지 않는 셈이 되고 만다. 우리의 답은 8에서 한 발자국도 나아가지 못할 것이다. 따라서 비결은 다음과 같다. 무한히 작은 변화를 연구하려면, 차수가 1차인 dx를 포함하는 항만 남기고 나머지는 무시하라.

무한소를 dx처럼 사용하는 이 방법은 극한을 사용해 바꿔 기술할 수 있고, 완전히 합법적이고 엄밀하다. 오늘날의 교과서에서는 극한을 사용해 미분을 설명한다. 하지만 무한소를 사용하는 편이 더 쉽고 더 빠르다. 이 맥락에서 무한소를 가리키는 전문 용어는 '미분소微分素, differential'이다. 이 이름은 그것을 Δx와 Δy 같은 차이difference로(그 차이가 0에 접근하는 극한 상황에서) 생각한 데에서 나왔다. 미분소는 우리가 포물선을 현미경으로 들여다보았을 때 본 것과 같은데, 배율을 점점 높일수록 곡선이 점점 더 직선에 가까워졌다.

미분소를 통한 도함수

미분소를 사용하면 일부 개념들이 얼마나 쉬워지는지 보여주겠다. 예컨대 어떤 곡선이 xy 평면 위에 있는 그래프라고 할 때, 그 기울기는 얼마일까? 6장에서 포물선을 다룰 때 배웠듯이, 기울기는 y의 도함수이며, Δx가 0에 접근할 때 $\frac{\Delta y}{\Delta x}$의 극한값으로 정의된다. 하지만 미분소를 사용하면 어떻게 될까? 그냥 $\frac{dy}{dx}$로 표현된다. 이것은 마치 직선이 작은 직선 조각들로 이루어져 있는 것과 같다.

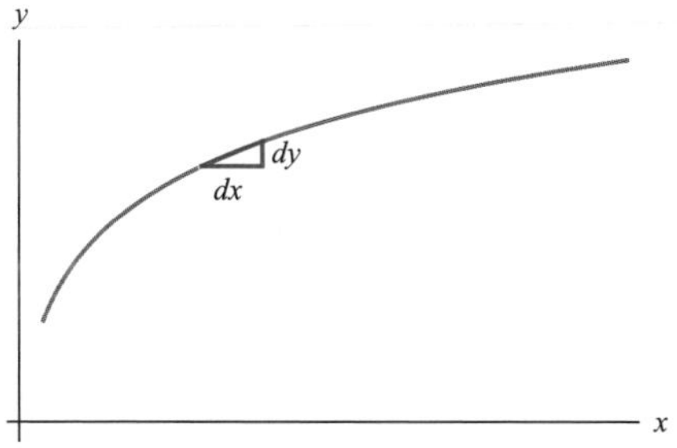

만약 dy를 무한히 작은 높이로, dx를 무한히 작은 길이로 생각한다면, 기울기는 높이를 길이로 나눈 것이므로 $\frac{dy}{dx}$가 된다.

이 방법을 특정 곡선(예컨대 2보다 약간 큰 수를 세제곱할 때 살펴보았던 $y=x^3$)에 적용하면, dy를 다음과 같이 계산할 수 있다. 일단,

$$y + dy = (x + dx)^3$$

앞에서 했던 것처럼 우변을 다음과 같이 전개할 수 있다.

$$(x + dx)^3 = x^3 + 3x^2dx + 3xdx^2 + dx^3$$

하지만 지금은 비법에 따라 중요한 부분이 아닌 dx^2 항과 dx^3 항을 버리기로 하자. 그러면 다음과 같다.

$$y + dy = (x + dx)^3 = x^3 + 3x^2dx$$

$y = x^3$이므로, 위 식을 다음과 같이 간단히 할 수 있다.

$$dy = 3x^2dx$$

양변을 dx로 나누면, 기울기가 나온다.

$$\frac{dy}{dx} = 3x^2$$

$x = 2$에서 기울기는 $3(2)^2 = 12$이다. 이것은 우리가 앞에서 보았던 12와 똑같은 값이다. 2를 2.001로 변화시켰을 때 $2.001^3 \approx 8.012$가 나오는 이유는 이 때문이다. 이것은 2 근처에서 x를 무한히 작게 변화시키면(그것을 dx라고 부르자), 8 근처에서 y에 무한히 작은 변화(그것을

dy라고 부르자)가 일어나는데, 그 값은 x에 일어난 변화보다 12배 크다 ($dy = 12dx$)는 뜻이다.

말이 난 김에 덧붙이자면, 비슷한 추론을 통해 어떤 양의 정수 n에 대해 $y = x^n$의 도함수 $\frac{dy}{dx} = nx^{n-1}$임을 알 수 있는데, 이것은 앞에서 언급한 적이 있다. 추론을 조금만 더 하면, 이 결과를 음수, 분수, 무리수 n에까지 확장할 수 있다.

일반적으로 무한소, 그리고 특히 미분소의 가장 큰 이점은 계산을 훨씬 쉽게 만들어준다는 점이다. 이것들은 지름길을 제공한다. 이전 시대에 대수학이 기하학을 위해 그랬던 것처럼 마음을 계산의 굴레에서 해방시켜 상상력이 더 풍부한 생각을 하게 해준다. 라이프니츠가 자신의 미분소 개념에 흠뻑 빠진 이유는 이 때문이었다. 그래서 자신의 멘토 하위헌스에게 보낸 편지에서 이렇게 썼다. "이 주제와 관련해 제가 이룬 발견 중 대부분은 제 미적분학 덕분에 그다지 깊이 생각할 필요도 없이 일어났습니다. 제 미적분학에서 가장 마음에 드는 것은, 이 방법이 아르키메데스의 기하학에서 옛날 사람들보다 큰 이점을 준다는 점인데, 비에트와 데카르트가 유클리드나 아폴로니오스의 기하학에서 우리에게 준 것과 동일한 이점을 줍니다. 즉, 제 미적분학은 우리를 상상력에 의존해 일해야 하는 부담에서 해방시켜줍니다."•

미분소의 유일한 문제점은 그것이 존재하지 않는다는 것이다—적어도 실수 체계 안에서는. 오, 그리고 한 가지가 더 있다. 이것은 역설적인데, 미분소는 설사 존재한다 하더라도, 이치에 닿지 않는다. 라이프니츠의 제자였던 요한 베르누이는 dx가 0이 아닌데도 $x + dx = x$처럼 터무니없는 방정식이 성립해야 한다는 사실을 깨달았다. 흠, 물론 모든 것을 다 가질 수는 없다. 무한소는 그것을 제대로 다루는 법을 알기만 하면 정답을 제공하며, 무한소의 장점은 그것이 야기하는 정신적 고통을 벌충하고도 남는다. 무한소는 진실을 깨닫는 데 도움을 주는 피카소의 거짓말과 같다.

무한소의 힘을 입증하는 또 하나의 예를 들자면, 라이프니츠는 무한소를 사용해 빛의 굴절에 관한 스넬의 사인 법칙을 유도했다. 4장에서 빛이 한 매질에서 다른 매질로(예컨대 공기 중에서 물속으로) 들어갈 때, 수백 년에 걸쳐 여러 번 발견되고 재발견된 수학 법칙에 따라 구부러진다고 했던 이야기를 떠올려보라. 페르마는 최소 시간의 원리로 그것을 설명했지만, 자신의 원리가 의미하는 최적화 문제를 푸느라 크게 고생했다. 라이프니츠는 자신의 새로운 미분학을 사용해 사인 법칙을 손쉽게 유도했고,• 자부심이 넘쳐나는 어투로 "미분학을 잘 아는 사람이라면 이렇게 몇 줄로 마술처럼 구할 수 있는 것을, 매우 박식한 사람들이 수많은 우회 방법으로 구하려고 애썼다."•라고 언급했다.

미분소를 통해 드러난 기본 정리

라이프니츠의 미분소가 가져온 또 하나의 승리는 기본 정리를 명백히 드러나게 한 것이다. 기본 정리가 0에서 x까지의 구간에서 곡선 $y = f(x)$ 아래에 있는 면적을 알려주는 면적 누적 함수 $A(x)$와 관련이 있다고 했던 이야기를 떠올려보라. 이 정리는 x를 오른쪽으로 이동시킴에 따라 곡선 아래의 면적은 $f(x)$ 자체와 같은 속도로 증가한다고 말한다. 따라서 $f(x)$는 $A(x)$의 도함수이다.

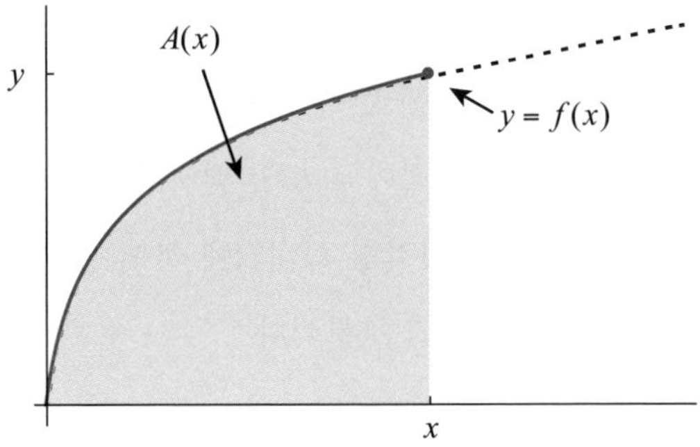

이 결과가 어디서 나왔는지 알아보기 위해 x를 무한히 작은 양만큼 늘어난 $x+dx$로 변화시켰다고 가정해보자. 그러면 면적 $A(x)$는 얼마만큼 변할까? 정의에 따라 그것은 dA만큼 변한다. 따라서 새로운 면적은 앞서의 면적에 면적 증가분을 더한 것이므로, $A+dA$이다.

기본 정리는 dA가 무엇이 되어야 하는지 시각화하자마자 즉각 나온다. 다음 그림이 보여주듯이, 면적은 x와 $x+dx$ 사이의 무한히 가느다란 띠의 면적으로 주어진 무한히 작은 양 dA만큼 변한다.

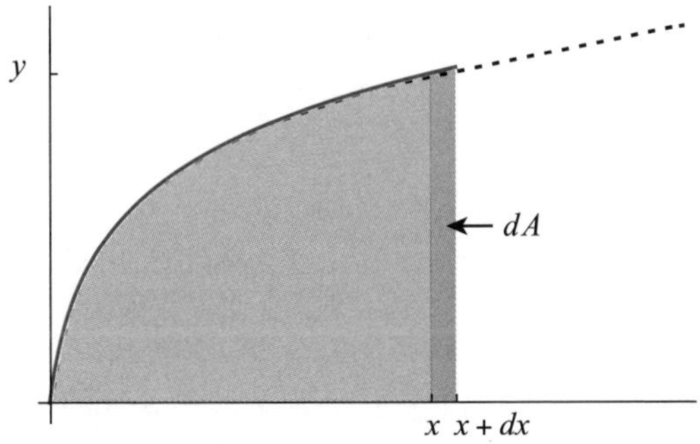

이 띠는 높이가 y이고 밑변이 dx인 직사각형이다. 따라서 그 면적은 높이와 밑변을 곱한 $y\ dx$이며, 원한다면 $f(x)\ dx$로 써도 좋다.

사실, 이 띠는 무한히 작게 보았을 때에만 직사각형이다. 현실에서는 유한한 폭 Δx를 가진 띠에서 면적 변화 ΔA에 영향을 미치는 요소는 두 가지 있다. 주요소는 면적이 $y\ dx$인 직사각형이다. 이보다 훨씬 영향력이 작은 요소는 이 직사각형 꼭대기에 붙어 있는 아주 작은 구부러진 삼각형처럼 보이는 뚜껑 부분이다.

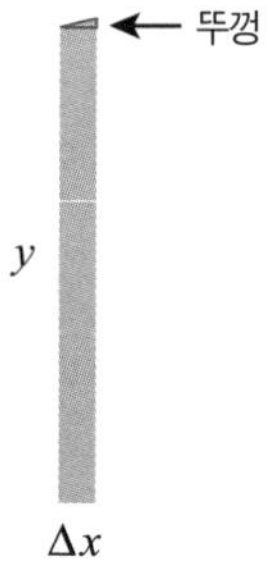

이것은 무한소의 세계가 실제 세계보다 더 나은 점을 보여주는 또 하나의 예이다. 실제 세계에서는 뚜껑 부분의 면적을 밝혀야 하는데, 이것은 곡선의 세부 모양에 따라 달라지기 때문에 계산하기가 쉽지 않다. 하지만 직사각형의 폭이 0에 접근해 dx가 '됨'에 따라 뚜껑 면적은 나머지 직사각형에 비해 무시할 만한 수준이 된다. 그것은 작은 것에 비하면 엄청나게 작다.

결론은 $dA = y\ dx = f(x)\ dx$이다. 짠! 이것은 바로 미적분학의 기본 정리이다. 혹은 (그릇된 판단으로 미분소가 버림을 받고 도함수가 총애를 받는 시대인) 오늘날에는 다음과 같이 조금 더 우아하게 표현된다.

$$\frac{dA}{dx} = y = f(x)$$

이것은 7장에서 페인트 롤러 논증으로 발견했던 것과 정확하게 똑같은 형태이다.

마지막으로 하나 더! 곡선 아래의 면적을 무한히 작은 직사각형 띠들이 무한히 많이 모인 것으로 간주할 때, 우리는 그것을 다음과 같이 표현한다.

$$A(x) = \int_0^x f(x)\, dx$$

목이 기다란 백조처럼 생긴 기호는 사실은 *S*를 길게 늘인 것이다. *S*는 합summation을 구하는 과정이 일어나고 있음을 상기시킨다. 이것은 적분에서만 볼 수 있는 특이한 종류의 합인데, 무한히 많은 무한소 조각들의 합으로, 이 모든 것들이 하나의 응집된 면적으로 통합돼 있다. 합을 나타내는 이 기호를 '적분 기호'라고 부른다. 라이프니츠는 1667년에 쓴 원고에서 적분 기호를 처음 사용했고, 이 원고를 1686년에 발표했다. 적분 기호는 미적분학에서 가장 유명한 상징이 되었다. 적분 기호의 그 아래에 붙어 있는 0과 위에 붙어 있는 x는 x축에서 직사각형이 서 있는 간격의 두 끝점을 나타낸다. 두 끝점은 '적분한계'라 부른다.

라이프니츠는 어떻게 미분소와 기본 정리를 발견했을까?

뉴턴과 라이프니츠는 서로 다른 경로를 통해 미적분학의 기본 정리를 발견했다. 뉴턴은 수학에서 연속적인 대상인 운동과 흐름에 대해 생각하다가 거기에 이르렀다. 라이프니츠는 다른 측면을 통해 거기에 이르렀다. 라이프니츠는 정식 과정을 거친 수학자가 아니었지만, 젊은 시절에 불연속적인 수학(정수와 셈, 순열과 조합, 분수와 특별한 종류의 합)을 생각하면서 많은 시간을 보냈다.

그리고 크리스티안 하위헌스를 만나고 나서 더 깊은 영역으로 발을 내딛기 시작했다. 그 당시 라이프니츠는 파리에서 외교관으로 일하고 있었지만, 하위헌스에게서 들은 수학의 새로운 진전에 큰 매력을 느꼈고 더 많은 것을 알고 싶었다. 그때 하위헌스는 놀라운 교육적 선견지명을 발휘해(혹은 단순히 운이었을까?) 자신의 제자에게 어떤 문제를 내주었는데, 라이프니츠는 이 문제를 풀다가 기본 정리를 발견했다.*

그 문제는 다음 무한급수의 합을 계산하는 것이었다. (식에서 분모의 · 은 곱하기를 나타낸다.)

$$\frac{1}{1\cdot 2}+\frac{1}{2\cdot 3}+\frac{1}{3\cdot 4}+\cdots+\frac{1}{n\cdot(n+1)}+\cdots=?$$

이것이 어떤 종류의 문제인지 감을 잡는 데 도움을 주기 위해 조금 쉬운 버전으로 바꾸어 살펴보기로 하자. 무한히 많은 항 대신에 항이 99개까지만 있는 문제를 생각해보자. 그러면 우리가 계산해야 할 식은 다음과 같다.

$$S=\frac{1}{1\cdot 2}+\frac{1}{2\cdot 3}+\frac{1}{3\cdot 4}+\cdots+\frac{1}{n\cdot(n+1)}+\cdots+\frac{1}{99\cdot 100}$$

비법을 모른다면, 이 계산은 몹시 지루하고 힘든 일이 될 것이다. 불굴의 인내심(혹은 컴퓨터)이 있다면, 분수 99개의 합을 힘겹게 계산할 수 있을 것이다. 하지만 이것은 우리가 원하는 바가 아니다. '우아한' 해법을 찾아내는 것이 요점이다. 수학에서 우아한 해법을 중시하는 이유 중 하나는 그것이 아름다울 뿐만 아니라 매우 위력적이기 때문이다. 우아한 해법이 던져주는 빛은 종종 '다른' 문제를 밝히는 데에도 쓰인다. 이 사례에서 라이프니츠가 발견한 우아한 빛은 기본 정리를 향해 나아가게 하는 길잡이가 되었다.

라이프니츠는 하위헌스가 낸 문제를 놀라운 비법을 사용해 풀었다. 그것을 처음 보았을 때 나는 마치 마술사가 모자 속에서 토끼를 꺼내는 것을 보는 듯한 느낌이 들었다. 마술 같은 느낌을 경험하고 싶다면, 내가 다음에 소개하는 비유를 건너뛰는 게 좋다. 하지만 이 마술 뒤에 숨어 있는 비밀을 이해하고 싶다면, 이 비유를 읽어보도록 하라.

아주 길고 불규칙한 계단을 올라가는 사람을 상상해보자.

그리고 이 사람이 바닥에서부터 꼭대기까지 계단의 전체 높이를 재길 원한다고 하자. 그러려면 어떻게 해야 할까? 물론 각 단의 높이를 일일이 재서 모두 더하면 된다. 단순무식한 이 전략은 앞에서 S를 구하기 위해 99개의 항을 모두 더하는 방법과 같다. 물론 가능하긴 하지만, 단들의 높이가 불규칙하기 때문에 몹시 성가신 작업이 될 것이다. 그리고 만약 단의 수가 100만 개라면, 그 많은 높이를 어느 세월에 다 재서 더할 수 있겠는가? 그러니 더 나은 방법을 생각하지 않으면 안 된다.

더 나은 방법은 '고도계'를 사용하는 것이다. 고도계는 고도를 측정하는 장비이다. 만약 그림의 제논에게 고도계가 있다면, 계단 꼭대기의 고도에서 바닥의 고도를 뺌으로써 간단히 문제를 해결할 수 있을 것이다. 이게 정답이다. 계단의 전체 높이는 두 고도의 차와 같으니까. 그 차는 그 사이에 있는 모든 단들의 높이를 합한 것과 같다. 계단이 아무리 불규칙하다 하더라도, 이 방법은 늘 정답을 알려준다.

이 방법이 통하는 이유는 고도계에 기록되는 고도가 각 단들의 높이와 밀접한 연관이 있기 때문이다. 어떤 단의 높이는 고도계에 기록되는 연이은 두 고도의 차와 같다. 다시 말해서, 어떤 단의 높이는 그 꼭대기의 고도에서 그 바닥의 고도를 뺀 것과 같다.

아마 여러분은 이런 생각이 들지 모르겠다. '복잡하고 불규칙한 수들을 더하는 원래의 수학 문제와 고도계가 무슨 관계가 있단 말인가?' 음, 만약 복잡하고 불규칙한 수들의 합 문제에서 고도계에 해당하는 것을 발견할 수만 있다면, 그 합을 구하기가 아주 쉬울 것이다. 고도계에 기록된 수 중 가장 큰 것에서 가장 작은 것을 빼주기만 하면 될 테니까. 라이프니츠가 사용한 방법은 사실상 이것과 같은 것이었다. 그는 합 S를 구하는 고도계를 발견했다. 이를 통해 라이프니츠는 각 항을 고도계에 기록되는 연이은 두 고도의 차로 나타낼 수 있었고, 위에서 설명한 개념을 사용해 원하는 합을 계산할 수 있었다. 그러고 나서 라이프니츠는 이 고도계를 다른 문제들에도 적용할 수 있도록 일반화했다. 그리고 결국 이것은 미적분학의 기본 정리를 낳았다.

이 비유를 염두에 두고 S를 다시 검토해보자.

$$S=\frac{1}{1\cdot 2}+\frac{1}{2\cdot 3}+\frac{1}{3\cdot 4}+\cdots+\frac{1}{n\cdot(n+1)}+\cdots+\frac{1}{99\cdot 100}$$

이제 우리는 각 항을 두 수의 차로 고쳐 쓸 것이다. 이것은 각 단의 높이가 그 꼭대기의 고도에서 그 바닥의 고도를 뺀 것과 같다고 말하는 것과 같다. 첫 번째 단은 다음과 같이 고쳐 쓸 수 있다.

$$\frac{1}{1\cdot 2}=\frac{2-1}{1\cdot 2}=\frac{1}{1}-\frac{1}{2}$$

물론 이 추론 방법이 우리를 어디로 데려갈지는 아직 확실치 않지만, 어쨌든 한번 따라가보기로 하자. $\frac{1}{1\cdot 2}$을 연이은 두 단위 분수 $\frac{1}{1}$과 $\frac{1}{2}$의 차로 고쳐 쓰는 것이 얼마나 큰 도움을 주는지 곧 보게 될 것이다. ('단위 분수'는 분자가 1인 분수를 말한다. 연이은 이 단위 분수들은 고도계에 기록되는 연속적인 두 고도 역할을 하게 된다.) 만약 위 식의 산술이 잘 이해가 가지 않는다면, 오른쪽에서 왼쪽으로 가면서 식을 간단히 한다고 생각해보라. 맨 오른쪽은 한 단위 분수($\frac{1}{1}$)에서 다른 단위 분수($\frac{1}{2}$)를 뺀 것이다. 가운데는 공통분모를 취해 이것을 계산한 것이고, 왼쪽은 그 결과를 간단히 한 것이다.

마찬가지로 S의 모든 항을 연이은 두 단위 분수의 차로 고쳐 쓸 수 있다.

$$\frac{1}{2\cdot 3}=\frac{3-2}{2\cdot 3}=\frac{1}{2}-\frac{1}{3}$$

$$\frac{1}{3\cdot 4}=\frac{4-3}{3\cdot 4}=\frac{1}{3}-\frac{1}{4}$$

이런 식으로 계속 이어진다. 이 단위 분수들의 차를 모두 합하면, S는 다음과 같이 된다.

$$S=\left(\frac{1}{1}-\frac{1}{2}\right)+\left(\frac{1}{2}-\frac{1}{3}\right)+\left(\frac{1}{3}-\frac{1}{4}\right)+\cdots+\left(\frac{1}{98}-\frac{1}{99}\right)+\left(\frac{1}{99}-\frac{1}{100}\right)$$

이제 이 기묘한 방법에서 뭔가가 나타나는 게 보일 것이다. 이 합의 구조를 자세히 보라. 거의 모든 단위 분수들이 두 번씩 나타나는데, 한 번은 음의 부호를 달고, 한 번은 양의 부호를 달고 나타난다. 예를 들면, $\frac{1}{2}$은 처음에는 빼기 부호와 함께, 그다음에는 더하기 부호와 함께 나타난다. 따라서 두 $\frac{1}{2}$ 항은 상쇄된다. $\frac{1}{3}$ 역시 마찬가지다. $\frac{1}{3}$ 역시 두 번 나타나 상쇄된다. 나머지 단위 분수들도 $\frac{1}{99}$까지 거의 다 상쇄된다. 예외는 첫 번째와 마지막 단위 분수인 $\frac{1}{1}$과 $\frac{1}{100}$뿐이다. S에서 양 끝에 위치하고 있는 이 두 단위 분수는 상쇄할 짝이 없다. 따라서 그 결과는 다음과 같다.

$$S = \frac{1}{1} - \frac{1}{100}$$

이것은 계단 비유에 비춰보면 이치에 딱 맞다. 이 식은 계단의 전체 높이가 계단 꼭대기의 고도에서 바닥의 고도를 뺀 것과 같다고 말한다.

그건 그렇고, 위 식을 정리하면 $S = \frac{99}{100}$ 가 된다. 이것이 99개의 항을 포함한 문제의 답이다. 라이프니츠는 같은 방법을 사용하면 항의 수가 몇 개라도 상관없이 문제를 풀 수 있다는 사실을 깨달았다. 만약 항의 수가 99개가 아니라 N개라면, 그 결과는 다음과 같다.

$$S = \frac{1}{1} - \frac{1}{N+1}$$

따라서 하위헌스가 냈던 무한 개의 항을 포함한 원래 문제의 답이 무엇인지 명백해졌다. N이 무한에 접근하면, $\frac{1}{N+1}$은 0에 접근하므로, S는 1에 접근한다. 극한값 1이 하위헌스가 낸 문제의 답이다.

라이프니츠가 무한급수의 합을 구할 수 있게 해준 열쇠는 그 무한급수의 아주 특별한 구조에 있었다. 그 덕분에 그 합을 연이은 차들(이 경우에는 연이은 단위 분수들의 차)의 합으로 고쳐 쓸 수 있었다. 이 특별한 구조 때문에 앞에서 본 것과 같은 대규모 상쇄가 일어났다. 이 성질을 가진 합을 지금은 '망원합telescoping sum'(상쇄합이라고도 한다)이라고 부르는데, 해적 영화에 등장하는 접었다 폈다 하는 구식 망원경을 연상시키기 때문이다. 이 비유는 원래의 합이 펼친 형태로 나타나지만, 차들이 상쇄되는 구조 때문에 훨씬 간결한 결과로 접힐 수 있다는 데에서 유래했다. 접힌 뒤에 남는 항들은 망원경의 양 끝부분에 위치해 상쇄할 짝이 없는 항들뿐이다.

자연히 라이프니츠는 망원합 방법을 다른 문제에도 적용할 수 없을까 하고 생각했다. 그 엄청난 위력을 감안할 때, 살펴볼 만한 가치가 충분히 있는 생각이었다. 합을 구해야 할 긴 수의 명단에서 각각의 수를 연이은 두 수의 차로 고쳐 쓸 수만 있다면, 망원합 비법을 적용할 수 있을 것이다.

이것이 계기가 되어 라이프니츠는 면적을 다시 생각하게 되었다. xy 평면에서 곡선 아래의 면적을 근사하는 것은 결국 무한히 많은 가느다란 직사각형 띠들의 면적, 즉 무한히 많은 수들의 합을 구하는 것과 같았다.

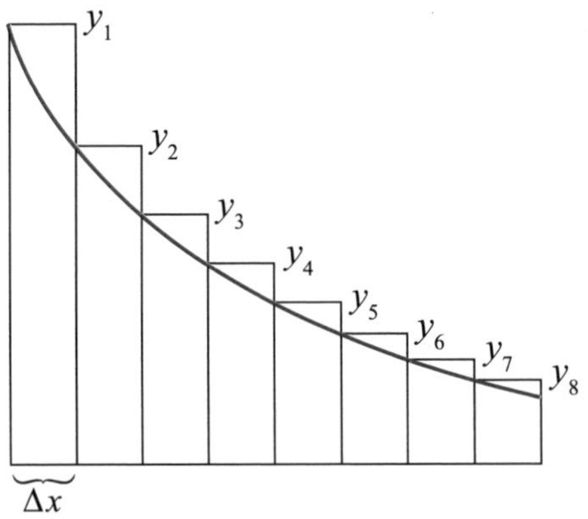

이 그림은 라이프니츠가 생각한 개념을 보여준다. 이 그림에서는 직사각형 면적이 8개만 표시돼 있지만, 훨씬 가느다란 직사각형이 수백만 개, 수십억 개, 혹은 무한히 가느다란 직사각형이 무한히 많이 있

다고 상상해보라. 안타깝게도 그것은 그림으로 나타내거나 시각화하기가 어렵다. 여기서 내가 직사각형을 8개만 사용한 것은 이 때문이다.

문제를 단순하게 하기 위해 모든 직사각형은 폭이 같다고 가정하고 그 폭을 Δx라고 부르자. 직사각형의 높이는 $y_1, y_2, \cdots y_8$이다. 그렇다면 근사 직사각형들의 전체 면적은 다음과 같이 쓸 수 있다.

$$y_1\Delta x + y_2\Delta x + \cdots + y_8\Delta x.$$

만약 그 차가 직사각형의 면적에 해당하는 마법의 수 $A_0, A_1, A_2, \cdots A_8$을 찾기만 한다면, 이 8개 수의 합은 편리하게도 망원합이 된다. 즉, 다음과 같은 관계가 성립한다면 말이다.

$$\begin{aligned} y_1\Delta x &= A_1 - A_0 \\ y_2\Delta x &= A_2 - A_1 \\ y_3\Delta x &= A_3 - A_2 \\ &\vdots \\ y_8\Delta x &= A_8 - A_7 \end{aligned}$$

그러면 직사각형들의 전체 면적 합은 다음과 같이 망원합이 된다.

$$\begin{aligned} y_1\Delta x + y_2\Delta x + \cdots + y_8\Delta x &= (A_1 - A_0) + (A_2 - A_1) + \cdots + (A_8 - A_7) \\ &= A_8 - A_0 \end{aligned}$$

이제 무한히 가느다란 직사각형 띠의 극한을 생각해보자. 그 폭인 Δx는 미분소인 dx가 된다. 그리고 변하는 높이 $y_1, y_2, \cdots y_8$은 변수 x로 표시된 점 위에 서 있는 직사각형의 높이를 나타내는 함수 $y(x)$가 된다. 무한히 많은 직사각형 면적들의 합은 적분 $\int y(x)\,dx$이다. 앞에서 $A_8 - A_0$이었던 합은 $A(b)-A(a)$가 되는데, 여기서 a와 b는 계산하는 면적에서 왼쪽 끝과 오른쪽 끝에 있는 x 값이다. 망원합을 무한소 버전으로 바꾸어 계산하면, 곡선 아래의 '정확한' 면적이 나온다.

$$\int_0^x y(x)\,dx = A(b) - A(a)$$

그런데 이 모든 것을 가능하게 만드는 마법의 함수 $A(x)$는 어떻게 찾을 수 있을까? 앞에 나왔던 $y_1 \Delta x = A_1 - A_0$ 같은 식들을 살펴보라. 직사각형들이 무한히 가늘어지면 이 식들은 다음과 같이 바꿔 쓸 수 있다.

$$y(x)\,dx = dA$$

같은 결과를 미분 대신에 도함수로 나타내려면, 양변을 dx로 나누면 된다.

$$\frac{dA}{dx} = y(x)$$

이것이 바로 망원합을 일어나게 만드는 마법의 수 $A_0, A_1, A_2, \cdots$

A_8에 해당하는 함수를 찾는 방법이다. 무한히 가느다란 띠들의 극한에서 이것은 그 도함수가 주어진 곡선 $y(x)$인 미지의 함수 $A(x)$이다.

이상은 라이프니츠 버전의 역방향 문제와 미적분학의 기본 정리이다. 라이프니츠는 이것을 다음과 같이 표현했다. "도형들의 면적을 찾는 문제는 다음과 같이 정리할 수 있다: 급수가 주어졌을 때 그 합을 구하는 문제, 혹은 (이것을 더 잘 설명하려면) 급수가 주어졌을 때 그 차가 주어진 급수의 항들과 일치하는 또 다른 급수를 찾는 문제."* 유율과 팽창하는 면적이 뉴턴을 비밀의 샘으로 이끈 것처럼, 차와 망원합은 라이프니츠를 미분과 적분으로 이끌었다. 라이프니츠는 거기서 다시 기본 정리로 나아갔다.

HIV와 맞서싸우는 데 도움을 준 미적분학

비록 미분소는 마음이 만들어낸 허구이지만, 라이프니츠가 그것을 발명한 이래 미분소는 우리 세계와 사회와 삶에 현실적으로 매우 큰 영향을 미쳤다. 우리 시대의 한 가지 예로는 사람 면역 결핍 바이러스,* 즉 HIV를 이해하고 치료하는 데 도움을 준 미분소의 역할을 들 수 있다.

1980년대에 불가사의한 질병이 나타나 미국에서만 일 년에 수만 명씩, 전 세계적으로는 수십만 명씩 죽어가기 시작했다. 이 질병의 정체가 무엇인지, 어디서 왔는지, 그 원인이 무엇인지는 아무도 몰랐지만, 이 질병이 어떤 결과를 가져오는지는 명백했다. 이 질병은 환자의 면역계를 극도로 약화시켜 희귀한 종류의 암이나 폐렴, 기회 감염에 취약하게 만들었다. 죽음은 천천히 다가왔고, 환자는 고통으로 신음하다가 몰골이 흉측하게 변하면서 죽어갔다. 의사들은 이 질병을 후천성 면역 결핍증 또는 에이즈AIDS라고 불렀다. 환자와 의사 모두 절박한 상황에 빠졌다. 치료법은 전혀 보이지 않았다.

기초 연구를 통해 한 종류의 레트로바이러스가 그 원인으로 지목되었다. 그 메커니즘은 은밀하게 작동했다. 이 바이러스는 면역계에서 핵심 역할을 하는 보조 T세포라는 백혈구를 공격해 감염시켰다. 일단 T세포 속으로 침입한 바이러스는 세포의 유전 기구를 탈취해 더 많은 바이러스를 만들었다. 새로 만들어진 바이러스 입자들은 세포 밖으로 나와 혈액과 다른 체액의 흐름을 타고 새로운 T세포를 감염시키려고 돌아다녔다. 신체의 면역계는 바이러스 입자를 혈액에서 씻어내고 감염된 T세포를 발견하는 즉시 죽이는 방식으로 이 침입에 대응했다. 그런데 그 과정에서 면역계는 자신의 중요한 부분도 죽였다.

HIV 치료용으로 최초로 승인받은 항바이러스제는 1987년에 나왔다. 이 약은 유전 기구 탈취 과정을 방해함으로써 HIV의 증식을 늦추긴 했지만 기대만큼 큰 효과를 거두지 못했고, 이 약에 내성을 가진 바이러스도 종종 나타났다. '단백질 분해 효소 억제제'라는 다른 종류의 약이 1994년에 나왔다. 이 약은 새로 만들어진 바이러스 입자의 성장을 방해하고 감염 능력을 없앰으로써 HIV의 증식을 위축시켰다. 비록 완전한 치료제는 아니었지만, 단백질 분해 효소 억제제는 신이 보낸 선물과도 같은 약이었다.

단백질 분해 효소 억제제를 사용하고 나서 얼마 후, 데이비드 호

(칼텍에서 물리학을 전공한 전력이 있어 미적분학에 익숙한)와 수리면역학자 앨런 페렐슨이 이끄는 연구팀이 협력 연구를 했는데, 그 결과는 의사들이 HIV를 생각하는 방식을 변화시키는 동시에 치료법에 혁명을 가져왔다. 호와 페렐슨의 연구가 나오기 전에 HIV 감염은 일반적으로 세 단계를 거치며 진행된다고• 알려져 있었다. 몇 주일 동안의 급성 초기 단계를 거쳐, 그다음에는 역설적이게도 만성적인 무증상 단계가 최대 10년 동안 이어지고, 마지막으로 AIDS의 말기 단계가 찾아온다.

첫 번째 단계에서 HIV에 감염된 직후에 환자의 몸에 고열, 발진, 두통 같은 독감 비슷한 증상이 나타나고 혈액 속의 보조 T세포(CD4세포라고도 부른다) 수가 곤두박질친다. 정상적인 T세포 수치는 혈액 1세제곱밀리리터당 1000개 정도이지만, HIV에 감염된 초기 단계에서는 수백 개 수준으로 떨어진다. T세포는 신체가 감염에 맞서싸우도록 돕는 역할을 하기 때문에, 그 수가 감소하면 면역계가 크게 약해진다. 한편, 혈중 바이러스 입자 수(이를 '바이러스 하중viral load'이라 부른다)는 급격하게 치솟았다가 면역계가 HIV에 맞서싸우기 시작하면서 감소한다. 독감 비슷한 증상은 사라지고 환자의 상태가 호전된다.

첫 번째 단계가 끝날 무렵에 바이러스 하중은 불가사의하게도 감소해 다년간 안정적 수준을 유지한다. 치료를 받지 않은 환자도 HIV와 관련된 증상 없이 10년 동안 살아남을 수 있으며, 검사 결과에서도 바이러스 하중이 지속되는 추세와 T세포 수의 완만한 감소 외에 다른 징후가 나타나지 않을 수 있다. 하지만 결국에는 무증상 단계가 끝나고 AIDS 증상이 나타나는데, T세포 수의 추가 감소와 바이러스 하중의 급격한 증가가 두드러지게 나타난다. 치료받지 않은 환자에게 AIDS

가 본격적으로 진행되면, 기회 감염과 암, 그 밖의 합병증으로 환자는 2~3년 안에 죽는다.

수수께끼를 푸는 열쇠는 10여 년 동안 지속되는 무증상 단계에 있었다. 이 시기에는 어떤 일이 일어날까? HIV는 몸속에서 휴면 상태로 머물고 있을까? 그런 식으로 휴면기에 들어가는 바이러스들이 있다. 예를 들면, 생식기 헤르페스 바이러스는 면역계를 피하기 위해 신경절 속으로 들어가 숨어 지낸다. 수두 바이러스도 똑같은 행동을 보이는데, 몇 년 동안 신경세포 속에서 숨어 지내면서 가끔 깨어나 대상 포진을 일으킨다. HIV가 이렇게 오랫동안 잠복해 지내는 이유는 알려지지 않았지만, 호와 페렐슨의 연구•를 통해 명백하게 밝혀졌다.

이들은 1995년에 한 연구에서 환자에게 단백질 분해 효소 억제제를 투여했는데, 치료약으로서가 아니라 탐색자로 쓰기 위해서였다. 이 약은 환자의 신체를 고정점에서 벗어나게 했고, 이를 이용해 호와 페렐슨은 면역계가 HIV와 싸울 때의 동역학을 (역사상 처음으로) 추적할 수 있었다. 이들은 각 환자가 단백질 분해 효소 억제제를 투여받은 뒤에 혈중 바이러스 입자 수가 기하급수적으로 빨리 줄어든다는 사실을 발견했다. 붕괴율은 믿을 수 없을 정도였다. '이틀'이 지날 때마다 면역계가 전체 혈중 바이러스 입자 중 절반을 청소했다.

페렐슨과 호는 미분학을 사용해 이 기하급수적 붕괴 과정을 모형으로 만들었고 거기서 놀라운 의미를 끌어냈다. 먼저 이들은 혈중 바이러스 농도 변화를 미지의 함수 $V(t)$로 나타냈는데, 여기서 t는 단백질 분해 효소 억제제를 투여하고 나서 경과한 시간을 나타낸다. 그러고 나서 이들은 무한히 짧은 시간 간격 dt 동안 바이러스 농도 dV가 얼마나 변하는지 가설을 세웠다. 그들이 얻은 데이터는 매일 혈액 속에서 일정한 비율의 바이러스가 사라진다고 시사했으므로, 외삽법을 통해 그 추세를 무한히 짧은 시간 간격 dt로 확장하더라도 동일한 항상성이 유지될 것으로 보였다. $\frac{dV}{V}$는 바이러스 농도의 미소한 변화를 나타내므로, 이들의 모형을 기호로 나타내면 다음 식이 된다.

$$\frac{dV}{V} = -c\,dt$$

여기서 비례 상수 c는 몸이 바이러스를 없애는 속도를 나타내는 청소율이다.

위 식은 미분방정식의 한 예이다. 이 식은 미분소 dV가 V 자체와 경과 시간의 미분소 dt와 어떤 관계가 있는지 보여준다. 페렐슨과 호는 기본 정리를 사용해 양변을 적분함으로써 이 식을 $V(t)$에 대해 풀어 다음 결과를 얻었다.

$$\ln \frac{V(t)}{V_0} = -ct$$

여기서 V_0는 최초의 바이러스 하중을, ln은 자연로그(뉴턴과 메르카토르가 1660년대에 연구한 바로 그 로그 함수)를 나타낸다. 이 로그 함수를 지수 함수로 바꾸면 다음과 같이 된다.

$$V(t) = V_0 e^{-ct}$$

여기서 e는 자연로그의 밑이다. 따라서 이 식은 바이러스 하중이 정말로 기하급수적으로 빨리 붕괴했음을 확인해준다. 마지막으로, 호와 페렐슨은 기하급수적 붕괴 곡선을 실험 데이터에 맞춤으로써 이전에 알려지지 않았던 청소율 c 값을 추정했다.

미분보다 도함수를 좋아하는 사람을 위해 이 모형의 방정식은 다음과 같이 고쳐 쓸 수 있다.

$$\frac{dV}{dt} = -cV$$

여기서 $\frac{dV}{dt}$는 V의 도함수이다. 이것은 바이러스 농도가 얼마나 빨리 증가하거나 감소하는지 나타낸다. 도함수가 양의 값이면 증가를, 음의 값이면 감소를 의미한다. 농도 V는 양의 값이므로 $-cV$가 음의 값이어야 하는데, 그러면 도함수 역시 음의 값이 되어야 하며, 이것은 바이러스 농도가 감소해야 한다는 것을 뜻한다. 실험에서도 실제로 그런 결과로 나타났다. 게다가 $\frac{dV}{dt}$와 V 사이의 비례 관계는 V가 0에 가까워질수록 감소 속도가 점점 더 느려진다는 것을 뜻한다. V의 감소 속도가 느려지는 것은 수조에 물을 채운 뒤 마개를 열어 물을 빠져나가게 할 때 일어나는 일과 같다. 수조에 남아 있는 물이 적을수록 물이 빠져나가는 속도가 더 느려지는데, 물을 짓누르는 수압이 그만큼 약해지기 때문이다. 이 비유에서 물은 바이러스의 양에, 물이 빠져나가는 것은 면역계의 공격에 사라지는 바이러스에 해당한다.

페렐슨과 호는 단백질 분해 효소 억제제의 효과를 모형으로 만든 뒤, 자신들의 방정식을 변형해 약을 투여하기 '이전'의 조건을 기술했다. 두 사람은 그 방정식이 다음과 같이 될 것이라고 가정했다.

$$\frac{dV}{dt} = P - cV$$

여기서 P는 단백질 분해 효소 억제제에 영향을 받지 않고 새로 태어난 바이러스 입자의 비율을 가리키는데, 이것은 그 당시 알려지지 않았던 또 하나의 중요한 요소였다. 페렐슨과 호는 약을 투여하기 전에는 매 순간 감염된 세포들이 새로운 감염성 바이러스 입자들을 내보내고, 이 바이러스 입자들이 다른 세포들을 감염시키는 과정이 반복된다고 상상했다. HIV가 그토록 파괴적인 위력을 떨치는 이유는 걷잡을 수 없이 번져나가는 이러한 잠재력 때문이다.

하지만 무증상 단계에서는 생산되는 바이러스와 면역계의 공격으로 파괴되는 바이러스가 균형을 이루는 게 분명하다. 이 고정점 단계에서는 바이러스가 생산되는 속도와 파괴되는 속도가 같다. 이것은 바이러스 하중이 몇 년 동안 동일하게 유지되는 수수께끼에 새로운 통찰력을 제공했다. 수조 속의 물 비유를 다시 빌리면, 이것은 수도꼭지를 여는 동시에 배수구를 열 때 일어나는 일과 같다. 유입되는 물의 양과 빠져나가는 물의 양이 같을 때 수조 속의 물은 같은 높이를 유지한다.

고정점에서 바이러스 농도는 변하지 않으므로, 그 도함수는 0이어야 한다. 즉, $\frac{dV}{dt} = 0$. 따라서 정상定常 상태의 바이러스 농도 V_0는 다음 식을 만족시킨다.

$$P = cV_0$$

페렐슨과 호는 이 단순한 식 $P = cV_0$을 사용해 아주 중요한 수를 추정했는데, 그전에는 어느 누구도 측정하는 방법을 몰랐던 수였다. 그것은 면역계가 매일 없애는 바이러스 입자의 수였다. 그 수는 하루에 '10억 개'로 드러났다.

이 수는 전혀 예상하지 못했던 것이었고 정말로 놀라운 것이었다. 겉으로는 평온해 보이는 10년간의 무증상 단계에 환자의 몸속에서는 거대한 싸움이 일어나고 있었던 것이다. 매일 면역계는 10억 개의 바이러스 입자를 없애는 반면, 감염된 세포들은 10억 개의 바이러스 입자를 새로 내보냈다. 면역계는 바이러스와 치열한 전면전을 벌이는데, 양쪽의 전력이 팽팽하여 교착 상태에 빠진 것이었다.

호와 페렐슨과 그 동료들은 1995년에 이미 목격했지만 그 당시에는 확실하게 알아내지 못했던 것을 더 잘 이해하기 위해 1996년에 후속 연구를 했다. 이번에는 단백질 분해 효소 억제제를 투여한 후에 더 짧은 시간 간격으로 바이러스 하중 데이터를 수집했는데, 약이 몸에 흡수되어 퍼져나가 표적 세포에 침투하는 과정에서 관찰된 초기의 지연에 대해 더 많은 정보를 얻고 싶었기 때문이다. 약을 투여한 뒤, 연구팀은 환자의 바이러스 하중을 여섯 시간이 지날 때까지는 두 시간마다 한 번씩, 그러고 나서 2일이 지날 때까지는 여섯 시간마다 한 번씩, 그 후로는 7일이 지날 때까지 하루에 한 번씩 측정했다. 또, 수학적 측면에서 페렐슨은 지연을 설명하고 또 하나의 중요한 변수의 동역학, 즉 감염된 T세포 수의 변화를 추적할 수 있도록 미분방정식 모형을 개선했다.

연구자들이 실험을 다시 하여 데이터를 모형의 예측과 맞추고 그 매개변수들을 추정하자, 이전보다 더 놀라운 결과가 나왔다. 매일 '100억 개'의 바이러스 입자가 새로 만들어지는 동시에 혈액 속에서 같은 수의 바이러스 입자가 제거되었다. 게다가 감염된 T세포의 수명은 겨우 이틀에 불과한 것으로 드러났다. T세포의 고갈이 HIV 감염과 AIDS의 특징이라는 사실을 감안할 때, 놀랍도록 짧은 T세포의 수명은 전체 퍼즐을 맞출 조각을 하나 더 제공했다.

HIV 복제가 놀랍도록 빨리 일어난다는 사실이 밝혀지자, 의사들은 HIV 양성 환자들을 치료하는 방법을 바꾸게 되었다. 호와 페렐슨의 연구가 나오기 전에 의사들은 HIV가 휴면기라고 생각했던 단계에서 깨어나기까지 기다렸다가 항바이러스제를 처방했다. 환자의 면역계에 정말로 도움이 필요할 때를 대비해 자원을 아끼려고 그랬는데, 바이러스는 약에 내성을 가지게 되는 경우가 많기 때문이다. 바이러스가 내성을 갖게 되면 더 이상 손 쓸 방법이 없었다. 그래서 환자에게 병이 어느 정도 진행될 때까지 기다리는 것이 낫다고 판단했다.

호와 페렐슨의 연구는 이 생각을 완전히 뒤집어놓았다. HIV는 휴면기 같은 게 없었다. HIV와 신체는 매일 매초 치열한 전투를 벌였고, 면역계는 감염 초기 이후에 가능한 한 빨리 받을 수 있는 도움은 어떤 것이라도 다 받아야 했다. 그리고 단일 약 치료법의 효과가 오래 가지 않는 이유도 분명히 밝혀졌다. 바이러스의 복제 속도와 돌연변이 속도가 너무나도 빨라서 바이러스가 어떠한 치료제의 효과도 금방 피할 방법을 찾아내기 때문이었다.

페렐슨의 수학은 HIV를 없애고 계속 억제하려면 얼마나 많은 약을 함께 사용해야 하는지 정량적으로 추정하게 해주었다. 페렐슨은

HIV의 돌연변이율, 유전체 크기, 매일 생산되는 바이러스 입자 수의 새로운 추정치를 감안할 때, HIV 유전체의 모든 염기에서 가능한 모든 돌연변이가 하루에 여러 차례 일어난다는 것을 보여주었다. 단 하나의 돌연변이도 약에 대한 내성을 초래할 수 있기 때문에, 단일 요법으로는 성공을 거둘 가능성이 거의 없었다. 동시에 두 가지 약을 쓰면 효과를 볼 가능성이 더 높아지지만, 페렐슨의 계산은 가능한 모든 이중 돌연변이 중 상당 비율이 매일 일어난다는 것을 보여주었다. 하지만 세 가지 약을 함께 쓰면, HIV가 이에 대응하기가 매우 어려울 것으로 보였다. 수학 계산 결과에 따르면, HIV가 '3제 병용 요법'을 피하는 데 필요한 삼중 돌연변이를 동시에 일으킬 확률은 1000만분의 1이었다.•

호와 동료들이 임상 시험에 참여한 HIV 감염 환자들에게 3제 병용 요법을 쓰자, 경이로운 결과가 나왔다. 2주일 만에 혈중 바이러스 농도가 100분의 1 수준으로 떨어졌다. 그리고 한 달이 지나자 거의 감지되지 않는 수준으로 떨어졌다.

그렇다고 해서 HIV가 완전히 박멸되었다는 뜻은 아니다. 후속 연구들에서 환자가 치료를 중단할 경우 언제든지 바이러스가 공격적으로 증가할 수 있다는 사실이 밝혀졌다. 문제는 HIV가 몸속의 다양한 장소에 숨어 지낼 수 있다는 점이다. HIV는 약이 쉽사리 침투할 수 없는 장소에 숨어 지내거나 잠복기 상태의 감염 세포 속에서 복제를 하지 않고 조용히 지냄으로써 약의 공격을 피할 수 있다. 잠복기 상태의 세포는 언제든지 깨어나 새로운 바이러스를 만들 수 있다. 그래서 바이러스 하중이 아주 낮거나 감지되지 않는 수준이라 하더라도, HIV

양성인 사람은 약을 계속 복용할 필요가 있다.

3제 병용 요법은 비록 HIV를 치료하진 못했지만, 적어도 치료법을 사용할 수 있는 사람에게는 충분히 관리할 수 있는 만성 질환으로 변화시켰다. 이 요법은 이전에는 아예 그 싹조차 보이지 않던 희망을 가져다주었다.

1996년, 〈타임〉은 데이비드 호를 올해의 인물로 선정했다.[*] 2017년, 앨런 페렐슨은 "통찰력을 가져다주고 생명을 구하면서 이론 면역학에 큰 기여"를 한 공로로 큰 상을 받았다.[*] 페렐슨은 지금도 미적분과 미분방정식을 사용해 바이러스의 동역학을 분석하고 있다. 최근에 페렐슨은 전 세계에서 매년 약 1억 7000만 명이 감염되고 약 35만 명이 사망하는 바이러스 질환인 C형 간염[*]에 관한 연구를 했다. C형 간염은 간경화와 간암의 주요 원인이다. 2014년에 페렐슨의 수학에 도움을 받아 새로운 C형 간염 치료법이 개발되었다. 이 약은 안전할 뿐만 아니라 하루에 한 번만 복용하면 된다. 경이롭게도 이 치료법은 거의 모든 환자를 치료할 수 있다.

9장

논리적인 우주

미적분학은 17세기 후반에 변신 과정을 겪었다. 미적분학은 아주 체계적이고 예리하고 강력하게 변해, 많은 역사학자들은 이때 미적분학이 '발명'되었다고 말한다. 이 견해에 따르면 뉴턴과 라이프니츠 이전에는 원시적인 미적분학이 있었고, 제대로 된 미적분학이 나타난 것은 그 이후이다. 하지만 나는 그런 식으로 표현하고 싶지 않다. 나는 아르키메데스가 무한을 활용한 이후부터 미적분학이 줄곧 존재했다고 본다.

그것을 무엇이라 부르건, 미적분학은 1664년부터 1676년 사이에 극적으로 변했는데, 그와 함께 세계도 변화시켰다. 미적분학은 과학 분야에서는 우리에게 갈릴레이가 꿈꿨던 자연의 책을 읽게 해주었다. 기술 분야에서는 산업 혁명과 정보 시대를 이끌었다. 철학과 정치 분야에서는 현대적인 인권과 사회, 법 개념에 영향을 미쳤다.

나는 미적분학이 17세기 후반에 발명되었다고 말하고 싶지 않다. 대신에 그때 일어난 일은 생물의 진화에서 일어난 결정적 사건과 비슷한 진화적 혁신이었다고 표현하고 싶다. 생명이 탄생한 초기에 생물들은 비교적 단순했다. 그것들은 오늘날의 세균과 비슷한 단세포 생물이었다. 그러한 단세포 생물의 시대가 약 35억 년이나 계속되면서 지구의 역사 중 대부분을 지배했다. 하지만 약 5억 년 전에 놀랍도록 다양한 다세포 생물들이 나타나기 시작했는데, 생물학자들은 이 사건을 '캄브리아기 폭발'이라고 부른다. 불과 수천만 년(진화사에서는 아주 짧은 시간) 사이에 동물계의 주요 문門들이 갑자기 많이 나타났다. 이와 비슷하게, 미적분학은 수학 분야에서 일어난 캄브리아기 폭발•에 해당한다. 일단 미적분학이 나타나자, 놀랍도록 다양한 수학 분야들이 진화하기 시작했다. 그 계통은 '미분differential'과 '적분integral', '해석analytic' 처럼 미적분학에 뿌리를 둔 이름들에서 확인할 수 있다. 예를 들면, 미분기하학, 적분방정식, 해석적 수론 등이 있다. 새로 생겨난 이 수학 분야들은 다세포 생물의 많은 가지들과 종들과 같다. 이 비유에서 수학의 미생물에 해당하는 것은 초기에 다뤄진 주제들로, 수·형태·문장제가 그런 예이다. 단세포 생물처럼 이 주제들은 수학의 역사 중 대부분에서 무대를 지배했다. 하지만 약 350년 전에 미적분학의 캄브리아기 폭발이 일어난 후, 새로운 수학적 생명체들이 급격히 증식하고 번성하면서 주변 지형을 변화시키기 시작했다.

생명의 이야기 중 많은 것은 앞서 존재한 조상의 형태를 바탕으로 복잡성과 정교함이 점점 커지는 방향으로 진전이 일어난 이야기이다. 미적분학의 경우도 마찬가지다. 하지만 미적분학 이야기는 무엇을 향해 나아가는가? 미적분학의 진화에는 어떤 방향성이 있는가? 혹은 어떤 사람들이 생물의 진화에 대해 말하듯이, 그것은 일정한 방향성이 없이 무작위적으로 일어나는가?

순수수학 부문에서 미적분학의 진화는 이종 교배와 그것이 가져온 혜택에 관한 이야기였다. 수학의 낡은 분야들은 미적분학과 교배를 한 뒤에 활기를 띠게 되었다. 예를 들면, 정수의 성질과 패턴을 연구하던 오랜 분야는 적분, 무한 합, 멱급수처럼 미적분학에 기반을 둔 도구의 도움을 받아 다시 활기를 띠게 되었다. 그 결과로 태어난 잡종 분야를 '해석적 수론'이라 부른다. 이와 비슷하게 '미분기하학'은 미적분을 사용해 매끄러운 표면의 구조를 밝혀냈고 이전에 알지 못했던 사촌들을 발견했는데, 4차원과 그 이상의 차원에서 상상하기 어려울 정도로 구부러진 형태들이 그것이다. 이런 식으로 미적분학의 캄브리아기 폭발은 수학을 더 추상적이고 더 강력하게 만들었다. 또한 전체 수학을 하나의 가족에 더 가깝게 만들었다. 미적분학은 수학의 모든 분야들을 연결하는 숨겨진 관계들의 그물을 드러냈다.

응용수학 부문에서 미적분학의 진화는 변화에 대한 우리의 이해가 팽창해간 이야기였다. 앞에서 보았듯이 미적분학은 곡선의 연구에서 시작되었는데, 거기서 변화는 곧 방향의 변화였다. 그리고 계속해서 운동의 연구로 옮겨갔는데, 여기서 변화는 위치의 변화였다. 캄브리아기 폭발의 여파로, 그리고 특히 '미분방정식'의 등장으로 미적분학은 훨씬 더 일반적인 변화에 대한 연구로 옮겨갔다. 오늘날 미분방정식은 전염병이 어떻게 확산될지, 허리케인이 육지에 상륙하는 장소가 어디인지, 주식 시장에서 선물 옵션을 얼마에 사야 할지 등을 예측하는 데 도움을 준다. 사람들이 노력하는 모든 분야에서 미분방정식은 아원자 영역에서부터 광대한 우주에 이르기까지 우리 주변과 우리 내부에서 사물이 어떻게 변하는지 기술하는 보편적인 틀로 떠올랐다.

자연의 논리

미분방정식이 초기에 거둔 성공은 서양 문화의 경로를 바꿔놓았다. 1687년, 뉴턴은 이성의 힘을 입증하고 계몽 시대를 시작하게 한• 세계의 체계•를 내놓았다. 뉴턴은 지구의 낙체와 행성의 궤도에서 갈릴레이와 케플러가 알아낸 불가사의한 패턴을 설명할 수 있는 일련의 방정식들(운동의 법칙과 중력의 법칙을 기술한)을 발견했다. 그러면서 그는 지상 세계와 천상 세계의 구분을 없앴다. 뉴턴 이후에는 오직 하나의 우주만 존재했고, 동일한 법칙들이 항상 모든 곳에 적용되었다.

권위 있는 세 권짜리 저서 『자연철학의 수학적 원리*Philosophiæ Naturalis Principia Mathematica*』(흔히 줄여서 『프린키피아』라고 부른다)에서 뉴턴은 자신의 이론들을 자전 운동의 원심력 때문에 허리 부분이 불룩하게 솟은 지구의 모양, 조석 주기, 이심률이 큰 혜성의 궤도, 달의 운동 등 더 많은 곳에 적용했다. 달의 운동 문제는 너무나도 어려워서 뉴턴은 친구 에드먼드 핼리에게 "내 머리를 아프게 하고, 잠에서 자주 깨어나게 해 더 이상 생각하고 싶지 않다."•라고 불평했을 정도였다.

오늘날 물리학을 공부하는 대학생들은 처음에는 고전 역학(뉴턴과 그 후계자들이 세운 역학)을 배운다. 그러고 나서 아인슈타인의 상대성 이론과 플랑크, 아인슈타인, 보어, 슈뢰딩거, 하이젠베르크, 디랙의 양자론이 그것을 대체했다는 이야기를 듣는다. 물론 이 이야기는 어느 정도 타당성이 있다. 새로운 이론들은 뉴턴의 시간과 공간, 질량과 에너지 개념을 뒤집어엎었다. 그리고 양자론은 자연을 확률적이고 통계적으로 기술함으로써 결정론을 밀어냈다.

하지만 미적분학의 역할만큼은 아무 변화가 없었다. 양자역학에서와 마찬가지로 상대성 이론에서도 자연의 법칙들은 여전히 미적분학의 언어로 기술되었고, 문장들은 미분방정식의 형태로 표현되었다. 나는 이것이 뉴턴의 가장 위대한 유산이라고 생각한다. 뉴턴은 자연이 논리적임을 보여주었다. 자연계의 원인과 결과는 기하학의 증명과 아주 비슷한 방식으로 작용하는데, 한 가지 참으로부터 다른 참이 논리적으로 나온다. 다만, 우리 마음속에서 한 개념이 다른 '개념'으로부터 나오는 것이 아니라, 세계에서 한 사건이 다른 '사건'으로부터 나온다는 점이 다르다.

자연과 수학 사이의 이 기묘한 연결 관계는 피타고라스의 꿈을 상기시킨다. 피타고라스학파는 화음과 수 사이에서 발견한 관계를 보고서 '모든 것'은 수라고 선언했다. 그들은 뭔가를 보았다. 우주의 작용에는 수가 중요한 역할을 하는 게 분명하다. 형태도 중요하다. 갈릴레이가 꿈꾼 자연의 책에서 단어들은 기하학 도형이었다. 하지만 수와 형태가 아무리 중요하다 하더라도, 이것들은 진정한 주인이 아니다. 우주의 드라마에서 형태와 수는 배우와 같다. 보이지 않는 존재가 은밀하게 이들을 지시하는데, 그 존재는 바로 미분방정식의 논리이다.

우주의 이 논리를 맨 처음 발견하고 그것을 기반으로 체계를 세운 사람이 바로 뉴턴이다. 뉴턴 이전에는 그러기가 불가능했는데, 필요한 개념들이 아직 탄생하기 전이었기 때문이다. 아르키메데스는 미분방정식을 알지 못했다. 갈릴레이와 케플러, 데카르트, 페르마 역시 마찬가지였다. 라이프니츠는 미분방정식을 알았지만, 뉴턴만큼 과학에 크게 끌리지 않았고, 수학적으로도 뉴턴처럼 달인의 경지에 이르지 못했다. 비밀에 싸여 있던 우주의 논리는 오직 뉴턴만이 알고 있었다.

뉴턴의 이론에서 가장 중요한 것은 운동에 관한 다음의 미분방정식이다.

$$F = ma$$

이것은 역사상 가장 중요한 방정식 중 하나로 꼽힌다. 이 식은 움직이는 물체에 미치는 힘 F는 물체의 질량 m과 물체의 가속도 a의 곱과 같다는 뜻이다. 이것이 미분방정식인 이유는 가속도가 도함수(물체의 속도 변화율)이기 때문이다. 혹은 라이프니츠의 용어를 사용한다면, 두 미분소의 비이기 때문이다. 즉,

$$a = \frac{dv}{dt}$$

여기서 dv는 무한히 작은 시간 간격 dt 동안 물체의 속도 v에 일어나는 무한히 작은 변화를 가리킨다. 따라서 물체에 가해지는 힘 F를 알고 물체의 질량 m을 안다면, $F = ma$라는 식을 이용해 그 가속도를 $a = \frac{F}{m}$로 구할 수 있다. 그리고 이 가속도는 물체가 어떻게 움직

이는지를 결정한다. 가속도는 다음 순간에 물체의 속도가 어떻게 변할지 알려주며, 그 속도는 물체의 위치가 어떻게 변할지 알려준다. 이런 면에서 $F=ma$는 일종의 신탁과 같다. 이 미분방정식은 한 번에 아주 작은 한 걸음씩 물체의 미래 행동을 예측한다.

상상할 수 있는 것 중에서 가장 단순하고 암울한 상황을 생각해보자. 텅 빈 우주에 홀로 남겨져 있는 물체가 바로 그것이다. 이 물체는 어떻게 움직일까? 이 물체를 밀거나 끌어당길 것이 주변에 아무것도 없으므로, 이 물체에 가해지는 힘은 0이다. 즉, $F=0$. m은 0이 아니므로(물체에 질량이 약간 있다고 가정한다면), 뉴턴의 법칙을 적용하면 $\frac{F}{m}=a=0$이 되는데, 이것은 $\frac{dv}{dt}=0$임을 뜻한다. 하지만 $\frac{dv}{dt}=0$은 무한히 짧은 시간 간격 dt 동안 물체의 속도가 변하지 않음을 뜻한다. 다음 순간에도 혹은 그다음 순간에도 물체의 속도는 변하지 않는다. 따라서 $F=0$일 때, 물체는 자신의 속도를 영원히 계속 유지한다는 결론이 나온다. 이것은 갈릴레이가 발견한 관성의 법칙이다. 관성의 법칙은 외부의 힘이 작용하지 않는 한, 정지한 물체는 정지 상태를 계속 유지하고, 운동하는 물체는 계속 같은 속도로 동일한 운동 상태를 유지한다고 말한다. 물체의 속력과 방향은 변하지 않고 계속 똑같이 유지된다. 방금 우리는 뉴턴이 발견한 운동의 법칙 $F=ma$로부터 논리적 과정을 거쳐 관성의 법칙을 이끌어냈다.

뉴턴은 대학생 시절에 이미 가속도가 힘에 비례한다는 사실을 알았던 것으로 보인다. 그는 갈릴레이의 연구를 통해 물체에 작용하는 외부의 힘이 없으면, 그 물체는 정지 상태로 계속 머물든지 일정한 속도로 직선 운동을 계속한다는 사실을 알았다. 그리고 힘은 운동을 일으키는 데 필요한 것이 아니라, 운동을 '변화'시키는 데 필요하다는 사실을 깨달았다. 힘은 물체의 속도를 높이거나 낮추거나 물체의 운동 방향을 직선 경로에서 벗어나게 했다.

이 통찰력은 아리스토텔레스의 생각을 크게 뛰어넘는 것이었다. 아리스토텔레스는 관성의 진가를 제대로 이해하지 못했다. 그는 힘은 단지 물체를 움직이게 하는 역할만 한다고 생각했다. 공정하게 말하면, 마찰이 지배하는 상황에서는 이 생각이 맞다. 책상을 바닥 위에서 움직이려고 하면 책상을 계속 밀어야 한다. 밀기를 멈추면 책상은 더 이상 움직이지 않는다. 하지만 우주 공간에서 움직이는 행성이나 땅으로 떨어지는 사과의 경우에는 마찰이 그다지 큰 변수가 되지 않는다. 이 경우에는 마찰력이 무시할 만한 수준이다. 그래서 마찰을 무시하더라도 현상의 본질에 아무런 영향을 미치지 않는다.

뉴턴이 생각한 우주에서 지배적인 힘은 마찰이 아니라 중력이다. 일반 대중의 마음속에서 뉴턴과 중력이 아주 밀접하게 연결돼 있다는 사실을 감안할 때 이것은 당연한 일이다. 대부분의 사람들은 뉴턴을 생각할 때, 어린 시절에 배운 이야기가 즉각 떠오를 것이다. 머리 위에 사과가 떨어지는 순간,* 뉴턴이 중력을 발견했다는 이야기 말이다. 하지만 실제로 일어난 일은 그렇지 않다. 중력을 발견한 사람은 뉴턴이 아니다. 무거운 물체가 땅으로 떨어진다는 사실은 다른 사람들도 이미 알고 있었다. 하지만 중력의 힘이 얼마나 멀리 미치는지는 아무도 몰랐다. 중력은 하늘에서 끝날까?

뉴턴은 직감적으로 중력이 달까지 그리고 어쩌면 그 너머까지 미친다고 생각했다. 그리고 달이 지구 주위의 궤도를 도는 것은 지구를 향해 계속 낙하하는 운동이 낳은 결과라고 보았다. 하지만 땅으로 떨어지는 사과와 달리 달이 지구로 떨어지지 않는 이유는, 달이 지구를 향해 떨어지는 동시에 원래 가지고 있던 운동의 관성으로 앞쪽으로 계속 움직이기 때문이다. 달은 아래로 떨어지는 동시에 앞으로 움직이면서 곡선 경로를 그리는 갈릴레이의 포탄과 같다. 다만, 달은 아주 빨리 앞으로 움직이기 때문에 구형인 지구 표면으로 떨어지지 않고 곡선을 그리며 그 주위를 도는 것이다. 달은 궤도가 직선에서 벗어나기 때문에 가속되고 있다. 이 경우의 가속은 속력의 변화가 아니라, 운동 방향의 변화를 의미한다. 달을 직선 경로에서 벗어나게 하는 힘은 지구의 중력이 끊임없이 끌어당기는 힘이다. 이런 종류의 가속도를 '구심 가속도'라고 하는데, 이것은 중심(여기서는 지구의 중심)을 향해 물체를 끌어당기는 힘으로 작용한다.

뉴턴은 케플러의 세 번째 법칙으로부터 거리가 멀어질수록 중력이 약해진다는 추론을 이끌어냈는데, 이것은 왜 더 먼 곳에 있는 행성일수록 태양 주위를 한 바퀴 도는 데 더 많은 시간이 걸리는지 설명해 주었다. 뉴턴이 계산한 결과는, 만약 지구가 사과를 끌어당기고 달을 지구 주위의 궤도를 돌게 하는 것과 동일한 종류의 힘으로 태양이 행성들을 끌어당긴다면, 그 힘은 거리의 '제곱'에 반비례할 것이라고 시사했다. 따라서 만약 지구와 달 사이의 거리가 2배로 늘어난다면, 둘 사이에 미치는 중력은 4배(2가 아니라 2의 제곱인)나 약해질 것이다. 그리고 만약 그 거리가 3배로 늘어난다면, 중력은 3배가 아니라 9배 약해질 것이다. 뉴턴의 계산에 약간 의심스러운 가정이 포함된 건 사실인데, 특히 중력이 광대한 우주 공간 따위는 안중에도 없다는 듯이 먼 거리에 즉각적으로 작용한다는 가정이 그렇다. 뉴턴은 이것이 어떻게 가능한지는 전혀 몰랐지만, '역제곱 법칙'에 강한 흥미를 느꼈다.

역제곱 법칙을 정량적으로 검증하기 위해, 그는 알려진 거리(지구 반지름의 약 60배)에서 알려진 공전 주기(약 27일)로 지구 주위를 도는 달의 구심 가속도를 추산했다. 그러고 나서 달의 구심 가속도를 지표면에서 낙체의 가속도(갈릴레이가 빗면 실험을 통해 측정한 값)와 비교했다. 그리고 이 두 가속도가 약 3600배(60의 제곱)만큼 차이가 난다는 고무적인 결과를 얻었다. 이것은 역제곱 법칙이 예측한 것과 일치했다. 달과 지구 중심 사이의 거리는 나무에서 떨어지는 사과와 지구 중심 사이의 거리보다 약 60배 멀기 때문에 달의 구심 가속도는 떨어지는 사과에 비해 60의 제곱, 곧 3600배 더 약해야 했다. 훗날 뉴턴은 자신이 "달을 제 궤도에 머물게 하는 데 필요한 힘을 지표면의 중력과 비교하여 둘이 거의 비슷하다는 사실을 발견했다."[*]라고 회고했다.

중력이 달까지 미칠 수 있다는 개념은 그 당시로서는 터무니없는 것이었다. 아리스토텔레스가 달 아래에 있는 것은 모두 부패하고 불완전하며, 달 너머에 있는 것은 모두 완전하고 영원하고 변하지 않는다고 주장했다는 사실을 떠올려보라. 뉴턴은 이 패러다임을 산산이 부숴버렸다. 뉴턴은 천상의 영역과 지상의 영역을 통합했고, 두 영역 모두에 동일한 물리학 법칙이 성립한다는 것을 보여주었다.

역제곱 법칙에 대한 통찰력을 보여준 지 약 20년 뒤에 뉴턴은 연금술과 성경 연대학에 대한 관심을 잠시 접고 중력으로 인한 운동 문제를 다시 들여다보았다. 런던 왕립학회의 동료들과 경쟁자들이 뉴턴을 계속 도발했기 때문이었다. 그들은 이전에 뉴턴이 다루었던 것보다 훨씬 어려운 문제를 풀어보라고 자극했다. 그 문제는 어느 누구도 풀지 못했다. 만약 태양에서 끌어당기는 인력이 있고 이 힘이 역제곱 법칙에 따라 멀리 갈수록 점점 약해진다면, 행성들은 어떻게 움직일까? 친구인 에드먼드 핼리가 이 질문을 했을 때, 뉴턴은 "타원이지."•라고 대답했다고 전한다. 핼리가 깜짝 놀라며 "하지만 그걸 어떻게 아는가?"라고 물었다. 뉴턴은 "그야 계산해봤으니까 알지."라고 대답했다. 핼리가 추론 과정을 설명해달라고 촉구하자, 뉴턴은 옛날에 했던 연구를 재구성하기로 결심했다. 그리고 흑사병이 창궐하던 학생 시절에 그랬던 것처럼 열광 상태에 빠져 노도 같은 창조성을 뿜어내면서 『프린키피아』를 썼다.

자신의 운동의 법칙과 중력의 법칙을 공리로 가정하고, 미적분학을 연역 도구로 사용해 뉴턴은 거기서 케플러의 세 가지 법칙이 논리적 필연으로 나온다는 사실•을 증명했다. 갈릴레이가 발견한 관성의 법칙, 진자의 등시성, 빗면을 구르는 공에서 성립하는 홀수의 법칙, 투사체의 포물선 호 역시 마찬가지였다. 이것들은 모두 역제곱 법칙과 $F=ma$에서 도출되는 필연적인 결과였다. 뉴턴의 동료들은 이러한 연역적 추론 방법에 큰 충격을 받았으며, 철학적 이유에서 당혹감을 느꼈다. 그들 중 다수는 경험주의자였다. 그들은 논리는 수학 안에서만 적용된다고 믿었다. 자연은 실험과 관찰을 통해 연구해야 하는 대상이었다. 그들은 자연의 깊숙한 내면에 수학적 원리가 자리잡고 있고, 자연 현상들을 중력의 법칙과 운동의 법칙 같은 경험적 공리로부터 논리적으로 도출할 수 있다는 사실에 어안이 벙벙했다.

이체 문제

핼리가 뉴턴에게 던진 문제는 엄청나게 어려웠다. 그 문제를 풀려면 국지적 정보를 전체적 정보로 전환하는 것이 필요했는데, 이것은 우리가 7장에서 적분과 예측을 논의할 때 맞닥뜨렸던 큰 어려움이었다.

두 물체 사이의 중력 상호 작용을 예측하는 데 관련된 요소들을 생각해보라. 문제를 단순하게 하기 위해 그중 하나인 태양은 질량이 무한히 크고 움직이지 않는 반면, 다른 물체인 행성은 태양 주위의 궤도를 돈다고 가정하자. 처음에 행성은 태양으로부터 어떤 거리만큼 떨어진 특정 장소에서 주어진 방향을 향해 주어진 속력으로 움직인다. 다음 순간, 행성의 운동 속도는 행성을 다음 위치로 옮기는데, 조금 전의 장소에서 무한히 작은 거리만큼 떨어진 곳이다. 이제 행성은 약간 다른 장소에 있으므로 태양이 끌어당기는 중력이 약간 달라지는데, 그 힘의 방향과 크기가 모두 달라진다. 이 새로운 힘(역제곱 법칙으로 계산할 수 있는)은 무한히 짧은 그다음 시간이 흐르는 동안 행성을 다시 끌어당기면서 그 속력과 방향을 무한히 작은 양만큼($F = ma$로부터 계산할 수 있는) 변화시킨다. 이 과정이 무한정 계속된다. 이 모든 무한히 작은 국지적 단계들을 합쳐서 움직이는 행성의 전체 궤도를 만들어내야 한다.

따라서 '이체 문제二體問題'를 풀기 위해 $F = ma$를 적분하려면 무한의 원리를 사용해야 한다. 아르키메데스를 비롯해 여러 사람은 곡선의 수수께끼를 푸는 데 무한의 원리를 적용했지만, 뉴턴은 최초로 운동의 수수께끼를 푸는 데 무한의 원리를 적용했다. 이체 문제는 풀릴 가망이 없어 보였지만, 뉴턴은 미적분학의 기본 정리에 도움을 받아 그것을 푸는 데 성공했다. 그는 마음속에서 행성을 매 순간 조금씩 앞으로 나아가게 하는 대신에, 미적분학을 사용해 행성을 마술처럼 앞으로 크게 나아가게 했다. 그의 공식은 아무리 멀다 하더라도 미래의 어느 순간에 행성이 어디에 있을지(그리고 얼마나 빨리 움직일지) 예측할 수 있었다.

무한의 원리와 미적분학의 기본 정리는 또 다른 새로운 측면에서 뉴턴의 연구에 포함되었다. 이체 문제를 풀려고 처음 시도할 때, 뉴턴은 행성과 태양을 점과 같은 입자로 간주했다. 좀 더 현실적인 모형을 사용하더라도, 즉 두 천체를 실제 모습인 거대한 구체로 보더라도, 여전히 문제를 풀 수 있을까? 그리고 만약 그렇게 해서 문제를 풀 수 있다면, 그 결과는 앞서 얻은 것과 다를까?

이것은 미적분학이 막 발달하던 그 당시로서는 또 하나의 엄청나게 어려운 계산이었다. 거대한 태양 구체가 그보다 작지만 그래도 상당히 큰 지구 구체에 미치는 중력의 순수한 효과를 계산하려면 무엇이 필요할지 생각해보라. 태양을 이루는 모든 원자가 지구를 이루는 모든 원자를 끌어당긴다. 문제는 이 모든 원자들이 제각각 다른 거리에 있다는 점이다. 태양 뒷면에 있는 원자들은 앞면에 있는 원자들보다 지구에서 더 멀리 떨어져 있고, 따라서 지구의 원자들을 끌어당기는 중력의 세기가 더 약하다. 게다가 태양 왼편과 오른편에 있는 원자들은 지구의 원자들을 서로 엇갈리는 방향으로 끌어당기며, 각자 지구와의 거리에 따라 그 세기도 모두 다르다. 이 모든 효과들을 합쳐서 계산해야 한다. 이 문제에서 각각의 조각들을 모두 도로 합치는 것은 이

전에 적분에서 어느 누가 했던 계산보다 어려운 것이었다. 오늘날 우리가 이 문제를 풀 때에는 삼중 적분이라는 방법을 쓴다. 이것은 매우 어려운 계산이다.

뉴턴은 많은 노력 끝에 이 삼중 적분을 풀었고, 아주 아름답고 단순한 것을 발견했다. 그것은 심지어 지금도 믿기 어려운 것이다. 뉴턴은 구체인 태양의 모든 질량이 그 중심에 집중돼 있다고 간주함으로써 문제를 간단히 해결할 수 있다는 사실을 발견했다. 그것은 지구도 마찬가지였다. 그의 계산은 어느 쪽이건 지구의 궤도가 동일하다는 것을 보여주었다. 다시 말해서, 거대한 구체를 무한히 작은 점으로 대체하더라도 계산에 아무런 오차가 없었다. 이것이야말로 진실을 드러내는 거짓말 같은 것이 아닌가!

하지만 뉴턴의 계산에는 그 밖에도 더 심각한 효과를 초래할 수 있는 근사가 많이 포함돼 있었다. 문제를 단순하게 하기 위해 뉴턴은 나머지 모든 행성의 중력 효과를 깡그리 무시했다. 게다가 중력이 즉각적으로 작용한다고 가정했다. 뉴턴은 이 두 가지 근사가 옳지 않을 가능성이 있음을 알았지만, 그렇게 가정하지 않으면 전혀 앞으로 나아갈 수 없었다. 또한 뉴턴은 중력이 실제로 무엇인지, 또 왜 중력이 자신이 제시한 수학적 기술을 따르는지 설명할 수 없다고 인정했다. 그는 비판자들이 자신의 전체 계획을 의심하리란 사실을 알고 있었다. 그래서 최대한 그럴듯하고 설득력 있게 만들기 위해 자신의 연구를 그 당시 엄밀성과 확실성의 보증 수표로 통하던 기하학의 언어로 표현했다. 하지만 그것은 전통적인 유클리드 기하학이 아니었다. 그의 작업은 고전 기하학을 미적분학과 특이한 방식으로 혼합한 것으로, 기하학의 옷을 걸친 미적분학이었다.

그럼에도 불구하고, 뉴턴은 겉치장을 고전적으로 보이게 하려고 최선을 다했다. 『프린키피아』의 문체는 유클리드 기하학의 전통적인 문체를 따랐다. 뉴턴은 고전 기하학의 형식에 따라 공리와 공준(자신의 운동의 법칙과 중력의 법칙)으로부터 시작하면서 이것들을 이론의 여지가 없는 초석으로 간주했다. 그리고 그 위에 보조 정리, 명제, 정리, 증명의 건물을 세웠는데, 이것들은 모두 논리를 통해 다른 것으로부터 도출되었으며, 끊어지지 않는 사슬을 통해 공리까지 연결돼 있었다. 유클리드가 세상에 열세 권으로 이루어진 불멸의 명저 『기하학 원론』을 선물한 것처럼, 뉴턴은 세 권으로 이루어진 불멸의 책을 선물했다. 그는 짐짓 겸손 떠는 시늉도 없이 세 번째 책에 『세계의 체계*De mundi systemate*』라는 제목을 붙였다.

뉴턴의 체계는 자연을 하나의 메커니즘으로 묘사했다. 훗날 이것은 톱니바퀴들이 회전하고, 용수철이 늘어나고, 모든 부품이 차례차례로 움직이는 일종의 시계 장치, 즉 원인과 결과의 경이로운 복합체에 자주 비유되었다. 미적분학의 기본 정리를 적용하고 멱급수와 천재성과 운의 도움을 받아 뉴턴은 미분방정식을 정확하게 푸는 데 자주 성공했다. 매 순간 조금씩 앞으로 나아가는 대신에, 태양 주위를 도는 행성에 관한 이체 문제에서 했던 것처럼 앞으로 훌쩍 건너뛰어 아주 먼 미래까지 시계 장치의 상태를 예측할 수 있었다.

뉴턴 이후 수백 년 동안 많은 수학자와 물리학자, 천문학자가 그의 체계를 더욱 정교하게 개선했다. 이 체계는 아주 큰 신뢰를 받아, 어떤 행성의 운동이 예측에서 벗어나면, 천문학자들은 자신들이 알지 못한 중요한 원인이 있을 것이라고 생각했다. 1846년에 해왕성•이 발견된 것도 바로 이런 추론 덕분이었다. 천왕성의 궤도에 예측에서 벗어나는 움직임이 나타나자, 천문학자들은 천왕성 너머에 존재하는 미지의 행성 때문에 천왕성의 움직임에 섭동이 일어난다고 판단했다. 미적분 계산은 미지의 행성이 어디에 있을지 예측했고, 천문학자들이 그곳을 집중적으로 살피다가 해왕성을 발견했다.

뉴턴과 히든 피겨스의 만남

20세기 중엽에 물리학은 마침내 뉴턴 역학에서 벗어난 것처럼 보였다. 양자론과 상대성 이론은 늙은 짐말을 초원으로 풀어주었다. 하지만 그때에도 미국과 소련 사이에 벌어진 우주 경쟁 덕분에 뉴턴 역학은 활약을 펼치며 마지막 영광을 누렸다.

『히든 피겨스』에서 주인공으로 나오는 아프리카계 미국인 수학자 캐서린 존슨•은 1960년대 초에 지구 주위의 궤도를 돈 최초의 미국인 우주 비행사 존 글렌을 안전하게 지구로 귀환시킬 때 이체 문제를 사용했다. 존슨은 많은 측면에서 신기원을 열었다. 존슨의 분석에서 중력 상호 작용을 하는 두 물체는 행성과 태양이 아니라 우주선과 지구였다. 존슨은 미적분을 사용해 지구 주위를 돌면서 움직이는 우주선의 위치를 예측하고, 대기권 재진입에 성공하기 위한 궤적을 계산했다. 이를 위해 존슨은 뉴턴이 고려하지 않았던 복잡한 문제들까지 고려해야 했는데, 그중에서 가장 중요한 것은 지구가 완전한 구가 아니라는 사실이었다. 지구는 적도 부분이 약간 불룩하게 튀어나온 반면, 양 극쪽은 약간 납작한 모양을 하고 있다. 세부 사실들을 제대로 고려하여 정확하게 계산하는 이 작업에 우주 비행사의 생사가 달려 있었다. 우주 캡슐은 정확한 각도로 대기권에 재진입하지 않으면 불에 타 파괴되고 만다. 그리고 바다 위에서 정확한 장소에 떨어져야 했다. 랑데부 장소에서 너무 먼 곳에 떨어진다면, 글렌은 구조 선박이 다가가기 전에 우주 캡슐 속에서 익사하고 말 것이었다.

1962년 2월 20일, 존 글렌 대령은 지구 주위의 궤도를 세 바퀴 돌고 나서 존슨의 계산에 안내를 받아 대기권에 재진입한 후 북대서양에 무사히 착수했다. 그는 국민 영웅이 되었고, 세월이 좀 지난 뒤에는 미국 상원 의원으로 선출되었다. 그런데 역사를 새로 쓴 그날, 글렌이 캐서린 존슨이 직접 최종 계산을 점검하기 전에는 임무에 나서지 않겠다고 한 사실을 아는 사람은 드물다. 글렌은 자신의 목숨을 걸고 존슨을 믿었다.

캐서린 존슨은 NASA에서 컴퓨터로 일을 시작했다. 그 당시 컴퓨터는 기계가 아니라 직접 손으로 계산하는 여성을 가리켰다. 존슨은 경력을 시작할 때부터 그곳에서 일하면서 앨런 셰퍼드가 최초로 우주로 나간 미국인이 되도록 도왔으며, 경력이 끝날 무렵에는 최초의 달 착륙을 위한 우주선의 궤적을 계산하는 일을 했다. 그녀가 한 일은 수십 년 동안 일반 대중에게 알려지지 않았다. 다행히도 존슨의 선구적인 업적(그리고 그녀의 감동적인 삶)은 이제 널리 인정받고 있다. 2015년, 존슨은 97세의 나이에 미국 대통령 버락 오바마로부터 대통령 자유 훈장을 받았다. 1년 뒤, NASA는 한 건물에 그녀의 이름을 붙였다. 헌정식에서 NASA의 고위 관계자는 "전 세계에서 수천만 명이 [앨런] 셰퍼드의 비행을 지켜보았지만, 그들은 셰퍼드를 우주로 보내고 무사히 지구로 데려온 계산을 한 사람이 바로 오늘 우리의 주빈인 캐서린 존슨이었다는 사실은 알지 못했습니다."라고 말했다.•

미적분학과 계몽 시대

수학이 지배하는 뉴턴의 세계는 과학 이외의 분야에까지 큰 반향을 일으켰다. 인문학 분야에서 미적분학은 윌리엄 블레이크, 존 키츠, 윌리엄 워즈워스 같은 낭만주의 시인들을 빛내주는 조연 역할을 했다. 1817년의 시끌벅적한 만찬회에서, 워즈워스와 키츠는 뉴턴이 무지개를 프리즘이 분해한 색들로 격하함으로써 무지개의 시성詩性을 파괴했다는 데 의견이 일치했다. 그들은 잔을 들어 "뉴턴의 건강과 수학의 혼란을 위해!"라며 요란스러운 건배•를 했다.

뉴턴은 철학 분야에서는 더 따뜻한 대접을 받았는데, 그의 개념은 볼테르, 데이비드 흄, 존 로크를 비롯해 계몽 시대의 사상가들에게 큰 영향을 미쳤다. 그들은 이성의 힘과 뉴턴의 체계가 제시한 설명(인과 관계를 바탕으로 돌아가는 시계 장치 우주)에 큰 감명을 받았다. 사실에 기반을 두고 미적분학을 도구로 사용하는 뉴턴의 경험주의적-연역적 접근법은 이전 철학자들(특히 아리스토텔레스)의 선험적 형이상학을 압도했다. 그것은 과학 외에도 결정론과 자유에서부터 자연법과 인권에 이르기까지 계몽주의의 모든 개념에 큰 영향을 미쳤다.

예를 들어 뉴턴이 토머스 제퍼슨•(미국의 건축가, 발명가, 농부, 3대 대통령이자 미국 독립 선언서 작성자)에게 미친 영향을 살펴보자. 독립 선언서는 곳곳에 뉴턴의 메아리가 흘러넘친다. 처음부터 "다음과 같은 사실을 자명한 진리로 받아들인다."라는 구절에서 수사학적 구조가 분명하게 드러난다. 유클리드가 『기하학 원론』에서 그랬듯이, 그리고 뉴턴이 『프린키피아』에서 그랬듯이, 제퍼슨은 공리들, 즉 자기 분야의 자명한 진리들을 거론하면서 시작했다. 그러고 나서 논리의 힘을 빌려 이 공리들로부터 일련의 불가피한 명제들을 도출하는데, 그중에서 가장 중요한 것은 식민지들이 영국의 지배로부터 벗어날 권리가 있다는 것이었다. 독립 선언서는 "자연법과 자연의 신의 법"에 호소함으로써 독립을 정당화한다. (말이 난 김에 덧붙이자면, 제퍼슨의 이 문장에 뉴턴 이후의 이신론理神論[신이 우주를 창조하긴 했지만 관여는 하지 않고, 우주는 자체의 법칙에 따라 움직인다고 보는 사상—옮긴이]이 반영돼 있다는 데 주목하라. 신은 자연법 다음에 나오고, 거기다가 '자연의 신'으로 종속적인 역할에 한정시켰다.) 그리고 영국 국왕으로부터 "[식민지인들에게] 독립을 강요하는 원인들"로 논증의 결말을 짓는다. 이 원인들은 뉴턴의 힘들이 담당했던 역할을 하는데, 시계 장치의 움직임을 강요하고 그것에 따르는 결과(여기서는 미국의 독립)를 결정한다.

만약 이 모든 것이 억지 주장처럼 보인다면, 제퍼슨이 뉴턴을 숭배했다는 사실을 염두에 둘 필요가 있다. 그런 숭배심에서 뉴턴의 데스마스크를 구입하는 조금 섬뜩한 행동을 하기도 했다. 그리고 대통령에서 물러난 후인 1812년 1월 21일에 오랜 친구 존 애덤스에게 쓴 편지에서 정치를 떠난 즐거움에 대해 이렇게 썼다. "신문 읽기를 그만두고 대신에 타키투스와 투키디데스, 뉴턴과 유클리드를 읽고 있네. 그리고 이전보다 훨씬 더 행복함을 느끼며 살아간다네."[•]

뉴턴의 원리들에 대한 제퍼슨의 열광은 농업에 대한 관심으로 옮겨갔다. 그는 쟁기의 발토판[•](발토판은 쟁기 보습 위에 구부러진 부분으로, 보습이 판 흙을 밀어올려서 뒤집는다)은 어떤 모양이 최선일까 하고 생각했다. 제퍼슨은 이 질문을 효율성에 관한 질문으로 바꾸어 표현했다. 솟아오르는 흙의 저항을 최소한으로 받으려면 발토판을 어떤 모양으로 구부려야 할까? 발토판 표면은 앞쪽은 반반해야 했는데, 그래야 보습이 판 흙 아래로 들어가 그것을 들어올릴 수 있기 때문이다. 그다음부터는 점점 구부러져서 뒤쪽은 지면에 수직이 되어야 했는데, 그래야 흙을 뒤집으면서 옆으로 밀어낼 수 있기 때문이다.

제퍼슨은 수학을 잘 아는 친구에게 이 최적화 문제를 풀어보라고

요청했다. 이 문제는 많은 점에서 뉴턴 자신이 『프린키피아』에서 제기한 문제, 즉 물속에서 움직일 때 저항을 최소한으로 받는 고체의 형태에 관한 문제를 상기시켰다. 그 이론에 도움을 받아 제퍼슨은 자신이 설계한 목제 발토판이 달린 쟁기를 만들었다.

1798년에 제퍼슨은 "5년간의 경험을 통해 나는 그것이 이론으로 약속한 것을 현실에서 실제로 보여주었다고 말할 수 있게 되었다."•라고 보고했다. 이는 뉴턴의 미적분학이 농업에 이용된 사례였다.

불연속계에서 연속계로

뉴턴은 대개 미적분을 기껏해야 1개 또는 2개의 물체(예컨대 흔들리는 진자, 날아가는 포탄, 태양 주위를 도는 행성)에만 적용했다. 뉴턴이 비싼 대가를 치르고 깨달은 사실이 있는데, 3개 또는 그 이상의 물체에 대한 미분방정식을 푸는 것은 악몽과도 같았다. 중력으로 상호 작용하는 태양과 지구와 달의 삼체 문제만으로도 이미 뉴턴은 골머리를 앓고 있었다. 그러니 전체 태양계에 관한 문제를 푼다는 것은 아예 생각조차 할 수 없었다. 그래서 뉴턴은 미발표 논문에서 "내 판단이 틀린 것이 아니라면, 그토록 많은 운동의 원인을 동시에 고려하는 것은 인간의 지혜를 넘어서는 일이다."•라고 썼다.

하지만 놀랍게도 조건을 더 높이더라도, 심지어 '무한히' 많은 입자들이 존재하는 상황으로 곧장 높이더라도, 미분방정식은 여전히 다루기가 쉬웠다. 단, 그 입자들이 불연속적인 집단이 아니라 연속적인 매질을 이루고 있기만 하다면 말이다. 그 차이점을 잘 생각해보라. 불연속적인 입자들의 집단은 바닥 위에 흩어져 있는 구슬들과 같다. 이 구슬 집단은 손가락으로 구슬 하나를 만지고 나서 텅 빈 공간을 지나 다른 구슬을 만질 수 있다는 점에서 불연속적이다. 구슬들 사이에는 간격이 있다. 이와는 대조적으로 기타 현 같은 연속적인 매질의 경우에는 현을 따라 손가락을 움직이면서 손가락을 현에서 뗄 필요가 없다. 기타 현의 모든 입자들은 서로 들러붙어 있다. 물론 실제로는 그렇지 않은데, 나머지 모든 물체와 마찬가지로 기타 현도 원자 수준에서는 불연속적인 알갱이 상태로 존재하기 때문이다. 하지만 우리의 마음은 기타 현을 연속체로 간주한다. 이 유용한 허구는 수십조에 수십조를 곱한 개수의 입자를 고려해야 하는 힘든 일에서 우리를 해방시킨다.

연속적인 매질이 어떻게 움직이고 변하는지(기타 현의 진동이 어떻게 그렇게 감미로운 음악을 만들어내는지, 또는 열이 따뜻한 장소에서 차가운 장소로 어떻게 흘러가는지) 그 수수께끼를 해결함으로써 미적분학은 세계를 변화시킨 다음번의 큰 발걸음을 내디뎠다. 하지만 그전에 미적분학은 스스로를 변화시켜야 했다. 미분방정식이 무엇이고 무엇을 기술할 수 있는지 그 개념을 확장할 필요가 있었다.

상미분방정식과 편미분방정식

뉴턴이 행성의 타원 궤도를 설명할 때, 그리고 캐서린 존슨이 존 글렌이 탄 우주 캡슐의 궤적을 계산할 때, 두 사람은 모두 '상미분방정식

ordinary differential equations'*을 풀었다. 여기서 '상常, ordinary'이란 단어는 폄하하는 의미로 쓴 것이 아니다. 이것은 독립 변수가 단 '하나'만 있는 미분방정식을 가리킬 때 쓰는 전문 용어이다.

예를 들면, 이체 문제를 다루는 뉴턴의 방정식에서 행성의 위치는 시간의 함수이다. 그 위치는 $F=ma$의 지시에 따라 매 순간 계속 변한다. 이 상미분방정식은 다음번의 무한히 작은 시간 간격 동안 행성의 위치가 얼마나 변할지 결정한다. 이 예에서 행성의 위치는 종속 변수인데, 시간(독립 변수)에 의존해 결정되기 때문이다. 이와 비슷하게 앨런 페렐슨의 HIV 동역학 모형에서도 시간이 독립 변수였다. 페렐슨은 항바이러스제를 투여한 뒤에 혈중 바이러스 입자 농도가 얼마나 감소하는지를 모형으로 만들었다. 여기서도 쟁점은 시간에 따른 변화(매 순간 바이러스 농도의 변화)였다. 이 모형에서 농도는 종속 변수 역할을 하며, 독립 변수는 여전히 시간이다.

더 일반적으로 말하자면, 상미분방정식은 어떤 것에 일어난 무한히 작은 변화(예컨대 무한히 짧은 시간의 경과)의 결과로 다른 것(행성의 위치나 바이러스의 농도)에 어떻게 무한히 작은 변화가 일어나는지 기술한다. 그런 방정식을 '상'미분방정식이라 부르는 이유는 '어떤' 것이 딱 하나만, 즉 독립 변수가 하나만 있기 때문이다.

흥미롭게도 '종속' 변수는 몇 개가 있어도 상관이 없다. 독립 변수가 하나이기만 하면, 그 미분방정식은 상미분방정식으로 간주한다. 예를 들면, 3차원 공간에서 움직이는 우주선의 위치를 정확하게 나타내려면 3개의 수가 필요하다. 이 수들을 x, y, z라고 하자. 이 수들은 주어진 시간에 우주선이 전후 방향, 좌우 방향, 상하 방향으로 어디 있는지 나타냄으로써 원점이라 부르는 임의의 기준점에서 얼마나 멀리 떨어져 있는지 알려준다. 우주선이 움직임에 따라 매 순간 우주선의 x, y, z 좌표가 변한다. 따라서 이것들은 시간의 함수이다. 시간에 종속되는 속성을 강조하기 위해 이것들을 $x(t), y(t), z(t)$라고 표기할 수도 있다.

상미분방정식은 하나 이상의 물체로 이루어진 불연속계를 다루는 데 적합하다. 상미분방정식은 대기권에 재진입하는 한 우주선이나 앞뒤로 흔들리는 한 진자, 태양 주위를 도는 한 행성의 움직임을 기술할 수 있다. 문제는 각각의 물체를 점으로, 즉 공간적 범위가 전혀 없는 무한히 작은 티끌 같은 존재로 이상화할 필요가 있다는 것이다. 그러면 그것을 좌표가 x, y, z인 점으로 존재한다고 간주할 수 있다. 점 같은 입자가 많이 있더라도(작은 우주선들 무리, 용수철로 연결된 진자들의 집단, 8개 혹은 9개의 행성과 수많은 소행성이 존재하는 태양계처럼) 동일한 접근법을 사용할 수 있다. 이 모든 계들을 상미분방정식으로 기술할 수 있다.

뉴턴 이후 수백 년 동안 수학자들과 물리학자들은 상미분방정식을 푸는 천재적인 방법을 많이 개발했고, 그럼으로써 상미분방정식이 기술하는 현실 세계 계들의 미래를 예측했다. 이에 사용된 수학적 기술에는 뉴턴의 멱급수 개념을 확장한 것, 라이프니츠의 미분소 개념, 미적분학의 기본 정리를 사용하게 해주는 변환 등이 포함되었다. 이것은 실로 거대한 학문적 노력이었는데, 오늘날까지도 계속되고 있다.

하지만 모든 계가 불연속적인 것은 아니다. 혹은 기타 현의 예에서 본 것처럼, 그런 식으로 바라보는 것이 모든 계에 꼭 최선인 것은 아니다. 따라서 모든 계를 상미분방정식으로 기술할 수 있는 것은 아니다. 그 이유를 알아보기 위해 식탁에서 식어가고 있는 가상의 수프 그릇을 다시 살펴보자.

어떤 측면에서 보면, 수프 그릇은 격렬하게 서로 충돌하면서 돌아다니는 불연속적인 분자들의 모임이다. 하지만 그 분자들을 직접 눈으로 보거나 측정하거나 그 운동을 계량화할 가망은 전혀 없으므로, 상미분방정식을 사용해 식어가는 수프 그릇의 모형을 만들려고 생각하는 사람은 아무도 없을 것이다. 다루어야 할 입자들이 너무나도 많고, 그 운동은 너무나도 불규칙하고 임의적이어서 알 수가 없다.

일어나는 일을 기술하기에 더 현실적인 방법은 수프를 연속체로 생각하는 것이다. 실제로는 그렇지 않지만, 이렇게 생각하면 편리하다. 이 연속체 근사에서 우리는 수프가 수프 그릇의 3차원 부피 내부의 모든 점에 존재한다고 가정한다. 주어진 점 (x, y, z)에서 온도 T는 시간 t에 종속된다. 이 모든 정보는 함수 $T(x, y, z, t)$로 표현할 수 있다. 곧 보게 되겠지만, 이 함수가 시간과 공간에서 어떻게 변하는지 기술하는 미분방정식들이 있다. 그러한 미분방정식은 상미분방정식이 아니다. 그것은 상미분방정식일 수가 없는데, 단 하나의 독립 변수에 종속되지 않기 때문이다. 사실은 종속되는 변수가 x, y, z, t, 이렇게 4개나 있다. 이 새로운 종류의 야수는 '편미분방정식partial differential equation'• 이라 부르는데, 변화를 초래하는 데 각각의 독립 변수가 각자 나름의 '역할part'을 하기 때문에 이런 이름이 붙었다.

편미분방정식은 상미분방정식보다 훨씬 풍부하다. 편미분방정식은 시간과 공간에서 '동시에' 움직이고 변하거나, 또는 둘 이상의 공간

차원에서 움직이고 변하는 연속계들을 기술한다. 식어가는 수프 그릇과 함께 축 늘어진 해먹의 형태를 그러한 방정식으로 기술할 수 있다. 호수에서 오염 물질이 확산되는 양상이나 전투기 날개로 위로 지나가는 공기의 흐름 역시 그러한 방정식으로 기술할 수 있다.

편미분방정식은 다루기가 굉장히 어렵다. 이에 비하면 그 어렵다는 상미분방정식도 식은 죽 먹기처럼 여겨질 정도이다. 하지만 편미분방정식은 아주 중요하다. 우리가 하늘로 올라갈 때마다 우리의 목숨은 편미분방정식에 달려 있다.

편미분방정식과 보잉 787

현대의 항공 여행은 미적분학에 의존하는 경이로운 기술이다. 하지만 처음부터 늘 그랬던 것은 아니다. 비행이 막 시작되던 훨씬 단순한 시절에 최초의 비행 기계는 새와 연을 모방한 것이었으며, 공학 지식과 끈질긴 시행착오를 통해 발명되었다. 예를 들면, 라이트 형제는 날아가는 비행기를 제어하고 고질적인 불안정성을 극복하기 위해 자전거에 대한 지식을 바탕으로 3축 시스템을 고안했다.

하지만 비행기가 점점 정교해질수록 설계하는 데 더 정교한 수단이 필요했다. 풍동風洞은 비행기를 실제로 공중에 띄우지 않고도 비행기의 공기역학적 성질을 시험할 수 있게 해주었다. 설계자들이 실제 비행기를 작은 크기로 모방해 만든 축소 모형은 값비싼 실물 크기의 모형을 만들지 않고서도 비행 안전성을 시험할 수 있게 해주었다.

제2차 세계 대전 후, 항공공학자들은 설계 도구에 컴퓨터를 추가했다. 암호 해독, 포탄의 탄도 계산, 기상 예보 등에 쓰던 거대한 진공관 컴퓨터가 현대식 제트기를 만드는 데 도움을 주기 위해 동원되었다. 컴퓨터는 설계 과정에서 불가피하게 튀어나오는 복잡한 편미분방정식을 푸는 데 쓸 수 있었다.

관련 수학이 엄청나게 어려울 수밖에 없는 이유가 여러 가지 있다. 우선 비행기의 기하학이 복잡하다. 비행기는 구나 연, 또는 발사나무로 만든 글라이더와 다르다. 날개, 동체, 엔진, 꼬리날개, 플랩, 착륙장치 등으로 이루어진 비행기는 그보다 훨씬 복잡한 형태를 하고 있다. 이 각각의 부분은 아주 빠른 속도로 비행기를 지나가는 공기를 비껴가게 한다. 그럴 때마다 공기는 자신을 비껴가게 만든 물체에 힘을 가한다. (고속도로를 질주하는 차에서 창문 밖으로 손을 내밀어본 사람이라면 이것이 무엇을 뜻하는지 잘 알 것이다.) 만약 비행기 날개 모양을 적절하게 만든다면, 빠르게 지나가는 공기는 날개를 위로 밀어올린다. 그리고 만약 비행기가 활주로를 충분히 빠른 속도로 질주한다면, 공기가 위로 밀어올리는 이 힘이 비행기를 땅 위로 들어올려 공중으로 뜨게 한다. 그런데 양력揚力이 이렇게 공기의 흐름에 수직 방향으로 작용하는 힘인 반면, 또 다른 종류의 힘인 항력抗力은 공기의 흐름에 수평 방향으로 작용한다. 항력은 마찰과 비슷하다. 항력은 비행기의 움직임을 방해하고 속도를 늦추기 때문에, 비행기가 계속 나아가려면 엔진이 더 힘차게 돌아가야 하고 연료를 더 많이 태워야 한다. 양력과 항력의 크기를 계산하는 것은 엄청나게 어려운 미적분 문제로, 실제 모양의 비행기를 대상으로 그런 문제를 푸는 것은 인간의 능력을 훨씬 넘어선다. 하지만 그런 문제를 풀지 않으면 안 된다. 비행기의 설계에 너무나도 중요하기 때문이다.

보잉 787 드림라이너•의 사례를 살펴보자. 세계 최대의 항공우주 회사인 보잉은 200~300명이 탈 수 있는 차세대 장거리 중형 제트 여객기를 내놓았다. 보잉 767을 대체할 목적으로 설계된 보잉 787 드림라이너는 보잉 767에 비해 소음이 60퍼센트나 적고 연료 효율도 20퍼센트 더 좋다고 홍보되었다. 가장 혁신적인 특징 한 가지는 동체와 날개의 재료로 쓰인 탄소섬유 강화 중합체였다. 우주 시대에 개발된 이 복합 재료는 제트기에 전통적으로 쓰이던 재료인 알루미늄이나 강철, 타이타늄보다 더 가볍고 강하다. 금속보다 가벼운 재료를 사용하면 연료를 덜 소비하면서 비행기가 더 빨리 날 수 있다.

하지만 보잉 787의 가장 혁신적인 장점으로는 설계에 사용된 수학적·계산적 통찰력을 꼽을 수 있는데, 이전의 어떤 비행기에 사용된 것보다 훨씬 높은 수준이었다. 미적분학과 컴퓨터는 엄청난 시간을 절약해주었다. 새로운 프로토타입을 시뮬레이션하는 편이 실제로 제작하는 것보다 훨씬 빨랐기 때문이다. 돈도 많이 절약했는데, 컴퓨터 시뮬레이션은 지난 수십 년 동안 그 비용이 천정부지로 치솟은 풍동 실험보다 비용이 훨씬 덜 들었기 때문이다. 보잉의 실행기술연구부에서 수석 엔지니어로 일하는 더글러스 볼은 인터뷰에서 1980년대에는 보잉 767을 설계하는 과정에서 77개의 프로토타입 날개를 제작해 시험했다고 말했다. 25년 뒤, 슈퍼컴퓨터를 사용해 보잉 787의 날개를 시뮬레이션하자, 실제로 제작해 시험한 프로토타입 날개 수는 겨우 7개로 줄어들었다.

편미분방정식은 그 과정에서 다양한 방식으로 사용되었다. 예를 들면, 보잉의 응용수학자들은 양력과 항력 계산 외에도 시속 1000킬로미터로 날아갈 때 비행기 날개가 어떻게 구부러질지 예측하는 데 미적분학을 사용했다. 날개가 위로 들릴 때, 양력은 날개를 위쪽을 향해 구부러지고 비틀어지게 만든다. 공학자들이 피하고 싶은 한 가지 현상은 공탄성적 플러터aeroelastic flutter•이다. 이것은 산들바람이 지나갈 때 베니션 블라인드가 퍼덕이는 현상이 극단적으로 나타나는 것이라고 상상하면 된다. 반갑지 않은 이 날개의 진동은 최선의 경우에는 동체가 위아래로 출렁거리면서 탑승객에게 불안감을 자아내는 데 그친다. 하지만 최악의 경우에는 진동이 양성 피드백 고리를 만들어낸다. 즉, 날개가 퍼덕임에 따라 그 위로 지나가는 기류가 변하면서 날개의 퍼덕임을 더욱 가속시킨다. 공탄성적 플러터는 시험용 비행기의 날개를 손상시키며, 구조 손상과 추락(에어쇼에서 록히드의 F-117 나이트호크 스텔스 전투기가 추락한 일이 한 번 있었다)을 초래하는 것으로 알려졌다. 만약 민간 항공기의 비행에서 심각한 공탄성적 플러터가 일어난다면, 승객 수백 명의 목숨이 위험에 처할 수 있다.

공탄성적 플러터를 지배하는 방정식들은 앞서 얼굴 성형을 논의할 때 언급한 방정식들과 밀접한 관련이 있다. 2장에서 얼굴 모형을 만드는 사람들이 환자의 부드러운 조직과 두개골을 보석 모양의 다면체와 다각형 수십만 개를 사용해 근사할 때 아르키메데스의 개념을 구현했다고 말했다. 보잉의 수학자들도 동일한 개념을 바탕으로 아주 작은 정육면체와 각기둥과 정사면체 수십만 개를 사용해 날개를 근사했다. 더 단순한 이 형태들은 기본적인 빌딩 블록의 역할을 한다. 얼굴 성형 모형을 만드는 경우와 마찬가지로 각각의 블록에 딱딱함과 탄성의 성질을 부여한 뒤, 이웃 블록들에서 받는 미는 힘과 끌어당기는 힘에 노출시켰다. 탄성 이론의 편미분방정식은 각각의 단순한 요소가 그런 힘들에 어떻게 반응할지 예측했다. 마지막으로 슈퍼컴퓨터의 도움으로 이 모든 반응을 합쳐 날개의 전체적인 진동을 예측할 수 있었다.

이와 비슷하게 편미분방정식은 비행기 엔진의 연소 과정을 최적화하는 데에도 쓰였다. 이것은 모형으로 만들기가 아주 복잡한 문제이다. 여기에는 세 과학 분야의 협력이 필요하다. 세 분야는 화학(고온에서 연료는 수백 가지 화학 반응을 일으킨다), 열 흐름(화학 에너지가 터빈 날을 회전시키는 역학적 에너지로 변함에 따라 열이 엔진 안에서 재분배된다), 유체 흐름(연소실에서 뜨거운 기체가 소용돌이치는데, 난류를 감안하여 기체의 행동을 예측하는 것은 엄청나게 어려운 문제이다)이다. 앞에서 했던 것과 마찬가지로 보잉은 아르키메데스의 접근법을 사용해 문제를 조각들로 나누고, 각 조각에 대한 문제를 푼 다음, 그 조각들의 답을 합쳐 다시 전체로 만들었다. 이것은 무한의 원리, 즉 미적분학의 기반을 이루는 분할-정복 전략을 실천에 옮긴 것이다. 여기서는 슈퍼컴퓨터와 유한 요소 해석finite element analysis이라는 수치적 방법에 도움을 받았다. 하지만 이 모든 것의 중심에는 여전히 미분방정식의 형태로 구현된 미적분학이 자리잡고 있다.

도처에 존재하는 편미분방정식

현대 과학에서 사용되는 미적분학은 대체로 편미분방정식을 만들고 풀고 해석하는 문제이다. 전기와 자기를 기술하는 맥스웰의 방정식들도 편미분방정식이다. 탄성, 음향학, 열 흐름, 유체 흐름, 기체동역학을 기술하는 방정식들 역시 그렇다. 금융 옵션의 가격을 결정하는 블랙-숄즈 모형,• 신경섬유를 따라 확산되는 전기 자극의 양상을 나타내는 호지킨-헉슬리 모형•을 비롯해 그 명단은 계속 이어지는데, 이 모든 것이 편미분방정식으로 기술된다.

심지어 현대 물리학의 최전선에서도 편미분방정식이 여전히 수학적 기반을 제공한다. 아인슈타인의 일반 상대성 이론•을 생각해보라. 일반 상대성 이론은 중력을 4차원 시공간 구조에 생긴 곡률로 상상한다. 표준적인 비유는 시공간을 트램폴린처럼 탄성이 좋고 변형이 잘 일어나는 천으로 상상하는 것이다. 정상 상태에서 천은 팽팽하게 뻗어 있지만, 그 위에 볼링공처럼 무거운 물체를 올려놓으면 그 무게 때문에 천이 아래로 구부러진다. 이와 아주 비슷한 방식으로 태양처럼 무거운 천체는 주변의 시공간 구조를 구부러뜨릴 수 있다. 이번에는 훨씬 작은 물체, 예컨대 작은 구슬(행성을 나타낸다)을 트램폴린의 구부러진 표면 위로 굴린다고 상상해보자. 구슬은 직선으로 나아가는 대신에 구부러진 표면의 등고선을 따라 나아가면서 볼링공 주위의 궤도를 반복적으로 돈다. 아인슈타인은 행성들이 태양 주위를 도는 이유가 바로 이 때문이라고 설명했다. 행성들은 어떤 힘에 끌려서 태양 주위를 도는 것이 아니다. 그저 구부러진 시공간의 천에서 저항이 가장 작은 경로를 따라 움직일 뿐이다.

이 이론은 이해하기가 쉽지 않지만, 그 수학적 설명의 중심에는 편미분방정식이 있다. 미시 세계를 다루는 이론인 양자역학도 마찬가지다. 양자역학의 주요 방정식인 슈뢰딩거 방정식•도 편미분방정식이다. 다음 장에서는 이 방정식들이 무엇이고, 어디에서 나왔고, 왜 일상생활에 중요한지 이해하기 위해 그것들을 자세히 들여다볼 것이다. 곧 알게 되겠지만, 편미분방정식은 식탁에서 식어가는 수프 그릇을 기술하는 것 외에도 많은 일을 한다. 수프를 데운 전자레인지의 작동 원리도 설명할 수 있다.

10장

파동 만들기

19세기 초 이전에 열은 수수께끼의 대상이었다. 열의 정확한 정체는 무엇일까? 열은 물 같은 액체일까? 열은 흘러가는 것처럼 보였다. 하지만 열은 손으로 붙잡을 수도 없고 눈으로 볼 수도 없었다. 뜨거운 물체가 식어갈 때 그 온도를 잼으로써 열을 간접적으로 측정할 수는 있었지만, 식어가는 물체 내부에서 어떤 일이 일어나는지는 아무도 몰랐다.

열의 비밀을 알아낸 사람은 추위를 자주 느꼈던 남자였다. 열 살 때 고아가 된 장 바티스트 조제프 푸리에*는 십대 시절에는 소화불량과 천식에 시달리던 병약한 소년이었다. 어른이 되고 나서는 열이 건강에 필수적이라고 믿었다. 그래서 방을 늘 뜨거운 온도로 유지했고, 두꺼운 외투로 몸을 감쌌는데, 심지어 여름에도 그랬다. 과학 경력에서도 푸리에는 늘 열에 집착했다. 그는 지구 온난화 개념을 최초로 생각했고, 온실 효과가 지구의 평균 온도를 어떻게 조절하는지도 최초로 설명했다.

1807년, 푸리에는 미적분을 사용해 열 흐름*의 수수께끼를 풀었다. 그는 빨갛게 달아오른 쇠막대 같은 물체가 식을 때 그 온도가 어떻게 변하는지 예측하는 편미분방정식을 만들었다. 그리고 놀랍게도 쇠막대가 식기 시작할 때 그 길이를 따라 온도 분포가 아무리 불규칙하더라도, 이와 같은 문제들을 풀 수 있다는 사실을 발견했다. 쇠막대 여기저기에 열점과 냉점이 널려 있는 상태에서 시작하더라도 상관이 없었다. 아무 문제가 없었다. 푸리에의 해석 방법으로 얼마든지 다룰 수 있었다.

길고 가느다란 원통 모양의 쇠막대가 대장장이의 노에서 불균일하게 가열되어, 길이 방향으로 뜨겁고 차가운 부분들이 여기저기 흩어져 있다고 상상해보자. 문제를 단순하게 하기 위해 완벽하게 단열이 되는 관이 쇠막대 주위를 둘러싸고 있어 열이 밖으로 빠져나가지 않는다고 가정하자. 이제 열이 흘러갈 수 있는 방법은 쇠막대의 길이 방향으로 열점에서 냉점으로 퍼져가는 것뿐이다. 푸리에는 쇠막대 위의 어느 점에서 온도의 변화율은 그 점의 온도와 그 양쪽 이웃 지역의 평균 온도 사이의 차에 비례한다고 가정했다(이것은 실험을 통해 입증되었다). 여기서 '이웃'은 문자 그대로 이웃을 의미한다. 즉, 우리가 관심을 가진 점에 무한히 가까이 위치한 양 옆의 두 점을 상상하면 된다.

이렇게 이상적인 조건에서는 열 흐름 물리학이 아주 단순하다. 만약 어느 점이 그 이웃보다 온도가 낮다면, 그 점은 가열된다. 만약 이웃보다 온도가 높다면, 그 점은 냉각된다. 그 차이가 클수록 두 점의 온도가 같아지는 속도가 더 빠르다. 만약 어느 점의 온도가 우연히 그 이웃들의 평균 온도와 정확히 같다면, 모든 것은 균형이 잡혀 열은 흐르지 않고, 그 점의 온도는 다음 순간에도 똑같이 유지된다.

푸리에는 한 점의 순간 온도를 이웃의 순간 온도와 비교하는 과정을 연구하면서 오늘날 '열 방정식'이라 부르는 편미분방정식을 발견했다. 이 방정식은 두 독립 변수에 대한 도함수들을 포함하는데, 한 도함수는 시간(t)의 무한히 작은 변화에 관한 것이고, 또 한 도함수는 쇠막대 위에서 위치(x)의 무한히 작은 변화에 관한 것이다.

푸리에가 스스로에게 던진 이 문제에서 어려운 부분은 열점들과 냉점들이 처음에 뒤죽박죽으로 배열될 수 있다는 점이다. 그러한 일반적 문제를 풀기 위해 푸리에는 거의 무모할 정도로 낙관적인 계획을 제안했다. 그는 초기의 온도 패턴이 '어떤' 것이건 간에 그것과 동등한 단순한 사인파들의 합으로 대체할 수 있다고 주장했다.

사인파는 푸리에의 빌딩 블록이었다. 사인파를 선택한 이유는 문제를 더 쉽게 만들 수 있기 때문이었다. 푸리에는 만약 온도가 사인파의 패턴으로 시작한다면, 쇠막대가 식어가는 동안 그 패턴이 계속 유지될 것이라는 사실을 알았다.

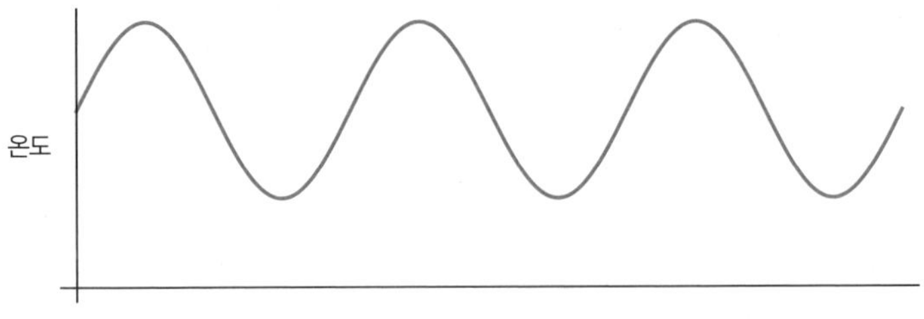

이것이 바로 비결이었다. 사인파는 이리저리 돌아다니지 않았다. 그냥 그 자리에 머물러 있었다. 물론 열점들이 냉각되고 냉점들이 가열됨에 따라 사인파가 약해지긴 했지만, 그러한 감소는 다루기가 쉬웠다. 그것은 단지 시간이 흐름에 따라 온도 변이가 평평하게 변한다는 것을 의미할 뿐이었다. 다음 다이어그램에서 보듯이, 점선으로 표시된 사인파로 시작했던 사인파가 점점 약해져서 실선으로 표시된 사인파로 변해간다.

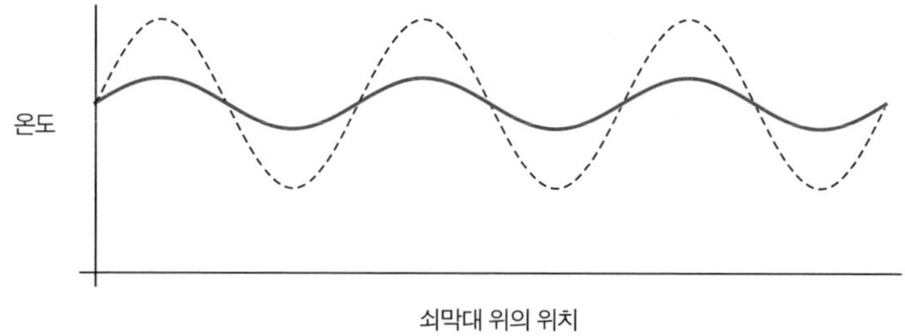

중요한 사실은 사인파가 약해지는 동안 그 자리에 그대로 머문다는 사실이다. 사인파는 정상파定常波(파동의 형태가 매질을 통해 더 진행하지 못하고 일정한 곳에 머물러 진동하는 파동—옮긴이)이다.

따라서 만약 초기의 온도 패턴을 따로 떼어내 사인파들로 분해하는 방법을 알아내기만 한다면, 각 사인파의 열 흐름 문제를 따로따로 풀 수 있었다. 푸리에는 이미 그 문제의 답을 알고 있었다. 각각의 사인파는 골과 마루가 얼마나 많은가에 따라 지수 함수적으로 빠르게 약해졌다. 마루가 많은 사인파일수록 더 빨리 약해졌는데, 열점들과 냉점들이 서로 더 가까이 많이 모여 있어 그것들 사이에 열 교환이 더 빨리 일어나고, 그 결과로 더 빨리 평형에 이르렀기 때문이다. 각각의 사인파를 이루는 빌딩 블록이 어떻게 약해지는지 안 푸리에는 이제 이것들을 도로 모두 합침으로써 원래 문제를 풀기만 하면 되었다.

여기서 문제는 푸리에가 자기도 모르게 사인파의 '무한급수'를 불러냈다는 데 있었다. 그는 미적분 계산에 무한 골렘을 또다시 소환했는데, 그것도 이전의 어느 누구보다도 훨씬 더 무모한 방식으로 그렇게 했다. 그는 삼각형 조각들이나 수들의 무한 합을 사용하는 대신에 용감하게도 파동의 무한 합을 사용했다. 이것은 뉴턴이 멱함수 x^n의 무한 합을 가지고 했던 일을 연상시킨다. 다만, 뉴턴은 불연속적인 점프나 예리한 모퉁이처럼 공포스러운 요소를 포함하는 임의의 복잡한 곡선을 나타낼 수 있다고 주장하진 않았다. 그런데 푸리에가 지금 바로 그런 주장을 하고 있었다. 그는 모퉁이나 점프를 포함하는 곡선을 전혀 두려워하지 않았다. 또한, 푸리에의 파동은 미분방정식 자체에서 자연스럽게 나왔는데, 그것이 자연적인 진동 방식, 즉 자연스러운 정상파 패턴이라는 의미에서 그렇다. 푸리에의 파동은 열 흐름에 딱 맞는 파동이었다. 뉴턴의 멱함수는 빌딩 블록으로서는 특별히 주장할 게 전혀 없었다. 하지만 푸리에의 사인파는 그런 주장을 할 수 있었다. 그것은 당면한 문제와 유기적으로 딱 들어맞았다.

비록 사인파를 빌딩 블록으로 사용한 푸리에의 과감한 방식은 큰 논란을 불러일으켰고, 수학자들이 해결하는 데 100여 년이 걸린 난해한 엄밀성 문제를 야기하긴 했지만, 푸리에의 위대한 개념은 우리 시대에 와서 컴퓨터 음성을 만들어내는 신시사이저와 의료용 영상 장비인 MRI 같은 기술에서 중요한 역할을 했다.

현 이론

사인파는 음악에서도 나타난다. 사인파는 기타와 바이올린, 피아노의 현에서 나타나는 자연적인 진동 방식이다. 그런 진동을 나타내는 편미분방정식은 뉴턴의 역학과 라이프니츠의 미분소를 이상적인 팽팽한 현 모형에 적용함으로써 유도할 수 있다. 이 모형에서 현은 무한히 작은 입자들이 나란히 연속적으로 배열돼 있으며 탄성적인 힘으로 이웃들과 결합돼 있다고 본다. 어느 순간의 시간 t에서 현의 각 입자는 자신이 받는 힘에 따라 움직인다. 그 힘은 이웃 입자들이 서로를 잡아당기면서 발생하는 현의 장력에서 생겨난다. 이 힘을 감안하면, 각 입자는 $F=ma$라는 뉴턴의 법칙에 따라 움직인다. 이것은 현 위의 모든 점 x에서 일어난다. 따라서 그 결과로 나타나는 미분방정식은 x와 t 둘 다에 종속되며, 편미분방정식을 보여주는 또 하나의 예이다. 이 방정식을 '파동 방정식'*이라고 부르는데, 진동하는 현의 전형적인 움직임이 파동이라고 예측하기 때문이다.

열 흐름 문제에서와 마찬가지로 특정 사인파들은 진동하면서 스스로를 다시 만들어내기 때문에 유용한 것으로 드러났다. 현의 양 끝을 고정시켜놓으면, 이 사인파들은 퍼져나가지 않는다. 그 자리에 가만히 머문 채 진동할 뿐이다. 만약 공기 저항과 현의 내부 마찰이 무시할 만한 수준이라면, 이상적인 현은 처음에 사인파 패턴으로 시작했을 경우에 같은 사인파 패턴으로 영원히 진동할 것이다. 그 진동수는 절대로 변하지 않는다. 이런 이유들 때문에 사인파는 이 문제에서도 이상적인 빌딩 블록 역할을 계속한다.

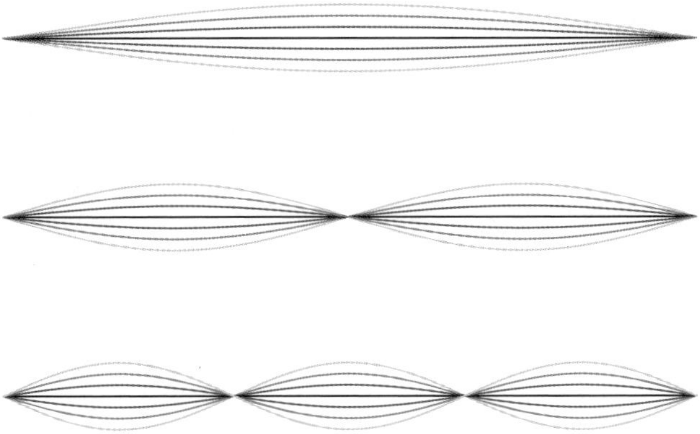

사인파의 무한 합으로부터 다른 진동 형태들을 만들 수 있다. 예를 들면, 18세기에 사용하던 하프시코드에서는 종종 현을 깃대로 잡아당겨 삼각형 모양으로 만들었다가 탁 놓았다.

비록 삼각파는 뾰족한 모퉁이가 있긴 하지만, 완전히 매끄러운 사인파들의 무한 합으로 삼각파를 나타낼 수 있다. 다시 말해서, 뾰족한 모퉁이를 만드는 데 반드시 뾰족한 모퉁이가 필요한 것은 아니다. 다음 다이어그램은 사인파를 사용해 맨 아래쪽에 점선으로 표현한 삼각파에 점점 더 비슷한 모습으로 근사해가는 세 단계를 보여준다.

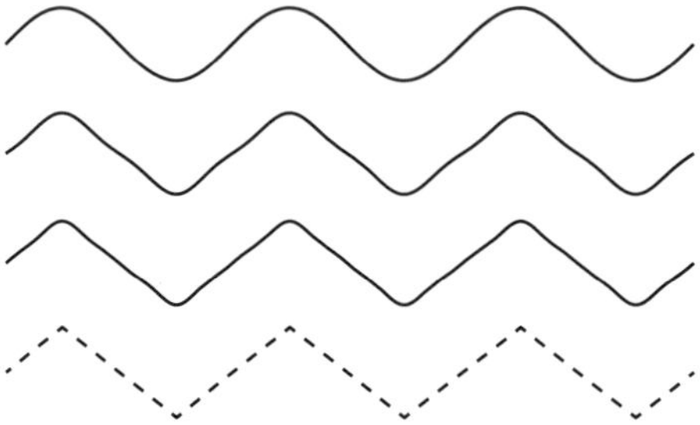

첫 번째 근사는 최선의 진폭을 가진 하나의 사인파를 보여준다. (여기서 '최선'은 삼각파와의 오차의 제곱을 모두 더한 값이 최소라는 뜻이다. 이것은 4장에서 이야기했던 최적화의 기준과 동일하다.) 두 번째 근사는 두 사인파의 최적의 합이다. 그리고 세 번째는 세 사인파의 최적의 합이다. 최적의 사인파 진폭은 푸리에가 발견한 공식을 따른다.

$$\text{삼각파} = \sin x - \frac{1}{9}\sin 3x + \frac{1}{25}\sin 5x - \frac{1}{49}\sin 7x + \cdots$$

이 무한 합을 삼각파의 푸리에 급수Fourier series라 부른다. 규칙적인 수의 패턴에 주목하라. 오직 홀수 진동수 1, 3, 5, 7… 만이 사인파에 나타나며, 그에 대응하는 진폭은 이 홀수의 제곱의 역수에 +부호와 −부호가 교대로 붙어 있다. 불행하게도 이 공식이 왜 성립하는지 나는 쉽게 설명할 수가 없다. 이 마법의 진폭들이 어디서 나왔는지 이해하려면 구체적인 미적분 계산을 아주 많이 해야 한다. 하지만 여기서 중요한 사실은 푸리에가 그것을 계산하는 법을 알았다는 것이다. 그렇게 함으로써 푸리에는 삼각파뿐만 아니라 어떤 복잡한 곡선도 훨씬 단순한 사인파로 만들어낼 수 있었다.

푸리에의 이 위대한 개념은 신시사이저의 기반을 이룬다. 그 이유를 알고 싶으면, 조율의 기준음인 4옥타브 라 같은 음정의 소리를 생각해보라. 그 음정의 소리를 정확하게 내려면, 그에 상응하는 초당 440사이클의 진동수로 진동하도록 설정된 소리굽쇠를 치면 된다. 소리굽쇠는 손잡이 끝에 두 갈래로 나뉜 U자 모양의 쇠막대가 붙어 있다. 고무망치로 소리굽쇠를 치면, 쇠막대들이 초당 440회의 진동수로 진동한다. 이 진동이 부근의 공기를 흔들리게 한다. 쇠막대가 진동하면서 바깥쪽으로 움직일 때에는 공기를 압축하고, 안쪽으로 움직일 때에는 주변의 공기를 희박하게 한다. 이에 따라 공기 분자들이 앞뒤로 왕복하면서 사인파 모양의 압력파를 만들어내는데, 우리 귀는 이것을 순음으로, 즉 따분하고 별 특징 없는 라 음으로 지각한다. 이 소리에는 음악가들이 음색이라고 부르는 특징이 결여돼 있다. 동일한 라 음을 바이올린이나 피아노로 낼 수 있는데, 그 소리는 다채롭고 따뜻하게 들린다. 이 소리도 초당 440사이클의 동일한 기본 진동수로 진동하지만 소리굽쇠에서 나는 소리와 다르게 들리는데, 독특한 배음들의 조합으로 이루어져 있기 때문이다. 배음은 삼각파를 나타내는 앞의 공식에 포함된 $\sin 3x$와 $\sin 5x$ 같은 파동을 가리키는 음악 용어이다. 배음은 기본 진동수의 배수인 진동들을 추가함으로써 음에 음색을 더해준다. 합성된 삼각파는 초당 440사이클로 진동하는 사인파 외에 그 진동수의 3배(초당 $3 \times 440 = 1320$사이클)인 사인파 배음을 포함한다. 이 배음은 기본인 $\sin x$ 모드만큼 강하지 않다. 그 진폭은 기본음의 1/9밖에 안 되며, 나머지 홀수 모드들은 더 약하다. 이 진폭들이 배음의 크기를 결정한다. 바이올린 소리의 풍부함은 더 약하거나 강한 배음들의 특정 조합과 관계가 있다.

푸리에의 개념이 지닌 통합적 힘은 '어떤' 악기의 소리도 무한히 많은 소리굽쇠의 배열을 통해 합성할 수 있다는 데 있다. 적절한 강도로 적절한 때에 소리굽쇠들을 치기만 하면, 놀랍게도 바이올린이나 피아노, 심지어 트럼펫이나 오보에의 소리도 낼 수 있다. 우리는 그저 아무 특징 없는 사인파들에 불과한 것들을 사용하고 있는데도 말이다. 이것이 바로 최초의 전자 신시사이저가 작동한 방식이다. 이 장비는 많은 사인파들을 결합함으로써 악기의 소리를 만들어냈다.

고등학생 시절에 나는 전자 음악 수업을 들은 적이 있는데, 거기서 사인파가 어떤 일을 할 수 있는지 감을 잡을 수 있었다. 그 당시는 구식 교환대처럼 생긴 큰 상자에서 전자 음악이 나오던 암흑 시대였다. 친구들과 내가 다양한 잭에 케이블을 꽂고 손잡이를 위아래로 돌리면, 사인파와 사각파, 삼각파의 소리가 흘러나왔다. 나는 사인파가 플루트처럼 깨끗하고 탁 트인 소리가 난 걸로 기억한다. 사각파는 화재 경보처럼 귀청을 찢는 듯한 소리가 났다. 삼각파는 쇳소리가 났다. 한 손잡이로 파동의 진동수를 바꾸어 소리의 높이를 높이거나 낮출 수 있었다. 또 다른 손잡이로는 진폭을 바꾸어 소리를 더 크게 하거나 작게 할 수 있었다. 여러 케이블을 동시에 꽂으면 푸리에가 추상적으로 한 것처럼 파동들과 그 배음들을 서로 다른 조합으로 더할 수 있었지만, 우리에게 그 경험은 감각적인 것이었다. 우리는 파동들의 소리를 듣는 동시에 오실로스코프에서 파동들의 형태를 볼 수 있었다. 이제 여러분은 이 모든 것을 인터넷에서 시도해볼 수 있다. '삼각파의 소리' 같은 것을 검색하면, 1974년에 내가 있었던 교실에 앉아 파동들을 이리저리 조작하며 즐기는 듯한 느낌을 주는 인터랙티브 데모를 찾을 수 있을 것이다.

푸리에의 연구가 지닌 더 큰 의미는 미적분학을 입자들의 연속체가 어떻게 움직이고 변하는지 예측하는 예언자로 사용할 수 있는 길을 향해 첫 걸음을 내디딘 데 있다. 이것은 불연속적인 입자 집단의 운동에 관한 뉴턴의 연구를 뛰어넘는 엄청난 진전이다. 그 후 수백 년 동안 과학자들은 푸리에의 방법을 보잉 787 날개의 공탄성적 플러터나 동맥 속을 지나가는 혈액의 흐름, 지진 후에 땅이 울리는 소리 등 다른 연속적 매질의 행동을 예측하는 데까지 확대 적용했다. 오늘날 이 기술들은 과학과 공학에서 아주 흔하게 쓰이고 있다. 열핵 폭발에서 나오는 충격파, 통신용 전파, 창자에서 영양분을 흡수하고 노폐물을 적절한 방향으로 보내는 소화 작용의 파동, 뇌전증 및 파킨슨병의 떨림과 관련이 있는 뇌의 병적인 전기 파동, 짜증나는 유령 교통 체증(뚜렷한 원인을 알 수 없는 교통 체증) 현상에서 볼 수 있는 고속도로의 교통 체증 파동 등을 분석하는 데 쓰인다. 푸리에의 개념과 그 파생물들은 이 모든 파동 현상을 때로는 공식의 도움으로, 때로는 대규모 컴퓨터 시뮬레이션을 통해 수학적으로 이해할 수 있게 해주었다. 그 결과로 우리는 그것들을 설명하고, 예측하고, 때로는 제어하거나 없앨 수 있게 되었다.

왜 사인파인가?

사인파 이야기를 그만 마무리짓고 2차원과 3차원에서 사인파에 대응하는 것을 살펴보기 전에 무엇 때문에 사인파가 그토록 특별한지 살펴볼 필요가 있다. 다른 종류의 곡선들도 빌딩 블록 역할을 할 수 있고, 가끔 사인파보다 더 나은 효과를 보일 때도 있다. 예를 들면, FBI는 지문의 피부 능선과 같은 국지적 특징을 포착하기 위해 웨이블릿을 선택했다. 지진 분석, 미술품 복원과 감정, 얼굴 인식 같은 분야에서 많은 이미지와 신호를 처리하는 과제에는 웨이블릿이 사인파보다 나을 때가 많다.

그렇다면 파동 방정식과 열 방정식, 그 밖의 편미분방정식을 푸는 데 사인파가 아주 적합한 이유는 무엇일까? 사인파의 장점은 도함수와 손발이 아주 잘 맞는다는 데 있다. 특히 사인파의 도함수는 단지 위상이 1/4사이클만 차이가 나는 사인파이다. 이것은 아주 놀라운 성질이다. 다른 종류의 파동들은 이런 성질이 없다. 일반적으로 어떤 종류의 곡선에 대해 그 도함수를 구하면, 미분을 통해 곡선이 왜곡된다. 그래서 이전과 이후의 모양이 똑같지 않다. 이처럼 미분을 당하는 것은 대부분의 곡선에게는 큰 외상적 경험이다. 하지만 사인파는 그렇지 않다. 도함수를 구하더라도, 사인파는 먼지를 툭툭 털고서 전혀 아무렇지 않은 듯이 이전과 똑같은 사인파의 모습으로 나타난다. 유일한 손상(사실, 이것은 손상도 아니지만)은 사인파가 시간상 조금 이동하는 것뿐이다. 즉, 이전보다 1/4사이클 앞에서 피크에 이른다.

4장에서 2018년에 뉴욕시의 낮 길이가 매일 변하는 양상을 살펴보았는데, 6장에서 그것을 매일의 낮의 길이 변화(하루가 지날 때마다 일광 시간의 차이를 분으로 나타낸 수)와 비교할 때, 불완전한 버전이긴 하지만 이 현상이 나타나는 것을 보았다. 우리는 매일 일광 시간의 차이를 표시한 그래프가 일광 시간 데이터보다 석 달 앞으로 이동한 파동을 이룬다는 점만 빼고는 두 곡선이 거의 사인파처럼 나타나는 것을 보았다. 간단하게 말하면, 2018년에 낮의 길이가 가장 긴 날은 6월 21일이었던 반면, 낮의 길이가 가장 빠르게 늘어난 날은 그보다 석 달 앞선 3월 20일이었다. 이것은 사인파 데이터에서 예상되는 일이다. 만약 낮의 길이 데이터가 '완전한' 사인파라면, 그리고 그 차를 어느 날과 그 다음날을 기준으로 보는 대신에 한 '순간'과 다음 순간을 기준으로 본다면, 순간 변화율(거기서 유도한 '도함수' 파동)은 정확하게 1/4사이클만큼 앞으로 이동한 완전한 사인파가 될 것이다. 4장에서 우리는 왜 1/4사이클 이동이 일어나는지도 보았다. 이것은 사인파와 등속 원운동 사이의 깊은 연결 관계 때문에 일어난다. (기억이 가물가물하다면, 4장으로 돌아가 그 이유를 다시 읽어보라.)

1/4사이클 이동은 흥미로운 결과를 낳는다. 이것은 사인파의 도함수를 '두' 번 구하면, 원래 사인파보다 $\frac{1}{4}+\frac{1}{4}$사이클 앞으로 이동한 모습이 된다는 걸 뜻한다. 따라서 이 도함수는 전체적으로 원래 사인파보다 1/2사이클 앞으로 이동한다. 이것은 이전의 마루가 지금은 골이 되고, 이전의 골이 지금은 마루가 된다는 뜻이다. 즉, 원래의 사인파를 거꾸로 뒤집은 모습이 되는 것이다. 수학적으로 이것은 다음 공식으로 표현된다.

$$\frac{d}{dx}\left(\frac{d}{dx}\sin x\right) = -\sin x$$

여기서 라이프니츠의 미분 기호 $\frac{d}{dx}$는 “오른쪽의 식이 무엇이건 그 도함수를 취하라.”라는 뜻이다. 이 공식은 $\sin x$의 도함수를 두 번 구하면, 그 결과는 $\sin x$에 -1을 곱한 것과 같음을 보여준다. 두 번의 미분 결과를 이렇게 단순한 곱셈으로 대체할 수 있다는 것은 환상적인 단순화 작업이다. 도함수를 두 번 구하는 것은 아주 번거로운 계산 과정인 반면, -1을 곱하는 것은 중학교 수준의 단순 계산에 불과하다.

하지만 어떤 것의 도함수를 굳이 두 번이나 구할 필요가 있을까 하는 의문이 드는 사람도 있을 것이다. 이 의문에 대한 답은 자연이 그렇게 하기 때문이라는 것이다. 심지어 항상 그런다. 좀 더 정확하게는 우리가 만든 자연의 ‘모형들’이 늘 그런다. 예를 들면, 뉴턴의 운동 법칙 $F = ma$에서 가속도 a는 2개의 도함수를 포함하고 있다. 그 이유를 알고 싶으면, 가속도가 속도의 도함수이고, 속도는 거리의 도함수라는 사실을 떠올려보라. 따라서 가속도는 거리의 ‘도함수의 도함수’인 셈이다. 간단하게 말하면, 가속도는 거리의 2계 도함수(2차 도함수)이다. 2계 도함수는 물리학과 공학 분야 어디에서나 나타난다. 2계 도함수는 뉴턴의 방정식과 함께 열 방정식과 파동 방정식에서도 주역으로 등장한다.

이 방정식들에 사인파가 매우 적합한 이유는 이 때문이다. 사인파의 경우, 2계 도함수는 그저 원래 함수에 -1을 곱한 것과 같다. 열 방정식과 파동 방정식을 해석하기 어렵게 만드는 본질적인 미적분 계산도 그 대상을 사인파에 국한시키면 아무 문제가 되지 않는다. 어려운 미적분 계산이 사라지고 단순한 곱셈으로 대체된다. 이 때문에 진동하는 현 문제와 열 흐름 문제를 사인파에 대해 풀기가 아주 쉽다. 만약 임의의 곡선을 사인파로부터 만들 수 있다면, 그 곡선은 사인파의 장점을 물려받을 것이다. 유일한 문제점은 임의의 곡선을 만들려면 무한히 많은 사인파를 결합해야 한다는 점인데, 이것은 치러야 할 작은 대가에 지나지 않는다.

이상은 사인파가 왜 특별한지 그 이유를 미적분학의 관점에서 바라본 이야기이다. 물리학자들도 자기 나름의 관점이 있는데, 이것도 알아볼 가치가 충분히 있다. 물리학자의 관점에서 볼 때, 사인파의 놀라운 점(진동과 열 흐름 문제의 맥락에서)은 정상파를 이룬다는 사실이다. 사인파는 현이나 막대를 따라 이동하지 않는다. 사인파는 제자리에 그대로 머문다. 위아래로 진동만 할 뿐, 앞으로 나아가지 않는다. 더욱 놀라운 사실은 정상파가 단일 진동수로 진동한다는 것이다. 이것은 파동의 세계에서 몹시 진귀한 현상이다. 대부분의 파동은 백색광이 무지개를 이루는 색들이 합쳐진 것처럼 많은 진동수의 결합으로 이루어져 있다. 이 점에서 정상파는 혼합 파동이 아니라 순수한 파동이다.

진동 방식을 시각화하다: 클라드니 패턴

기타의 감미로운 소리와 바이올린의 처연한 소리는 악기의 배와 몸통, 음파가 진동하고 공명하는 나무와 내부의 빈 공간에서 생겨나는 진동들과 관계가 있다. 이 진동 패턴이 악기의 질과 소리를 결정한다.

스트라디바리우스가 그토록 특별한 악기로 대우받는 이유 중 하나도 바로 여기에 있는데, 독특한 나무와 공기의 진동 패턴이 좋은 느낌의 소리를 만들어내기 때문이다. 우리는 아직도 어떤 바이올린의 소리를 다른 바이올린들보다 더 아름답게 만드는 원인이 정확하게 무엇인지 모르지만, 그 열쇠는 진동 방식에 있는 게 분명하다.

1787년, 독일의 물리학자이자 악기 제작자 에른스트 클라드니는 한 논문에서 이러한 진동 패턴을 시각화하는 방법을 보여주었다. 하지만 기타나 바이올린처럼 복잡한 형태를 사용하는 대신에 훨씬 단순한 악기를 사용했는데, 그 악기는 얇은 금속판 가장자리를 바이올린 활로 문지름으로써 소리를 냈다. 이렇게 함으로써 금속판을 진동시켜 노래를 하게 할 수 있었다(와인 잔에 물을 반쯤 채운 뒤 손가락으로 그 테두리를 비빔으로써 와인 잔에서 노랫소리가 나오게 하는 것과 비슷하다). 그 진동을 시각화하기 위해, 클라드니는 바이올린 활을 문지르기 전에 금속판 위에 고운 모래 가루를 뿌려두었다. 금속판을 활로 문지르자, 진동이 가장 많은 부분에서는 모래가 튀어올랐고, 진동이 전혀 일어나지 않는

부분에서는 그냥 그대로 있었다. 그 결과로 생긴 곡선을 클라드니 패턴Chladni pattern•이라고 부른다.

과학관에서 클라드니 패턴 공개 실험을 본 사람이 있을지도 모르겠다. 금속판을 확성기 위에 올려놓고 그 위에 모래를 뿌린 뒤, 전자 신호 발생기로 진동하게 만든다. 확성기에서 나오는 소리의 진동수를 조절함으로써 금속판을 서로 다른 공명 패턴으로 자극할 수 있다. 확성기를 새로운 공명 진동수로 맞출 때마다 모래는 서로 다른 정상파 패턴으로 재배열된다. 금속판은 서로 반대 방향으로 진동하는 이웃 지역들로 나누어지는데, 판이 정지한 지점들에 해당하는 마디 곡선이 그 경계를 이룬다.

금속판 중에서 움직이지 않는 부분이 있다는 게 이상하게 보일 수 있다. 하지만 이것은 놀라운 일이 아니다. 우리는 현의 사인파에서도 같은 일이 일어나는 것을 보았다. 현이 움직이지 않는 점은 진동의 마디node이다. 금속판에도 이와 비슷한 마디들이 있는데, 다만 이것들은 고립된 점들이 아니다. 대신에 마디들이 죽 연결되어 마디 선과 곡선을 이루고 있다. 이것이 바로 클라드니가 실험을 통해 드러낸 곡선이다. 그 당시에 이 현상은 아주 놀라운 것으로 간주되어, 클라드니는 나폴레옹 황제 앞에서 직접 시연하기 위해 초대 받았다. 수학과 공학을 어느 정도 배운 나폴레옹은 이 현상에 큰 흥미를 느껴, 클라드니 패턴의 설명에 큰 상금을 내걸고 유럽의 훌륭한 수학자들에게 도전하게 했다.

그 당시에는 이 현상을 설명하는 데 필요한 수학이 존재하지 않았다. 유럽의 저명한 수학자였던 조제프 루이 라그랑주는 이 문제가 인간의 능력을 넘어서는 것이어서 아무도 풀지 못할 것이라고 생각했다.

사실, 딱 한 사람만이 이에 도전했다. 그 사람의 이름은 소피 제르맹• 이다.

가장 고결한 용기

소피 제르맹은 어린 나이에 독학으로 미적분학을 배웠다. 부유한 집안의 딸로 태어난 제르맹은 아버지 서재에서 아르키메데스에 관한 책을 읽고 나서 수학에 푹 빠졌다. 제르맹이 수학을 좋아해 밤늦게까지 잠을 자지 않고 공부한다는 사실을 안 부모는 딸에게서 양초를 빼앗고, 난로를 피우지 못하게 했으며, 잠옷도 압수했다. 하지만 제르맹은 포기하지 않았다. 누비이불로 몸을 감싸고 훔쳐온 촛불로 공부를 했다. 결국 가족도 두 손을 들고 제르맹이 마음대로 공부를 하게 했다.

소피 제르맹은 그 당시의 모든 여성과 마찬가지로 대학에 들어갈 수 없어 독학을 계속했는데, 때로는 가까이 있던 에콜 폴리테크니크(1794년에 세워진 프랑스의 명문 공학 계열 그랑제콜. 프랑스의 MIT라고 불리기도 한다—옮긴이)에서 학교를 그만둔 앙투안-오귀스트 르블랑이란 학생의 이름을 사용해 강의록을 입수했다. 르블랑이 학교를 그만둔 사실을 인지하지 못한 학교 당국은 그를 위해 계속 강의록과 문제를 인쇄해주었다. 제르맹은 르블랑의 이름으로 과제를 계속 제출했는데, 결국 그 학교 교수로 있던 위대한 라그랑주가 전에는 형편없었던 르블랑의 학업 능력이 갑자기 일취월장한 것에 주목했다. 라그랑주는 르블랑에게 면담을 요청했고, 그 정체를 확인하고서 놀라는 한편으로 무척 기뻐했다. 그리고 소피 제르맹을 자신의 제자로 받아들였다.

제르맹은 정수론 분야에서 최초로 거둔 괄목할 만한 성공을 거뒀는데, 그 당시 풀리지 않은 채 남아 있던 매우 어려운 문제인 '페르마의 마지막 정리'를 푸는 데 중요한 기여를 했다. 큰 진전을 이루었다고 생각한 제르맹은 세계에서 가장 유명한 정수론 전문가(그리고 역사상 최고의 수학자 중 한 명)이던 카를 프리드리히 가우스에게 앙투안 르블랑이란 가명으로 편지를 보냈다. 가우스는 신비스러운 수학자의 총명함에 탄복했고, 두 사람은 3년 동안 활발하게 편지를 주고받았다. 그런데 1806년의 어느 날, 가우스의 목숨이 풍전등화의 위기에 처하는 사건이 일어났다. 나폴레옹 군대가 프로이센으로 진격해 들어가 가우스가 살던 도시 브라운슈바이크를 점령했다. 제르맹은 가족의 연줄로 프랑스군 장군이던 친구에게 편지를 보내 가우스의 안전을 지켜달라고 부탁했다. 소피 제르맹이란 아가씨의 도움 덕분에 목숨을 건지게 되었다는 이야기를 들은 가우스는 큰 고마움을 느꼈지만 어리둥절했는데, 그런 이름의 여성은 들은 적도 본 적도 없었기 때문이었다. 다음번에 보낸 편지에서 제르맹은 자신의 정체를 밝혔다. 가우스는 자신이 그간 여성과 편지를 주고받았다는 사실에 깜짝 놀랐다. 제르맹의 깊은 통찰력과 그동안 견뎌내야 했던 온갖 편견과 장애물을 생각한 가우스는 "의심의 여지없이 당신은 가장 고결한 용기와 비범한 재능과 발군의 천재성을 가진 것이 분명합니다."•라고 말했다.

그래서 클라드니 패턴의 수수께끼를 푸는 데 상금이 내걸렸다는 이야기를 들은 제르맹은 과감하게 도전에 나섰다. 아무것도 없는 백지 상태에서 문제를 푸는 데 필요한 이론을 개발하는 일에 나설 만큼 충분히 용감한 사람은 오직 제르맹뿐이었다. 그 작업에는 역학의 새로운 하위 분야인 납작하고 얇은 2차원 판의 탄성 이론을 창안하는 것도 포함되었는데, 이 이론은 1차원 현과 기둥에 적용되는 이전의 단순한 이론들보다 훨씬 수준이 높은 것이었다. 제르맹은 힘과 변위와 곡률의 원리를 바탕으로 새로운 이론을 만들었고, 미적분의 기술을 사용해 클라드니의 진동하는 판과 그것이 만들어내는 경이로운 패턴에 관련된 편미분방정식을 만들고 풀었다. 하지만 교육과 정규 훈련 과정의 부족 때문에 제르맹이 내놓은 답에는 오류가 포함돼 있었는데, 심사 위원들은 이를 놓치지 않았다. 그들은 문제가 완전히 풀리지 않았다고 생각하여 마감 시한을 2년 더 연장했고, 그 후에 다시 2년을 더 연장했다. 소피 제르맹은 세 번째 시도에서 마침내 상을 받았고, 여성으로서는 최초로 파리과학아카데미가 주는 상을 받았다.

전자레인지

클라드니 패턴은 정상파를 2차원으로 시각화할 수 있게 해준다. 일상생활에서 우리는 전자레인지*를 사용할 때마다 3차원 버전의 클라드니 패턴에 의존한다. 전자레인지 내부는 3차원 공간이다. 시작 버튼을 누르면 전자레인지 내부는 정상파 패턴의 마이크로파로 가득 찬다. 비록 우리는 이 전자기파의 진동을 눈으로 볼 수는 없지만, 클라드니가 모래를 가지고 한 실험을 모방함으로써 간접적으로 시각화할 수 있다.

전자레인지용 쟁반 위에 잘게 찢은 치즈 조각들(혹은 얇은 초콜릿 조각이나 미니 마시멜로 조각처럼 납작하게 쌓을 수 있고 쉽게 녹는 것이라면 아무것이라도 괜찮다)을 얇은 층으로 촘촘하게 쌓는다. 쟁반을 전자레인지에 넣기 전에 회전판을 꺼내야 한다. 이것은 아주 중요한데, 치즈(혹은 사용한 재료가 무엇이건)를 올려놓은 쟁반을 정지 상태로 유지해야만 열점을 알아낼 수 있기 때문이다. 회전판을 꺼내고 쟁반을 집어넣은 뒤, 문을 닫고 전자레인지를 돌린다. 30초 정도만 돌리면 충분하다. 그러고 나서 쟁반을 꺼낸다. 곳곳에 치즈가 완전히 녹은 지점이 보일 것이다. 이곳들이 열점이다. 이곳들은 마이크로파 패턴에서 진동이 가장 활발하게 일어나는 장소인 배antinode에 해당한다. 배는 사인파의 마루와 골과 같다. 혹은 클라드니 패턴에서 모래가 '없는' 장소들과 같다(활발한 진동 때문에 모래가 밀려났으므로).

2.45기가헤르츠(마이크로파가 초당 24억 5000만 번 진동한다는 뜻)의 진동수로 작동하는 표준적인 전자레인지의 경우, 서로 이웃한 녹은 점들 사이의 거리는 약 6센티미터이다. 이것은 마루에서 골까지의 거리이며, 따라서 파장의 '절반' 길이에 해당한다. 파장을 구하려면 이 길이에 2를 곱해야 한다. 따라서 전자레인지에서 발생하는 정상파 패턴의 파장은 약 12센티미터이다.

말이 난 김에 덧붙이자면, 전자레인지를 사용해 빛의 속도를 계산할 수 있다. 전자레인지의 진동수(기기 옆면이나 뒷면에 표기돼 있다)에다가 실험에서 측정한 파장을 곱하면, 빛의 속도 혹은 그것에 아주 가까운 값이 나온다. 위에서 언급한 수치를 가지고 계산해보자. 진동수는 초당 24억 5000만 사이클이고, 파장은 (1사이클당) 12센티미터이다. 둘을 곱하면 초당 294억 센티미터가 나온다. 이것은 실제 빛의 속도인 초속 약 300억 센티미터에 아주 가깝다. 대충 한 실험으로 얻은 값 치고는 그렇게 나쁘지 않은 결과이다.

전자레인지는 왜 한때 레이더 레인지라고 불렸을까?

제2차 세계 대전이 끝난 뒤, 미국의 레이시온 컴퍼니는 레이더에 쓰인 고출력 진공관 마그네트론magnetron의 새로운 용도를 찾고 있었다. 마그네트론은 전자공학 분야의 호루라기라고 할 수 있다. 호루라기는 음파를 내보내는 반면, 마그네트론은 전자기파를 내보낸다. 비행기에 반사돼 돌아오는 이 전자기파를 포착하여 비행기가 얼마나 먼 거리에서 얼마의 속도로 움직이는지 알 수 있다. 오늘날 레이더는 선박에서부터 질주하는 자동차, 강속구, 테니스 서브, 기상 패턴에 이르기까지 온갖 것을 탐지하고 추적하는 데 쓰인다.

전쟁이 끝난 뒤인 1946년, 레이시온은 그동안 생산한 마그네트론을 어떻게 처리해야 할지 난감한 상황에 빠졌다. 그러던 어느 날, 퍼시 스펜서라는 공학자가 마그네트론을 가지고 실험을 하다가 호주머니에 넣어둔 땅콩 클러스터 바가 녹아서 끈적끈적한 반죽 상태로 변한 것을 발견했다. 거기서 그는 마그네트론에서 나오는 마이크로파가 식품을 아주 효율적으로 가열할 수 있다는 사실을 깨달았다. 이 아이디어를 더 깊이 탐구하기 위해 마그네트론을 달걀로 향했더니, 달걀이 아주 높은 온도로 가열되면서 폭발해 다른 사람의 얼굴로 날아갔다.

스펜서는 마이크로파로 팝콘도 만들 수 있음을 보여주었다. 레이더와 마이크로파 사이의 이러한 연결 관계 때문에 최초의 전자레인지들은 '레이더 레인지'라고 불렸다. 하지만 전자레인지는 1960년대 후반까지는 상업적으로 큰 인기를 끌지 못했다. 초기의 전자레인지들은 높이가 거의 180센티미터에 이를 정도로 너무 컸고, 가격도 오늘날의 가치로 수만 달러에 이를 정도로 비쌌다. 하지만 결국 전자레인지는 충분히 소형화되고 가격도 싸져서 일반 가정에서 구입할 수 있게 되었다. 오늘날 선진국 가구 중 약 90퍼센트에는 전자레인지가 있다.

레이더와 전자레인지 이야기는 과학의 상호 연결성을 보여주는 대표적인 사례이다. 여기에 어떤 것들이 연관돼 있는지 생각해보라. 물리학, 전기공학, 재료과학, 화학, 그리고 우연한 발명이 연관돼 있다. 미적분학도 중요한 역할을 했는데, 파동을 기술하는 언어와 그것을 해석하는 도구를 제공했다. 파동 방정식은 음악에서 진동하는 현 문제를 연구한 결과가 확장되어 발견되었고, 결국은 맥스웰이 전자기파의 존재를 예측하는 데 사용되었다. 거기서 진공관, 트랜지스터, 컴퓨터, 레이더, 전자레인지를 개발하는 데까지는 작은 한 걸음에 지나지 않았다. 그 과정에서 푸리에의 방법은 필수불가결했다. 곧 보게 되겠지만, 푸리에의 방법은 고에너지 전자기파의 새로운 용도 발견에 중요한 역할을 했다. 에너지가 더 강한 이 전자기파는 20세기로 넘어올 무렵에 우연한 사고 때문에 발견되었다. 처음에 그 정체를 아무도 몰랐기 때문에, 이 전자기파에는 수학에서 미지수를 나타내는 기호를 사용해 X선이란 이름이 붙었다.

컴퓨터 단층 촬영과 뇌 영상

마이크로파는 조리에 사용하기 좋은 반면, X선은 우리 몸속을 들여다보기에 좋다. X선은 뼈와 두개골 골절, 척추 만곡 등을 비침습적 방법으로 진단할 수 있게 해준다. 아쉽게도 전통적인 X선은 흑백 필름 위에만 상을 남길 수 있어 조직 밀도의 미묘한 차이를 감지하지 못한다. 이 때문에 부드러운 조직과 기관을 조사하기에는 한계가 있다. 더 현대적인 형태의 의료 영상술인 CT 스캐닝•은 전통적인 X선 필름보다 수백 배나 더 민감하다. CT 스캐닝은 그 정밀성으로 의학에 혁명을 가져왔다.

C는 '컴퓨터화computerized'를, T는 '단층 촬영tomography'을 나타낸다. 단층 촬영은 어떤 것을 작은 조각들로 쪼개 시각화하는 과정을 뜻한다. CT 스캔은 X선을 사용해 기관이나 조직을 한 번에 한 조각씩 촬영한다. CT 스캐너에 들어간 환자의 몸에 X선을 다양한 각도로 지나가게 하면, 반대쪽 감지기에 그 결과가 기록된다. 이 모든 정보(다양한 각도에서 바라본 모든 이미지)로부터 X선이 통과한 물체를 훨씬 분명하게 재구성할 수 있다. 다시 말해서, CT는 단순히 어떤 것을 들여다보는 과정에 그치는 것이 아니다. 추론하고 연역하고 계산하는 과정까지 포함한다. 사실, CT에서 가장 훌륭하고 혁명적인 부분은 정교한 수학을 사용하는 것이다. 미적분학과 푸리에 해석, 신호 처리, 컴퓨터의 도움으로 CT 소프트웨어는 X선이 통과한 조직이나 기관, 뼈의 성질을 추론해 해당 신체 부위의 자세한 사진을 만들어낸다.

이 모든 일에서 미적분학이 어떤 역할을 하는지 알려면, CT가 어떤 문제를 어떻게 푸는지 이해할 필요가 있다.

X선 빔을 발사해 얇은 뇌 조직 조각을 통과시킨다고 상상해보자. X선은 뇌 조직을 통과하면서 회색질과 백색질, 그리고 어쩌면 뇌종양과 핏덩이 등을 만난다. 이 조직들은 X선의 에너지를 어느 정도 흡수하는데, 그 정도는 조직의 종류에 따라 제각각 다르다. CT의 목적은 전체 조각에 대해 그 흡수 패턴을 지도로 만드는 것이다. 이 정보로부터 CT는 종양이나 핏덩이가 어디 있는지 드러낼 수 있다. CT가 뇌를 직접적으로 보는 것은 아니다. 단지 뇌 속의 X선 흡수 패턴을 볼 뿐이다.

수학이 하는 일은 다음과 같다. X선은 뇌 조각의 특정 지점을 지나가면서 에너지 중 일부를 잃는다. 이것은 빛이 선글라스를 지나가면서 강도가 약해지는 것과 비슷하다. 여기서 문제는 X선이 지나가는 경로에 다양한 종류의 뇌 조직들이 줄지어 늘어서 있다는 것이다. 이 조직들은 불투명도가 제각각 다른 선글라스들이 줄지어 늘어서 있는 것과 같다. 그런데 우리는 이 선글라스들 중 어느 것의 불투명도도 알지 못한다. 우리가 알아내려고 하는 것이 바로 그것이다!

조직은 종류에 따라 흡수 성질이 다르기 때문에, X선은 뇌를 지나 반대편의 X선 감지기에 도착할 때까지 도중에 각 단계마다 줄어드는 세기가 제각각 다르다. 이 모든 감소분의 순 효과를 계산하려면, X선이 조직을 통과하는 동안 무한히 작은 단계별로 그 세기가 얼마나 줄어들었는지 알아낸 뒤, 그 결과를 적절하게 합쳐야 한다. 이 계산은 바로 적분이다.

여기서 적분이 등장하는 것은 놀라운 일이 아니다. 적분은 아주 복잡한 이 문제를 다루기에 가장 자연스러운 방법이다. 늘 그랬던 것처럼 우리는 무한의 원리를 사용한다. 먼저 X선의 경로를 무한히 작은 단계들로 쪼갠다고 상상한 뒤, 각 단계를 지날 때마다 X선의 세기가 얼마나 줄어드는지 추정하고, 마지막으로 그 모든 답을 합쳐 주어진 여행 구간 동안에 줄어든 전체 양을 계산한다.

안타깝게도, 이 모든 것을 다한 뒤에도 우리가 얻은 것은 겨우 한 조각의 정보뿐이다. X선이 지나간 특정 경로에 대해서만 X선의 세기가 전체적으로 줄어든 양을 안다. 뇌 조각 전체에 대해 알려주는 것이 별로 없다. 심지어 X선이 지나간 특정 선에 대해서도 알려주는 것이 별로 없다. 단지 그 선을 따라 X선의 세기가 전체적으로 감소한 양이 얼마인지만 알려줄 뿐, 각 점에서의 감소 패턴을 알려주진 않는다.

비유를 통해 이 문제를 설명해보자. 자연수들을 더해서 6이 되게 하는 모든 방법을 생각해보라. 1+5나 2+4 또는 3+3으로 6을 만들 수 있는 것처럼, X선의 세기가 전체적으로 감소한 양은 국지적으로 감소한 양들의 다양한 조합으로 만들 수 있다. 예를 들면, 선이 시작되는 부분에서 감소가 크게 일어났다가 끝나는 부분에서 감소가 작게 일어날 수 있다. 혹은 그 반대도 가능하다. 혹은 전체 경로를 통해 중간 정도의 감소가 일정하게 일어날 수도 있다. 단 하나의 측정값만으로는 이 모든 가능성들 중 어느 것이 정답인지 알아낼 도리가 없다.

하지만 문제가 무엇인지 정확하게 알기만 한다면, 그것을 해결하는 방법을 즉각 알 수 있다. X선을 '많은' 방향으로 발사하기만 하면 된다. 이것이 바로 컴퓨터 단층 촬영의 핵심이다. X선을 조직의 동일한 점을 향해 여러 방향에서 발사하고, 많은 점들에도 같은 측정을 반복한다면, 원리적으로 뇌의 모든 곳에서 X선이 감소하는 정도를 지도로 만들 수 있다. 이것은 뇌를 직접 '보는' 것과 동일한 것은 아니지만 그것만큼 효과가 있는데, 뇌의 어떤 지역에 어떤 종류의 조직들이 있는지 충분한 정보를 얻을 수 있기 때문이다.

여기서 수학적 어려움은 모든 측정에서 얻은 정보를 재조립해 전체 뇌 조직을 보여주는 일관성 있는 2차원 사진으로 만드는 것이다. 바로 이 과정에 푸리에 해석이 필요하다. 남아프리카공화국 물리학자 앨런 코맥•이 푸리에 해석을 사용해 재조립 문제를 풀었다. 푸리에 해석이 등장한 이유는 문제에 원이 숨어 있기 때문이다. 그 원은 모든 선들의 원(가장자리에서 2차원 조각을 향해 X선을 발사할 수 있는 모든 방향들의 합)이다.

원은 언제나 사인파와 연관이 있고, 사인파는 푸리에 급수의 빌딩 블록이라는 사실을 기억하라. 코맥은 재조립 문제를 푸리에 급수로 나타냄으로써 2차원 재조립 문제를 더 쉬운 1차원 문제로 축소할 수 있었다. 가능한 각도들의 전체 합인 360°를 사실상 문제에서 제거한 것이다. 그러고 나서 적분을 절묘하게 사용해 1차원 재조립 문제를 풀 수 있었다. 그 결과로 선들의 완전한 원을 따라 측정한 정보를 바탕으로 내부 조직의 성질을 추론했고, 흡수 지도를 만들 수 있었다. 그것은 뇌 자체를 보는 것과 거의 다를 바가 없었다.

1979년, 코맥은 컴퓨터 단층 촬영술을 개발한 공로로 고드프리 하운스필드와 함께 노벨 생리의학상을 공동 수상했다. 둘 중 어느 누구도 의사가 아니었다. 코맥은 1950년대 후반에 푸리에 급수를 바탕으로 CT 스캐닝의 수학적 이론을 개발했다. 그리고 영국의 전기공학자

고드프리 하운스필드는 1970년대 초에 방사선의학자들과 협력하여 CT 스캐너를 발명했다.

CT 스캐너의 발명은 수학의 놀라운 효율성을 또다시 입증했다. 이 사례에서 CT 스캐닝을 가능케 한 개념들은 50년 전부터 있었고, 의학과 아무 관계도 없는 것이었다.

다음 단계의 이야기는 1960년대 후반에 시작되었다. 하운스필드는 돼지의 뇌를 대상으로 자신의 발명품 프로토타입을 시험했다. 이제 사람 환자에게 시험하는 것을 도와줄 임상 방사선의학자를 찾으려고 애썼지만, 접촉하는 의사마다 하나같이 그를 만나는 것조차 거부했다. 의사들은 그를 미치광이라고 생각했다. 그들은 X선으로는 부드러운 조직을 시각화할 수 없다는 사실을 잘 알고 있었다. 예컨대 전통적인 X선으로 머리를 찍은 사진에는 두개골이 선명하게 나타났지만, 뇌는 아무 특징 없는 구름처럼 나타났다. 하운스필드의 주장과는 달리 종양이나 출혈, 핏덩이 같은 것은 전혀 보이지 않았다.

그러다가 마침내 한 방사선의학자가 하운스필드의 이야기를 들어보겠다고 했다. 대화는 제대로 진행되지 않았다. 만남이 끝날 무렵, 회의적인 방사선의학자는 하운스필드에게 종양이 있는 사람 뇌가 담긴 병을 건네주면서 CT 스캐너로 그 사진을 찍어보라는 과제를 던졌다. 얼마 후 하운스필드는 종양의 위치를 정확하게 집어냈을 뿐만 아니라 출혈이 일어난 곳까지 보여주는 뇌 사진들을 보냈다.

그 방사선의학자는 놀라움을 감출 수 없었다. 소문이 퍼져나가자 다른 방사선의학자들도 관심을 보이기 시작했다. 하운스필드가 1972년에 발표한 최초의 컴퓨터 단층 촬영 사진은 의학계를 뒤흔들었다. 그러자 갑자기 방사선의학자들이 뇌에서 종양과 낭종, 회색질, 백색질, 그리고 액체로 차 있는 공간 등을 보기 위해 X선을 사용하기 시작했다.

파동 이론과 푸리에 해석은 음악 연구에서 시작되었는데, 아이러니하게도 컴퓨터 단층 촬영술의 발전 과정에서 중요한 한 순간에도 음악이 필수적인 역할을 했다. 하운스필드가 획기적인 개념을 생각해낸 것은 1960년대 중반에 '일렉트릭 앤드 뮤지컬 인더스트리스EMI' 라는 회사에서 일하고 있을 때였다. 그곳에서 처음에는 레이더와 유도 무기를 연구하다가 나중에는 영국 최초의 트랜지스터 컴퓨터를 개발하는 일로 관심을 돌렸다. 여기서 큰 성공을 거두자, EMI는 하운스필드가 원하는 연구 계획은 무엇이건 지원하기로 결정했다. 그 당시 EMI는 자금이 넘쳐나 그런 모험을 얼마든지 감수할 여력이 있었다. 리버풀의 비틀스*라는 밴드와 계약하고 나서 수익이 두 배로 늘어났기 때문이었다.

하운스필드는 X선으로 내부 기관을 촬영하는 아이디어를 들고 경영진을 찾아갔고, EMI의 넉넉한 재정은 그가 그 연구에서 첫걸음을 내디디는 데 도움을 주었다. 그는 10년 전에 코맥이 그것을 이미 풀었다는 사실을 알지 못한 채 독자적인 접근법으로 수학의 재조립 문제를 풀었다. 그리고 코맥은 요한 라돈이라는 순수수학자가 자기보다 40년 앞서 응용 따위는 전혀 염두에 두지 않은 채 그 문제를 풀었다는 사실을 몰랐다. 순수수학 분야의 연구가 이미 50년 전에 CT 스캐닝에 필요한 도구를 준비해놓고 있었던 것이다.

코맥은 노벨상 수상 연설에서 자신과 동료 토드 퀸토는 라돈의 연구 결과를 살펴보고 그것을 3차원, 그리고 심지어 4차원 지역들로 일반화하려고 노력했다고 말했다. 우리는 3차원 세계에서 살고 있다. 그런데 4차원 뇌를 연구하려는 사람이 있을까? 이에 대해 코맥은 다음과 같이 설명했다.•

> 이 결과들은 무슨 쓸모가 있을까? 그 답은 모른다는 것이다. 이 결과들은 편미분방정식 이론에서 몇 가지 정리를 낳을 게 거의 분명하고, 그중 일부는 MRI나 초음파를 사용한 영상 촬영술에 응용될 수 있겠지만 절대로 확실한 것은 아니다. 그것은 또한 요점에서 벗어난 것이기도 하다. 퀸토와 내가 이 주제들을 연구하는 이유는 그 자체만으로도 흥미로운 수학 문제이기 때문이며, 과학이 추구하는 것이 바로 그것이기 때문이다.

11장

미적분학의 미래

미적분학은 이미 끝났다고 믿는 사람들 중에는 이 장의 제목에 눈살을 찌푸릴 사람들이 있을지 모르겠다. 도대체 미적분학에 무슨 미래가 있단 말인가? 미적분학은 이미 끝나지 않았는가? 이것은 수학계에서 놀랍도록 자주 듣는 말이다. 이 이야기에 따르면, 미적분학은 뉴턴과 라이프니츠의 획기적인 연구에 힘입어 폭발적으로 시작되었다. 이들의 발견은 18세기에 골드러시 심리를 촉발했는데, 이 시절에는 즐겁고 들뜬 마음으로 탐구가 일어났고, 무한 골렘이 제멋대로 날뛰었다. 무한 골렘을 제멋대로 날뛰게 함으로써 수학자들은 경이로운 결과를 많이 얻었지만, 터무니없는 결과와 혼란도 많이 낳았다. 그래서 19세기에 더 엄밀한 수학을 추구한 그다음 몇 세대의 수학자들은 골렘을 몰아 우리에 도로 가두었다. 그들은 미적분학에서 무한과 무한소를 몰아냈고, 기초를 튼튼하게 다졌으며, 결국에는 극한과 도함수,

적분, 실수가 실제로 의미하는 것이 무엇인지 명확히 했다. 1900년 무렵에 이르러서는 마무리 작업이 완료되었다.

나는 미적분학을 그런 식으로 전망하는 것은 너무 시야가 좁은 견해라고 생각한다. 미적분학은 뉴턴과 라이프니츠와 그 후계자들이 한 연구만이 다가 아니다. 그보다 훨씬 앞서서 시작되었고, 지금도 계속 발전하고 있다. 나는 미적분학은 그 신조로 정의된다고 생각한다. 그 신조란, 연속적인 어떤 것과 관련해 어려운 문제가 있으면, 그것을 무한히 많은 부분들로 쪼개 그 각각을 풀고, 그 답들을 다시 합쳐 원래의 전체를 만듦으로써 문제를 푸는 것이다. 나는 이 신조를 무한의 원리라고 불렀다.

무한의 원리는 구부러진 형태에 관한 아르키메데스의 연구에 처음부터 있었고, 과학 혁명이 일어날 때에도 뉴턴의 세계 체계에 있었으며, 오늘날 우리의 가정, 직장, 자동차에도 있다. 무한의 원리는 우리에게 GPS와 휴대 전화, 레이저, 전자레인지를 가져다주었다. FBI는 수천만 건의 지문 파일을 압축하는 데 무한의 원리를 사용했다. 앨런 코맥은 CT 스캐닝을 위한 이론을 만드는 데 무한의 원리를 사용했다. FBI와 코맥은 더 단순한 조각들을 재조립하는 과정을 통해 어려운 문제를 풀었다. 지문의 경우에는 웨이블릿을 이용했고, CT의 경우에는 사인파를 이용했다. 이러한 관점에서 볼 때, 미적분학은 매끄럽게 연속적으로 변해 무한의 원리를 적용할 수 있는 대상(어떤 패턴이나 곡선, 운동, 자연 과정, 계, 현상이라도)을 연구하는 데 쓰이는 다양한 개념들과 방법들의 집합체이다. 이 광범위한 정의는 뉴턴과 라이프니츠의 미적분학을 뛰어넘어 그 후손들(다변수 미적분, 상미분방정식, 편미분방정식,

푸리에 해석, 복소 해석학, 그리고 극한과 도함수와 적분이 나타나는 그 밖의 고등 수학 분야들)까지 포함한다. 이런 식으로 바라보면, 미적분학은 끝난 것이 아니다. 미적분학은 과거 그 어느 때에 못지않게 배고픈 상태에 있다.

하지만 내 생각은 소수 견해이다. 사실은 그 소수파란 것도 구성원이 한 명뿐인 집단이다. 수학 부문에서 일하는 내 동료들 중에서 이 모든 것이 미적분학이라는 데 동의하는 사람은 아무도 없을 텐데, 거기에는 그럴 만한 이유가 충분히 있다. 만약 내 생각에 동의한다면, 아주 터무니없는 일이 벌어질 것이기 때문이다. 그렇게 되면 교육 과정의 전체 과목 중 절반은 이름을 바꾸어야 할 것이다. 미적분학 1, 2, 3에 덧붙여 4부터 38까지 있어야 할 것이다. 이런 과목명이 교과 내용을 제대로 기술하는 것처럼 보이지는 않는다. 그래서 우리는 미적분학에서 갈라져 나온 분야들에 각각 다른 이름을 붙임으로써 분야들 사이의 연속성을 모호하게 만든다. 우리는 전체 미적분학을 소비 가능한 가장 작은 부분들로 쪼갠다. 미적분학 자체가 문제를 이해하기 쉽도록 연속적인 것을 부분들로 쪼개는 과정이라는 사실에 비추어보면 이것은 아이러니인데, 어쩌면 적절한 조치일 수도 있다. 여기서 내 생각을 분명히 할 필요가 있을 것 같다. 나는 과목들에 제각각 다른 이름을 붙이는 것에 반대하지 않는다. 내가 말하고자 하는 요지는 그렇게 잘게 쪼개는 방식은 모든 부분들이 하나에서 나왔으며 더 큰 것의 일부라는 사실을 잊게 함으로써 사람들을 오도할 수 있다는 것이다. 이 책에서 내 목표는 미적분학을 하나의 전체로 보여주고, 그 아름다움과 통일성과 웅장함을 느끼게 하는 것이었다.

그렇다면 미적분학의 미래는 어떤 것일까? 예측은 항상 어렵고 미래에 관한 예측은 특히 어렵지만, 나는 앞으로 몇 년 동안 몇 가지 경향이 중요하게 부각될 가능성이 높다고 본다. 거기에는 다음과 같은 것들이 포함된다.

- 사회과학, 음악, 미술, 인문학 분야에서 미적분학의 새로운 응용
- 의학과 생물학 분야에서 계속 이어질 미적분학의 응용
- 금융, 경제, 날씨 분야에 내재하는 무작위성 문제에 대처하는 방법
- 빅 데이터에 활용되는 미적분학과 미적분학에 활용되는 빅 데이터
- 비선형성, 카오스, 복잡계 분야들이 제기하는 문제들에 대처하는 방법
- 인공 지능을 포함해 컴퓨터와 미적분학 사이에 점점 발전할 동반자 관계
- 양자 영역으로 점점 깊숙이 옮겨가는 미적분학의 경계

이것들은 상당히 광범위한 영역이다. 나는 각각의 주제를 조금씩 모두 다루는 대신에 몇 가지에 초점을 맞추어 다루려고 한다. 우리는 곡선의 수수께끼가 생명의 비밀과 만나는 DNA의 미분기하학을 잠깐 살펴본 뒤에 철학적으로 도발적인 것으로 보일 사례 연구를 몇 가지 검토할 것이다. 여기에는 카오스, 복잡성 이론, 컴퓨터, 인공 지능의 등장이 낳은 통찰과 예측에 대한 도전이 포함된다. 하지만 이 모든 것을 이해하려면 비선형 동역학의 기본 원리를 돌아볼 필요가 있다. 그 맥

락을 알면, 우리 앞에 놓인 도전 과제를 이해하는 데 도움이 될 것이다.

DNA의 꼬임수

미적분학은 전통적으로 물리학, 천문학, 화학 같은 '경성硬性' 과학에 적용되었다. 하지만 최근 수십 년 동안 미적분학은 생물학과 의학에도 진출했는데, 역학疫學과 집단생물학, 신경과학, 의료 영상 같은 분야들이 대표적인 예이다. 이 책에서 우리는 수리생물학의 예들을 보았는데, 미적분학은 얼굴 성형의 결과를 예측하는 것에서부터 면역계와 싸우는 HIV의 모형을 만드는 것에 이르기까지 널리 사용되었다. 하지만 이 모든 예들은 미적분학의 가장 현대적인 관심사인 변화의 수수께끼 중 일부 측면하고만 관계가 있다. 이와 대조적으로 다음 사례는 오래된 곡선의 수수께끼에서 나온 것으로, DNA의 3차원 경로에 관한 수수께끼를 통해 새 생명을 얻었다.

이 수수께끼는 DNA(사람을 만드는 데 필요한 유전 정보를 모두 담고 있는 엄청나게 긴 분자)가 세포 속에 어떻게 접혀 들어가 있는가 하는 문제와 관련이 있다. 우리 몸을 이루는 약 10조 개의 세포 각각에는 길이가 약 2미터에 이르는 DNA가 들어 있다. 이 모든 DNA를 죽 이어 연결하면 태양까지 수십 번 왕복하는 길이가 될 것이다. 하지만 의심 많은 사람은 이 비교가 그렇게 대단한 것이 아니라고 주장할 수 있는데, 단지 우리 몸의 세포가 아주 많다는 사실을 반영한 수치일 뿐이라는 이유에서이다. 더 합리적인 비교는 DNA를 담고 있는 장소인 세포핵과 비교하는 것이다. 전형적인 세포핵의 지름은 500만분의 1미터이므로, 그 안에 집어넣어야 할 DNA의 길이에 비하면 40만 배나 작다. 이 압축 비율은 길이 32킬로미터 길이의 실을 테니스 공 안에 집어넣는 것과 같다.

게다가 DNA는 세포핵 속에 아무렇게나 구겨 넣을 수 없는데, 가닥이 마구 엉키면 곤란하기 때문이다. DNA 가닥을 질서정연한 방식으로 채워 넣어야 효소가 DNA를 판독하고 번역해 세포를 유지하는 데 필요한 단백질을 만들 수 있다. 세포가 분열할 때 DNA를 깔끔하게 복제하기 위해서도 질서정연한 채워 넣기가 중요하다.

진화는 우리가 긴 실을 보관할 때 사용하는 것과 동일한 해결책으로 채워 넣기 문제를 해결했는데, 그것은 바로 실을 실패에 감는 방법이다. 세포 속에서 DNA는 히스톤이라는 특별한 단백질로 만들어진 분자 실패 주위에 감긴다. 추가 압축을 위해 실패들은 목걸이의 구슬처럼 끝과 끝이 서로 연결돼 있고, 목걸이는 다시 코일처럼 돌돌 말려 밧줄 같은 섬유들을 이루며, 이것들이 다시 돌돌 말려 염색체를 이룬다. 이러한 코일들의 코일들의 코일들 덕분에 DNA는 세포핵의 비좁은 공간에 압축돼 들어갈 수 있다.

하지만 채워 넣기 문제에 대해 자연이 맨 처음에 내놓은 해결책은 실패가 아니다. 지구상에 맨 먼저 나타난 생물은 세포핵과 염색체가 없는 단세포 생물이었다. 오늘날의 세균과 바이러스와 마찬가지로 이들 생물에게도 실패가 없었다. 이런 경우, 유전 물질은 기하학과 탄성을 바탕으로 한 메커니즘을 통해 압축된다. 고무 밴드를 팽팽하게 잡아당긴 뒤, 손가락 사이에 끼운 채 한쪽 끝에서 밴드를 꼰다고 상상해보라. 처음에는 고무 밴드를 한 바퀴씩 돌 때마다 꼬임이 하나씩 생긴다. 이런 식으로 꼬임이 누적되는데, 누적된 비틀림이 문턱값을 넘을 때까지 고무 밴드는 직선 형태를 유지한다. 비틀림이 문턱 값을 넘어서면, 고무 밴드는 갑자기 찌그러지면서 3차원 형태로 변한다. 마치 고통을 못 이겨 몸부림치듯이 자신의 몸을 코일처럼 꼬기 시작한다. 이러한 뒤틀림은 고무 밴드를 단단히 접히게 해 압축시킨다. DNA도 이와 똑같은 일을 한다.

이 현상을 '초나선 꼬임supercoiling'이라고 한다. 초나선 꼬임은 DNA의 원형 고리에서 흔하게 나타난다. 우리는 DNA를 양 끝이 열려 있고 죽 뻗은 나선으로 생각하는 경향이 있지만, 많은 경우에 DNA는 스스로 닫혀서 원을 이루고 있다. 이는 허리띠를 풀어 몇 바퀴 꼰 뒤에 버클을 다시 잠근 것과 같다. 잠그고 나면 허리띠를 꼰 횟수는 변하지 않고 그대로 고정돼 있다. 만약 허리띠를 풀지 않고 어느 지점에서 더 꼬려고 하면, 그것을 보상하기 위해 다른 곳에서 반꼬임이 생긴다. 여기에는 일종의 보존 법칙이 성립한다. 정원용 호스를 바닥 위에 코일 모양으로 쌓아서 보관할 때에도 같은 일이 일어난다. 호스를 직선 모양으로 펼치려고 끌어당기면, 손에 든 호스가 빙빙 꼬인다. 코일이 꼬임으로 전환되는 것이다. 보존 법칙은 반대 방향으로도, 즉 꼬임에서 코일로도 적용된다. 고무 밴드를 꼴 때, 고무 밴드가 비틀리는 것이 그 예이다. 원시 생명체의 DNA는 이 꼬임을 이용한다. 특정 효소들은 DNA를 자르고 꼬고 다시 봉합할 수 있다. DNA가 에너지를 낮추기 위해 꼬임을 완화시키면, 보존 법칙 때문에 DNA는 초나선 꼬임이 더 일어나 더 촘촘해진다. 그 결과로 생긴 DNA 분자의 경로는 더 이상 평면 위에 위치하지 않는다. DNA는 3차원으로 뒤틀리면서 몸부림친다.

1970년대에 미국 수학자 브록 풀러가 DNA의 이 3차원 뒤틀림을 처음으로 수학적으로 기술했다. 풀러는 DNA의 '꼬임수writhing number'• 라는 양을 발명했다. 또, 적분과 도함수를 사용해 꼬임수를 나타내는 공식을 유도했고, 꼬임과 코일의 보존 법칙을 형식화한 꼬임수에 관한 특정 정리들을 증명했다. 그 후로 DNA의 기하학과 위상수학• 연구는 크게 번성하는 산업이 되었다. 수학자들은 매듭 이론knot theory과 얽힘 미적분학tangle calculus•을 사용해 DNA를 꼬거나 자르거나 매듭과 연결을 만들 수 있는 특정 효소들의 메커니즘을 설명했다. 이 효소들은 DNA의 위상수학topology을 변화시키기 때문에 '위상 이성질화 효소topoisomerase'(DNA 회전 효소라고도 한다—옮긴이)라고 부른다. 위상 이성질화 효소는 DNA 가닥을 끊었다가 다시 봉합할 수 있어 세포의 분열과 성장에 꼭 필요하다. 이 효소들은 암을 치료하는 화학 요법 약의 표적•으로 사용하기에 아주 효과적인 것으로 드러났다. 작용 메커니즘은 완전히 명확하게 밝혀지지 않았지만, 이 약들(위상 이성질화 효소 억제제)은 위상 이성질화 효소의 행동을 차단함으로써 암세포의 DNA를 선택적으로 손상시켜 세포 자살을 유발하는 것으로 보인다. 환자에게는 좋은 소식이고, 종양에게는 나쁜 소식이다.

초나선 꼬임 DNA에 미적분학을 적용할 때, 이중 나선은 연속적인 곡선으로 모형화된다. 늘 그렇듯이 미적분학은 연속적인 대상을 다루길 좋아한다. DNA는 실제로는 원자들이 불연속적으로 모여 있는 집단이다. 거기에 연속적인 속성은 전혀 없다. 하지만 근사적으로는 이상적인 고무 밴드처럼 연속적인 곡선으로 다루더라도 별 문제가 없다. 연속적인 곡선으로 가정하면, DNA가 단백질에서 받는 힘, 환경에서 받는 힘, 그리고 자기 자신과의 상호 작용에서 받는 힘에 노출되었을 때 어떻게 변형되는지 계산할 때, 미적분학에서 파생한 두 분야인 탄성 이론과 미분기하학의 도구를 적용할 수 있다는 이점이 있다.

이보다 더 중요한 것은, 미적분학이 특유의 창조적인 재량권을 발휘하여 불연속적인 대상을 연속적인 대상인 것처럼 다루면서 그 행동을 밝혀내는 데 도움을 준다는 점이다. 모형은 근사적인 것이지만 매우 유용하다. 어쨌든 우리가 이용할 수 있는 방법은 이것밖에 없다. 연속성 가정이 없으면, 무한의 원리도 사용할 수 없다. 그리고 무한의 원리가 없으면, 미적분학도 미분기하학도 탄성 이론도 없다.

나는 미래에 생물학에서 본질적으로 불연속적인 요소들인 유전자와 세포와 단백질 그리고 생물학적 드라마에서 다른 주역들의 행동을 밝혀내는 데 미적분학과 연속수학이 적용되는 사례를 더 많이 보게 될 것이라고 예상한다. 연속성 가정은 거기서 얻을 수 있는 통찰이 너무나도 많기 때문에 쉽게 포기할 수 없다. 불연속적 계에도 적용할 수 있는 새로운 형태의 미적분학이 발전하기 전까지 무한의 원리는 살아 있는 대상들을 수학적으로 모형화하는 일에서 계속 우리를 안내할 것이다.

결정론과 그 한계

다음에 다룰 두 가지 주제는 비선형 동역학의 등장과 컴퓨터가 미적분학에 미친 영향이다. 내가 이 주제들을 선택한 이유는 이것들이 철학적으로 아주 흥미로운 함의를 지니기 때문이다. 이 둘은 예측의 성격을 돌이킬 수 없게 바꾸어, 비록 과학 자체는 계속 발전하더라도 인간의 통찰력은 점점 희미해져가는 것으로 보이는 미적분학에(더 일반적으로는 과학에) 새로운 시대를 열 수 있다. 다소 묵시론적으로 들리는 이 경고가 정확하게 무슨 뜻인지 알려면, 예측이 과연 가능한지, 고전적으로 예측은 무엇을 의미하는지, 지난 수십 년 동안 비선형성, 카오스, 복잡계 연구에서 일어난 발견으로 전통적인 개념이 어떻게 변했는지 이해할 필요가 있다.

19세기 초에 프랑스의 수학자이자 천문학자인 피에르 시몽 라플라스•는 뉴턴의 시계 장치 우주의 결정론을 논리적 극단까지 추구해보았다. 그는 우주의 모든 원자의 위치뿐만 아니라 그 원자들에 미치는 모든 힘까지 추적할 수 있는 신 비슷한 지적 존재(지금은 '라플라스의 악마'라고 부르는)를 상상했다. 그는 "만약 이 지적 존재가 충분히 광대하여 이 데이터를 분석할 수 있다면, 불확실한 것은 아무것도 없을 것이고, 미래는 과거와 마찬가지로 그 눈앞에 나타날 것이다."•라고 썼다.

20세기가 눈앞에 다가오자, 시계 장치 우주를 극단적으로 기술한 이 주장은 여러 가지 이유에서 과학적으로나 철학적으로 성립할 수 없는 것으로 보이기 시작했다. 최초의 반론은 미적분학에서 나왔는데, 이에 대해 우리는 소피야 코발렙스카야•에게 고마워해야 한다. 코발렙스카야는 1850년에 모스크바의 귀족 집안에서 태어났다. 열한 살 때 코발렙스카야는 문자 그대로 미적분에 둘러싸여 있는 자신을 발견했는데, 침실 한쪽 벽에 아버지가 젊은 시절에 들었던 미적분학 강의

노트가 벽지로 붙어 있었다. 그는 훗날 자신이 "어린 시절에 그 신비스러운 벽 앞에서 많은 시간을 보내며 단 한 문장도 놓치지 않고 이해하고 그 페이지들이 이어지는 순서를 찾아내려고 노력했다."라고 썼다.

코발렙스카야는 일찍부터 수학에 뛰어난 재능을 보였지만, 러시아 법에 따라 대학에 입학할 수 없었다. 코발렙스카야는 정략결혼을 했고 그 때문에 많은 심적 고통을 겪었지만, 적어도 독일로 갈 수 있게 되었고, 그곳에서 비범한 재능으로 여러 교수에게 깊은 인상을 주었다. 하지만 독일에서조차 공식적으로는 대학에서 강의를 들을 수 없었다. 그래서 해석학자 카를 바이어슈트라스와 함께 남몰래 연구하는 방법을 택했고, 바이어슈트라스의 추천에 힘입어 해석학, 동역학, 편미분방정식 분야의 중요한 문제를 여러 개 푼 공로로 박사 학위를 받았다. 코발렙스카야는 마침내 스톡홀름 대학의 정교수가 되었고, 그곳에서 8년 동안 학생들을 가르치다가 41세 때 인플루엔자에 걸려 세상을 떠났다. 2013년에 노벨 문학상을 수상한 소설가 앨리스 먼로는 2009년에 코발렙스카야를 다룬 단편 소설 「너무 큰 행복Too Much Happiness」을 내놓았다.

결정론의 한계에 대한 코발렙스카야의 통찰력은 강체 역학 연구에서 나왔다. 강체는 구부러지거나 변형되지 않는 물체를 수학적으로 추상화한 것이다. 강체의 모든 점들은 서로 단단하게 들러붙어 있다. 강체의 예로는 팽이를 들 수 있다. 팽이는 완전히 단단하고 무한히 많은 점들로 이루어져 있어 뉴턴이 고려한 점 같은 입자보다 훨씬 복잡한 역학적 물체이다. 강체의 운동은 감자처럼 생긴 토성의 작은 위성 히페리온의 카오스적 공중제비•에서부터 우주 캡슐이나 인공위성의 규칙적인 회전에 이르기까지 천문학과 우주과학에서 다양한 현상을 기술하는 데 중요하다.

강체 역학을 연구하면서 코발렙스카야는 중요한 결과를 두 가지 얻었다. 하나는 뉴턴이 이체 문제를 푼 것과 같은 의미에서, 그 운동을 완전히 해석하고 풀 수 있는 팽이의 사례였다. 그런 식으로 '적분할 수 있는 팽이'는 두 종류가 이미 알려져 있었지만, 코발렙스카야의 팽이는 훨씬 미묘하고 놀라운 것이었다.

이보다 더 중요한 결과는 그 외에는 그 운동을 해석하고 풀 수 있는 팽이가 존재하지 않음을 증명한 것이다. 코발렙스카야는 마지막 팽이를 발견한 셈이다. 그 외의 나머지 모든 팽이는 적분이 불가능한데, 이것은 뉴턴 방식의 공식으로는 그 동역학을 풀 수 없다는 뜻이다. 그것은 단지 수학자들의 지혜가 부족해서 생기는 문제가 아니었다. 코발렙스카야는 팽이의 운동을 영원히 기술할 수 있는 특정 종류의 공식(전문 용어로는 시간의 유리형 함수)이 존재하지 않음을 증명했다. 이렇게 해서 코발렙스카야는 미적분학이 할 수 있는 일에 한계가 있음을 보여주었다. 만약 미천한 팽이조차 라플라스의 악마에게 반기를 들 수 있다면, 우주의 운명을 알려주는 공식을 발견할 가망은 전혀 없었다. 심지어 원리적으로도.

비선형성

소피아 코발렙스카야가 발견한 불가해성은 팽이의 운동을 나타내는 방정식의 구조적 측면과 관계가 있다. 이 방정식은 바로 비선형 방정식이기 때문이다. 여기서 '비선형'의 전문적이고 정확한 의미가 무엇인지는 중요하지 않다. 우리의 목적을 위해서는 선형계와 비선형계를 구별할 수만 있으면 충분한데, 이것은 일상생활 속의 익숙한 예들을 살펴봄으로써 간단히 해결할 수 있다.

선형계가 어떤 것인지 설명하기 위해 두 사람이 저울 위에 동시에 올라가 몸무게를 재려 하는 상황을 상상해보자. 저울에 표시된 두 사람의 몸무게는 각자의 몸무게를 합한 것과 같다. 그 이유는 저울이 선형 장비이기 때문이다. 두 사람의 몸무게는 상호 작용하지도 않고, 우리가 알아야 할 필요가 있는 이상한 일을 하지도 않는다. 예를 들면, 두 사람의 몸은 더 가볍게 보이려고 공모하거나 더 무겁게 보이려고 서로를 방해하지 않는다. 두 몸무게를 단순히 더하기만 하면 된다. 저울 같은 선형계에서 전체는 부분들의 합과 같다. 이것이 선형성의 첫 번째 특징이다. 두 번째 특징은 원인이 결과에 비례하는 것이다. 활시위를 끌어당긴다고 상상해보라. 일정 거리만큼 시위를 끌어당기는 데 어떤 양의 힘이 필요하다면, 그 두 배의 거리만큼 시위를 끌어당기는 데에는 두 배의 힘이 필요할 것이다. 이처럼 원인과 결과는 서로 비례 관계에 있다. 이 두 가지 성질(원인과 결과 사이의 비례 관계와 전체가 부분들의 합과 같다는 것)은 선형계의 핵심 특징이다.

하지만 자연계의 많은 것들은 이보다 훨씬 복잡하다. 어떤 계의 부분들이 서로 간섭하거나 협력하거나 경쟁할 때마다 비선형적 상호 작용이 일어난다. 일상생활에서 맞닥뜨리는 것들은 대부분 매우 비선형적이다. 좋아하는 노래 두 곡을 동시에 듣더라도 즐거움이 두 배로 증가하진 않는다. 알코올과 마약 섭취도 마찬가지인데, 이 경우에는 상호 작용 효과가 치명적일 수 있다. 이와는 대조적으로 땅콩버터와 젤리는 함께 먹으면 맛이 훨씬 좋다. 이 둘의 조합은 단순히 $1+1=2$의 효과에 그치는 게 아니라, 시너지 효과를 낸다.

비선형성은 그 아름다움과 복잡성 그리고 불가사의함 때문에 세계에서 풍부함을 만들어내는 주요 요인이 된다. 예를 들면, 생물학의 모든 것은 비선형적이며, 그것은 사회학도 마찬가지다. 연성 과학이 어려운(그리고 수학적으로 기술하기가 힘든) 이유는 이 때문이다. 연성 과학은 비선형성 때문에 전혀 쉽지 않다.

선형성과 비선형성 사이의 구분은 비록 덜 직관적이긴 하지만 미분방정식에도 동일하게 적용된다. 미분방정식이 비선형적일 때 우리가 할 수 있는 말은 코발렙스카야의 팽이가 그런 것처럼 해석하기가 엄청나게 어렵다는 것뿐이다. 뉴턴 이후에 수학자들은 가능하면 비선형 미분방정식을 피하려고 노력했다. 비선형 미분방정식은 끔찍하고 다루기 힘든 것으로 간주된다.

이와는 대조적으로 선형 미분방정식은 달콤하고 유순하다. 수학자들은 선형 미분방정식을 좋아하는데, 쉽게 풀 수 있기 때문이다. 선형 미분방정식을 푸는 이론 체계는 아주 방대하다. 실제로 1980년대까지 응용수학자를 기르는 전통적인 교육은 선형성을 활용하는 방법을 배우는 데 치중되어 있었다. 수학자들은 푸리에 급수와 선형 방정식에 맞춰진 그 밖의 기술들을 익히느라 몇 년을 보냈다.

선형성의 큰 장점은 환원주의적 사고를 적용할 수 있다는 점이다. 선형 문제를 풀려면, 그것을 가장 단순한 부분들로 분해해 각각의 부분을 별도로 푼 뒤, 부분들을 합쳐서 답을 얻으면 된다. 푸리에는 자신의 열 방정식(선형 방정식이었던)을 이러한 환원주의자의 전략으로 풀었다. 그는 복잡한 온도 분포를 사인파로 분해하고, 각각의 사인파가 혼자서 어떻게 변하는지 알아낸 뒤, 사인파들을 다시 합쳐 가열한 금속 막대의 길이를 따라 전체 온도가 어떻게 변할지 예측했다. 이 전략은 효과가 있었는데, 열 방정식이 선형 방정식이었기 때문이다. 그래서 방정식을 부분들로 쪼개더라도 그 본질은 변하지 않았다.

소피야 코발렙스카야는 우리가 마침내 비선형성에 정면으로 맞서면, 세계가 얼마나 다르게 보이는지 이해하는 데 도움을 주었다. 코발렙스카야는 비선형성이 인간의 자만심을 제한한다는 사실을 깨달았다. 비선형계는 설사 그 행동이 완전히 결정론적이라 하더라도, 공식으로 그 행동을 예측하는 것이 불가능할 수 있다. 다시 말해서, 결정론은 예측 가능성을 의미하지 않는다. 우리가 무엇을 어디까지 알아낼 수 있는가라는 문제에서 우리를 더 겸허하게 만드는 데에는 아이가 갖고 노는 팽이의 운동만으로도 충분했다.

카오스

돌이켜보면 뉴턴이 삼체 문제를 풀려고 시도했을 때 왜 골머리를 앓았는지 이제 더 분명히 알 수 있다. 그 문제는 적절한 처리를 통해 선형적으로 만들 수 있는 이체 문제와 달리 근본적으로 비선형적이었다. 비선형성은 이체에서 삼체로 옮겨갔기 때문에 나타난 것이 아니었다. 비선형성은 방정식의 구조 자체에서 비롯되었다. 중력으로 상호 작용하는 두 물체의 경우에는 미분방정식에서 새로운 변수들을 적절하게 선택함으로써 비선형성을 제거할 수 있지만, 셋 또는 그 이상의 경우에는 그럴 수가 없다.

우리를 겸허하게 만드는 비선형성의 의미를 우리가 완전히 이해하기까지는 오랜 시간이 걸렸다. 수학자들은 삼체 문제를 풀려고 수백 년 동안 몸부림쳤고, 일부 진전이 있긴 했지만, 완전히 푸는 데 성공한 사람은 아무도 없었다. 19세기 후반에 프랑스 수학자 앙리 푸앵카레는 자신이 그것을 풀었다고 생각했지만,• 실수를 저질렀다. 오류를 바로잡고 나서도 삼체 문제를 풀 수 없었지만, 그는 훨씬 중요한 것을 발견했다. 오늘날 우리가 '카오스chaos'라고 부르는 현상이 바로 그것이었다.

카오스계•는 매우 까다롭다. 초기 조건을 조금만 변화시켜도 결과에 큰 차이가 나타날 수 있다. 초기 조건의 작은 변화가 지수 함수적으로 빨리 확대되기 때문이다. 미소한 오차나 교란이 아주 빠르게 눈뭉치처럼 커지기 때문에 장기적으로 그 계를 예측하는 것이 불가능하다. 카오스계는 무작위적이지 않지만(결정론적이어서 단기적으로는 예측이 가능하다), 장기적으로는 작은 교란에도 아주 민감하기 때문에 많은 점에서 사실상 무작위적인 것처럼 보인다.

카오스계도 '예측 가능성 지평선'•이라고 부르는 시간까지는 아주 잘 예측할 수 있다. 그 시간 전까지는 계의 결정론이 계의 행동을 예측할 수 있게 한다. 예를 들면, 전체 태양계의 예측 가능성 지평선•은 약 400만 년으로 계산되었다. 이보다 훨씬 짧은 시간, 예컨대 지구가 태양 주위를 한 바퀴 도는 데 걸리는 1년 동안은 모든 것이 시계 장치처럼 행동한다. 하지만 수백만 년을 벗어나면 모든 것이 물거품이 되고 만다. 태양계의 모든 천체들 사이에 작용하는 미묘한 중력 섭동이 누적되는 바람에 더 이상 계의 행동을 정확하게 예측할 수 없게 된다.

예측 가능성 지평선의 존재는 푸앵카레의 연구에서 나왔다. 그 이전에는 오차가 시간이 지남에 따라 지수 함수적이 아니라 선형적으로 증가한다고 생각했다. 시간이 2배로 증가하면 오차도 2배로 증가하는 데 그친다고 본 것이다. 오차가 선형적으로 증가하는 데 그친다면, 측정 능력의 개선을 통해 얼마든지 더 긴 시간까지 예측할 수 있을 것이다. 하지만 오차가 지수 함수적으로 빠르게 증가할 때, 그 계는 초기 조건에 민감한 종속성을 갖고 있다고 이야기한다. 그러면 장기 예측이 불가능해진다. 이것은 철학적으로 불안감을 불러일으키는 카오스의 메시지이다.

여기서 새로운 것이 무엇인지 이해하는 것이 중요하다. 사람들은 날씨 같은 거대한 복잡계는 예측하기가 어렵다는 사실을 이미 알고 있었다. 놀라운 사실은 팽이나 중력으로 상호 작용하는 삼체처럼 단순한 복잡계도 마찬가지로 예측할 수 없다는 점이다. 이것은 큰 충격이었고, 결정론과 예측 가능성을 순진하게 결합한 라플라스의 생각에 또 한 번 치명타를 가했다.

그래도 긍정적인 면이 있는데, 결정론적 성격 때문에 카오스계 내부에 질서의 흔적이 존재한다. 푸앵카레는 카오스계를 포함해 비선형계를 해석하는 새로운 방법을 개발했고, 그 속에 숨겨진 일부 질서를 찾아내는 방법을 발견했다. 푸앵카레는 공식과 대수학 대신에 그림과 기하학을 사용했다. 그의 정성적 접근법은 위상수학과 동역학적 계 같은 현대 수학 분야의 씨를 뿌리는 데 기여했다. 그의 독창적인 연구 덕분에 오늘날 우리는 질서와 카오스를 더 잘 이해하게 되었다.

푸앵카레의 시각적 접근법•

푸앵카레의 접근법이 어떻게 효과를 발휘했는지 설명하기 위해 갈릴레이가 연구한 것과 같은 단진자의 진동을 생각해보자. 뉴턴의 운동 법칙을 사용하고 진자가 흔들리면서 받는 힘들을 고려함으로써, 매 순간 진자의 각도와 속도가 어떻게 변하는지 보여주는 추상적인 그림을 그릴 수 있다. 이것은 사실상 뉴턴의 법칙이 말하는 것을 시각적으로 번역한 것이다. 이 그림에는 미분방정식에 이미 있는 것 외에 새로운 내용은 전혀 없다. 단지 동일한 정보를 다른 방식으로 바라보는 것에 불과하다.

그렇게 그려진 그림은 시골 지역을 지나가는 날씨 패턴 지도처럼 보인다. 그런 지도에는 국지적인 전파 방향, 즉 날씨 전선이 시시각각 이동하는 방향을 보여주는 화살표들이 있다. 이것은 미분방정식이 제공하는 것과 동일한 종류의 정보이다. '왼발은 여기, 오른발은 저기'라는 식으로 알려주는 안무 지시에 담긴 것과 동일한 종류의 정보이기도 하다. 이러한 지도를 '벡터장vector field' 그래프라고 부른다. 여기에 표시된 작은 화살표들은 만약 진자의 각도와 속도가 현재 여기에 있다면, 잠시 후에는 저기로 갈 것이라고 보여주는 벡터이다. 진자의 벡터장 그래프는 다음과 같은 모양이다.

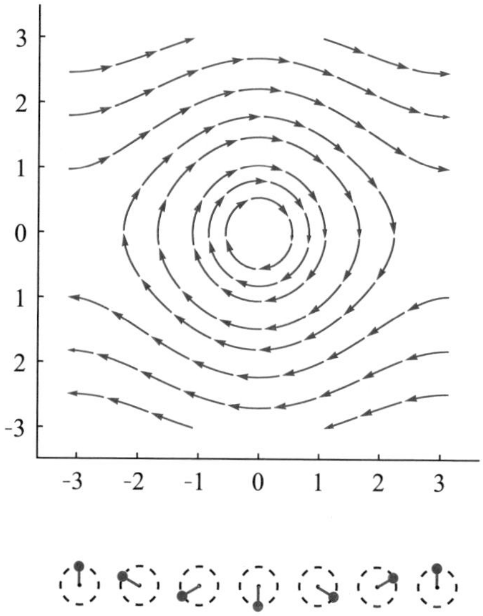

이 그림을 해석하기 전에 이 그림은 진자의 실제 초상화를 보여주는 것이 아니라는 점에서 추상적이라는 사실을 이해해야 한다. 선회하는 화살표들의 패턴은 줄에 매달려 움직이는 추의 모습과 비슷하지 않다. 아무리 봐도 흔들리는 진자의 사진처럼 보이진 않는다. (이 그래프가 무슨 의미인지 감을 잡는 데 도움을 주기 위해 벡터장 그래프 아래에 진자의 스냅 사진 그림을 추가했다.) 벡터장 그래프는 진자를 현실적으로 묘사하는 대신에 한 순간에서 다음 순간으로 변할 때 진자의 상태가 어떻게 변하는지 추상적인 지도로 보여준다. 지도에서 각 점은 어느 순간에 가능한 진자의 각도와 속도의 조합 중 한 가지를 나타낸다. 수평축은 진자의 각도를 나타낸다. 수직축은 진자의 속도를 나타낸다. 어느 순간에 이 두 수(각도와 속도)에 대한 정보가 진자의 동역학적 '상태'를 정의한다. 이것은 잠시 후, 그리고 또 거기서 잠시 후, 그런 식으로 계속 잠시 후에 진자의 각도와 속도가 어떻게 될지 예측하는 데 필요한 정보를 제공한다. 우리는 그저 화살표들을 따라가기만 하면 된다.

중심 근처에서 화살표들이 선회하는 모습은 진자가 거의 똑바로 매달린 상태로 움직이는 단순한 왕복 운동에 해당한다. 위쪽과 아래쪽에서 화살표들이 파도 같은 모습으로 나타난 것은 진자가 프로펠러처럼 빙빙 돌면서 격렬하게 회전하는 것에 해당한다. 뉴턴은 이와 같은 선회 운동은 전혀 고려하지 않았고, 그것은 갈릴레이도 마찬가지였다. 이런 운동은 고전적인 방법으로 계산할 수 있는 범위에서 벗어나는 것이었다. 하지만 푸앵카레의 그림에서는 선회 운동을 명료하게 볼 수 있다. 미분방정식을 이렇게 정성적으로 바라보는 방법은 지금은 레이저 물리학에서부터 신경과학에 이르기까지 비선형 동역학이 나타나는 모든 분야에서 표준적인 방법이 되었다.

전쟁에 사용된 비선형성

비선형 동역학은 매우 실용적일 수도 있다. 영국 수학자 메리 카트라이트*와 존 리틀우드는 푸앵카레의 방법을 사용해 전쟁 때 영국이 나치의 공습을 막아내는 데 도움을 주었다. 1938년, 영국 과학산업연구부는 전파 탐지와 전파를 이용한 거리 측정 분야의 일급 기밀 계획(오늘날 레이더로 알려진)과 관련된 문제 때문에 런던수학회에 도움을 요청했다. 그 계획에 참여해 일하던 공학자들은 증폭기에서 발생하는 시끄럽고 불규칙한 진동의 정체를 몰라 당혹해하고 있었다. 특히 고출력, 고진동수 전파를 사용해 레이더 장비를 가동할 때 그 진동이 심하게 발생했다. 그들은 자신들이 개발한 장비에 근본적인 문제가 있는 것이 아닐까 하고 불안했다.

정부의 요청은 카트라이트의 관심을 끌었다. 카트라이트는 훗날 자신이 표현한 것처럼 그와 비슷하게 "매우 불쾌해 보이는 미분방정식들"* 이 지배하는 진동계 모형들을 이미 연구하고 있었다. 카트라이트는 리틀우드와 함께 레이더 장비에서 나타나는 불규칙한 진동의 원천을 찾아나섰다. 증폭기는 비선형적이어서, 너무 빨리 그리고 너무 무리하게 가동하면 카오스적으로 반응할 수 있었다.

수십 년 뒤, 물리학자 프리먼 다이슨은 1942년의 연구에 관한 카트라이트의 강연을 들었던 일을 회상했다. 다이슨은 이렇게 썼다.

> 제2차 세계 대전 때 레이더의 개발은 고출력 증폭기에 의존해 진행되었는데, 원하는 성능을 가진 증폭기를 확보하는 것에 사활이 달려 있었다. 병사들은 제대로 작동하지 않는 증폭기 때문에 고통을 겪었고, 증폭기의 불규칙한 행동에 대해 제조업체를 비난했다. 카트라이트와 리틀우드는 제조업체는 잘못이 없다는 사실을 알아냈다. 탓해야 할 대상은 방정식 자체였다.*

카트라이트와 리틀우드의 통찰력 덕분에 공학자들은 그 행동을 예측하기 더 쉬운 상황에서 증폭기를 가동함으로써 문제를 피해갈 수 있었다. 카트라이트는 특유의 성격대로 자신의 기여를 대단치 않게 여겼다. 자신의 연구를 언급한 다이슨의 글을 읽었을 때, 카트라이트는 너무 과도하게 부풀렸다고 그를 꾸짖었다.

메리 카트라이트는 1998년에 97세의 나이로 세상을 떠났다. 카트라이트는 왕립학회 회원으로 선출된 최초의 여성 수학자였다. 카트라이트는 자신의 장례식 때 추도 연설을 일절 하지 말라고 엄격한 유언을 남겼다.

미적분학과 컴퓨터의 동맹

전시에 미분방정식을 풀어야 하는 필요 때문에 컴퓨터를 개발하는 노력에 탄력이 붙었다. 그 당시에 가끔 기계적 뇌 또는 전자적 뇌라고 불렸던 컴퓨터는 공기 저항과 풍향 같은 복잡한 요소들을 고려하면서 현실적인 조건에서 로켓과 포탄의 궤적을 계산할 수 있었다. 그런 정보는 전장에서 표적을 정확하게 타격해야 하는 포병 장교들에게 필요했다. 필요한 탄도 데이터는 모두 사전에 계산되어 탄도표와 도표로 작성됐다. 이 일을 하는 데에는 고속 컴퓨터가 필수적이었다. 수학적 시뮬레이션에서 컴퓨터는 적절한 미분방정식을 사용해 포탄의 위치와 속도를 차례로 아주 조금씩 업데이트함으로써 포탄을 비행경로에서 한 번에 아주 작은 한 걸음씩 앞으로 나아가게 할 수 있었다. 이렇게 엄청나게 많은 수의 덧셈을 통해 결국 답을 얻어낼 수 있었다. 오직 기계만이 이에 필요한 모든 덧셈과 곱셈을 지치지 않고 빠르고 정확하게 할 수 있었다.

이 노력에 미적분학이 남긴 유산은 초기 컴퓨터의 일부 이름에 분명히 반영돼 있다. 하나는 '미분 해석기Differential Analyzer'라는 기계 장비였다. 미분 해석기가 한 일은 포 사격 사거리표를 계산하는 데 필요한 미분방정식을 푸는 것이었다. '에니악ENIAC'이란 컴퓨터도 있었다. 에니악은 '전자 수치 적분기 및 계산기Electronic Numerical Integrator and Computer'의 머리글자를 딴 이름이다. 여기서 '적분기integrator'란 단어는 미적분학에서 나온 용어이다. 1945년에 완성된 에니악은 최초의 재再프로그래밍 가능한 다목적용 컴퓨터 중 하나였다. 에니악은 사거리표를 계산하는 것 외에 수소폭탄의 기술적 가능성을 평가하는 일도 했다.

군사 분야에 활용된 미적분학과 비선형 동역학이 컴퓨터의 발달을 자극하긴 했지만, 평화 시에도 수학과 컴퓨터를 새롭게 활용할 수 있는 곳이 많이 발견되었다. 1950년대에 과학자들은 물리학 외에 다른 과학 분야의 문제들을 푸는 데에도 수학과 컴퓨터를 사용하기 시작했다. 예를 들면, 영국 생물학자 앨런 호지킨과 앤드루 헉슬리는 신경세포들이 서로 어떻게 대화를 하는지, 더 정확하게는 전기 신호가 신경 섬유를 따라 어떻게 전달되는지 알아내는 데 컴퓨터의 도움이 필요했다. 두 사람은 아주 크고 실험적으로 편리한 종류의 신경 섬유(오징어의 거대한 축삭)의 막을 따라 나트륨 이온과 칼륨 이온이 어떻게 이동하는지 계산하기 위해 아주 힘든 실험을 했다. 그리고 그 결과로 이 이온들의 흐름이 막의 전압에 어떻게 좌우되는지, 그리고 이온들의 흐름 때문에 전압이 어떻게 변하는지 알아냈다. 하지만 신경 자극이 축삭을 따라 이동할 때 그 속도와 형태를 계산하는 것은 컴퓨터가 없이는 도저히 할 수가 없었다. 그 움직임을 계산하려면 시간과 공간의 함수로 나타낸 전압에 관한 비선형 편미분방정식을 풀어야 했다. 앤드

루 헉슬리는 손으로 크랭크를 돌리는 기계식 계산기로 3주일에 걸쳐 그 문제를 풀었다.

1963년, 호지킨과 헉슬리•는 이온을 기반으로 일어나는 신경세포의 작용 메커니즘을 발견한 공로로 노벨상을 공동 수상했다. 두 사람이 사용한 방법은 수학을 생물학에 적용하는 데 관심을 가진 모든 사람에게 큰 영감을 주었다. 이 방법은 미적분학을 응용해 새롭게 성장할 영역들을 많이 만들어낼 것이다. 수리생물학•은 비선형 미분방정식을 아무 제약 없이 사용한다. 수리생물학자들은 뉴턴 방식의 해석적 방법과 푸앵카레 방식의 기하학적 방법, 그리고 컴퓨터에 거리낌없이 의존하면서 심장 박동, 전염병 확산, 면역계 기능, 유전자 조율, 암의 발달, 그리고 그 밖의 많은 생명의 수수께끼를 지배하는 미분방정식들을 찾고 풀면서 큰 진전을 이루고 있다. 미적분학이 없었더라면, 우리는 이 중 어느 것도 하지 못했을 것이다.

복잡계와 고차원의 저주

푸앵카레의 접근법에서 가장 심각한 한계는 우리 뇌와 관련된 것인데, 우리 뇌는 3차원 이상의 공간을 상상할 수 없다. 자연 선택은 우리의 신경계를 위아래, 앞뒤, 좌우, 이렇게 정상 공간의 세 방향만 지각하도록 만들어놓았다. 아무리 애쓰더라도 우리는 네 번째 차원을 그릴 수가 없다. 즉, 마음의 눈으로 그것을 '볼' 수가 없다. 하지만 추상적인 기호를 사용해 우리는 어떤 차원이라도 다룰 수 있다. 페르마와 데카르트가 그 방법을 보여주었다. 이들의 xy 평면은 차원을 수로써 나타낼 수 있다는 것을 보여주었다. 좌우 방향은 x라는 수에 해당한다. 위아래 방향은 y라는 수에 해당한다. 더 많은 수를 사용함으로써 더 많은 차원을 포함시킬 수 있다. 3차원을 나타내는 데에는 x, y, z만 있으면 충분하다. 그렇다면 4차원이나 5차원도 나타내지 못할 이유가 없다. 문자는 얼마든지 많이 남아 있다.

시간이 네 번째 차원이라는 이야기는 여러분도 들어보았을 것이다. 실제로 아인슈타인의 특수 상대성 이론과 일반 상대성 이론에서는 시간과 공간이 결합되어 시공간이라는 하나의 실체로 존재하면서 4차원의 수학적 무대로 표현된다. 대충 설명하자면, 3차원 공간은 세 축으로 나타내고, 시간은 네 번째 축으로 나타낸다. 이것은 페르마와 데카르트의 2차원 xy 평면을 일반화한 것으로 볼 수 있다.

하지만 우리가 여기서 이야기하는 것은 시공간이 아니다. 푸앵카레의 접근법에 내재하는 한계는 그보다 훨씬 추상적인 무대와 관련이 있다. 이것은 진자의 벡터장을 다룰 때 보았던 추상적인 '상태 공간state space'을 일반화한 것이다. 그 예에서 우리는 진자의 각도를 한 축으로, 진자의 속도를 다른 축으로 나타낸 추상 공간을 그렸다. 흔들리는 진자의 각도와 속도는 매 순간 특정 값을 가진다. 그 순간에 그 값은 각도-속도 평면상의 한 점에 해당했다. 그 평면에서 화살표들(안무 지시처럼 보인 화살표들)은 그 상태가 매 순간 어떻게 변하는지 알려주었는데, 그것은 진자의 운동을 나타내는 뉴턴의 미분방정식에 의해 결정되었다. 화살표들을 따라가면, 진자가 어떻게 움직일지 예측할 수 있었다. 출발 장소가 어디냐에 따라 진자는 좌우로 진동할 수도 있고, 위쪽으로 선회하면서 공중제비를 넘을 수도 있었다. 이 모든 것이 그림 속에 들어 있었다.

여기서 알아야 할 중요한 사실은 진자의 상태 공간이 '2'차원이라는 점인데, 그 미래를 예측하는 데 '두' 가지 변수(진자의 각도와 속도)가 필요하고, 또 두 가지만으로 충분하기 때문이다. 잠시 후, 그리고 거기서 또 잠시 후, 그런 식으로 계속해서 먼 미래까지 진자의 각도와 속도를 예측하는 데 필요한 정보를 바로 이 두 변수가 제공했다. 이런 의미에서 진자는 본질적으로 2차원 계이다. 진자는 2차원 상태 공간을 갖고 있다.

'고차원의 저주'는 진자보다 더 복잡한 계를 다룰 때 나타난다. 예를 들어 뉴턴에게 두통을 안겨주었던 문제, 즉 중력을 통해 상호 작용하는 세 물체 문제를 살펴보자. 그 상태 공간은 18차원이다. 그 이유를 알아보기 위해 세 물체 중 하나에 초점을 맞춰 살펴보자. 어느 순간에 이 물체는 정상 3차원 물리적 공간의 어느 장소에 있다. 따라서 그 위치는 세 수 x, y, z로 나타낼 수 있다. 이 물체는 이 세 방향 중 어느 방향으로도 움직일 수 있는데, 이것들은 각각 세 가지 속도에 해당한다. 따라서 한 물체의 운동을 나타내려면, '여섯' 가지 정보가 필요하다. 그 위치를 나타내는 좌표 3개와 각 방향에서의 속도를 나타내는 수 3개가 필요하다. 이 6개의 수는 그 물체가 있는 장소와 움직이는 방식을 나타낸다. 문제에는 물체가 3개 등장하니, 상태 공간에서 이들의 상태를 모두 나타내려면 $6 \times 3 = 18$차원이 필요하다. 따라서 푸앵카레의 접근법에서는 중력을 통해 상호 작용하는 세 물체로 이루어진 계의 변화 상태는 18차원 공간에서 움직이는 하나의 추상적인 점으로 표현된다. 시간이 지남에 따라 이 추상적인 점은 실제 혜성이나 포탄의 궤적과 비슷한 궤적을 그리는데, 다만 이 추상적인 궤적은 푸앵카레의 환상적인 무대, 즉 삼체 문제의 18차원 상태 공간에서 산다는 점이 다를 뿐이다.

비선형 동역학을 생물학에 적용하려고 하면, 이보다 훨씬 높은 차원의 공간을 상상해야 할 때가 많다. 예를 들면, 신경과학에서는 나트륨 이온과 칼륨 이온, 칼슘 이온, 염소 이온을 비롯해 호지킨과 헉슬리의 신경-막 방정식에 포함된 이온들의 농도 변화를 모두 추적할 필요가 있다. 이 방정식들의 현대적 버전은 변수를 수백 개나 포함하는 경우도 있다. 이 변수들은 신경세포 내 이온들의 농도 변화, 세포막 사이의 전압 변화, 다양한 이온을 전도하고 세포로 들어가게 하거나 나가게 하는 세포막의 능력 변화를 나타낸다. 이 경우에 한 차원이 칼륨 농도를 나타낸다면, 두 번째 차원은 나트륨 농도를, 세 번째 차원은 전압을, 네 번째 차원은 나트륨 전도를, 다섯 번째 차원은 칼륨 전도를 나타내는 식으로 각 변수마다 하나의 차원이 할당되므로, 이 계의 추상적인 상태 공간은 수백 차원이나 된다. 주어진 어느 순간에 이 모든 변수들은 특정 값을 가진다. 호지킨-헉슬리 방정식들(혹은 그것을 일반화한 방정식들)은 변수들에 안무 지시를 주고, 자신의 궤적을 따라 어떻게 움직여야 할지 알려준다. 이 방법으로 상태 공간에서 이 궤적들이 어떻게 변하는지 컴퓨터의 도움을 받아 추적함으로써 신경세포와 뇌세포, 심장세포의 동역학을 예측할 수 있으며, 때로는 놀랍도록 정확하게 예측할 수 있다. 이 접근법의 결실은 신경병리학과 심장 부정맥을 연구하고 더 나은 세동 제거기를 설계하는 데 사용되고 있다.

오늘날 수학은 임의의 차원을 가진 추상 공간에 대해 자주 생각한다. 우리는 n차원 공간에 대해 이야기하며, 어떤 차원에도 적용할 수 있는 기하학과 미적분학도 개발했다. 10장에서 보았듯이, CT 스캐닝의 배경 이론을 발명한 앨런 코맥은 순전히 지적 호기심에서 CT가 4차원에서 어떻게 작동할지 생각해보았다. 이 순수한 모험 정신에서 큰 성과가 나왔다. 아인슈타인은 일반 상대성 이론에서 구부러진 공간과 시간을 기술하기 위해 4차원 기하학이 필요했을 때, 이미 그것이 존재한다는 사실을 알고서 무척 기뻐했다. 이미 수십 년 전에 베른하르트 리만이 순수한 수학적 열정에서 그것을 만들어놓았던 것이다.

따라서 수학에서 호기심 추구가 가져오는 결과에 대해서 할 이야기가 많다. 그 노력이 예상 밖의 과학적, 실용적 결실을 낳는 때가 많다. 또한 그 자체만으로도 수학자들에게 큰 즐거움을 주고, 서로 다른 수학 분야들 사이의 숨어 있던 연결 관계를 드러낸다. 이 모든 이유 때문에 고차원 공간 연구는 지난 200년 동안 수학에서 아주 활발하게 진행돼왔다.

하지만 비록 우리가 고차원 공간에서 수학을 할 수 있는 추상적인 계를 갖고 있긴 하지만, 수학자들은 여전히 그것을 시각화하는 데 어려움을 겪는다. 좀더 솔직하게 말하면, 우리는 그것을 시각화할 수 '없다'. 우리 뇌는 그럴 능력이 없다. 우리는 그런 식으로 만들어지지 않았다.

이러한 인지적 한계는 푸앵카레의 계획에 심각한 타격을 주는데, 적어도 3차원보다 높은 차원에서는 그렇다. 비선형 동역학에 대한 푸앵카레의 접근법은 시각적 직관에 의존한다. 이것은 '복잡계'* 분야에서 진전을 가로막는 큰 장애물이 되었다. 왜냐하면, 건강한 세포에서 일어나는 수천 가지 생화학 반응을 파악하려면, 혹은 암에서 왜 그런 생화학 반응이 엉망이 되는지 설명하려면, 고차원 공간을 이해할 필요가 있기 때문이다. 만약 미분방정식을 사용해 세포생물학을 이해할 수 있다는 기대를 품으려면, 이 방정식들을 공식을 사용하거나(소피야 코발렙스카야가 그럴 수 없다는 것을 보여주었다) 그림으로 나타냄으로써(우리 뇌의 한계 때문에 그럴 수가 없다) 풀 수 있어야 한다.

따라서 비선형 복잡계의 수학은 좌절을 안겨준다. 경제와 사회, 세포의 행동에서부터 면역계와 유전자, 뇌, 의식의 작용에 이르기까지 우리 시대의 가장 어려운 문제들에서 진전을 이루는 것은 설사 불가능하지는 않다 하더라도 항상 매우 어려울 것으로 보인다.

게다가 우리는 이 계들 중 일부가 케플러와 갈릴레이가 밝혀낸 것들과 비슷한 패턴을 포함하고 있는지조차 모른다. 신경세포는 그런 패턴을 포함하고 있는 것으로 보이지만, 경제나 사회는 어떨까? 많은 분야에서 인간의 이해는 아직도 갈릴레이와 케플러 이전 단계에 머물러 있다. 우리는 그런 패턴들을 발견하지 못했다. 그렇다면 이러한 패턴들에 통찰력을 줄 수 있는 더 심오한 이론들을 발견하려면 어떻게 해야 할까? 생물학과 심리학과 경제학은 아직 뉴턴 단계에 이르지 못했는데, 심지어 갈릴레이나 케플러 단계에도 이르지 못했기 때문이다. 우리는 아직도 갈 길이 멀다.

컴퓨터, 인공 지능, 통찰력의 수수께끼

현 시점에서 컴퓨터 승리주의자들은 자신들의 말에 귀를 기울이라고 요구한다. 이들은 컴퓨터의 도움으로, 그리고 인공 지능의 도움으로 이 문제들을 모두 해결할 수 있다고 말한다. 이들의 주장이 옳을 수도 있다. 컴퓨터는 오래전부터 미분방정식과 비선형 동역학, 복잡계를 연구하는 데 큰 도움을 주었다. 호지킨과 헉슬리는 1950년대에 신경세포의 작용을 이해하는 문을 열 때, 손으로 크랭크를 돌리는 기계를 사용해 편미분방정식을 풀었다. 2011년에 보잉의 공학자들은 787 드림라이너를 설계할 때, 슈퍼컴퓨터를 사용해 비행기에 미치는 양력과 항력을 계산하고, 원치 않는 날개의 진동을 방지하는 방법을 찾아냈다.

컴퓨터는 계산기로 시작했지만, 지금은 그보다 훨씬 많은 일을 하고 있다. 일종의 인공 지능까지 만들어냈다. 예를 들면, 현재 구글 번역은 관용어 번역을 놀랍도록 훌륭하게 해낸다. 최고의 인간 전문가보다 더 정확하게 질병을 진단하는 의료용 AI 시스템도 있다.

하지만 나는 구글 번역이 언어에 대한 통찰력이 있다거나 의료용 AI 시스템이 질병을 이해한다고 주장하는 사람은 없으리라고 생각한다. 컴퓨터가 통찰력을 가질 수 있을까? 만약 그럴 수 있다면, 과학 분야에서 풀리지 않은 많은 문제들의 중심에 자리잡고 있는 복잡계처럼 우리가 큰 관심을 가진 것들에 대해 그 통찰력을 우리에게 나누어줄 수 있을까?

컴퓨터 통찰력의 가능성에 대한 찬반 주장의 근거를 알아보기 위해 컴퓨터 체스*가 진화한 과정을 살펴보자. 1997년, IBM의 체스 프로그램 딥 블루Deep Blue는 6판의 대국 끝에 세계 체스 챔피언 게리 카스파로프를 이겼다. 비록 그 당시에는 예상 밖의 일이긴 했지만, 이 사건에는 그다지 불가사의한 것이 없었다. 딥 블루는 1초에 2억 가지 위치를 평가할 수 있었다. 딥 블루는 통찰력은 없었지만, 어마어마하게 빠른 연산 속도를 갖고 있었고, 결코 지치지 않았고, 계산에서 실수를 저지르는 법이 없었고, 1분 전에 생각했던 것을 잊어버리는 일도 없었다. 하지만 딥 블루는 컴퓨터처럼 기계적으로 그리고 유물론적으로 체스를 두었다. 딥블루는 카스파로프보다 계산은 더 잘했지만, 더 깊이 생각하진 못했다. 세계에서 가장 강한 현 세대의 체스 프로그램들(스톡피시Stockfish나 코모도Komodo처럼 위협적인 이름을 가진)은 여전히 이러한 비인간적인 스타일로 체스를 둔다. 이 프로그램들은 상대의 말을 붙잡길 좋아한다. 그리고 철벽처럼 방어한다. 하지만 이 프로그램들은 어떤 인간 체스 선수보다 훨씬 강하긴 해도, 창조적이거나 통찰력이 뛰어나지는 않다.

그런데 기계 학습이 등장하면서 이 모든 것이 변했다. 2017년 12월 5일, 구글의 딥마인드Deep Mind 팀은 알파제로Alpha-Zero라는 딥 러닝 프로그램을 발표해 체스계를 충격에 빠뜨렸다. 이 프로그램은 스스로를 상대로 체스 게임을 수백만 판이나 두면서 자신의 실수로부터 정수를 배워나가는 방법으로 스스로를 가르쳤다. 그리고 불과 몇 시간만에 역사상 최고의 체스 선수가 되었다. 가장 뛰어난 인간 마스터들을 모조리 쉽게 꺾었을 뿐만 아니라, 권좌를 차지하고 있던 컴퓨터 세계 챔피언마저 꺾었다. 정말로 강한 프로그램인 알파제로는 스톡피시와 100판을 겨뤄 28승 72무를 기록했고, 단 한 판도 지지 않았다.

가장 섬뜩한 사실은 알파제로가 통찰력을 보여주었다는 점이다. 이전에 어느 컴퓨터도 보여주지 못한 것을 보여주었는데, 직관적이고 아름답게, 그리고 낭만적이고 공격적인 방식으로 게임을 진행했다. 말을 희생시키는 수를 쓰는가 하면, 모험을 감수했다. 어떤 게임에서는 스톡피시를 마비시키고 가지고 놀았다. 사악하고 가학적인 면모도 보였다. 그리고 매우 창조적인 면도 보여주었는데, 어떤 그랜드마스터나 컴퓨터도 상상하지 못한 수를 두었다. 알파제로는 사람의 정신과 기계의 힘을 가지고 있었다. 그것은 인류가 일찍이 본 적이 없는 새로운 종류의 지능으로 두려움마저 불러일으켰다.

알파제로나 그것과 비슷한 기계(그것을 알파인피니티AlphaInfinity라고 부르기로 하자)를 이론과학 분야에서 풀리지 않은 것 중 가장 중요한 문제들, 예컨대 면역학이나 암생물학, 의식에 관한 문제들에 도전하게 한다고 가정해보자. 환상을 계속 이어가기 위해 이 현상들에 갈릴레이와 케플러의 패턴이 존재하며, 그것이 드러날 때가 되었지만, 오직 우리보다 훨씬 월등한 지능만이 그것을 밝혀낼 수 있다고 가정하자. 그런 법칙들이 존재한다고 가정한다면, 이 초인간적인 지능은 그것을 알아낼 수 있을까? 나는 그 답을 모른다. 그것은 아무도 모른다. 이 모든 것은 고려할 가치가 없는 것일 수도 있는데, 그런 법칙들은 존재하지 않을 수도 있기 때문이다.

하지만 만약 존재한다면, 그리고 알파인피니티가 그것을 발견할 수 있다면, 그것은 우리에게 신탁처럼 보일 것이다. 우리는 알파인피니티의 발치에 앉아 귀를 기울일 것이다. 우리는 알파인피니티가 왜 항상 옳은지, 혹은 심지어 그것이 말하는 것이 무엇인지 이해할 수 없겠지만, 실험이나 관찰 결과와 비교함으로써 그 계산을 검증할 수 있을 테고, 알파인피니티는 모든 것을 다 아는 듯 보일 것이다. 우리는 경이로움과 혼란에 빠져 입을 벌린 채 구경꾼의 위치로 전락할 것이다. 설사 알파인피니티가 자신이 내놓은 결과를 설명한다 하더라도, 우리는 그 추론을 따라가지 못할 것이다. 그 순간, 뉴턴과 함께 시작된 통찰력의 시대는 적어도 인류에게는 종지부를 찍고 새로운 통찰력의 시대가 열릴 것이다.

공상 과학 이야기냐고? 어쩌면. 하지만 나는 이 같은 시나리오를 완전히 무시할 수 없다고 생각한다. 수학과 과학의 일부 분야들에서 우리는 이미 통찰력의 황혼*을 경험하고 있다. 컴퓨터가 증명한 정리들이 있지만, 아직 어떤 사람도 그 증명을 이해하지 못하고 있다. 그 정리들은 옳지만, 우리는 왜 옳은지 알 수 있는 통찰력이 없다. 그리고 현 시점에서는 기계도 자신이 얻은 결과를 설명할 수가 없다.

오랫동안 풀리지 않아 유명해진 '사색 정리four-color map theorem'라는 수학 문제를 살펴보자. 이 정리는 합리적인 조건 하에서 지도의 인접한 나라들을 서로 다른 색으로 칠해 구분하는 데에는 단 네 가지 색이면 충분하다고 말한다. (유럽이나 아프리카, 혹은 오스트레일리아를 제외한 그 밖의 어떤 대륙 지도라도 앞에 펴놓고 살펴보면, 이 말이 무슨 뜻인지 이해가 갈 것이다.) 사색 정리는 1977년에 컴퓨터의 도움으로 증명되었지만, 그 누구도 이 논증에 사용된 모든 단계를 검증할 수 없었다. 그 후에 이 증명은 옳음이 확인되고 더 단순해졌지만, 그중 일부는 알파제로 이전에 체스를 두던 컴퓨터들이 한 것과 같은 방식으로 단순무식한 계산에 의존하고 있다. 이 증명이 나왔을 때, 많은 현역 수학자들은 불만을 표시했다. 그들은 그전부터 이미 사색 정리가 옳다고 믿었다. 그러니 그것이 옳다고 재삼 확인할 필요는 없었다. 수학자들은 사색 정리가 '왜' 옳은지 이해하길 원했지만, 이 증명은 아무 도움이 되지 않았다.

이와 비슷하게 요하네스 케플러가 제기해 그 역사가 400여 년이나 된 기하학 문제를 살펴보자. 이 문제는 동일한 크기의 구들을 3차원 공간에 가장 촘촘하게 채워 넣는 방법이 무엇이냐고 묻는다. 구들을 하나 위에 다른 것을 쌓는 식으로 모든 층들을 동일하게 채우는 게 더 효율적일까? 아니면 과일 가게에서 오렌지를 쌓는 것처럼 아래층의 구 4개 사이에 생긴 우묵한 공간에 구를 하나씩 채워 넣는 식으로 층들을 약간 비틀어 쌓는 게 더 효율적일까? 만약 그렇다면, 이 방법이 최선의 방법일까, 아니면 또 다른 불규칙한 배열 방식이 최선일까? 케플러는 과일 가게에서 오렌지를 쌓는 방식이 최선이라고 추측했다. 하지만 그의 추측은 1998년이 되어서야 증명되었다. 토머스 헤일스는 제자인 새뮤얼 퍼거슨과 18만 행의 컴퓨터 코드에 도움을 받아 이 계산을 많지만 유한한 경우의 수로 줄였다. 그러고 나서 그의 프로그램은 단순무식한 계산과 독창적인 알고리듬의 도움을 받아 그 추측이 옳음을 입증했다. 수학계는 어깨를 으쓱하는 반응을 보였다. 우리는 이제 케플러의 추측이 옳다는 것을 알지만, 여전히 왜 옳은지는 알지 못한다. 우리는 그것을 알 수 있는 통찰력이 없고, 헤일스의 컴퓨터는 그것을 우리에게 설명하지 못한다.

하지만 알파인피니티가 그런 문제들에 도전한다면 어떻게 될까?

그런 기계는 알파제로가 스톡피시를 상대로 보여주었던 아름다운 체스 게임처럼 아름다운 증명을 내놓을 것이다. 그 증명은 직관적이고 우아할 것이다. 그것은 헝가리 수학자 에르되시 팔•이 한 말처럼 "바로 그 책에 나오는 증명"일 것이다. 에르되시는 신에게는 최선의 증명들이 모두 실려 있는 책이 있을 것이라고 상상했다. 따라서 어떤 증명이 그 책에 나오는 증명이라는 말은 최상의 찬사였다. 이 말은 그 증명이 어떤 정리가 '왜' 옳은지 보여주며, 꼴사납고 어려운 논증으로 독자에게 무조건 그것을 받아들이라고 강요하지 않는다는 뜻이다. 나는 그리 멀지 않은 미래에 인공 지능이 우리에게 그 책에 나오는 증명들을 내놓는 날을 상상한다. 그때에는 미적분학이 어떤 모습을 하고 있을까? 그리고 의학과 사회학과 정치학은 어떤 모습을 하고 있을까?

무한을 적절한 방식으로 휘두름으로써 미적분학은 우주의 비밀을 드러낼 수 있다. 우리는 그런 일이 반복적으로 계속 일어나는 것을 보았지만, 아직도 기적적인 일처럼 보인다. 어쨌든 인간이 발명한 추론 체계는 자연의 조화와 딱 들어맞는다. 이 추론 체계는 단지 그것이 발명된 척도(팽이와 수프 그릇 같은 일상생활의 척도)에서만 유용한 데 그치지 않고, 가장 작은 원자 척도나 가장 큰 우주 척도에서도 믿을 수 있다. 따라서 미적분학은 순환 논증의 속임수가 아니다. 우리가 이미 알고 있는 것을 미적분학에 집어넣고, 미적분학이 그것을 도로 꺼내 우리에게 건네주는 것이 아니다. 미적분학은 우리가 한 번도 본 적이 없고, 절대로 볼 수 없고, 앞으로도 결코 보지 못할 것을 알려준다. 어떤 경우에는 결코 존재한 적이 없지만 존재할 수 있었던 것에 대해서도 알려준다. 우리에게 그것을 불러낼 지적 능력이 있다면 말이다.

내가 가장 큰 불가사의라고 생각하는 것은 이것이다. 우주는 왜 이해하는 것이 가능하며, 미적분학은 왜 우주와 조화를 이룰까? 나는 그 답을 모르지만, 이것이 숙고할 가치가 있는 질문이라는 데 여러분이 동의하리라 믿는다. 그런 맥락에서 나는 미적분학의 기이한 효율성이 펼쳐지는 마지막 세 가지 예를 볼 수 있는 〈환상 특급 Twilight Zone〉으로 여러분을 안내하려고 한다.

소수 여덟째 자리

첫 번째 예는 리처드 파인먼이 미적분학은 신이 사용하는 언어라고 했던 말과 함께 우리가 처음 시작한 곳으로 되돌아간다. 이 예는 파인먼 자신이 했던 양자전기역학quantum electrodynamics, QED• 연구와 관련이 있다. 양자전기역학은 빛과 물질의 상호 작용 방식에 관한 양자론이며, 맥스웰의 전자기 이론, 하이젠베르크와 슈뢰딩거의 양자론, 그리고 아인슈타인의 특수 상대성 이론을 결합한 것이다. 파인먼은 양자전기역학을 창시한 주역 중 한 명이다. 나는 그의 이론 구조를 살펴보고 나서 왜 파인먼이 미적분학을 높이 평가했는지 그 이유를 알 수 있었다. 그의 이론에는 전술 면에서나 표현 방식 면에서 미적분이 가득 들어 있다. 멱급수, 적분, 미분방정식이 넘쳐나며, 무한을 사용한 기교도 많이 포함하고 있다.

더 중요한 것은 양자전기역학이 지금까지 어떤 것에 관한 것이건… 어느 누가 고안한 것보다도 더 정확한 이론•이라는 것이다. 물리학자들은 지금도 파인먼 다이어그램을 사용해 전자와 그 밖의 입자들의 성질을 예측하기 위해, 양자전기역학에서 나타나는 급수들을 컴퓨터의 도움을 받아가며 계산하느라 바쁘다. 물리학자들은 양자전기역학의 예측들을 아주 정밀하게 측정한 실험 결과와 비교함으로써 이 이론이 현실과 소수 여덟째 자리까지 일치한다는 것을 보여주었다. 즉, 오차가 '1억분의 1 이내'라는 뜻이다.

이것은 이론이 본질적으로 옳다는 것을 근사하게 표현한 말이다. 그런 수가 실제로 얼마나 큰지 감을 잡는 데 도움을 줄 비유를 찾는 것은 늘 어렵지만, 이렇게 한번 생각해보라. 1억 초는 대략 3.17년에 해당한다. 그러니 1억분의 1 이내의 오차로 어떤 것에 가까이 다가간다는 것은 지금부터 정확하게 3.17년 뒤에 손가락으로 딱 소리를 내기로 계획을 세우고 나서, 1초 이내의 오차로 손가락을 튕기려고 하는 것과 같다. 그것도 시계나 알람의 도움 없이.

여기에는 철학적으로 놀라운 것이 숨어 있다. 양자전기역학의 미분방정식과 적분은 인간의 마음이 만들어낸 창조물이다. 이 방정식들은 분명히 실험과 관찰에 기반을 두고 있기 때문에, 그만큼의 현실을 반영하고 있다. 그럼에도 불구하고, 이것들은 상상력의 산물이다. 현실을 있는 그대로 맹목적으로 모방한 것이 아니라 우리의 마음이 지어낸 것이다. 그리고 아주 놀라운 것은, 종이 위에 수식을 휘갈기고, 뉴턴과 라이프니츠가 개발한 것과 비슷하지만 21세기에 맞게 개량된 방법으로 계산을 수행하면, 자연의 가장 깊은 성질들을 예측할 수 있다는 것이다. 그것도 소수 여덟째 자리까지 정확하게 말이다. 인간이 지금껏 예측한 것 중에서 양자전기역학의 예측만큼 정확한 것은 없었다.

이것은 언급할 가치가 충분히 있는데, 왜냐하면 우리가 가끔 듣는 거짓말, 즉 과학은 신앙이나 다른 신념 체계와 같으며, 진실에 대해 특별히 내세울 게 없다는 주장의 근거를 무너뜨리기 때문이다. 1억분의 1 이내의 오차로 들어맞는 이론은 단순히 신앙이나 의견에 불과한 게 아니다. 소수 여덟째 자리까지 일치할 필요조차 없다. 물론 물리학에는 틀린 것으로 드러난 이론들이 많이 있다. 하지만 이것은 아니다. 적어도 아직까지는 아니다. 물론 모든 이론이 그렇듯이 아주 약간 빗나갈 수는 있지만, 진실에 아주 가까이 다가간다는 것은 틀림없는 사실이다.

양전자를 소환하다

미적분학의 기이한 효율성을 보여주는 두 번째 예는 양자역학을 확대하려 한 초기의 시도와 관련이 있다. 1928년, 영국 물리학자 폴 디랙•은 양자역학의 지배적인 원리들을 빛의 속도에 가까운 속도로 움직이는 전자에 적용할 때 아인슈타인의 특수 상대성 이론과 조화시키는 방법을 찾으려고 시도했다. 그 결과로 한 이론을 만들었는데, 디랙은 그 이론이 매우 아름답다고 생각했다. 그는 대체로 심미적 이유에서 이론을 선택했다. 자신의 이론을 뒷받침하는 특별한 경험적 증거는 없었지만, 그 아름다움이 이론의 옳음을 보여주는 징후라는 예술적 감각에서 선택한 것이었다. 오직 몇 가지 제약(수학적 우아함과 함께 상대성 이론과 양자역학의 공존 가능성)만이 그의 손을 묶는 주요 요인이었다. 디랙은 여러 가지 이론을 갖고 씨름을 하다가 자신의 심미적 조건을 모두 충족하는 이론을 발견했다. 다시 말해서, 그 이론은 조화를 찾으려는 목표에 안내를 받았다. 그리고 다른 훌륭한 과학자와 마찬가지로, 디랙은 자신의 이론에서 예측을 이끌어냄으로써 그 이론을 검증하려고 했다. 이론물리학자인 그에게 예측이란 곧 미적분학을 사용하는 것을 뜻했다.

디랙은 오늘날 디랙 방정식으로 알려진 미분방정식을 풀고, 그 후 몇 년에 걸쳐 그것을 해석한 끝에 자신의 방정식이 몇 가지 놀라운 예측을 한다는 사실을 발견했다. 그 중 하나는 '반물질이 존재해야' 한다는 것이었다. 다시 말해서, 나머지 모든 점에서 전자와 똑같지만 전하만 음전하가 아닌 양전하를 가진 입자가 존재해야 했다. 처음에 디랙은 그 입자는 양성자가 아닐까 생각했지만 양성자는 질량이 너무 컸다. 자신이 예측한 입자는 양성자보다 질량이 약 2000배는 작아야 했다. 그렇게 작은 질량에 양전하를 가진 입자는 그때까지 발견된 적이 없었다. 하지만 그의 방정식은 그런 입자가 존재해야 한다고 예측했다. 디랙은 그 입자를 '반전자anti-electron'라고 이름 붙였다. 1931년에 발표한 논문*에서 디랙은 아직 발견되지 않은 이 입자가 전자와 충돌하면 둘이 상쇄될 것이라고 예측했다. 디랙은 "이 새로운 발전은 추상적인 기호로 표현할 때 형식론에 아무 변화도 요구하지 않는다."라고 쓰고는 "이런 상황에서 자연이 그것을 전혀 이용하지 않았다면 오히려 놀라운 일이 될 것이다."*라고 무미건조하게 덧붙였다.

그다음 해에 실험물리학자 칼 앤더슨은 우주선宇宙線을 연구하다가 구름 상자에서 기묘한 자국을 보았다. 어떤 입자가 전자처럼 나선을 그리며 움직였는데, 마치 양전하를 가진 것처럼 정반대 방향으로 선회했다. 앤더슨은 디랙의 예측을 전혀 몰랐지만 자신이 발견한 것이 무엇인지 그 핵심을 파악했다. 앤더슨이 1932년에 그 결과를 논문으로 발표할 때, 담당 편집자는 그 입자를 양전자陽電子, positron라고 부르는 게 어떻겠냐고 제안했다. 그래서 그 이름이 굳어졌다. 디랙은 그다음 해에 디랙 방정식을 발견한 공로로 노벨 물리학상을 받았다. 앤더슨은 양전자를 발견한 공로로 1936년에 노벨 물리학상을 받았다.

그 후 양전자는 생명을 구하는 데 사용되었다. 양전자는 뇌나 다른 기관의 부드러운 조직 내에서 비정상 대사 활동 지역을 보여주는 의료 영상 기술인 PET(positron emission tomography, 양전자 방출 단층 촬영)에 쓰인다. PET 스캔*은 수술이나 다른 위험한 방법을 쓰지 않는 비침습적 방법으로 뇌종양의 위치를 알아내고 알츠하이머병과 연관이 있는 아밀로이드판을 탐지하는 데 도움을 준다.

따라서 이것은 놀랍도록 실용적이고 중요한 일에 미적분학이 보조 역할을 하는 또 하나의 예를 보여준다. 미적분학은 우주의 언어일 뿐만 아니라 그 비밀을 뽑아내는 논리 엔진이기 때문에, 디랙은 전자를 나타내는 자신의 미분방정식에서 자연에 대해 새롭고 옳고 아름다운 사실을 알아낼 수 있었다. 그 방정식은 디랙이 새로운 입자를 생각하게 했고, 그것이 반드시 존재한다는 것을 알려주었다. 논리와 아름다움이 양전자의 존재를 요구했다. 하지만 방정식 혼자 힘만으로는 그럴 수가 없었다. 알려진 사실들과 일치해야 했고, 알려진 이론들과 들어맞아야 했다. 이 모든 것을 솥에 넣고 휘젓자, 마치 기호들 자신이 양전자를 현실에 나타나게 하는 것처럼 보였다.

이해 가능한 우주의 수수께끼

미적분학의 기이한 효율성을 보여주는 세 번째 예인 알베르트 아인슈타인• 이야기로 우리의 여행을 끝내는 게 적절해 보인다. 아인슈타인은 자연의 조화에 대한 존중, 수학이 상상력의 승리라는 신념, 이해 가능한 우주에 대한 경외감 등 우리가 다룬 주제들 중 많은 것을 상징한다.

그의 일반 상대성 이론•만큼 이러한 주제들이 더 분명하게 드러나는 곳은 없다. 자신의 대표 이론인 이 이론에서 아인슈타인은 뉴턴의 시간과 공간 개념을 뒤집어엎었고, 물질과 중력 사이의 관계를 다시 정의했다. 아인슈타인에게 중력은 더 이상 먼 거리에 즉각적으로 작용하는 힘이 아니었다. 대신에 중력은 거의 손으로 만질 수 있는 대상으로, 우주의 천에 생긴 굴곡, 즉 시공간의 곡률이 발현된 것이었다. 곡률(옛날 사람들이 구부러진 직선과 구부러진 표면에 흥미를 느낀 미적분학의 탄생 시점으로 거슬러 올라가는 개념)은 아인슈타인의 손에서 단지 형태의 성질에 불과한 것이 아니라 공간 자체의 성질이 되었다. 그것은 마치 페르마와 데카르트의 xy 평면이 자체적으로 생명을 얻은 것과 같았다. 공간은 드라마가 펼쳐지는 무대에 불과한 게 아니라, 그 자신이 배우였다. 아인슈타인의 이론에서 물질은 시공간에게 어떻게 구부러지라고 지시하고, 시공간의 곡률은 물질에게 어떻게 움직이라고 지시한다. 둘 사이의 춤은 이 이론을 비선형적으로 만든다.

우리는 이것이 무슨 의미를 지니는지 알고 있다. 방정식의 의미를 이해하는 것은 어려울 수밖에 없다. 지금까지도 일반 상대성 이론의 비선형 방정식들에는 많은 비밀이 숨어 있다. 아인슈타인은 수학적 재주와 집요함으로 그 중 일부를 밝혀내는 데 성공했다. 예를 들면, 그는 지구로 날아오는 별빛이 태양 주위를 지날 때 약간 구부러질 것이라고 예측했다. 이 예측은 1919년에 일식이 일어날 때 입증되어 아인슈타인은 일약 세계적인 유명 인사가 되었고, 〈뉴욕 타임스〉 일면을 장식하는 뉴스가 되었다.

일반 상대성 이론은 또한 중력이 시간에 기묘한 효과*를 일으킨다고 예측했다. 물체가 중력장을 지나갈 때 시간이 흐르는 속도가 빨라지거나 느려질 수 있다. 이것은 아주 이상하게 들리겠지만, 실제로 그런 일이 일어난다. GPS 위성이 아주 높은 고도에서 움직일 때에는 이 효과를 감안할 필요가 있다. 높은 고도에서는 중력장이 더 약하기 때문에 시공간의 곡률이 줄어들어 지상에서보다 시간이 더 빨리 흐른다. 이 효과를 감안해 시간을 보정하지 않으면, GPS 위성에 실린 시계는 시간을 정확하게 잴 수 없다. 지상의 시계보다 하루에 약 45마이크로초씩 빨라지기 때문이다. 이것은 하찮은 시간처럼 보일 수 있지만, GPS 시스템이 제대로 작동하려면 나노초 단위의 정확성이 필요하다는 사실을 명심할 필요가 있다. 45마이크로초는 4만 4000나노초에 해당한다. 따라서 일반 상대성 이론을 바탕으로 적절한 보정을 하지 않으면, 전체 GPS 시스템은 금방 항행에 쓸모없는 것이 되고 만다.

일반 상대성 이론의 미분방정식들은 그 밖에도 우주의 팽창이나 블랙홀의 존재를 비롯해 여러 가지 예측을 했다. 이 예측들이 처음 나왔을 때에는 말도 안 되는 소리처럼 들렸지만, 지금은 모두 옳은 것으로 증명되었다.

2017년 노벨 물리학상은 일반 상대성 이론이 예측한 또 하나의 터무니없는 효과를 탐지한 이들에게 돌아갔다. 그 효과는 바로 중력파•이다. 일반 상대성 이론은 서로의 주위를 도는 한 쌍의 블랙홀이 주변의 시공간을 규칙적으로 팽창시켰다 수축시켰다 하면서 소용돌이치게 만든다는 것을 보여주었다. 이로 인해 시공간 구조에 생기는 교란은 잔물결처럼 바깥쪽을 향해 빛의 속도로 퍼져나갈 것으로 예측되었다. 아인슈타인은 그러한 파동을 측정하는 것은 불가능하리라고 보았다. 그것은 수학적 환상일지도 모른다고 생각했다. 노벨상을 받은 팀의 업적은 역사상 최고로 민감한 중력파 감지기를 설계하고 만든 것이었다. 2015년 9월 14일, 이들의 장비는 양성자 지름보다 1000배나 작은 시공간의 떨림을 포착했다. 비교를 위해 예를 들자면, 이것은 가장 가까운 별까지의 거리가 머리카락 두께만큼 흔들리는 것과 맞먹는다.

이 책의 마지막 글을 쓰고 있는 지금은 맑은 겨울밤이다. 나는 밖으로 나가 하늘을 바라보았다. 머리 위의 별들과 캄캄한 우주 공간을 보면서 나는 경외감에 휩싸였다.

중간 크기의 은하 안에서 떠다니는 하찮은 행성에 살고 있는 하찮은 종인 우리 호모 사피엔스는 어떻게 10억 광년 너머의 먼 우주에서 두 블랙홀이 충돌한 뒤에 시간과 공간이 이런 식으로 흔들릴지 알 수 있었을까? 우리는 그 중력파가 이곳에 도착하기도 전에 중력파가 어떤 소리를 내야하는지 알고 있었다. 그리고 미적분학과 컴퓨터와 아인슈타인 덕분에 우리의 계산과 예측이 들어맞았다.

그 중력파는 지금까지 들린 것 중 가장 희미한 속삭임이었다. 이 부드러운 작은 파동은 우리가 영장류이기 이전부터, 아니 포유류이기 이전부터; 아니 우리가 미생물이던 시절부터 우리를 향해 날아오고 있었다. 그리고 그 파동이 도착한 2015년 그날, 우리가 귀를 기울이고 있었기 때문에, 그리고 우리가 미적분학을 알고 있었기 때문에 우리는 이 부드러운 속삭임이 무엇을 의미하는지 이해할 수 있었다.

감사의 말

일반 독자를 대상으로 미적분학에 관한 책을 쓰는 것은 아주 멋진 도전이었고 아주 흥미로운 작업이었다. 나는 고등학교에서 처음 배우던 때부터 미적분학을 사랑했고, 그 사랑을 더 많은 독자들과 나누는 꿈을 오래전부터 품고 있었지만 그 뜻을 이루지 못했다. 항상 다른 일이 그것을 방해했다. 써야 할 연구 논문, 지도해야 할 대학원생, 준비해야 할 강의, 키워야 할 아이들, 산책시켜야 할 개를 비롯해 온갖 일이 항상 생겨났다. 그러다가 2년쯤 전에 내 나이가 (여러분의 나이와 마찬가지로) 1년에 한 살씩 늘어나고 있으니, 지금이 미적분학의 즐거움을 모든 사람과 함께 나누려고 시도하기에 그 어느 때보다 좋은 때라는 생각이 들었다. 그래서 내가 맨 먼저 감사를 드리고 싶은 사람들은 바로 사랑하는 독자 여러분이다. 나는 여러분을 수십 년 동안 상상해왔다. 지금 이 자리에 있어 주어서 정말로 고맙다.

하지만 늘 쓰려고 마음먹었던 책을 실제로 쓰는 것은 예상한 것보다 더 힘들었다. 이것은 놀라운 일이 아니어야 마땅하지만, 사실은 놀라운 일이었다. 너무 오랫동안 미적분학에 몰두한 나는 초보자의 눈으로 그것을 보기가 어려웠다. 다행히도 미적분학이 무엇인지 혹은 그것이 왜 중요한지 전혀 모르고, 내 동료들과 내가 하는 것과 같은 방식으로 깨어 있는 모든 시간 동안 수학을 생각하지도 않지만, 아주 똑똑하고 너그럽고 인내심이 많은 사람들이 내게 도움을 주었다.

내 출판 에이전트 카팅카 맷슨에게 감사드린다. 오래전에 내가 지나가는 말로 미적분학이 인류가 생각해낸 가장 위대한 개념 중 하나라고 언급했을 때, 당신은 그 책을 읽고 싶다고 말했지요. 자, 여기 그 책이 있습니다. 나와 이 프로젝트를 믿어준 데 대해 다시 한번 감사드립니다.

훌륭한 두 편집자 이먼 돌런과 앨릭스 리틀필드와 함께 일한 것은 내게 큰 행운이었다. 두 사람과 함께 한 작업은 처음부터 끝까지 환상적이었다. 매우 똑똑하고 약간 회의적이고 호기심이 많고 스릴을 느끼고 싶어 한 두 사람은 내가 늘 염두에 둔 독자였다. 무엇보다도 두 사람은 나보다 먼저 이야기에서 구조를 발견했고, 엄격하면서도 부드러운 손으로 나를 안내했다. 두 사람은 짜증나게도 초고를 매번 고쳐써달라고 요구했지만, 나는 기꺼이 용서하려고 하는데, 그럴 때마다 책이 더 나아졌기 때문이다. 두 사람이 없었더라면, 정말로 나는 이 책을 제대로 마칠 수 없었을 것이다. 앨릭스, 이 원고를 끝까지 잘 안내해주고 모든 면에서 아주 즐겁게 일할 수 있게 해주어 고마워요.

즐거움이라면, 트레이시 로의 교열 작업을 빼놓을 수 없다. 트레이시, 함께 작업할 때마다 베푼 친절한 가르침 때문에 나는 또 다른 책을 쓰고 싶은 욕구가 솟구치고 있어요.

보조 편집자인 로즈메리 맥기니스에게: 발랄함과 효율적인 작업, 세부적인 것을 놓치지 않는 주의력에 감사드립니다. 그리고 호턴미플린하코트 출판사의 모든 사람들에게도 열심히 일하고 훌륭한 팀웍을 보여준 데 대해 감사드린다. 여러분과 일하게 된 것은 큰 행운이었다.

마지 넬슨은 나의 다른 책들과 마찬가지로 이 책의 일러스트레이션을 맡아주었다. 언제나처럼 보여준 기발한 감각과 협력 정신에 감사드린다.

친절하게도 이 책의 일부 또는 전부를 읽으면서 표현을 고쳐주고, 오류를 바로잡아주고(메르카토르라는 이름을 가진 사람이 두 명 있었다는 사실을 누가 알았겠는가?), 학자라면 누구나 바라는 아주 유쾌하고 꼼꼼한 방식으로 유익한 제안을 해준 동료 마이클 버러니, 빌 더넘, 폴 진스파그, 매닐 수리에게 감사드린다. 마이클, 당신의 지적에서 아주 많은 것을 배웠고, 이 책을 남보다 먼저 보여드리고 싶어요. 빌, 당신은 영웅이에요. 폴, 당신은 이전과 늘 똑같아요(그리고 최고예요). 매닐, 초고를 아주 꼼꼼하게 읽어주어 고마워요. 그리고 당신의 새 책도 행운을 빌어요. 어서 인쇄된 책을 읽고 싶어 좀이 쑤시는군요.

토머스 길로비치, 린다 우더드에게: 좋은 친구가 돼주어 정말 고마워. 너희들은 이 책이 부화한 거의 2년 동안 내가 이 책에 대해 지겹도록 떠들어대도 참고 들어주고, 늘 격려를 잊지 않았고, 내가 알기로는 변함없는 관심을 보여주었지.

앨런 페렐슨과 존 스틸웰에게: 나는 당신들의 연구를 매우 존경하며, 당신들이 이 책에 대한 생각을 나누어준 것을 영광으로 생각합니다.

그들의 연구를 다루고 그들이 출판한 일러스트레이션을 복제 사용하도록 허락해준 호드리구 테트수 아르젠통, 토니 데러스, 페터 슈뢰더, 툰치 테젤, 그리고 슈테판 차호브에게도 감사드린다.

머리에게: 너는 내가 100만 번이나 이야기하는 이 말을 들었을 거야. 무슨 말인지 알지 못하더라도, 대충 무슨 뜻인지는 알아들었겠지. 누가 착한 아이지? 바로 너야.

마지막으로, 내게 보여준 모든 사랑과 지원, 그리고 평소보다 더 짜증스러웠을 나의 산만한 태도를 견뎌내준 것에 대해 아내 캐럴과 두 딸 조와 리아에게 고마움을 표시하고 싶다. 이 프로젝트가 완성이 목전에 이른 것 같은데도 결코 끝나지 않을 것처럼 보였을 때, 벽까지 가기 전에 절반의 거리를 가야 한다는 제논의 역설은 우리 집에서 새로운 의미를 지니게 되었다. 나는 우리 가족이 보여준 그 모든 인내심에 큰 고마움을 느끼며, 그들을 매우 사랑한다.

스티븐 스트로가츠
뉴욕주 이사카에서

노트

들어가는 말

12쪽 **"신이 사용하는 언어니까요."** Wouk, *The Language God Talks*, 5.

우주는 매우 수학적이다 물리학적 관점은 Barrow and Tipler, *Anthropic Cosmological Principle*; Rees, *Just Six Numbers*; Davies, *The Goldilocks Enigma*; Livio, *Is God a mathematician?*; Tegmark, *Our Mathematical Universe*; 그리고 Carroll, *The Big Picture*를 참고하라. 철학적 관점은 Simon Friederich, "Fine-Tuning," *Stanford Encyclopedia of Philosophy*, https://plato.stanford.edu/archives/spr2018/entries/fine-tuning/을 참고하라.

13쪽 **생명과 우주와 모든 것에 대한 궁극적인 답** Adams, *The Hitchhiker's Guide to the Galaxy*와 Gill, *Douglas Adams' Amazingly Accurate Answer*.

14쪽 **"나 같은 수학 무지렁이"** Wouk, *The Language God Talks*, 6.

15쪽 **이와 다르게 서술할 것이고** 역사적 관점에서 다룬 것은 Boyer, *The History of the Calculus*와 Grattan-Guinness, *From the Calculus*. Dunham, *The Calculus Gallery*를 참고하라. Simmons, *Calculus Gems*는 가장 아름다운 문제들과 그 풀이들

을 소개하면서 미적분학 이야기를 들려준다.

16쪽 **응용수학자가 되려면** Stewart, *In Pursuit of the Unknown*; Higham et al., *The Princeton Companion*; 그리고 Goriely, *Applied Mathematics*는 응용수학의 정신과 범위와 활력을 잘 전달한다.

순수하고 불가사의하게 봉인된 정리와 증명의 세계 Kline, *Mathematics in Western Culture*와 Newman, *The World of Mathematics*는 수학을 더 넓은 문화와 연결지어 바라본다. 나는 고등학교 시절에 이 두 권의 대작을 읽느라 많은 시간을 보냈다.

전기와 자기 관련 수학과 물리학을 알고 싶으면, Maxwell, "On Physical Lines of Force"와 Purcell, *Electricity and Magnetism*을 보라. 개념과 역사를 알고 싶으면, Kline, *Mathematics in Western Culture*, 304~321; Schaffer, "The Laird of Physics"; 그리고 Stewart, *In Pursuit of the Unknown*, chapter 11을 참고하라. 맥스웰과 패러데이의 전기를 읽고 싶으면, Forbes and Mahon, *Faraday, Maxwell*을 보라.

17쪽 **파동 방정식** Stewart, *In Pursuit of the Unknown*, chapter 8.

20쪽 **"세계의 영원한 수수께끼"** Einstein, *Physics and Reality*, 51. 이 경구는 흔히 "우주에 대해 가장 이해하기 힘든 것은 그것을 이해할 수 있다는 사실이다."라는 말로 바꾸어 이야기하기도 한다. 아인슈타인의 실제로 한 말과 했다고 전하는 말을 모아놓은 것은 Calaprice, *The Ultimate Quotable Einstein*과 Robinson, "Einstein Said That"을 참고하라.

21쪽 **「자연과학에서 수학의 터무니없는 효율성에 관해」** Wigner, "The Unreasonable Effectiveness"; Hamming, "The Unreasonable Effectiveness"; 그리고 Livio, *Is God a Mathematician?*

피타고라스 Asimov, *Asimov's Biographical Encyclopedia*, 4~5; Burkert, *Lore and Science*; Guthrie, *Pythagorean Sourcebook*; 그리고 C. Huffman, "Pythagoras," https://plato.stanford.edu/archives/sum2014/entries/pythagoras/. Martínez는 *Cult of Pythagoras*와 *Science Secrets*에서 재미있는 유머를 섞어가며 피타고라스에 관한 전설 중 많은 것이 허위임을 밝힌다.

피타고라스학파 Katz, *History of Mathematics*, 48~51과 Burton, *History of Mathematics*, section 3.2는 피타고라스학파의 수학과 철학을 다룬다.

34쪽 **자극 방출** Ball, "A Century Ago Einstein Sparked," 그리고 Pais, *Subtle Is the Lord*. 원래 논문은 Einstein, "Zur Quantentheorie der Strahlung"이다.

1장 무한

39쪽 **수학의 시작** Burton, *History of Mathematics*와 Katz, *History of Mathematics*는 고대부터 20세기까지의 수학사를 가벼우면서도 권위 있게 소개한다. 수학적으로 조금 더 수준이 높은 책으로는 Stillwell, *Mathematics and Its History*가 아주 훌륭하다. 괴팍한 의견을 듬뿍 담아 광범위한 인문학적 관점에서 다룬 책을 원한다면 Kline, *Mathematics in Western Culture*를 읽어보라.

42쪽 **기하학의 부산물** Burton, *History of Mathematics*, section 4.5; Katz, *History of Mathematics*, chapters 2 and 3; 그리고 Stillwell, *Mathematics and Its History*, chapter 4를 참고하라.

43쪽 **원의 넓이** Katz, *History of Mathematics*, section 1.5는 고대 세계의 여러 문화에서 원의 넓이를 구하려고 한 시도들을 소개한다. 공식을 최초로 증명한 사람은 아르키메데스로, 실진법悉盡法을 사용해 증명했다.

60쪽 **아리스토텔레스** Henry Mendell, "Aristotle and Mathematics," *Stanford Encyclopedia of Philosophy*, https://plato.stanford.edu/archives/spr2017/entries/aristotle-mathematics/.

실무한 Katz, *History of Mathematics*, 56과 Stillwell, *Mathematics and Its History*, 54는 아리스토텔레스가 실무한과 가무한 개념을 어떻게 구별했는지 다룬다.

61쪽 **조르다노 브루노** Martínez, *Burned Alive*는 새로운 증거를 바탕으로 브루노가 신학적 주장 때문이 아니라 자신이 주장한 우주론 때문에 처형당했다고 주장한다. 다음 글도 참고하라: A. A. Martínez, "Was Giordano Bruno Burned at the Stake for Believing in Exoplanets?," *Scientific American* (2018), https://blogs.scientificamerican.com/observations/was-giordano-bruno-burned-at-the-stake-for-believing-in-exoplanets/. 또 다음 문헌도 참고하라: D. Knox, "Giordano

Bruno," *Stanford Encyclopedia of Philosophy*, https://plato.stanford.edu/entries/bruno/.

헤아릴 수 없이 미묘하고 심오하다 제논과 무한을 다룬 러셀의 논문은 "Mathematics and the Metaphysicians," reprinted in Newman, *The World of Mathematics*, vol. 3, 1576~1590에서 볼 수 있다.

62쪽 **제논의 역설** Mazur, *Zeno's Paradox*. 다음 문헌도 참고하라: Burton, *History of Mathematics*, 101~102; Katz, *History of Mathematics*, section 2.3.3; Stillwell, *Mathematics and Its History*, 54; John Palmer, "Zeno of Elea," *Stanford Encyclopedia of Philosophy*, https://plato.stanford.edu/archives/spr2017/entries/zeno-elea/; 그리고 Nick Huggett, "Zeno's Paradoxes," *Stanford Encyclopedia of Philosophy*, https://plato.stanford.edu/entries/paradox-zeno/.

69쪽 **양자역학** Greene, *The Elegant Universe*, chapters 4 and 5.

슈뢰딩거 방정식 Stewart, *In Pursuit of the Unknown*, chapter 14.

72쪽 **플랑크 길이** Greene, *The Elegant Universe*, 127~131은 왜 물리학자들이 플랑크 길이의 미시 수준에서 공간이 양자 거품으로 분해된다고 믿는지 설명한다. 철학적 논의를 읽고 싶다면 다음을 참고하라: Weinstein and D. Rickles, "Quantum Gravity," *Stanford Encyclopedia of Philosophy*, https://plato.stanford.edu/entries/quantum-gravity/.

2장 무한의 힘을 활용한 사람

77쪽 **아르키메데스** 아르키메데스의 생애를 알고 싶으면 Netz and Noel, *The Archimedes Codex*, 그리고 C. Rorres, "Archimedes," https://www.math.nyu.edu/~crorres/Archimedes/contents.html를 보라. 학문적으로 쓴 전기는 M. Clagett, "Archimedes," in Gillispie, *Complete Dictionary*, vol. 1을 참고하라. 이를 수정한 내용은 F. Acerbi in vol. 19에 나온다. 아르키메데스의 수학에 관한 이야기를 일고 싶으면, Stein, *Archimedes*와 Edwards, *The Historical Development*, chapter 2가 아주

훌륭하지만, Katz, *History of Mathematics*, sections 3.1~3.3과 Burton, *History of Mathematics*, section 4.5.도 참고하라. 아르키메데스의 연구를 학문적으로 집대성한 작품으로는 Heath, *The Works of Archimedes*가 있다.

아르키메데스와 관련된 재미있는 이야기 Martínez, *Cult of Pythagoras*, chapter 4는 우스꽝스러운 유레카 이야기와 기원전 212년의 시라쿠사 포위전 때 로마군 병사의 손에 최후를 맞이한 아르키메데스의 비극적인 죽음 이야기를 비롯해 아르키메데스의 많은 전설이 진화한 과정을 추적한다. 이 포위전 때 아르키메데스가 죽었을 가능성이 높아 보이긴 하지만, 마지막으로 남긴 말이 "내 원을 건드리지 마!"였다고 믿어야 할 이유는 전혀 없다.

플루타르코스 플루타르코스의 인용문은 존 드라이든 John Dryden이 번역한 플루타르코스의 작품 *Marcellus*에서 인용했다. 온라인으로는 http://classics.mit.edu/Plutarch/marcellu.html에서 볼 수 있다. 아르키메데스와 시라쿠스 포위전에 관한 해당 구절들은 https://www.math.nyu.edu/~crorres/Archimedes/Siege/Plutarch.html 에서 볼 수 있다.

"식사하는 것도 잊어버리고" http://classics.mit.edu/Plutarch/marcellu .html.

"강제로 욕조로 끌고 가 몸을 씻게" Ibid.

78쪽 **비트루비우스** 비트루비우스가 처음 이야기한 유레카 이야기는 https://www.math.nyu.edu/~crorres/Archimedes/Crown/Vitruvius.html에서 라틴어와 영어로 읽을 수 있다. 이 사이트에는 유명한 작가 제임스 볼드윈이 이 이야기를 어린이용으로 개작한 버전도 있다. 이 이야기는 *Thirty More Famous Stories Retold* (New York: American Book Company, 1905)에서 가져온 것이다. 안타깝게도 볼드윈과 비트루비우스는 왕이 내준 황금 왕관 문제를 아르키메데스가 푼 과정을 너무 간략하게 소개했다. Rorres는 https://www.math.nyu.edu/~crorres/Archimedes/Crown/CrownIntro.html에서 더 그럴듯한 설명을 제시한다. 또, 이 문제를 아르키메데스가 어떻게 풀었을지 갈릴레이가 추측한 이야기도 함께 소개한다(https://www.math.nyu.edu/~crorres/Archimedes/Crown/bilancetta.html).

"배가 종종 하늘 높이 들려 올라갔는데" http://classics.mit.edu/Plutarch/marcellu.html.

80쪽 **π 값을 구했다** Stein, *Archimedes*, chapter 11은 아르키메데스가 이 계산을 어떻게 해냈는지 상세하게 보여준다. 약간 골치 아픈 수학 계산을 각오해야 한다.

86쪽 **무리수의 존재** 2의 제곱근이 무리수라는 사실, 혹은 정사각형의 대각선을 그 변의 비로 나타낼 수 없다는 사실을 맨 처음 증명한 사람이 누구인지는 아무도 모른다. 피타고라스학파의 히파소스가 그것을 발견했다가 이단으로 몰려 같은 학파 사람들의 손에 바다에 수장되었다는 이야기가 전해 내려온다. Martínez, *Cult of Pythagoras*, chapter 2는 이 전설의 기원을 추적하여 사실이 아님을 보여준다. 미국의 영화 제작자 에럴 모리스도 <뉴욕 타임스>에 실린 아주 기발하고 긴 에세이에서 같은 주장을 펼쳤다: Errol Morris, "The Ashtray: Hippasus of Metapontum (Part 3)," *New York Times*, March 8, 2001, https://opinionator.blogs.nytimes.com/2011/03/08/the-ashtray-hippasus-of-metapontum-part-3/ 참고.

88쪽 **「포물선의 구적법」** 아르키메데스가 쓴 원글의 번역은 Heath, *The Works of Archimedes*, 233~252에서 볼 수 있다. 내가 삼각형 조각 논증에서 윤색한 이야기의 자세한 내용을 보고 싶으면, Edwards, *The Historical Development*, 35~39; Stein, *Archimedes*, chapter 7; Laubenbacher and Pengelley, *Mathematical Expeditions*, section 3.2; Stillwell, *Mathematics and Its History*, section 4.4를 참고하라. 인터넷에서도 관련 내용을 많이 찾아볼 수 있다. 가장 명료한 것 중 하나는 마크 리더가 설명한 것으로, https://www2.bc.edu/mark-reeder/1103quadparab.pdf에서 볼 수 있다. 또 하나는 R. A. G. Seely가 설명한 것으로, http://www.math.mcgill.ca/rags/JAC/NYB/exhaustion2.pdf에서 볼 수 있다. 대신에 여러분이 이해하기 더 쉬운 해석기하학적 접근법을 사용한 Simmons, *Calculus Gems*, section B.3을 보아도 된다.

95쪽 **"불가능한 것을 모두 배제하고…"** Arthur Conan Doyle, *The Sign of the Four* (London: Spencer Blackett, 1890), https://www.gutenberg.org/files/2097/2097-h/2097-h.htm.

99쪽 **방법** 원문 내용을 알고 싶으면, Heath, *The Works of Archimedes*, 326과 이어지는 내용을 보라. 방법을 포물선의 구적법에 적용한 사례는 Laubenbacher and Pengelley, *Mathematical Expeditions*, section 3.3과 Netz and Noel, *The Archimedes Codex*, 150~157을 보라. 넓이와 부피, 무게중심에 관한 여러 문제에

방법을 적용한 사례는 Stein, *Archimedes*, chapter 5와 Edwards, *The Historical Development*, 68~74를 참고하라.

"실제 증명을 제공하는 것은 아니지만" Stein, *Archimedes*, 33에서 인용.

"아직 우리가 알아내지 못한 정리들을…" Netz and Noel, *The Archimedes Codex*, 66~67에서 인용.

106쪽 **"모든 평행선으로 이루어져 있는"** Heath, *The Works of Archimedes*, 17.

"곡선 내부에 그은…" Dijksterhuis, *Archimedes*, 317. 데이크스테르하위스는 여기서 내가 주장한 것처럼 **방법**이 약간의 치부를 드러냈다고 주장한다. **방법**은 실무한의 사용이 "발표된 논문들에서만 추방되었다는" 사실을 보여주지만, 아르키메데스가 개인적으로 그것을 사용하는 것까지 막지는 못했다. 데이크스테르하위스의 표현에 따르면, "생산적인 수학자의 작업장에서는" 실무한을 바탕으로 한 논증이 "여전히 큰 영향력을 미쳤다."

"시사하는 것" Heath, *The Works of Archimedes*, 17.

108쪽 **구의 부피** Stein, *Archimedes*, 39~41.

109쪽 **"수들에 자연적으로 줄곧 내재해온 것이지만…"** Heath, *The Works of Archimedes*, 1.

111쪽 **'아르키메데스 팔림프세스트'** Netz and Noel, *The Archimedes Codex*를 참고하라. 이 책의 저자들은 잃어버린 원고와 그것이 다시 발견된 이야기를 아주 화려하게 들려준다. 그것과 관련된 놀라운 '신성新星' 이야기도 있는데, 다음 웹사이트는 그 타임라인과 인터뷰와 인터랙티브 도구를 제공한다: http://www.pbs.org/wgbh/nova/archimedes/. Stein, *Archimedes*, chapter 4도 참고하라.

아르키메데스의 유산 Rorres, *Archimedes in the Twenty-First Century*.

컴퓨터 애니메이션 영화 컴퓨터로 만든 영화와 비디오 뒤에 숨어 있는 수학을 알고 싶으면, McAdams et al., "Crashing Waves"를 참고하라.

마네킹 머리를 삼각 분할로 나타내는 세 가지 방법 Zorin and Schröder, "Subdivision for Modeling," 18.

112쪽 **슈렉** DreamWorks, "Why Computer Animation Looks So Darn Real," July 9, 2012, https://mashable.com/2012/07/09/animation-history-tech/uYHyf6hO.Zq3.

4500만 개 이상의 다각형 Shrek, production information, http://cinema.com/articles/463/shrek-production-information.phtml.

〈아바타〉 "NVIDIA Collaborates with Weta to Accelerate Visual Effects for Avatar," http://www.nvidia.com/object/wetadigital_avatar.html와 Barbara Robertson, "How Weta Digital Handled Avatar," *Studio Daily*, January 5, 2010, http://www.studiodaily.com/2010/01/how-weta-digital-handled-avatar/.

113쪽 **최초로 다각형을 수십억 개 이상 사용한 영화** "NVIDIA Collaborates with Weta."

〈토이 스토리〉 Burr Snider, "The Toy Story Story," *Wired*, December 1, 1995, https://www.wired.com/1995/12/toy-story/.

"영화 역사상 이 영화만큼 박사 학위 소지자가 많이 투입된 영화는 없었습니다." Ibid.

〈제리의 게임〉 Ian Failes, "'Geri's Game' Turns 20: Director Jan Pinkava Reflects on the Game-Changing Pixar Short," November 25, 2017, https://www.cartoonbrew.com/cgi/geris-game-turns-20-director-jan-pinkava-reflects-game-changing-pixar-short-154646.html. 이 영화는 다음 유튜브 채널에서 볼 수 있다: https://www.youtube.com/watch?v=gLQG3sORAJQ(오리지널 사운드트랙)과 https://www.youtube.com/watch?v=9lYRC7g2ICg(변경한 사운드트랙).

114쪽 **더 잘게 쪼개는 과정** DeRose et al., "Subdivision Surfaces." 칸 아카데미에서 픽사와 협력해 컴퓨터 애니메이션을 위해 더 잘게 쪼개는 면들을 보고 싶으면, 다음 사이트를 방문하라: https://www.khanacademy.org/partner-content/pixar/modeling-character. 학생들과 교사들은 "Pixar in a Box"가 제공하는 "behind-the-scenes look at how Pixar artists do their jobs"에서 다른 강의들을 즐길 수도 있다: https://www.khanacademy.org/partner-content/pixar. 이것은 오늘날 영화를 만드는 데 수학이 어떻게 쓰이는지 살펴보기에 아주 좋은 방법이다.

115쪽 **이중 턱** DreamWorks, "Why Computer Animation Looks So Darn Real."

116쪽 **얼굴 성형** Deuflhard et al., "Mathematics in Facial Surgery"; Zachow et al., "Computer-Assisted Planning"; 그리고 Zachow, "Computational Planning."

120쪽 **아르키메데스의 나선 양수기** Rorres, *Archimedes in the Twenty-First Century*, chapter 6, 그리고 https://www.math.nyu.edu/~crorres/Archimedes/

Screw/Applications.html.

121쪽 **아르키메데스는 침묵을 지켰다** 공정하게 말한다면, 아르키메데스는 운동에 관한 연구를 한 가지 하긴 했다. 하지만 그것은 물리학보다는 수학적 필요에서 만들어낸 인위적 형태의 운동이었다. Heath, *The Works of Archimedes*, 151~188에 소개된 그의 글 '소용돌이에 관해'를 읽어보라. 여기서 아르키메데스는 평면 위에서 움직이는 점에 대해 현대적인 극좌표계와 매개변수 방정식에 해당하는 개념을 내놓았다. 구체적으로 그는 방사선이 일정하게 회전하는 동안 원점에서 반지름 방향으로 일정하게 움직이는 점을 고려했는데, 움직이는 점의 궤적이 오늘날 아르키메데스 나선이라 부르는 곡선이라는 것을 보여주었다. 그러고 나서 $1^2 + 2^2 + \cdots + n^2$의 합을 구하고 실진법을 적용해 나선의 한 고리와 방사선으로 둘러싸인 넓이를 구했다. Stein, *Archimedes*, chapter 9; Edwards, *The Historical Development*, 54~62; 그리고 Katz, *History of Mathematics*, 114~115 참고.

3장 운동의 법칙을 발견하다

126쪽 **"이 웅대한 책"** Galileo, *The Assayer* (1623). 그중 일부를 발췌 번역한 것은 다음을 참고하라: Stillman Drake, *Discoveries and Opinions of Galileo* (New York: Doubleday, 1957), 237~238, https://www.princeton.edu/~hos/h291/assayer.htm.

"신의 마음과 함께 영원히 공존" Johannes Kepler, *The Harmony of the World*, translated by E. J. Aiton, A. M. Duncan, and J. V. Field, *Memoirs of the American Philosophical Society* 209 (1997): 304.

"신에게 세계의 창조를 위한 패턴을 공급" Ibid.

127쪽 **플라톤은… 가르쳤다** Plato, *Republic* (Hertfordshire: Wordsworth, 1997), 240.

아리스토텔레스의 가르침 Asimov, *Asimov's Biographical Encyclopedia*, 17~20.

128쪽 **역행 운동** Katz, *History of Mathematics*, 406.

129쪽 **아리스타르코스** Asimov, *Asimov's Biographical Encyclopedia*, 24~25, 그리

고 James Evans, "Aristarchus of Samos," *Encyclopedia Britannica*, https://www.britannica.com/biography/Aristarchus-of-Samos.

131쪽 **아르키메데스 자신이 깨달았듯이** Evans, "Aristarchus of Samos."

프톨레마이오스의 체계 Katz, *History of Mathematics*, 145~157.

132쪽 **조르다노 브루노** Martínez, *Burned Alive*.

갈릴레오 갈릴레이 The Galileo Project, http://galileo.rice.edu/galileo.html는 갈릴레이의 생애와 연구를 살펴보기에 아주 좋은 온라인 자료이다. 1961년에 초판이 출간된 Fermi and Bernardini, *Galileo and the Scientific Revolution*은 일반 독자가 읽기에 아주 좋은 갈릴레이 전기이다. *Asimov's Biographical Encyclopedia*, 91~96은 갈릴레이를 간단히 소개하는 자료로서 아주 훌륭하며, Kline, *Mathematics in Western Culture*, 182~195 역시 그렇다. 좀더 학술적인 자료를 원하면 다음을 참고하라: Drake, *Galileo at Work*, 그리고 Michele Camerota, "Galilei, Galileo," in Gillispie, *Complete Dictionary*, 96~103.

133쪽 **마리나 감바** http://galileo.rice.edu/fam/marina.html.

가장 좋아한 큰딸 비르지니아 Sobel, *Galileo's Daughter*. 마리아 첼레스테가 아버지에게 보낸 편지는 http://galileo.rice.edu/fam/daughter.htmlletters에서 볼 수 있다.

135쪽 **『새로운 두 과학』** 온라인에서 이 책의 영어판 텍스트를 볼 수 있다: http://oll.libertyfund.org/titles/galilei-dialogues-concerning-two-new-sciences.

136쪽 **무거운 물체가 떨어지는 이유** Kline, *Mathematics in Western Culture*, 188~190.

137쪽 **"맥박이 한 번 뛰는 시간의 1/10"** Galileo, *Discourses*, 179, http://oll.libertyfund.org/titles/753Galileo_0416_607.

"1부터 시작하는 홀수와 똑같은 비율로 나타난다." Ibid., 190, http://oll.libertyfund.org/titles/753Galileo_0416_516.

140쪽 **"아주 똑바르고 반반하고 광이 나게"** Ibid., 178, http://oll.libertyfund.org/titles/753Galileo_0416_607.

141쪽 **"삭구만큼이나 큰 다른 사람의 잘못이 숨어 있다."** Ibid., 109, http://oll.

libertyfund.org/titles/753Galileo_0416_242.

143쪽 **천장에서 진자처럼 흔들리는 샹들리에** Fermi and Bernardini, *Galileo and the Scientific Revolution*, 17~20, 그리고 Kline, *Mathematics in Western Culture*, 182.

144쪽 **"수천 번이나 진동을 관찰했는데…"** Galileo, *Discourses*, 140, http://oll.libertyfund.org/titles/753Galileo_0416_338.

145쪽 **"상대적 길이는 진동 시간의 제곱에 비례한다."** Ibid., 139, http://oll.libertyfund.org/titles/753Galileo_0416_335.

"매우 무미건조해 보일 수" Ibid., 138, http://oll.libertyfund.org/titles/753Galileo_0416_329.

146쪽 **조지프슨 접합 소자** Strogatz, *Sync*, chapter 5, 그리고 Richard Newrock, "What Are Josephson Junctions? How Do They Work?," *Scientific American*, https://www.scientificamerican.com/article/what-are-josephson-juncti/.

148쪽 **경도 문제** Sobel, *Longitude*.

149쪽 **GPS** Thompson, "Global Positioning System," 그리고 https://www.gps.gov.

152쪽 **요하네스 케플러** 케플러의 생애와 연구를 알고 싶으면 다음을 참고하라: Owen Gingerich, "Johannes Kepler," in Gillispie, *Complete Dictionary*, vol. 7, 온라인에서는 https://www.encyclopedia.com/people/science-and-technology/astronomy-biographies/johannes-keplerkjen14에서 볼 수 있고, vol. 22에서 J. R. Voelkel이 수정한 내용도 볼 수 있다. 또, Kline, *Mathematics in Western Culture*, 110~125; Edwards, *The Historical Development*, 99~103; Asimov, *Asimov's Biographical Encyclopedia*, 96~99; Simmons, *Calculus Gems*, 69~83; 그리고 Burton, *History of Mathematics*, 355~360도 참고하라.

153쪽 **"범죄자 성향"** Gingerich, "Johannes Kepler"에서 인용. https://www.encyclopedia.com/people/science-and-technology/astronomy-biographies/johannes-keplerkjen14.

"성미가 까다로웠다." Ibid. 78

"아주 뛰어나고 훌륭한 지성을 지녀…" Ibid.

154쪽 "나는 밤낮을 가리지 않고 계산에 몰두했다…" Ibid.

155쪽 "천문학에서 하느님이 얼마나 큰 찬양을 받는지 보십시오." Ibid.

156쪽 "이 지루한 절차에…" Kepler in *Astronomia Nova*. Owen Gingerich, *The Book Nobody Read: Chasing the Revolutions of Nicolaus Copernicus* (New York: Penguin, 2005), 48에서 인용.

162쪽 "신성한 광란에 스스로 자신을 맡긴다" Gingerich, "Johannes Kepler"에서 인용. https://www.encyclopedia.com/people/science-and-technology/astronomy-biographies/johannes-keplerkjen14.

163쪽 "친애하는 케플러…" Martnez, *Science Secrets*, 34에서 인용.

165쪽 "요하네스 케플러는 피타고라스의 꿈에 홀딱 빠졌고…" Koestler, *The Sleepwalkers*, 33.

4장 미분학에 서광이 비치다

170쪽 중국·인도·이슬람 세계 Katz, "Ideas of Calculus"; Katz, *History of Mathematics*, chapters 6 and 7; 그리고 Burton, *History of Mathematics*, 238~285.

172쪽 알하산 이븐 알하이삼 Katz, "Ideas of Calculus," 그리고 J. J. O'Connor and E. F. Robertson, "Abu Ali al-Hasan ibn al-Haytham," http://www-history.mcs.st-andrews.ac.uk/Biographies/Al-Haytham.html .

173쪽 프랑수아 비에트 Katz, *History of Mathematics*, 369~375.

174쪽 소수 Ibid., 375~378.

에반젤리스타 토리첼리, 보나벤투라 카발리에리 Alexander, *Infinitesimal*은 단지 수학적으로뿐만 아니라 종교적으로도 위험한 개념으로 간주된 무한소를 놓고 예수회 사람들과 싸운 이야기를 다룬다.

183쪽 르네 데카르트 그의 생애는 Clarke, *Descartes*; Simmons, *Calculus Gems*, 84~92; 그리고 Asimov, *Asimov's Biographical Encyclopedia*, 106~108을 참고

하라. 일반 독자를 위해 그의 수학과 물리학을 요약한 것은 Kline, *Mathematics in Western Culture*, 159~181; Edwards, *The Historical Development*; Katz, *History of Mathematics*, sections 11.1 and 12.1; 그리고 Burton, *History of Mathematics*, section 8.2를 참고하라. 수학과 물리학 부문에서 데카르트가 남긴 연구를 학술적 관점에서 역사적으로 다룬 것은 Michael S. Mahoney, "Descartes: Mathematics and Physics," in Gillispie, *Complete Dictionary*를 참고하라. 온라인으로는 *Encyclopedia Britannica*, https://www.encyclopedia.com/science/dictionaries-thesauruses-pictures-and-press-releases/descartes-mathematics-and-physics를 참고하라.

"옛날 사람들이 우리에게 가르친 것은 너무나도 빈약하고…" René Descartes, *Les Passions de l'Ame* (1649), Guicciardini, Isaac Newton, 31에서 인용.

184쪽 **"바위와 얼음으로 둘러싸인 곰들의 나라"** Henry Woodhead, *Memoirs of Christina, Queen of Sweden* (London: Hurst and Blackett, 1863), 285.

185쪽 **피에르 드 페르마** Mahoney, *Mathematical Career*는 페르마의 연구와 생애를 가장 훌륭하게 다룬 작품이다. Simmons, *Calculus Gems*, 96~105는 페르마에 대해 활기차고 재미있게 서술하고 있다. (시몬스의 글은 모두 이렇다. 시몬스의 작품을 읽어보지 않았다면, 꼭 한 번 읽어보라.)

페르마와 데카르트가 다투게 된 것 Mahoney, *Mathematical Career*, chapter 4.

186쪽 **그의 명성을 바닥에 떨어뜨리려고 시도했다** Ibid., 171.

187쪽 **페르마가 먼저 생각한 것** 나는 해석기하학을 개발한 공을 어떻게 배분하는 게 합당한지에 대해 Simmons, *Calculus Gems*, 98의 평가에 동의한다: "표면적으로는 데카르트의 소론이 해석기하학인 것처럼 보이지만, 사실은 그렇지 않다. 반면에 페르마의 글은 해석기하학처럼 보이지 않지만, 사실은 해석기하학이다." 더 공평한 견해를 보고 싶으면, Katz, *History of Mathematics*, 432~442와 Edwards, *The Historical Development*, 95~97을 참고하라.

기하학의 해석 방법을 찾길 Guicciardini, *Isaac Newton*, 그리고 Katz, *History of Mathematics*, 368~369.

"저급하고 실로 유감스러운 일종의 잔꾀를…" Descartes, rule 4 in *Rules for the Direction of the Mind* (1629). Katz, *History of Mathematics*, 368~369에서 인용.

188쪽 **“수학에서 서투른 아마추어들이나 하는 해석이다.”** Guicciardini, *Isaac Newton*, 77에서 인용.

189쪽 **최적화 문제** Mahoney, *Mathematical Career*, 199~201는 본문에서 다룬 최적화 문제에 관한 페르마의 연구를 다룬다.

194쪽 **‘유사 등가’** Ibid., 162~165, 그리고 Katz, *History of Mathematics*, 470~472.

196쪽 **JPEG** Austin, “What Is … JPEG?,” 그리고 Higham et al., *The Princeton Companion*, 813~816.

낮의 길이가 계절 변화에 따라 어떻게 변하는지 Timeanddate.com에서 원하는 장소에 대한 관련 정보를 얻을 수 있다.

202쪽 **웨이블릿** 웨이블릿에 대한 자세한 소개와 많은 응용 분야를 알고 싶으면, Dana Mackenzie, “Wavelets: Seeing the Forest and the Trees,” in Beyond Discovery: The Path from Research to Human Benefit, a project of the National Academy of Sciences를 참고하라. http://www.nasonline.org/publications/beyond-discovery/wavelets.pdf. 그리고 Kaiser, *Friendly Guide*나 Cipra, “Parlez-Vous Wavelets?” 또는 Goriely, *Applied Mathematics*, chapter 6도 읽어보라. Daubechies, *Ten Lectures*는 이 분야의 개척자가 들려주는 웨이블릿 수학에 관한 획기적인 강연들이다.

203쪽 **FBI는 웨이블릿을 이용해** Bradley et al., “FBI Wavelet/Scalar Quantization.”

204쪽 **FBI와 팀을 이룬 로스앨러모스 국립연구소 수학자들은…** Bradley and Brislawn, “The Wavelet/Scalar Quantization”; Brislawn, “Fingerprints Go Digital”; 그리고 https://www.nist.gov/itl/iad/image-group/wsq-bibliography.

207쪽 **스넬의 사인 법칙** Kwan et al., “Who Really Discovered Snell’s Law?,” 그리고 Sabra, *Theories of Light*, 99~105.

208쪽 **‘최소 시간의 원리’** Mahoney, *Mathematical Career*, 387~402.

209쪽 **“나의 천성적인 게으름…”** Ibid., 398.

210쪽 **“뛰는 가슴을 쉽게 진정시킬 수 없었다.”** Ibid., 400

최소 작용의 원리 페르마의 최소 시간의 원리는 더 일반적인 최소 작용의 원리를 예고한 것이었다. 양자역학에서의 그 기반을 포함해 이 원리를 흥미롭고 큰 깨달음을 주는 방식으로 설명한 것은 다음을 참고하라: R. P. Feynman, R. B. Leighton, and M. Sands, "The Principle of Least Action," *Feynman Lectures on Physics*, vol. 2, chapter 19 (Reading, MA: Addison-Wesley, 1964), 그리고 Feynman, *QED*.

212쪽 **데카르트도 접선을 찾는 방법을 독자적으로 발견했다** Katz, *History of Mathematics*, 472~473.

213쪽 **"일반적인 방법을 설명했다…"** Grattan-Guinness, *From the Calculus*, 16에서 인용.

214쪽 **"굳이 그의 이름을 거명하고 싶지 않은데…"** Mahoney, *Mathematical Career*, 177에서 인용.

215쪽 **곡선 아래의 면적을 구했다** Simmons, *Calculus Gems*, 240~241; 그리고 Katz, *History of Mathematics*, 481~484.

비밀에는 미치지 못했다 Katz, *History of Mathematics*, 485는 왜 자신은 페르마가 미적분학의 발명자로 인정받을 자격이 없다고 생각하는지 설명하는데, 상당히 일리가 있는 주장이다.

5장 교차로

231쪽 **로그는 바로 이런 질문에 답하기 위해 발명되었다** Stewart, *In Pursuit of the Unknown*, chapter 2, 그리고 Katz, *History of Mathematics*, section 10.4.

239쪽 **페르메이르의 작품으로 알려졌지만…** Braun, *Differential Equations*, section 1.3.

6장 변화의 용어

271쪽 **우사인 볼트** Bolt, *Faster than Lightning*.

그날, 밤 베이징에서… Jonathan Snowden, "Remembering Usain

Bolt's 100m Gold in 2008," Bleacherreport.com (August 19, 2016), https://bleacherreport.com/articles/2657464-remembering-usain-bolts-100m-gold-in-2008-the-day-he-became-a-legend, 그리고 Eriksen et al., "How Fast." 그의 놀라운 경기 장면은 https://www.youtube.com/watch?v=qslbf8L9nl0과 http://www.nbcolympics.com/video/gold-medal-rewind-usain-bolt-wins-100m-beijing 에서 비디오로 볼 수 있다.

272쪽 **"나는 원래 천성이 그렇다…"** Snowden, "Remembering Usain Bolt's."

276쪽 **불연속적인 점들을 연결하는 것이다** 나의 분석은 A. Oldknow, "Analysing Men's 100m Sprint Times with TI-Nspire," https://rcuksportscience.wikispaces.com/file/view/Analysing+men+100m+Nspire.pdf를 바탕으로 한 것이다. 우리는 곡선을 데이터에 맞추는 데 서로 다른 절차를 사용했기 때문에, 두 연구 사이의 세부 내용은 약간 차이가 날 수 있지만, 정성적 결론은 동일하다.

278쪽 **레이저 건을 들고** Graubner and Nixdorf, "Biomechanical Analysis."

280쪽 **피카소는 "예술은 우리에게 진리를 깨닫게 하는 거짓말이다."라고 말했다** 이 인용문의 출처는 "Picasso Speaks," *The Arts* (May 1923)이다. http://www.gallerywalk.org/PM_Picasso.html from Alfred H. Barr Jr., *Picasso: Fifty Years of His Art* (New York: Arno Press, 1980)에서 인용.

7장 비밀의 샘

283쪽 **아이작 뉴턴** 뉴턴의 생애에 대해 자세한 정보를 알고 싶다면 Gleick, *Isaac Newton*을 보라. Westfall, *Never at Rest*와 I. B. Cohen, "Isaac Newton," in vol. 10 of Gillispie, *Complete Dictionary*, with amendments by G. E. Smith and W. Newman in vol. 23도 참고하라. 뉴턴의 수학에 관한 이야기는 Whiteside, *The Mathematical Papers*, vols. 1 and 2; Edwards, *The Historical Development*; Grattan-Guinness, *From the Calculus*; Rickey, "Isaac Newton"; Dunham, *Journey Through Genius*; Katz, *History of Mathematics*; Guicciardini, *Reading* *the Principia*; Dunham, *The Calculus Gallery*; Simmons, *Calculus Gems*; Guicciardini, *Isaac Newton*; Stillwell, *Mathematics and Its History*; Burton, *History of Mathematics*를 참고하라.

285쪽 "직선과 곡선 사이에…" René Descartes, *The Geometry of René Descartes: With a Facsimile of the First Edition*, translated by David E. Smith and Marcia L. Latham (Mineola, NY: Dover, 1954), 91. 20년이 지나기 전에 곡선에서 호의 길이를 정확하게 구하는 것이 불가능하다는 데카르트의 생각은 틀린 것으로 증명되었다. Katz, *History of Mathematics*, 496~498 참고.

286쪽 "방정식으로 표현된 곡선이라면 어떤 것이건…" 이 인용문("There is no curved line expressed by any equation… but I can in less than half a quarter of an hour tell whether it may be squared.")에서 나는 독자의 이해를 위해 뉴턴이 쓴 원문의 철자를 현대식으로 고쳤다. 원문은 다음과 같다. "There is no curve line exprest by any æquation… but I can in less then half a quarter of an hower tell whether it may be squared." Letter 193 from Newton to Collins, November 8, 1676 in Turnbull, *Correspondence of Isaac Newton*, 179. 말줄임표로 생략된 부분은 그의 주장이 적용되는 3항 방정식에 대한 기술적 주의 사항에 관한 것이다. "A Manuscript by Newton on Quadratures," manuscript 192, in ibid., 178을 참고하라.

"내가 그것을 퍼올린 샘을…" Letter 193 from Newton to Collins, November 8, 1676, in ibid., 180. 여기서도 나는 원문에서 뉴턴이 "ye fountain"이라고 쓴 철자를 현대식으로 고쳐 썼다.

이 정리를 처음 알아챈 것은 아니지만 Katz, *History of Mathematics*, 498~503에서는 제임스 그레고리와 아이작 배로도 면적 문제를 접선 문제와 연관지었고, 따라서 기본 정리를 예측했다고 말하지만, "둘 다 1670년에는 이 방법들을 진정한 계산 도구나 문제를 푸는 도구로 만들 수 없었다."라고 결론 내렸다. 하지만 그보다 5년 전에 뉴턴은 이미 그것에 성공했다. 521쪽의 난외 주석에서 카츠는 미적분학을 발명한 공로를 ("페르마나 배로 또는 그 밖의 다른 사람이 아니라") 뉴턴과 라이프니츠에게 돌리는 것이 타당하다는 주장을 설득력 있게 펼친다.

293쪽 중세 시대 학자들은… Katz, *History of Mathematics*, section 8.4.

305쪽 **대학생 시절의 공책** 뉴턴이 대학생 시절에 직접 손으로 쓴 공책을 온라인에서 찾아볼 수 있다. 본문에서 소개한 페이지는 http://cudl.lib.cam.ac.uk/view/MS-ADD-04000/260에서 볼 수 있다.

311쪽 **아이작 뉴턴은 1642년 크리스마스에…** 뉴턴의 어린 시절에 관한 이야기는 Gleick, *Isaac Newton*을 참고했다.

314쪽 **우연히 마법적인 것을 발견했다** Whiteside, *The Mathematical Papers*, vol. 1, 96~142, 그리고 Katz, *History of Mathematics*, section 12.5. 에드워즈는 내삽법과 무한 곱(무한수열의 각 항을 곱한 것)에 관한 월리스의 연구를 흥미롭게 다루면서 뉴턴의 멱급수 연구가 그것을 일반화하려는 시도에서 나왔다는 것을 보여준다. Edwards, *The Historical Development*, chapter 7 참고. 우리는 뉴턴이 이 발견을 한 때가 언제인지 아는데, 대학 시절의 공책 14v쪽의 한 항목에 그 날짜를 기록했기 때문이다. (온라인으로는 https://cudl.lib.cam.ac.uk/view/MS-ADD-04000/32에서 볼 수 있다.) 뉴턴은 다음과 같이 기록했다. "나는 1664년 크리스마스 얼마 전에… 월리스의 연구를 빌려와 그 결과로… 1664과1665년 사이의 겨울에… 이 주석을 완성했다. 그때 나는 무한급수 방법을 발견했다. 그리고 1665년 여름에 흑사병 때문에 케임브리지를 떠나야 했을 때, 나는 쌍곡선 아래의 면적을 같은 방법으로… 2와 50의 수치까지 계산했다."

317쪽 **특별한 논증을 통해 이것을 만들어냈는데** Edwards, *The Historical Development*, 178~187과 Katz, *History of Mathematics*, 506~559는 멱급수에 대한 결과를 유도할 때 뉴턴이 밟았던 단계들을 보여준다.

320쪽 **"아주 큰 즐거움을 느꼈기 때문이다."** Letter 188 from Newton to Oldenburg, October 24, 1676, in Turnbull, *Correspondence of Isaac Newton*, 133.

인도 케랄라의 수학자들 Katz, "Ideas of Calculus"; Katz, *History of Mathematics*, 494~496.

321쪽 **"이것들의 도움으로 해석을…"** 이 구절은 유명한 에피스톨라 프리오르(1676년에 라이프니츠의 첫 번째 질문에 중개자인 헨리 올든버그를 통해 답장으로 보낸 편지)에 등장한다. letter 165 from Newton to Oldenburg, June 13, 1676, in Turnbull, *Correspondence of Isaac Newton*, 39 참고.

324쪽 **"발명이 샘솟는 전성기였고…"** 뉴턴이 피에르 드 메조에게 쓴 편지 초고. 이 편지는 뉴턴이 라이프니츠보다 먼저 미적분학을 발명했다는 사실을 확실히 하려고 노력하던 1718년에 쓴 것이다. 이 편지는 케임브리지 대학 도서관의 수집품에 보관돼 있는데, 온라인으로는 https://cudl.lib.cam.ac.uk/view/MS-ADD-03968/1349에서 볼 수 있다. 완전한 인용문은 숨이 턱 막히는 듯한 전율을 느끼게 한다: "1665년 초에 나는 급수를 근사시키는 방법과 어떤 차수의 어떤 이항식도 그런 급수로 환원하는 규칙을 발견했다. 같은 해 5월에 나는 그레고리와 슬루시우스의 접선 방법을 발견했고, 11월에는 직접적인 유율법을 발견했으며, 다음 해 1월에는 색 이론을, 5월에는 역유율법에 손을 댔다. 그리고 같은 해에 중력이 달의 궤도까지 뻗어 있다고 생각하기 시작했고, (구 안에서 회전하는 천체가 구 표면을 짓누르는 힘을 평가하는 법을 발견하고 나서) 행성의 공전 주기가 궤도 중심으로부터의 거리의 3/2제곱에 비례한다는 케플러의 법칙으로부터 행성들을 궤도에 붙들어두는 힘은 궤도 중심으로부터의 거리의 제곱에 반비례해야 한다고 추론했다. 그리고 그럼으로써 달을 궤도에 붙들어두는 데 필요한 힘을 지표면의 중력과 비교했고, 그것이 아주 비슷하게 일치한다는 사실을 발견했다. 이 모든 것은 흑사병이 창궐한 1665년과 1666년 두 해 동안에 일어났다. 그 당시는 내 인생에서 발명이 샘솟는 전성기였고, 그 이후의 어느 때보다 수학과 철학에 깊이 몰두한 시기였기 때문이다."

325쪽 **"수박 겉 핥기 정도의 수학 지식밖에 없는 사람들이 집적대는"** Whiteside, "The Mathematical Principles," reference in his ref. 2에서 인용.

토머스 홉스 Alexander, *Infinitesimal*은 홉스가 월리스와 격렬한 논쟁을 벌인 이야기를 들려주는데, 그 논쟁은 수학적일 뿐만 아니라 정치적인 것이기도 했다. 7장은 기하학자로 자칭하고 나선 홉스에 초점을 맞춰 살펴본다.

"기호들의 옴" Stillwell, *Mathematics and Its History*, 164에서 인용.

"괴혈병 책" Ibid.

"공개적으로 표명할 가치"가 없다고 Guicciardini, *Isaac Newton*, 343에서 인용.

"허울만 그럴듯한 우리의 대수학은…" Ibid.

8장 마음이 만들어낸 허구

331쪽 **"그의 이름은 미스터 뉴턴입니다…"** 1669년 8월 20일에 아이작 배로가 존 콜린스에게 보낸 편지. Gleick, *Isaac Newton*, 68에서 인용.

332쪽 **"그 증명을 보내준다면…"** Letter 158, from Leibniz to Oldenburg, May 2, 1676, in Turnbull, *Correspondence of Isaac Newton*, 4. 뉴턴과 라이프니츠 사이에 오간 편지에 대해 더 자세한 정보는 Mackinnon, "Newton's Teaser"를 참고하라. Guicciardini, *Isaac Newton*, 354~361은 뉴턴과 라이프니츠가 편지를 통해 벌인 수학적 고양이와 쥐 게임에 대해 특별히 명쾌하고 유용한 분석을 제공한다. 편지 원본들은 Turnbull, *Correspondence of Isaac Newton*에 실려 있다. 편지들 중에서 특히 158(라이프니츠가 올든버그를 통해 처음으로 뉴턴에게 요청을 한 편지), 165(간단하고 위협조로 쓴 뉴턴의 에피스톨라 프리오르), 172(명쾌한 설명을 요청한 라이프니츠의 편지), 188(조금 더 부드럽고 명쾌하게 썼지만, 여전히 라이프니츠에게 누가 우위에 있는지 보여주려고 쓴 뉴턴의 에피스톨라 포스테리오르), 209(품위 있게 쓰긴 했지만, 자신도 미적분학을 알고 있음을 분명히 밝힌 라이프니츠의 반격)를 참고하라.

"마음에 들지 않았기…" 1676년 6월 13일에 뉴턴이 올든버그에게 보낸 편지 165, 에피스톨라 프리오르에서 가장 재치 있는 말 중 하나. Turnbull, *Correspondence of Isaac Newton*, 39 참고.

333쪽 **"아주 훌륭한"** From the *epistola posterior*, letter 188 from Newton to Oldenburg, October 24, 1676, in ibid., 130.

"그에게서 아주 대단한 것을 기대하게 만듭니다." Ibid.

"같은 목표에 이르는…" Ibid.

334쪽 **"그것을 감춰두려고 합니다."** Ibid., 134. 이 뒤의 기호들은 뉴턴이 기본 정리와 미적분의 중심 문제들을 알고 있다는 문장을 암호문으로 작성한 것이다. 이 암호문의 뜻은 "변하는 양을 몇 개라도 포함한 방정식이 주어졌을 때, 그 유율을 구하고 또 그 반대의 계산을 하는 방법"이다. 153쪽의 note 25도 참고하라.

335쪽 **"눈 깜짝할 사이에"** Letter from Leibniz to Marquis de L'Hospital, 1694, Child, *Early Mathematical Manuscripts*, 221에서 발췌. Edwards, *The Historical*

Development, 244에서도 인용.

"부족하다는 사실 때문에 부담을 많이 느낀다네…" Mates, *Philosophy of Leibniz*, 32.

비쩍 마른 체격에 구부정하고 창백했던 Ibid.

가장 다재다능한 천재였다 라이프니츠의 생애를 알고 싶으면 다음 책들을 참고하라: Hofmann, *Leibniz in Paris*; Asimov, *Asimov's Biographical Encyclopedia*; 그리고 Mates, *Philosophy of Leibniz*. 라이프니츠의 생애를 알고 싶으면 Mates, *Philosophy of Leibniz*를 보라. 라이프니츠의 수학을 알고 싶으면 다음 책들을 참고하라: Child, *Early Mathematical Manuscripts*; Edwards, *The Historical Development*; Grattan-Guinness, *From the Calculus*; Dunham, *Journey Through Genius*; Katz, *History of Mathematics*; Guicciardini, *Reading the Principia*; Dunham, *The Calculus Gallery*; Simmons, *Calculus Gems*; Guicciardini, *Isaac Newton*; Stillwell, *Mathematics and Its History*; 그리고 Burton, *History of Mathematics*.

336쪽 라이프니츠가 미적분학에 사용한 접근법 Edwards, *The Historical Development*, chapter 9가 특별히 훌륭하다. Katz, *History of Mathematics*, section 12.6과 Grattan-Guinness, *From the Calculus*, chapter 2도 참고하라.

338쪽 더 실용적인 견해 예를 들면, 라이프니츠는 이렇게 썼다. "우리는 순수수학이 형이상학적 논란에 휘말려들지 않도록 하려고 노력해야 한다. 만약 양과 수와 선에서 무한과 무한소가 실재하는지 여부에 신경 쓰지 말고, 무한과 무한소를 추론을 축약하기 위한 적절한 표현으로 사용한다면, 이 목적을 충분히 달성할 수 있다." Guicciardini, *Reading the Principia*, 160에서 인용.

"마음이 만들어낸 허구" 1706년에 라이프니츠가 데스 보서스에게 보낸 편지, Guicciardini, *Reading the Principia*, 159에서 인용.

345쪽 "제 미적분학은…" ibid., 166에서 인용.

346쪽 라이프니츠는 자신의 새로운 미분을 사용해 사인 법칙을 손쉽게 유도했고 Edwards, *The Historical Development*, 259.

"매우 박식한 사람들이… " ibid에서 인용.

350쪽 **이 문제를 풀다가 기본 정리를 발견했다** Ibid., 236~238. 사실은 라이프니츠가 다룬 무한급수의 합은 삼각수 역수들의 합으로, 본문에서 다룬 합보다 크기가 두 배나 컸다. Grattan-Guinness, *From the Calculus*, 60~62도 참고하라.

359쪽 **"도형들의 면적을 찾는…"** 1679년에 에렌프리트 발터 폰 치른하우스에게 보낸 편지, Guicciardini, *Reading the Principia*, 145에서 인용.

사람 면역 결핍 바이러스 HIV와 AIDS에 관한 통계 자료는 https://ourworldindata.org/hiv-aids/를 보라. 이 바이러스의 역사와 그것에 맞서싸우기 위한 노력은 https://www.avert.org/professionals/history-hiv-aids/overview를 참고하라.

361쪽 **HIV 감염은 일반적으로 세 단계를 거치며 진행된다고** "The Stages of HIV Infection," AIDSinfo, https://aidsinfo.nih.gov/understanding-hiv-aids/fact-sheets/19/46/the-stages-of-hiv-infection .

362쪽 **호와 페렐슨의 연구** Ho et al., "Rapid Turnover"; Perelson et al., "HIV-1 Dynamics"; Perelson, "Modelling Viral and Immune System"; 그리고 Murray, *Mathematical Biology 1*.

368쪽 **'3제 병용 요법'을…** 이 확률 계산의 결과는 Perelson et al., "Dynamics of HIV-1"에 처음 발표되었다.

369쪽 **올해의 인물로 선정했다** Gorman, "Dr. David Ho."

큰 상을 받았다 American Physical Society, 2017 Max Delbruck Prize in Biological Physics Recipient, https://www.aps.org/programs/honors/prizes/prizerecipient.cfm?first_nm=Alan&last_nm=Perelson&year=2017 .

C형 간염 "Multidisciplinary Team Aids Understanding of Hepatitis C Virus and Possible Cure," Los Alamos National Laboratory, March 2013, http://www.lanl.gov/discover/publications/connections/2013-03/understanding-hep-c.php. C형 간염의 수학적 모형을 알기 쉽게 소개한 내용은 Perelson and Guedj, "Modelling Hepatitis C"를 참고하라.

374쪽 **수학 분야에서 일어난 캄브리아기 폭발** 1700년부터 현재까지 미적분학에서 파생한 분야들을 알고 싶으면, 다음을 참고하라: Kline, *Mathematics in Western Culture*; Boyer, *The History of the Calculus*; Edwards, *The Historical Development*; Grattan-Guinness, *From the Calculus*; Katz, *History of Mathematics*; Dunham, *The Calculus Gallery*; Stewart, *In Pursuit of the Unknown*; Higham et al., *The Princeton Companion*; 그리고 Goriely, *Applied Mathematics*.

376쪽 **계몽 시대를 시작하게 한** Kline, *Mathematics in Western Culture*, 234~86은 뉴턴의 연구가 과학과 수학뿐만 아니라, 서양의 철학과 종교, 미학, 문학에 미친 큰 영향을 시간 순서에 따라 기술한다. W. Bristow, "Enlightenment," https://plato.stanford.edu/entries/enlightenment/도 참고하라.

세계의 체계 Peterson, *Newton's Clock*; Guicciardini, *Reading the Principia*; Stewart, *In Pursuit of the Unknown*; 그리고 Stewart, *Calculating the Cosmos*.

"내 머리를 아프게 하고…" D. Brewster, *Memoirs of the Life, Writings, and Discoveries of Sir Isaac Newton*, vol. 2 (Edinburgh: Thomas Constable, 1855), 158.

380쪽 **사과가 떨어지는 순간** 사과 이야기의 놀라운 역사는 Gleick, *Isaac Newton*, 55~57과 note 18 on 207을 보라. Martínez, *Science Secrets*, chapter 3도 참고하라.

382쪽 **"달을 제 궤도에 머물게 하는 데 필요한 힘을…"** 1718년에 뉴턴이 피에르 데 메조에게 쓴 편지 초안. 온라인으로는 케임브리지 대학 도서관의 컬렉션 중 https://cudl.lib.cam.ac.uk/view/MS-ADD-03968/1349에서 볼 수 있다.

383쪽 **"타원이지."** Asimov, *Asimov's Biographical Encyclopedia*, 138은 자주 회자되는 이 이야기의 한 가지 버전을 소개한다.

논리적 필연으로 나온다는 사실 Katz, *History of Mathematics*, 516~519는 뉴턴의 기하학적 논증을 개략적으로 설명한다. Guicciardini, *Reading the Principia*는 뉴턴의 동시대 사람들이 『프린키피아』에 어떤 반응을 보였으며 어떤 비판(일부 반론은 설득력이 있었다)을 했는지 다룬다. Simmons, *Calculus Gems*, 326~335은 역제곱 법칙으로부터 케플러의 법칙을 유도하는 현대적인 방법을 소개한다.

388쪽 해왕성 Jones, *John Couch Adams*, 그리고 Sheehan and Thurber, "John Couch Adams's Asperger Syndrome."

캐서린 존슨 Shetterly, *Hidden Figures*는 캐서린 존슨이 오래전부터 받아야 마땅했던 공로를 돌려주었다. 존슨의 생애에 대해 더 자세한 정보는 https://www.nasa.gov/content/katherine-johnson-biography를 참고하라. 존슨의 수학에 관한 내용은 Skopinski and Johnson, "Determination of Azimuth Angle"를 보라. http://www-groups.dcs.st-and.ac.uk/history/Biographies/Johnson_Katherine.html과 https://ima.org.uk/5580/hidden-figures-impact-mathematics/도 참고하라.

390쪽 NASA의 고위 관계자는… Sarah Lewin, "NASA Facility Dedicated to Mathematician Katherine Johnson," Space.com, May 5, 2016, https://www.space.com/32805-katherine-johnson-langley-building -dedication.html.

요란스러운 건배 Kline, *Mathematics in Western Culture*, 282에서 인용. 만찬회 이야기는 만찬회를 주최한 화가 벤저민 헤이든의 일기에서 나왔다. Ainger, *Charles Lamb*, 84~86에서 발췌.

391쪽 토머스 제퍼슨 Cohen, *Science and the Founding Fathers*는 뉴턴이 제퍼슨에게 미친 영향과 독립 선언서에 스며들어 있는 '뉴턴의 메아리'를 설득력 있게 설명한다. "The Declaration of Independence," http://math.virginia.edu/history/Jefferson/jeff_r(4).htm도 참고하라. 제퍼슨과 수학에 관해 더 자세한 정보는 존 포벨이 한 다음 강연을 참고하라: "'When I Was Young, Mathematics Was the Passion of My Life': Mathematics and Passion in the Life of Thomas Jefferson," 온라인으로는 http://math.virginia.edu/history/Jefferson/jeff_r.htm에서 볼 수 있다.

392쪽 "신문 읽기를 그만두고…" 1812년 1월 21일에 제퍼슨이 존 애덤스에게 보낸 편지. 온라인으로는 https://founders.archives.gov/documents/Jefferson/03-04-02-0334에서 볼 수 있다.

쟁기의 발토판: Cohen, *Science and the Founding Fathers*, 101. "Moldboard Plow," *Thomas Jefferson Encyclopedia*, https://www.monticello.org/site/plantation-and-slavery/moldboard-plow와 "Dig Deeper — Agricultural

Innovations," https://www.monticello.org/site/jefferson/dig-deeper-agricultural-innovations도 참고하라.

393쪽 "그것이 이론으로 약속한 것을…" 1798년 3월 23일에 제퍼슨이 존 싱클레어에게 보낸 편지. https://founders.archives.gov/documents/Jefferson/01-30-02-0135.

"내 판단이 틀린 것이 아니라면…" Hall and Hall, *Unpublished Scientific Papers*, 281.

395쪽 '상미분방정식' 상미분방정식과 그 적용에 관한 설명은 Simmons, *Differential Equations*를 참고하라. 다음 책들도 참고할 만하다: Braun, *Differential Equations*; Strogatz, *Nonlinear Dynamics*; Higham et al., *The Princeton Companion*; 그리고 Goriely, *Applied Mathematics*.

397쪽 '편미분방정식' 편미분방정식과 그 적용에 관한 설명은 Farlow, *Partial Differential Equations*와 Haberman, *Applied Partial Differential Equations*를 보라. Higham et al., *The Princeton Companion*과 Goriely, *Applied Mathematics*도 참고하라.

400쪽 보잉 787 드림라이너 Norris and Wagner, *Boeing 787*, and http://www.boeing.com/commercial/787/by-design//featured.

401쪽 공탄성적 플러터 Jason Paur, "Why 'Flutter' Is a 4-Letter Word for Pilots," *Wired* (March 25, 2010), https://www.wired.com/2010/03/flutter-testing-aircraft/.

403쪽 금융 옵션의 가격을 결정하는 블랙-숄즈 모형 Szpiro, *Pricing the Future*, 그리고 Stewart, *In Pursuit of the Unknown*, chapter 17.

호지킨-헉슬리 모형 Ermentrout and Terman, *Mathematical Foundations*, 그리고 Rinzel, "Discussion."

아인슈타인의 일반 상대성 이론 Stewart, *In Pursuit of the Unknown*, chapter 13, 그리고 Ferreira, *Perfect Theory*. Greene, *The Elegant Universe*와 Isaacson, *Einstein*도 참고하라.

404쪽 슈뢰딩거 방정식 Stewart, *In Pursuit of the Unknown*, chapter 14.

407쪽 **푸리에** Körner, *Fourier Analysis*, 그리고 Kline, *Mathematics in Western Culture*, chapter 19. 푸리에의 생애와 연구에 대해서는 Dirk J. Struik, "Joseph Fourier," *Encyclopedia Britannica*, https://www.britannica.com/biography/Joseph-Baron-Fourier를 참고하라. 또, 다음 책들도 참고하라: Grattan-Guinness, *From the Calculus*; Stewart, *In Pursuit of the Unknown*; Higham et al., *The Princeton Companion*; and Goriely, *Applied Mathematics*.

408쪽 **열 흐름** 푸리에의 열 흐름 수학을 다룬 내용은 다음 책들을 참고하라: Farlow, *Partial Differential Equations*, Katz, *History of Mathematics*, 그리고 Haberman, *Applied Partial Differential Equations*.

412쪽 **'파동 방정식'** 진동하는 현과 푸리에 급수, 파동 방정식의 수학을 알고 싶으면 다음 책들을 참고하라: Farlow, *Partial Differential Equations*; Katz, *History of Mathematics*; Haberman, *Applied Partial Differential Equations*; Stillwell, *Mathematics and Its History*; Burton, *History of Mathematics*; Stewart, *In Pursuit of the Unknown*; 그리고 Higham et al., *The Princeton Companion*.

423쪽 **클라드니 패턴** 원래의 이미지를 재현한 이미지를 https://publicdomainreview.org/collections/chladni-figures-1787/과 http://www.sites.hps.cam.ac.uk/whipple/explore/acoustics/ernstchladni/chladniplates/에서 볼 수 있다. 현대적인 데모는 스티브 몰드가 제작한 "Couscous Snaps into Beautiful Patterns"라는 제목의 비디오, https://www.youtube.com/watch?v=CR _XL192wXw&feature=youtu.be와 Physics Girl이 제작한 "Singing Plates—Standing Waves on Chladni Plates"라는 제목의 비디오, https://www.youtube.com/watch?v=wYoxOJDrZzw를 참고하라.

424쪽 **소피 제르맹** 클라드니 패턴에 대한 제르맹의 이론을 설명한 것은 Bucciarelli and Dworsky, *Sophie Germain*을 보라. 소피 제르맹의 생애에 대해 알고 싶으면 다음을 참고하라: https://www.agnesscott.edu/lriddle/women/germain.htm과 http://www.pbs.org/wgbh/nova/physics/sophie-germain.html, 그리고 http://www-groups.dcs.st-and.ac.uk/~history/Biographies/Germain.html.

425쪽 **"가장 고결한 용기…"** Newman, *The World of Mathematics*, vol. 1, 333에서 인용.

426쪽 **전자레인지** 내가 소개한 실험의 시범뿐만 아니라, 전자레인지의 작동 원리를 명쾌하게 설명한 것을 원한다면, "How a Microwave Oven Works," https://www.youtube.com/watch?v=kp33ZprO0Ck를 참고하라. 전자레인지로 빛의 속도를 측정하고 싶다면, 다음 유튜브 영상에 나오는 것처럼 초콜릿을 사용해도 된다: https://www.youtube.com/watch?v=GH5W6xEeY5U. 전자레인지와 퍼시 스펜서가 자신의 호주머니에서 느낀 끈적끈적한 반죽에 관한 뒷이야기를 더 알고 싶으면, 다음을 참고하라: Matt Blitz, "The Amazing True Story of How the Microwave Was Invented by Accident," *Popular Mechanics* (February 23, 2016), https://www.popularmechanics.com/technology/gadgets/a19567/how-the-microwave-was-invented-by-accident/.

430쪽 **CT 스캐닝** Kevles, *Naked to the Bone*, 145~172; Goriely, *Applied Mathematics*, 85~89; 그리고 https://www.nobelprize.org/nobel _prizes/medicine/laureates/1979/.

433쪽 **앨런 코맥** 미적분과 푸리에 급수, 적분방정식으로 컴퓨터 단층 촬영의 재구성 문제를 해결한 원래 논문은 Cormack, "Representation of a Function"이다. 코맥의 노벨상 수상 강연은 https://www.nobelprize.org/nobel_prizes/medicine/laureates/1979/cormack-lecture.pdf에서 볼 수 있다.

435쪽 **비틀스** 고드프리 하운스필드와 비틀스, 그리고 CT 스캐너의 발명에 관한 이야기는 Goodman, "The Beatles"와 https://www.nobelprize.org/nobel_prizes/medicine/laureates/1979/perspectives.html를 참고하라.

436쪽 **코맥은 다음과 같이 설명했다** 이 인용문은 그의 노벨상 수상 연설 563쪽에 나온다: https://www.nobelprize.org/nobel_prizes/medicine/laureates/1979/cormack-lecture.pdf.

446쪽 '꼬임수' Fuller, "The Writhing Number." Pohl, "DNA and Differential Geometry"도 참고하라.

DNA의 기하학과 위상수학 Bates and Maxwell, *DNA Topology*, 그리고 Wasserman and Cozzarelli, "Biochemical Topology."

매듭 이론과 얽힘 미적분학 Ernst and Sumners, "Calculus for Rational Tangles."

암을 치료하는 화학 요법 약의 표적 Liu, "DNA Topoisomerase Poisons."

448쪽 피에르 시몽 라플라스 Kline, *Mathematics in Western Culture*; C. Hoefer, "Causal Determinism," https://plato.stanford.edu/entries/determinism-causal/.

"불확실한 것은 아무것도 없을 것이고…" Laplace, *Philosophical Essay on Probabilities*, 4.

소피야 코발렙스카야 Cooke, *Mathematics of Sonya Kovalevskaya*, 그리고 Goriely, *Applied Mathematics*, 54~57. 소피야 코발렙스카야는 다른 이름으로도 많이 불린다. 많이 불리는 또 다른 이름은 소냐 코발렙스카야이다. 온라인에서 그녀의 생애에 관해 알고 싶으면 Becky Wilson, "Sofia Kovalevskaya," *Biographies of Women Mathematicians*, https://www.agnesscott.edu/lriddle/women/kova.htm, 그리고 J. J. O'Connor and E. F. Robertson, "Sofia Vasilyevna Kovalevskaya," http://www-groups.dcs.st-and.ac.uk/history/Biographies/Kovalevskaya.html를 참고하라.

449쪽 히페리온의 카오스적 공중제비 Wisdom et al., "Chaotic Rotation."

454쪽 푸앵카레는 자신이 그것을 풀었다고 생각했지만 Diacu and Holmes, *Celestial Encounters*.

카오스계 Gleick, *Chaos*; Stewart, *Does God Play Dice?*; 그리고 Strogatz, *Nonlinear Dynamics*.

'예측 가능성 지평선' Lighthill, "The Recently Recognized Failure."

전체 태양계의 예측 가능성 지평선 Sussman and Wisdom, "Chaotic

Evolution."

456쪽 푸앵카레의 시각적 접근법 Gleick, *Chaos*; Stewart, *Does God Play Dice?*; Strogatz, *Nonlinear Dynamics*; 그리고 Diacu and Holmes, *Celestial Encounters*.

458쪽 메리 카트라이트 McMurran and Tattersall, "Mathematical Collaboration," 그리고 L. Jardine, "Mary, Queen of Maths," *BBC News Magazine*, https://www.bbc.com/news/magazine-21713163. 메리 카트라이트의 생애는 http://www.ams.org/notices/199902/mem-cartwright.pdf와 http://www-history.mcs.st-and.ac.uk/Biographies/Cartwright.html를 참고하라.

459쪽 "매우 불쾌해 보이는 미분방정식들" L. Jardine, "Mary, Queen of Maths"에서 인용.

"탓해야 할 대상은 방정식 자체였다." Dyson, "Review of Nature's Numbers."

462쪽 호지킨과 헉슬리 Ermentrout and Terman, *Mathematical Foundations*; Rinzel, "Discussion"; 그리고 Edelstein-Keshet, *Mathematical Models*.

수리생물학 전염병과 심장 박동, 암, 뇌 종양의 수학적 모형에 관한 설명은 Edelstein-Keshet, *Mathematical Models*; Murray, *Mathematical Biology 1*; 그리고 Murray, *Mathematical Biology 2*를 참고하라.

466쪽 '복잡계' Mitchell, *Complexity*.

469쪽 컴퓨터 체스 알파제로와 컴퓨터 체스의 배경 이야기는 https://www.technologyreview.com/s/609736/alpha-zeros-alien-chess-shows-the-power-and-the-peculiarity-of-ai/를 참고하라. 알파제로를 소개한 사전 설명문은 https://arxiv.org/abs/1712.01815를 보라. 알파제로와 스톡피시의 대결을 분석한 비디오는 https://www.youtube.com/watch?v=Ud8F-cNsa-k와 https://www.youtube.com/watch?v=6z1o48Sgrck를 보라.

471쪽 통찰력의 황혼 Davies, "Whither Mathematics?," https://www.ams.org/notices/200511/comm-davies.pdf.

473쪽 에르되시 팔 Hoffman, *The Man Who Loved Only Numbers*.

476쪽 **양자전기역학** Feynman, *QED*, 그리고 Farmelo, *The Strangest Man*.

더 정확한 이론 Peskin and Schroeder, *Introduction to Quantum Field Theory*, 196~198. 배경 설명은http://scienceblogs.com/principles/2011/05/05/the-most-precisely-tested-theo/를 참고하라.

478쪽 **폴 디랙** 디랙의 생애와 연구는 Farmelo, *The Strangest Man*을 참고하라. 디랙 방정식을 소개한 1928년 논문은 Dirac, "The Quantum Theory"이다.

479쪽 **1931년에 발표한 논문** Dirac, "Quantised Singularities."

"놀라운 일이 될 것이다." Ibid., 71.

480쪽 **PET 스캔** Kevles, *Naked to the Bone*, 201~227, 그리고 Higham et al., *The Princeton Companion*, 816~823. PET 스캐닝에 사용되는 양전자에 대해 더 자세한 내용은 Farmelo, *The Strangest Man*과 Rich, "Brief History"를 참고하라.

481쪽 **알베르트 아인슈타인** Isaacson, *Einstein*, 그리고 Pais, *Subtle Is the Lord*.

일반 상대성 이론 Ferreira, *Perfect Theory*, 그리고 Greene, *The Elegant Universe*.

482쪽 **시간에 기묘한 효과** GPS와 시간 측정에 미치는 상대론적 효과에 대해 더 자세한 내용은 Stewart, *In Pursuit of the Unknown*과 http://www.astronomy.ohio-state.edu/~pogge/Ast162/Unit5/gps.html를 참고하라.

483쪽 **중력파** Levin, *Black Hole Blues*는 중력파 탐사 과정을 서정적으로 묘사한 책이다. 더 자세한 배경 지식은 https://brilliant.org/wiki/gravitational-waves/와 https://www.nobelprize.org/nobel_prizes/physics/laureates/2017/press.html을 참고하라. 그 발견에 미적분학과 컴퓨터, 수리적 방법이 담당한 역할은 R. A. Eisenstein, "Numerical Relativity and the Discovery of Gravitational Waves," https://arxiv.org/pdf/1804.07415.pdf를 참고하라.

참고 문헌

Adams, Douglas. *The Hitchhiker's Guide to the Galaxy*. London: Pan Books, 1979.

Ainger, Alfred. *Charles Lamb*. New York: Harper and Brothers, 1882.

Alexander, Amir. *Infinitesimal: How a Dangerous Mathematical Theory Shaped the Modern World*. New York: Farrar, Straus and Giroux, 2014.

Asimov, Isaac. *Asimov's Biographical Encyclopedia of Science and Technology*. Rev. ed. New York: Doubleday, 1972.

Austin, David. "What Is... JPEG?," *Notices of the American Mathematical Society* 55, no. 2 (2008): 226~229. http://www.ams.org/notices/200802/tx080200226p.pdf.

Ball, Philip. "A Century Ago Einstein Sparked the Notion of the Laser." *Physics World* (August 31, 2017). https://physicsworld.com/a/a-century-agoeinstein-sparked-the-notion-of-the-laser/.

Barrow, John D., and Frank J. Tipler. *The Anthropic Cosmological Principle*. New York: Oxford University Press, 1986.

Bates, Andrew D., and Anthony Maxwell. *DNA Topology*. New York: Oxford

University Press, 2005.

Bolt, Usain. *Faster than Lightning: My Autobiography*. New York: HarperSport, 2013.

Boyer, Carl B. *The History of the Calculus and Its Conceptual Development*. Mineola, NY: Dover, 1959.

Bradley, Jonathan N., and Christopher M. Brislawn. "The Wavelet/Scalar Quantization Compression Standard for Digital Fingerprint Images." *IEEE International Symposium on Circuits and Systems* 3 (1994): 205~208.

Bradley, Jonathan N., Christopher M. Brislawn, and Thomas Hopper. "FBI Wavelet/Scalar Quantization Standard for Gray-Scale Fingerprint Image Compression." Proc. SPIE 1961, Visual Information Processing II (27 August 1993). DOI: 10.1117/12.150973; https://doi.org/10.1117/12.150973; http://helmut.knaust.info/class/201330_NREUP/spie93_Fingerprint.pdf.

Braun, Martin. *Differential Equations and Their Applications*. 3rd ed. New York: Springer, 1983.

Brislawn, Christopher M. "Fingerprints Go Digital." *Notices of the American Mathematical Society* 42, no. 11 (1995): 1278~1283.

Bucciarelli, Louis L., and Nancy Dworsky. *Sophie Germain: An Essay in the History of Elasticity*. Dordrecht, Netherlands: D. Reidel, 1980.

Burkert, Walter. *Lore and Science in Ancient Pythagoreanism*. Translated by E. L. Minar Jr. Cambridge, MA: Harvard University Press, 1972.

Burton, David M. *The History of Mathematics*. 7th ed. New York: McGrawHill, 2011.

Calaprice, Alice. *The Ultimate Quotable Einstein*. Princeton, NJ: Princeton University Press, 2011.

Carroll, Sean. *The Big Picture: On the Origins of Life, Meaning, and the Universe Itself*. New York: Dutton, 2016.

Child, J. M. *The Early Mathematical Manuscripts of Leibniz*. Chicago: Open Court, 1920.

Cipra, Barry. "Parlez-Vous Wavelets?" *What's Happening in the Mathematical Sciences* 2 (1994): 23~26.

Clarke, Desmond. *Descartes: A Biography*. Cambridge: Cambridge University

Press, 2006.

Cohen, I. Bernard. *Science and the Founding Fathers: Science in the Political Thought of Thomas Jefferson, Benjamin Franklin, John Adams, and James Madison*. New York: W. W. Norton, 1995.

Cooke, Roger. *The Mathematics of Sonya Kovalevskaya*. New York: Springer, 1984.

Cormack, Allan M. "Representation of a Function by Its Line Integrals, with Some Radiological Applications." *Journal of Applied Physics* 34, no. 9 (1963): 2722~2727.

Daubechies, Ingrid C. *Ten Lectures on Wavelets*. Philadelphia: Society for Industrial and Applied Mathematics, 1992.

Davies, Brian. "Whither Mathematics?" *Notices of the American Mathematical Society* 52, no. 11 (2005): 1350~1356.

Davies, Paul. *The Goldilocks Enigma: Why Is the Universe Just Right for Life?* London: Allen Lane, 2006.

DeRose, Tony, Michael Kass, and Tien Truong. "Subdivision Surfaces in Character Animation." *Proceedings of the 25th Annual Conference on Computer Graphics and Interactive Techniques* (1998): 85~94. DOI: http://dx.doi.org/10.1145/280814.280826; https://graphics.pixar.com/library/Geri/paper.pdf.

Deuflhard, Peter, Martin Weiser, and Stefan Zachow. "Mathematics in Facial Surgery." *Notices of the American Mathematical Society* 53, no. 9 (2006): 1012~1016.

Diacu, Florin, and Philip Holmes. *Celestial Encounters: The Origins of Chaos and Stability*. Princeton, NJ: Princeton University Press, 1996.

Dijksterhuis, Eduard J. *Archimedes*. Princeton, NJ: Princeton University Press, 1987.

Dirac, Paul A. M. "Quantised Singularities in the Electromagnetic Field." *Proceedings of the Royal Society of London A* 133 (1931): 60~72. DOI:10.1098/rspa.1931.0130.

______. "The Quantum Theory of the Electron." *Proceedings of the Royal Society of London A* 117 (1928): 610~624. DOI: 10.1098/rspa.1928.0023.

Drake, Stillman. *Galileo at Work: His Scientific Biography*. Chicago: University of

Chicago Press, 1978.

Dunham, William. *The Calculus Gallery: Masterpieces from Newton to Lebesgue.* Princeton, NJ: Princeton University Press, 2005.

______. *Journey Through Genius.* New York: John Wiley and Sons, 1990.

Dyson, Freeman J. "Review of Nature's Numbers by Ian Stewart." *American Mathematical Monthly* 103, no. 7 (August/September 1996): 610~612. DOI: 10.2307/2974684.

Edelstein-Keshet, Leah. *Mathematical Models in Biology.* 8th ed. Philadelphia: Society for Industrial and Applied Mathematics, 2005.

Edwards, C. H., Jr. *The Historical Development of the Calculus.* New York: Springer, 1979.

Einstein, Albert. "Physics and Reality." *Journal of the Franklin Institute* 221, no. 3 (1936): 349~382.

______. "Zur Quantentheorie der Strahlung (On the Quantum Theory of Radiation)." *Physikalische Zeitschrift* 18 (1917): 121~128. English translation at http://web.ihep.su/dbserv/compas/src/einstein17/eng.pdf.

Eriksen, H. K., J. R. Kristiansen, Ø. Langangen, and I. K. Wehus. "How Fast Could Usain Bolt Have Run? A Dynamical Study." *American Journal of Physics* 77, no. 3 (2009): 224~228.

Ermentrout, G. Bard, and David H. Terman. *Mathematical Foundations of Neuroscience.* New York: Springer, 2010.

Ernst, Claus, and DeWitt Sumners. "A Calculus for Rational Tangles: Applications to DNA Recombination." *Mathematical Proceedings of the Cambridge Philosophical Society* 108, no. 3 (1990): 489~515.

Farlow, Stanley J. *Partial Differential Equations for Scientists and Engineers.* Mineola, NY: Dover, 1993.

Farmelo, Graham. *The Strangest Man: The Hidden Life of Paul Dirac, Mystic of the Atom.* New York: Basic Books, 2009.

Fermi, Laura, and Gilberto Bernardini. *Galileo and the Scientific Revolution.* Mineola, NY: Dover, 2003.

Ferreira, Pedro G. *The Perfect Theory*. Boston: Houghton Mifflin Harcourt, 2014.

Feynman, Richard P. *QED: The Strange Theory of Light and Matter*. Princeton, NJ: Princeton University Press, 1986.

Forbes, Nancy, and Basil Mahon. *Faraday, Maxwell, and the Electromagnetic Field: How Two Men Revolutionized Physics*. New York: Prometheus Books, 2014.

Fuller, F. Brock. "The Writhing Number of a Space Curve." *Proceedings of the National Academy of Sciences* 68, no. 4 (1971): 815~819.

Galilei, Galileo. *Discourses and Mathematical Demonstrations Concerning Two New Sciences* (1638). Translated from the Italian and Latin into English by Henry Crew and Alfonso de Salvio, with an introduction by Antonio Favaro. New York: Macmillan, 1914. http://oll.libertyfund.org/titles/753.

Gill, Peter. *42: Douglas Adams' Amazingly Accurate Answer to Life, the Universe and Everything*. London: Beautiful Books, 2011.

Gillispie, Charles C., ed. *Complete Dictionary of Scientific Biography*. 26 vols. New York: Charles Scribner's Sons, 2008. Available electronically through the Gale Virtual Reference Library.

Gleick, James. *Chaos: Making a New Science*. New York: Viking, 1987.

______. *Isaac Newton*. New York: Pantheon, 2003.

Goodman, Lawrence R. "The Beatles, the Nobel Prize, and CT Scanning of the Chest." *Thoracic Surgery Clinics* 20, no. 1 (2010): 1~7. https://www.thoracic.theclinics.com/article/S1547-4127(09)00090-5/fulltext. DOI: https://doi.org/10.1016/j.thorsurg.2009.12.001.

Goriely, Alain. *Applied Mathematics: A Very Short Introduction*. Oxford: Oxford University Press, 2018.

Gorman, Christine. "Dr. David Ho: The Disease Detective." *Time* (December 30, 1996). http://content.time.com/time/magazine/article/0,9171,135255,00.html.

Grattan-Guinness, Ivor, ed. *From the Calculus to Set Theory, 1630–1910: An Introductory History*. Princeton, NJ: Princeton University Press, 1980.

Graubner, Rolf, and Eberhard Nixdorf. "Biomechanical Analysis of the Sprint and Hurdles Events at the 2009 IAAF World Championships in Athletics." *New*

Studies in Athletics 26, nos. 1/2 (2011): 19~53.

Greene, Brian. *The Elegant Universe: Superstrings, Hidden Dimensions and the Quest for the Ultimate Theory*. New York: W. W. Norton, 1999.

Guicciardini, Niccolò. *Isaac Newton on Mathematical Certainty and Method*. Cambridge, MA: MIT Press, 2009.

______. *Reading the Principia: The Debate on Newton's Mathematical Methods for Natural Philosophy from 1687 to 1736*. Cambridge: Cambridge University Press, 1999.

Guthrie, Kenneth S. *The Pythagorean Sourcebook and Library*. Grand Rapids, MI: Phanes Press, 1987.

Haberman, Richard. *Applied Partial Differential Equations*. 4th ed. Upper Saddle River, NJ: Prentice Hall, 2003.

Hall, A. Rupert, and Marie Boas Hall, eds. *Unpublished Scientific Papers of Isaac Newton*. Cambridge: Cambridge University Press, 1962.

Hamming, Richard W. "The Unreasonable Effectiveness of Mathematics." *American Mathematical Monthly* 87, no. 2 (1980): 81~90. https://www.dartmouth.edu/~matc/MathDrama/reading/Hamming.html.

Heath, Thomas L., ed. *The Works of Archimedes*. Mineola, NY: Dover, 2002.

Higham, Nicholas J., Mark R. Dennis, Paul Glendinning, Paul A. Martin, Fadil Santosa, and Jared Tanner, eds. *The Princeton Companion to Applied Mathematics*. Princeton, NJ: Princeton University Press, 2015.

Ho, David D., Avidan U. Neumann, Alan S. Perelson, Wen Chen, John M. Leonard, and Martin Markowitz. "Rapid Turnover of Plasma Virions and CD4 Lymphocytes in HIV-1 Infection." *Nature* 373, no. 6510 (1995): 123~126.

Hoffman, Paul. *The Man Who Loved Only Numbers: The Story of Paul Erdős and the Search for Mathematical Truth*. New York: Hachette, 1998.

Hofmann, Joseph E. *Leibniz in Paris 1672–1676: His Growth to Mathematical Maturity*. Cambridge: Cambridge University Press, 1972.

Isaacson, Walter. *Einstein: His Life and Universe*. New York: Simon and Schuster, 2007.

Isacoff, Stuart. *Temperament: How Music Became a Battleground for the Great Minds of Western Civilization*. New York: Knopf, 2001.

Jones, H. S. *John Couch Adams and the Discovery of Neptune*. Cambridge: Cambridge University Press, 1947.

Kaiser, Gerald. *A Friendly Guide to Wavelets*. Boston: Birkhäuser, 1994.

Katz, Victor J. *A History of Mathematics: An Introduction*. 2nd ed. Boston: Addison Wesley Longman, 1998.

______. "Ideas of Calculus in Islam and India." *Mathematics Magazine* 68, no. 3 (1995): 163~174.

Kevles, Bettyann H. *Naked to the Bone: Medical Imaging in the Twentieth Century*. Rutgers, NJ: Rutgers University Press, 1997.

Kline, Morris. *Mathematics in Western Culture*. London: Oxford University Press, 1953.

Koestler, Arthur. *The Sleepwalkers: A History of Man's Changing Vision of the Universe*. New York: Penguin, 1990.

Körner, Thomas W. *Fourier Analysis*. Cambridge: Cambridge University Press, 1989.

Kwan, Alistair, John Dudley, and Eric Lantz. "Who Really Discovered Snell's Law?" *Physics World* 15, no. 4 (2002): 64.

Laplace, Pierre Simon. *A Philosophical Essay on Probabilities*. Translated by Frederick Wilson Truscott and Frederick Lincoln Emory. New York: John Wiley and Sons, 1902.

Laubenbacher, Reinhard, and David Pengelley. *Mathematical Expeditions: Chronicles by the Explorers*. New York: Springer, 1999.

Levin, Janna. *Black Hole Blues and Other Songs from Outer Space*. New York: Knopf, 2016.

Lighthill, James. "The Recently Recognized Failure of Predictability in Newtonian Dynamics." *Proceedings of the Royal Society of London A* 407, no. 1832 (1986): 35~50.

Liu, Leroy F. "DNA Topoisomerase Poisons as Antitumor Drugs." *Annual Review of Biochemistry* 58, no. 1 (1989): 351~375.

Livio, Mario. *Is God a Mathematician?* New York: Simon and Schuster, 2009.

Mackinnon, Nick. "Newton's Teaser." *Mathematical Gazette* 76, no. 475 (1992): 2~27.

Mahoney, Michael S. *The Mathematical Career of Pierre de Fermat 1601–1665.* 2nd ed. Princeton, NJ: Princeton University Press, 1994.

Martínez, Alberto A. *Burned Alive: Giordano Bruno, Galileo and the Inquisition.* London: Reaktion Books, 2018.

_____. *The Cult of Pythagoras: Math and Myths.* Pittsburgh: University of Pittsburgh Press, 2012.

_____. *Science Secrets: The Truth About Darwin's Finches, Einstein's Wife, and Other Myths.* Pittsburgh: University of Pittsburgh Press, 2011.

Mates, Benson. *The Philosophy of Leibniz: Metaphysics and Language.* Oxford: Oxford University Press, 1986.

Maxwell, James Clerk. "On Physical Lines of Force. Part III. The Theory of Molecular Vortices Applied to Statical Electricity." *Philosophical Magazine* (April/May 1861): 12~24.

Mazur, Joseph. *Zeno's Paradox: Unraveling the Ancient Mystery Behind the Science of Space and Time.* New York: Plume, 2008.

McAdams, Aleka, Stanley Osher, and Joseph Teran. "Crashing Waves, Awesome Explosions, Turbulent Smoke, and Beyond: Applied Mathematics and Scientific Computing in the Visual Effects Industry." *Notices of the American Mathematical Society* 57, no. 5 (2010): 614~623. https://www.ams.org/notices/201005/rtx100500614p.pdf.

McMurran, Shawnee L., and James J. Tattersall. "The Mathematical Collaboration of M. L. Cartwright and J. E. Littlewood." *American Mathematical Monthly* 103, no. 10 (December 1996): 833~845. DOI: 10.2307/2974608.

Mitchell, Melanie. *Complexity: A Guided Tour.* Oxford: Oxford University Press, 2011.

Murray, James D. *Mathematical Biology 1.* 3rd ed. New York: Springer, 2007.

_____. *Mathematical Biology 2.* 3rd ed. New York: Springer, 2011.

Netz, Reviel, and William Noel. *The Archimedes Codex: How a Medieval Prayer Book Is Revealing the True Genius of Antiquity's Greatest Scientist.* Boston:

Da Capo Press, 2007.

Newman, James R. *The World of Mathematics*. 4 vols. New York: Simon and Schuster, 1956.

Norris, Guy, and Mark Wagner. *Boeing 787 Dreamliner*. Minneapolis: Zenith Press, 2009.

Pais, A. *Subtle Is the Lord*. Oxford: Oxford University Press, 1982.

Perelson, Alan S. "Modelling Viral and Immune System Dynamics." *Nature Reviews Immunology* 2, no. 1 (2002): 28~36.

Perelson, Alan S., Paulina Essunger, and David D. Ho. "Dynamics of HIV-1 and CD4+ Lymphocytes in Vivo." *AIDS* 11, supplement A (1997): S17~S24.

Perelson, Alan S., and Jeremie Guedj. "Modelling Hepatitis C Therapy — Predicting Effects of Treatment." *Nature Reviews Gastroenterology and Hepatology* 12, no. 8 (2015): 437~445.

Perelson, Alan S., Avidan U. Neumann, Martin Markowitz, John M. Leonard, and David D. Ho. "HIV-1 Dynamics in Vivo: Virion Clearance Rate, Infected Cell Life-Span, and Viral Generation Time." *Science* 271, no. 5255 (1996): 1582~1586.

Peskin, Michael E., and Daniel V. Schroeder. *An Introduction to Quantum Field Theory*. Boulder, CO: Westview Press, 1995.

Peterson, Ivars. *Newton's Clock: Chaos in the Solar System*. New York: W. H. Freeman, 1993.

Pohl, William F. "DNA and Differential Geometry." *Mathematical Intelligencer* 3, no. 1 (1980): 20~27.

Purcell, Edward M. *Electricity and Magnetism*. 2nd ed. Cambridge: Cambridge University Press, 2011.

Rees, Martin. *Just Six Numbers: The Deep Forces That Shape the Universe*. New York: Basic Books, 2001.

Rich, Dayton A. "A Brief History of Positron Emission Tomography." *Journal of Nuclear Medicine Technology* 25 (1997): 4~11. http://tech.snmjournals.org/content/25/1/4.full.pdf.

Rickey, V. Frederick. "Isaac Newton: Man, Myth, and Mathematics." *College Mathematics Journal* 18, no. 5 (1987): 362~389.

Rinzel, John. "Discussion: Electrical Excitability of Cells, Theory and Experiment: Review of the Hodgkin-Huxley Foundation and an Update." *Bulletin of Mathematical Biology* 52, nos. 1/2 (1990): 5~23.

Robinson, Andrew. "Einstein Said That — Didn't He?" *Nature* 557 (2018): 30. https://www.nature.com/articles/d41586-018-05004-4.

Rorres, Chris, ed. *Archimedes in the Twenty-First Century.* Boston: Birkhäuser, 2017.

Sabra, A. I. *Theories of Light: From Descartes to Newton.* Cambridge: Cambridge University Press, 1981.

Schaffer, Simon. "The Laird of Physics." *Nature* 471 (2011): 289~291.

Schrödinger, Erwin. *Science and Humanism.* Cambridge: Cambridge University Press, 1951.

Sheehan, William, and Steven Thurber. "John Couch Adams's Asperger Syndrome and the British Non-Discovery of Neptune." *Notes and Records* 61, no. 3 (2007): 285~299. http://rsnr.royalsocietypublishing.org/content/61/3/285. DOI: 10.1098/rsnr.2007.0187.

Shetterly, Margot Lee. *Hidden Figures: The American Dream and the Untold Story of the Black Women Mathematicians Who Helped Win the Space Race.* New York: William Morrow, 2016.

Simmons, George F. *Calculus Gems: Brief Lives and Memorable Mathematics.* Washington, DC: Mathematical Association of America, 2007.

_____. *Differential Equations with Applications and Historical Notes.* 3rd ed. Boca Raton, FL: CRC Press, 2016.

Skopinski, Ted H., and Katherine G. Johnson. "Determination of Azimuth Angle at Burnout for Placing a Satellite Over a Selected Earth Position." *NASA Technical Report*, NASA-TN-D-233, L-289 (1960). https://ntrs.nasa.gov/archive/nasa/casi.ntrs.nasa.gov/19980227091.pdf.

Sobel, Dava. *Galileo's Daughter: A Historical Memoir of Science, Faith, and Love.* New York: Walker, 1999.

———. *Longitude: The True Story of a Lone Genius Who Solved the Greatest Scientific Problem of His Time*. New York: Walker, 1995.

Stein, Sherman. *Archimedes: What Did He Do Besides Cry Eureka?* Washington, DC: Mathematical Association of America, 1999.

Stewart, Ian. *Calculating the Cosmos*. New York: Basic Books, 2016.

———. *Does God Play Dice?: The New Mathematics of Chaos*. Oxford: Blackwell, 1990.

———. *In Pursuit of the Unknown: Seventeen Equations That Changed the World*. New York: Basic Books, 2012.

Stillwell, John. *Mathematics and Its History*. 3rd ed. New York: Springer, 2010.

Strogatz, Steven. *Nonlinear Dynamics and Chaos*. Reading, MA: Addison Wesley, 1994.

———. *Sync: The Emerging Science of Spontaneous Order*. New York: Hyperion, 2003.

Sussman, Gerald Jay, and Jack Wisdom. "Chaotic Evolution of the Solar System." *Science* 257, no. 5066 (1992): 56~62.

Szpiro, George G. *Pricing the Future: Finance, Physics, and the Three-Hundred-Year Journey to the Black-Scholes Equation*. New York: Basic Books, 2011.

Tegmark, Max. *Our Mathematical Universe: My Quest for the Ultimate Nature of Reality*. New York: Knopf, 2014.

Thompson, Richard B. "Global Positioning System: The Mathematics of GPS Receivers." *Mathematics Magazine* 71, no. 4 (1998): 260~269. https://pdfs.semanticscholar.org/60d2/c444d44932e476b80a109d90ad03472d4d5d.pdf.

Turnbull, Herbert W., ed. *The Correspondence of Isaac Newton, Volume 2, 1676–1687*. Cambridge: Cambridge University Press, 1960.

Wardhaugh, Benjamin. "Musical Logarithms in the Seventeenth Century: Descartes, Mercator, Newton." *Historia Mathematica* 35 (2008): 19~36.

Wasserman, Steven A., and Nicholas R. Cozzarelli. "Biochemical Topology: Applications to DNA Recombination and Replication." *Science* 232, no. 4753 (1986): 951~960.

Westfall, Richard S. *Never at Rest: A Biography of Isaac Newton*. Cambridge: Cambridge University Press, 1981.

Whiteside, Derek T., ed. *The Mathematical Papers of Isaac Newton, Volume 1*. Cambridge: Cambridge University Press, 1967.

______. *The Mathematical Papers of Isaac Newton, Volume 2*. Cambridge: Cambridge University Press, 1968.

Whiteside, Derek T. "The Mathematical Principles Underlying Newton's Principia Mathematica." *Journal for the History of Astronomy* 1, no. 2 (1970): 116~138. https://doi.org/10.1177/002182867000100203.

Wigner, Eugene P. "The Unreasonable Effectiveness of Mathematics in the Natural Sciences." *Communications on Pure and Applied Mathematics* 13 (1960): 1~14. https://www.dartmouth.edu/~matc/MathDrama/reading/Wigner.html.

Wisdom, Jack, Stanton J. Peale, and François Mignard. "The Chaotic Rotation of Hyperion." *Icarus* 58, no. 2 (1984): 137~152.

Wouk, Herman. *The Language God Talks: On Science and Religion*. Boston: Little, Brown, 2010.

Zachow, Stefan. "Computational Planning in Facial Surgery." *Facial Plastic Surgery* 31 (2015): 446~462.

Zachow, Stefan, Hans-Christian Hege, and Peter Deuflhard. "Computer Assisted Planning in Cranio-Maxillofacial Surgery." *Journal of Computing and Information Technology* 14, no. 1 (2006): 53~64.

Zorin, Denis, and Peter Schröder. "Subdivision for Modeling and Animation." *SIGGRAPH 2000 Course Notes*, chapter 2 (2000). http://www.multires.caltech.edu/pubs/sig00notes.pdfNotes.

찾아보기

ㄱ

ㅇ

ㅈ

ㅊ

ㅋ

ㅎ

숫자

A~Z

저작권 목록

112쪽 © Peter Schröder; 114쪽 © Entertainment Pictures / Alamy; 115쪽 © Entertainment Pictures / Alamy; 117쪽 © Stefan Zachow; 119쪽 © Stefan Zachow; 129쪽 © Tunç Tezel; 272쪽 © WENN Ltd / Alamy; 305쪽 © Cambridge University Library(MS Add.4000, page 124r); 392쪽 © Thomas Jefferson Foundation at Monticello; 422쪽 © Rodrigo Tetsuo Argenton; 그외 이미지 © Margaret Nelson

옮긴이 **이충호**

서울대학교 사범대학 화학과를 졸업하고, 현재 교양과학과 인문 분야 전문 번역가로 활동하고 있다. 『신은 왜 우리 곁을 떠나지 않았는가』를 번역하여 2001년 제20회 한국과학기술도서 번역상을 받았다. 옮긴 책으로 『진화심리학』, 『사라진 스푼』, 『이야기 파라독스』, 『화학이 화끈화끈』, 『59초』, 『내 안의 유인원』, 『많아지면 달라진다』, 『루시퍼 이펙트』, 『행복은 전염된다』, 『우주의 비밀』, 『세계의 모든 신화』, 『루시, 최초의 인류』, 『처음 읽는 양자물리학』, 『돈의 물리학』, 『원소의 이름』, 『굿 이너프』 등이 있다.

미적분의 힘

1판 1쇄 2021년 9월 24일
1판 11쇄 2024년 6월 7일

지은이 스티븐 스트로가츠
옮긴이 이충호
펴낸이 김정순
편집 장준오 허영수
디자인 이강효
마케팅 이보민 양혜림 손아영

펴낸곳 (주)북하우스 퍼블리셔스
출판등록 1997년 9월 23일 제406-2003-055호
주소 04043 서울시 마포구 양화로 12길 16-9(서교동 북앤빌딩)
전자우편 henamu@hotmail.com
홈페이지 www.bookhouse.co.kr
전화번호 02-3144-3123
팩스 02-3144-3121

ISBN 979-11-6405-133-5 03410

해나무는 (주)북하우스 퍼블리셔스의 과학·인문 브랜드입니다.